高等职业教育"十四五"规划教材

养禽与禽病防治

第 2 版

刘振湘　孟可爱　主编

中国农业大学出版社
·北京·

内 容 简 介

养禽与禽病防治是教育部公布的《高等职业教育专科专业简介(2022年)》规定的畜牧兽医专业核心课程之一。本教材在编写过程中,力求内容设置与岗位实现良好对接,有效引导教师采用项目法、角色扮演法、小组讨论法、演示法等教学方法,最大限度地提高教学质量。本教材文字精练,语言表达清晰,任务描述准确,图文并茂,还配有习题参考答案、大量微课视频,为纸数融合新形态教材。本教材内容包括家禽饲养管理工、家禽繁育工、家禽孵化工、水禽生产、养禽场的经营管理和家禽防疫员等6个模块。本教材可作为职业教育畜牧兽医类相关专业的教学用书,也可作为自学考试、岗位培训及从事动物生产与动物疫病防治人员的参考书。

图书在版编目(CIP)数据

养禽与禽病防治 / 刘振湘,孟可爱主编. --2版. --北京:中国农业大学出版社,2023.8
ISBN 978-7-5655-3020-3

Ⅰ.①养… Ⅱ.①刘…②孟… Ⅲ.①养禽学—高等职业教育—教材②禽病—防治—高等职业教育—教材 Ⅳ.①S83②S858.3

中国国家版本馆CIP数据核字(2023)第120728号

书　　名　养禽与禽病防治　　第2版
作　　者　刘振湘　孟可爱　主编

策划编辑　康昊婷　　**责任编辑**　康昊婷
封面设计　李尘工作室
出版发行　中国农业大学出版社
社　　址　北京市海淀区圆明园西路2号　　**邮政编码**　100193
电　　话　发行部 010-62733489,1190　　编辑部 010-62732617,2618　　出版部 010-62733440
网　　址　http://www.caupress.cn　　**E-mail** cbsszs@cau.edu.cn
经　　销　新华书店
印　　刷　涿州市星河印刷有限公司
版　　次　2023年8月第2版　　2023年8月第1次印刷
规　　格　185 mm×260 mm　　16开本　　20.25印张　　506千字
定　　价　59.00元

第2版
编审人员

主　编　刘振湘（湖南环境生物职业技术学院）
　　　　孟可爱（湖南环境生物职业技术学院）

副主编　王晓楠（黑龙江农业工程职业学院）
　　　　张书汁（河南农业职业学院）
　　　　跃斯图（扎兰屯职业学院）

参　编　（按姓氏笔画排序）
　　　　马玉勇（湖南省衡阳市农业科学院）
　　　　王　伟（衡阳市兴旺达种禽专业合作社）
　　　　文贵辉（湖南生物机电职业技术学院）
　　　　任先武（衡阳市武顺循环农牧绿色生态科技有限公司）
　　　　向金梅（湖北生物科技职业学院）
　　　　刘　涛（信阳农林学院）
　　　　刘小飞（湖南环境生物职业技术学院）
　　　　李　玉（广西农业职业技术大学）
　　　　张君慧（杨凌职业技术学院）
　　　　张瑞锋（沧州职业技术学院）
　　　　胡思伟（湖南省百邦种养有限公司）
　　　　钟金凤（湖南环境生物职业技术学院）
　　　　蒋增海（河南牧业经济学院）
　　　　焦凤超（信阳农林学院）
　　　　路卫星（辽宁农业职业技术学院）

主　审　徐　岩（黑龙江新中旭牧业有限公司）
　　　　刘俊栋（江苏农牧科技职业学院）

第1版
编审人员

主　编　刘振湘（湖南环境生物职业技术学院）

王晓楠（黑龙江农业工程职业学院）

副主编　张书汁（河南农业职业学院）

参　编　（按姓氏笔画排序）

文贵辉（湖南生物机电职业技术学院）

刘　涛（信阳农林学院）

李　玉（广西农业职业技术大学）

张君慧（杨凌职业技术学院）

张瑞锋（沧州职业技术学院）

钟金凤（湖南环境生物职业技术学院）

蒋增海（河南牧业经济学院）

焦凤超（信阳农林学院）

路卫星（辽宁农业职业技术学院）

主　审　徐　岩（黑龙江新中旭牧业有限公司）

第2版前言

《养禽与禽病防治》(第 1 版)自 2015 年 6 月出版以来,受到了职业院校师生的普遍关注和好评。为进一步贯彻落实党的二十大提出的“深入实施人才强国战略”和“全面推进乡村振兴”,培养造就大批德才兼备的高素质人才,扎实推动乡村产业和人才振兴,充分落实立德树人的根本任务;为更好地满足教学需求,我们对原有教材进行了修订,本次修订在保留第 1 版教材特色的基础上,除内容更新外,还突出强调了以下几点。

一是增强教材的时效性,将养禽业新工艺、新技术、新规范融入教材。

二是校企合作修订教材,按岗位能力要求修订岗位知识,突出职业能力。

三是挖掘思政元素,培养学生遵守行业标准与规范,强化职业素养。

四是丰富数字化资源,纸数融合新形态教材,实现线上线下学习与互动。

五是对接执业兽医师等职业资格标准和职业技能大赛要求,实现岗课赛证融通。

本次修订由刘振湘、孟可爱任主编,王晓楠、张书汁、跃斯图任副主编。具体分工是:孟可爱负责修订项目三,孟可爱和刘小飞负责视频资源的制作,李玉和马玉勇修订项目一和项目二,钟金凤修订项目四,张书汁和孟可爱修订项目五和项目六,王晓楠和王伟修订项目七,刘涛和胡思伟修订项目八,路卫星和跃斯图修订项目九、项目十和项目十一,蒋增海修订项目十二、项目十三和项目十四,焦凤超修订项目十五、项目十六、项目十七和项目十八,文贵辉和任先武修订项目十九、项目二十和项目二十二,张君慧和向金梅修订项目二十一,张瑞锋修订项目二十三。黑龙江新中旭牧业有限公司徐岩总经理和江苏农牧科技职业学院二级教授刘俊栋博士对全书进行了审定,提出了许多宝贵的意见。在教材修订过程中,得到了编者所在单位领导的大力支持与帮助,在此一并表示衷心感谢!在本书编写过程中,参考了大量的文献资料,依据国家标准进行编写,恕不一一列举,在此谨向各位作者表示衷心的感谢。

限于编写水平,且时间有限,本书不足及疏漏之处在所难免,恳切希望各位同行和广大读者予以批评指正,提出宝贵意见,以便今后进一步修改、补充和完善。

编　者
2023 年 7 月

第1版前言

近年来，我国高等职业教育取得长足发展，从职业教育理论研究到职业教育实践，从人才培养目标定位到人才培养模式改革，从本科的"压缩饼干"到课程体系的优化，从以课堂教学为主转向校企深度融合等方面都有突破性进展。其根本任务是培养建设、生产、管理、服务第一线的高素质技术技能型人才，承载着更大的社会责任。以服务为宗旨，以就业为导向，坚持走产学研结合的发展道路是高职院校办学方向之所在。

目前，我国高职院校畜牧兽医类专业课程开发有了明显进展，教学改革不断深入、人才培养模式不断创新、教学方法灵活多样、教学手段先进。但从改革步伐来看，相对落后于发达国家，特别是课程结构与运行模式较滞后。"养禽与禽病防治"是畜牧兽医类专业的核心课程，编者在借鉴职教先进国家的教学模式和课程开发与实施理念、做法相结合的基础上，结合多年的教学实践，按照毕业生应职岗位(岗位群)对知识、能力、素质的要求，引入行业职业标准，融入产业、行业、企业、职业和实践要素，对课程内容进行重构，以养禽场各生产项目为引领，以任务为驱动，以期最大限度地实现"教、学、做"合一和"理实一体化"。

本教材按照教育部《关于全面提高高等职业教育教学质量的若干意见》文件精神，根据农业部科技教育司、全国农业职业院校教学工作指导委员会和全国农业职业技术教育研究会《全国高等农业职业教育畜牧兽医专业教学指导方案》的有关要求，依据高职高专服务区域经济发展、以就业为导向的培养方向，突出实践能力、增强职业能力的培养目标，汲取了我国在高职高专课程建设经验，结合我国养禽生产实际并着眼于未来养禽技术发展，将本教材分为家禽饲养管理工、家禽繁育工、家禽孵化工、水禽生产、养禽场的经营管理、家禽防疫员等6个模块，23个分模块和对应的若干任务与技能。每个任务均为技术工作过程。在编写体例上，每个模块设计了岗位能力、实训目标、适合工种、任务内容和任务评价等，对学习的主要条件及材料进行了必要提示，对完成任务的工作场景进行了设计，对相关专业理论及拓展知识进行适度描述，对任务实施过程进行了引导。全书在编写过程中，力求做到内容设置与岗位实现良好对接，有效引导老师采用项目法、六步法、角色扮演法、小组讨论法、演示法等教学方法。选择恰当的教学手段，最大限度地提高教学质量。力求文字精炼，语言表达清晰，任务描述准确，图文并茂。在教学实施过程中，各校应根据区域经济的特点和毕业生应职岗位的特殊性，对教材内容进行重构，符合人才培养规划需要。

本教材由刘振湘、王晓楠任主编。具体分工是刘振湘、王晓楠负责全书的设计和统稿并编写前言、模块 1-3 的任务 3 和任务 4；李玉负责编写模块 1-1 和模块 1-2；钟金凤负责编写模块 1-3 中任务 1、任务 2 和模块 1-4；张书汁负责编写模块 2-1、模块 2-2 和模块 2-3；刘涛负责编写模块 2-4；路卫星负责编写模块 3；蒋增海负责编写模块 4；焦凤超负责编写模块 5；文贵辉负责 2 编写模块 6-1、模块 6-2 和模块 6-4；张君慧同志编写负责模块 6-3；张瑞锋负责编写模块 6-5。

本教材在编写过程中得到相关高职院校和企业的大力支持，黑龙江省农科院畜牧研究所周景明研究员提出了很多的宝贵意见和建议，黑龙江新中旭牧业有限公司徐岩总经理对本教材进行了审定，在此一并表示衷心的感谢！

由于编写项目化课程教材尚为初次尝试，加之编写人员水平有限，难免有不妥之处，恳请广大读者及同行指出，以便修改。

编　者

2014 年 12 月

目 录

模块一 家禽饲养管理工

模块二 家禽繁育工

模块三　家禽孵化工

模块四　水禽生产

模块五　养禽场的经营管理

模块六　家禽防疫员

Module One

Module One

模块一

家禽饲养管理工

Module One

Module One

知识目标

1. 了解蛋禽、肉禽、种禽的生产特点和营养需求特点。

2. 熟悉蛋禽、肉禽、种禽不同生长阶段的生产性能。

3. 掌握蛋禽、肉禽、种禽生产过程中的生产环节和技术要点。

4. 掌握蛋禽、肉禽、种禽的饲养管理技术。

能力目标

1. 能根据禽群的状况,发现禽群中存在的问题,进行妥善处理。

2. 能结合现场实际情况,根据禽场中不同周龄的体重标准,科学合理地进行添加饲料。

3. 能对禽场各种生产设备进行维护,改进禽舍及其自动化设施。

4. 能对种禽禽舍温度和湿度、通风、光照进行调控,使之发挥最大的生产潜力。

素质目标

1. 通过蛋禽、肉禽生产环节的介绍,培养学生科学养殖、生态养殖的理念。

2. 通过雏鸡培育的讲解,培养学生精细化管理素养。

3. 通过肉鸡饲养管理的介绍,培养学生良好的团队素养、吃苦耐劳的职业精神。

4. 通过雏禽保温、饮水的介绍,培养学生安全意识和节约意识。

5. 培养学生投身"三农"工作、服务乡村振兴意识。

6. 培养学生关注动物福利的素养。

7. 培养学生注重食品安全健康的理念。

适合工种

家禽饲养工、特禽饲养工。

项目一

家禽饲养管理工概述

养禽场根据饲养家禽种类的不同主要分为鸡场、鸭场、鹅场。其中养鸡场根据经济用途的差异又分为肉鸡和蛋鸡饲养场，根据饲养阶段的不同，饲养员大体可分为育雏鸡、育成鸡、产蛋鸡饲养员。

家禽饲养管理工承担着养禽场的日常饲养管理等具体工作，且管理的对象是直接与经济效益相关的动物及其产品，因此其工作是否到位关系到整个养禽场的生产业绩。养禽场须制定明确的岗位职责，同时结合各场规模、岗位设置、企业体制制定相应的考核管理办法，制定饲养的标准和奖励制度，充分调动饲养员的生产积极性，挖掘生产潜力，使企业有序高效运转，增强企业竞争力。

任务一　家禽饲养管理工的职业定义和职业能力

一、家禽饲养管理工的职业定义

从事家禽和特种禽类日常饲养、管理、疫病预防的人员，工作主要包括以下几个方面。

(1)进行家禽和特禽类的饲喂、转群、淘汰、产品收集、病死禽处理。

(2)调制饲料。

(3)观察并调整禽舍内温度、湿度、光照。

(4)协助兽医人员进行疫苗注射、禽舍和饲养器具消毒以及家禽日常健康状况监测。

(5)填写记录和统计报表。

二、家禽饲养管理工的职业能力

家禽饲养管理工职业能力是指一个人完成工作任务，从事与家禽饲养管理相关活动所必备的本领，表现在所从事的家禽饲养管理工作和职业相关活动中，并在其中得到发展。包含专业能力、方法能力、社会能力和实际操作能力，视觉、听觉、嗅觉正常。是个体职业岗位胜任能力与职业生涯自我学习和职业迁移能力的有机融合。适应现代社会产业结构和劳动力就业结构快速变革要求的职业教育应以个体综合职业能力发展为目标。

任务二　家禽饲养管理工的工作目标和管理要点

饲养管理工必须熟练掌握禽各阶段的工作目标和饲养管理要求，认真执行饲养的操作规程；保证充足、清洁、新鲜的饮水，不定期清洗、消毒。负责禽舍的水槽、灯光、风扇管理；保持环境卫生；并能协助有关人员做好其他工作。

担任养禽场的不同岗位工作，面对不同的禽群，有不一样的工作目标、管理要点和岗位职责，现以鸡为例，具体分解如下。

一、育雏舍饲养管理工的工作目标与管理要点

（一）工作目标

由于雏鸡消化功能弱，外界抵抗力不强，体温调节能力差，抗病力低，容易患病等缺点，雏鸡死亡率高，直接影响养鸡的经济效益和鸡场的社会声誉。

根据肉鸡和蛋鸡育雏的差异，肉鸡的育雏阶段分为幼雏、中雏和大雏三个阶段，而蛋鸡和肉种鸡的育雏阶段则分为幼雏、中雏两个阶段。

幼雏（1～21 日龄）阶段的主要饲养目标是争取高的育雏率，使各周龄体重适时达标。中雏（22～42 日龄）阶段的主要目标是保持高的存活率，以预防为主、降低发病率。大雏（43 日龄至出栏）阶段的主要目标是获取最大出栏体重，促使鸡群快速生长以获得最大的出栏体重。

（二）管理要点

育雏是鸡养殖中的重要环节，也是鸡场生产效益的决定环节之一，因此在育雏中要求掌握以下管理要点，争取高的育雏率。

（1）让幼雏及早饮水，适时开食，应放置足够的饮水器以保证所有的鸡只都能够喝到水，并注意水温应在 16～22 ℃。

（2）控制好温湿度，21 日龄前育雏温度特别重要，并注意随日龄增长适当调整。

（3）控制好光照，随日龄增长适当调整。

（4）幼雏阶段进行选雏，公母分群饲养。

（5）中雏阶段应调整饲养密度。

（6）严格执行消毒制度。

（7）随时调整料槽和水槽的高度，与鸡背高度一致。

（8）幼雏阶段适度通风，中雏阶段注意通风换气，大雏阶段强化通风换气。

（三）岗位职责

作为育雏饲养员，担负育雏的重要责任，育雏的成功与饲养员能否履行岗位职责密切相关，因此，育雏饲养员应无条件地贯彻以下岗位职责。

（1）打扫卫生、清洗料槽、水槽和工具等，检查舍内各种设备，如有损坏及时报修。

(2)按时投料、加水,注意观察鸡群健康状况。

(3)注意温湿度的控制,勤观察,勤动手。

(4)配合兽医检查,分析并治疗有疾病的鸡只,新发现的不良情况应及时报告兽医并协助兽医治疗。

(5)按本场的防疫程序,协助防疫员按时进行疫苗接种。

(6)配合繁育工进行选雏。

(7)配合兽医人员严格执行消毒防疫制度。

(8)根据生产计划安排,配合技术人员做好雏鸡断喙工作。

(9)按照要求认真填好日报表。

二、育成舍饲养管理工的工作目标与管理要点

(一)工作目标

一般地说,7～18 周龄这一阶段称为育成期。由于育成鸡具有健全的体温调节能力和较强的生活能力,对外界环境的适应能力和对疾病的抵抗能力明显增强;消化能力强,生长迅速,是肌肉和骨骼发育的重要阶段。在整个育成期体重增幅最大,但增重速度不如雏鸡快。体重增长速度随着日龄增加而逐渐减慢,但脂肪沉积随日龄的增加而增多;育成后期鸡的生殖系统发育成熟。

育成鸡的饲养目标是促进成鸡的体成熟和性成熟,育成率高、体重达标、均匀度高、抗体高且均匀,适时开产,即在 20～22 周龄鸡群产蛋率达 50%。

(二)管理要点

育成鸡是鸡的一生中生长发育的重要阶段,这一阶段饲养管理的好坏与鸡的开产日龄、开产体重以及成年后的生产性能关系极大。

(1)及时转群(7～8 周龄),夏季炎热早晚进行;冬季寒冷中午进行;转群前 6 h 停料,前后 3 d 维生素倍量添加,同时淘汰病残鸡。

(2)逐步脱温,减少温差,注意鸡群的变化,防止应激。

(3)适时换料,雏鸡料与育成鸡料在营养成分上有较大差别,因此换料要逐渐进行。

(4)制定合理的光照方案,此阶段不可延长光照时间,8～17 周龄 10～12 h 最佳。

(5)实行限制饲养,为鸡提供足够的采食槽位和饮水槽位,保证每只鸡有均等的采食机会。

(6)做好日常工作记录。

(三)岗位职责

作为育成鸡饲养员,担负育成鸡饲养管理的重要责任,育成鸡合格率的高低与饲养员能否履行岗位职责密切相关。因此,育成鸡饲养员应履行以下岗位职责。

(1)负责育成鸡日常饲养管理工作。

(2)负责育成鸡的转群、免疫、称重等工作。

(3)根据生产计划安排,配合技术人员做好育成鸡的选择与淘汰工作。

(4)按本场的防疫程序,协助防疫员按时进行疫苗接种。

(5)负责日常报表的填写工作。

三、产蛋鸡舍饲养管理工的工作目标与管理要点

(一)工作目标

产蛋鸡一般是指 21～72 周龄。因为母鸡开产后身体尚在生长,蛋重逐渐增加;虽然产蛋母鸡在开产前骨骼大量贮钙,但产蛋后骨骼中的钙仍处于负平衡状态,所以在这个阶段的工作目标就是采用科学饲养管理措施,最大限度地减少或消除各种应激对产蛋鸡的有害影响,为产蛋鸡提供最有利于健康和产蛋的环境,提高鸡群的产蛋率和蛋的品质,降低饲料消耗和死亡淘汰率。

(二)管理要点

(1)根据不同产蛋期的蛋白质需要量采取阶段饲养法,一般在产蛋率 92%以上、88%～92%和 88%以下三个不同时期分别饲喂不同蛋白水平的饲粮。

(2)观察鸡群精神状态和粪便情况,倾听鸡只呼吸有无异常音;检查设备;及时观察淘汰不合格产蛋鸡。

(3)减少应激因素,保持良好而稳定的环境。严格执行鸡舍管理程序,减少突发事故。

(4)注意保持舍内环境卫生,要经常洗刷饲喂用具,并定期消毒。

(5)产蛋鸡每天喂料 2～3 次,每次添加量要适当,尽量保持饲料新鲜,防止饲料浪费。一般每只每天喂料量控制在 100～120 g。

(6)全天供应干净、清洁饮水。饮水系统不能漏水,每天清洗水槽。

(7)鸡蛋及时收集、包装、运输,收蛋时将破蛋、砂皮蛋、软蛋、特大蛋、特小蛋、畸形蛋单独存放。

(8)定期清粪,清粪时应打开门窗加强通风,以免因鸡舍内氨气浓度突然增加而诱发啄癖等应激反应。

(9)协助防疫员灭鼠、杀虫。

(10)做好记录和统计分析,绘制本场产蛋鸡群的生产标准与产蛋曲线,并与其品种标准曲线相对照,发现问题及时查找原因并予以纠正。

(三)岗位职责

(1)严格执行各项饲养操作规程。

(2)杜绝浪费饲料,及时检查水槽、饮水器是否漏水,认真观察鸡群状况。

(3)协助技术员做好鸡群整理工作,及时淘汰停产母鸡。

(4)做好雨季防雨、冬季防寒、夏季防暑工作。

(5)按规定和要求每天开灯、关灯。

(6)负责日常报表的填写工作。

项目二 蛋鸡生产技术

任务一 雏鸡培育技术

蛋鸡一般分为三个阶段，传统的划分方法是按照周龄进行的，即 0～6 周龄为雏鸡，7～17 周龄为育成鸡，18 周龄以后为产蛋鸡。蛋鸡的三个阶段应采取不同的管理措施，使鸡的生产性能达到最大水平的发挥。也有将蛋鸡按生产过程划分为两个阶段，即育雏育成期（0～17 周龄）；产蛋期（18～72 周龄）。

二维码 2-1 育雏前的准备（视频）

雏鸡在 0～6 周龄这段时间为育雏期。饲养管理总体要求是根据雏鸡生理特点和生活习性，采用科学的饲养管理措施，创造良好的环境，以满足鸡的生理要求，严格防止各种疾病发生，提高成活率。

一、育雏前的准备

(一)提前订雏

在本身没有种鸡的情况下应提前订雏，订雏数应根据成鸡的数量和育雏的设备容量确定。同时应考虑生长期间死亡、淘汰和鉴别误差的鸡数。选防疫管理好，种蛋不被白痢杆菌、霉浆体、马立克病、副伤寒、葡萄球菌等污染，且出雏率高的种禽场订购鸡苗。

例如成鸡笼位数是 5 000，育雏成活率 95%，育成成活率 95%，鉴别率 98%，合格率 98%，孵化场一般还给予 5%的损耗，那么进雏鸡数为：

$$5\ 000 \div 0.95 \div 0.95 \div 0.98 \div 0.98 \times 1.05 = 5\ 768(只)$$

(二)鸡舍清扫及设备的检修

雏鸡全部出舍后，先将舍内的鸡粪、垫料，顶棚上的蜘蛛网、尘土等清扫出舍，再进行检查维修，如修补门窗、封死老鼠洞，检修鸡笼，使笼门不跑鸡，笼底不漏鸡。

(三)鸡舍及设备的消毒

1. 冲洗　冲洗舍内所有物体,如地面、四壁、天花板、门窗、鸡笼等的表面。移出舍外的器具经浸泡后冲洗干净,晾干。

2. 干燥　冲洗后充分干燥可增强消毒效果,细菌数可减少到每平方厘米数千到数万个,同时可避免使消毒药浓度变稀而降低灭菌效果。对铁质的平网、围栏与料槽等,晾干后便于用火焰喷枪灼烧。

3. 药物消毒　可选用广谱、高效、稳定性好的消毒剂,如 0.3%～0.5%的过氧乙酸,含有效氯 0.06%～0.1%的氯制剂等喷洒舍内外,用量为 100～200 mL/m^2,喷洒不要留死角。饲养器具可用含有效成分 0.05%～0.1%的百毒杀等浸泡消毒。

4. 熏蒸　熏蒸前将鸡舍密封好,放回所有育雏器具,地面平养的需铺上 10～15 cm 的垫料,按每立方米空间用 35%～40%含量的福尔马林液 42 mL、高锰酸钾 21 g,熏蒸 24～48 h。要求舍温在 20 ℃以上,相对湿度在 70%以上。

经上述消毒后,有条件的可进行舍内采样细菌培养,要求灭菌率达到 99%以上,否则要重新进行药物消毒—干燥—甲醛熏蒸过程。消毒后的鸡舍,经充分通风排气后即可使用。

(四)鸡舍试温

在进雏前 2～3 d,安装好灯泡,整理好供暖设备(如红外线灯泡、煤炉、烟道等),地面平养的舍内需铺好垫料,网上平养的则需铺上报纸等垫板。平养的都应安好护网。然后,把育雏温度调到需要达到的最高水平(一般近热源处 35 ℃,舍内其他地方最高 24 ℃左右),观察室内温度是否均匀、平稳,加热器的控制元件是否灵敏,温度计的指示是否正确,供水是否可靠。接雏之前还要把水加好,让水温能达到室温。

(五)饲料及药品准备

按雏鸡的营养需要及生理特点,配制新鲜的全价饲料,在进雏前 1～2 d 要进好料,以后要保证持续、稳定的供料。育雏的前 6 周内,每只鸡消耗 1.0～1.2 kg 饲料,据此备好充足的雏鸡饲料。

准备好本场常用疫苗,如新城疫疫苗(冻干苗和油苗)、法氏囊疫苗、传支疫苗(H52 和 H120)及抗白痢药、防球虫病药和抗应激药物(如电解质和多维)等。这要根据当地及场内疫病情况进行准备。要准备好常规的环境消毒药物。若要断喙,还要配备好断喙器等。

此外,还需要进行人员分工及培训,制定好免疫计划,准备好育雏记录本及记录表,记录出雏日期、存养数、日耗料量、鸡只死亡数、用药及疫苗接种情况,以及体重称测和发育情况等。

二、育雏方式

人工育雏按其占地面积和空间的不同及给温方法的不同,其管理要点与技术也不同,大致分为地面育雏、网上育雏和笼上育雏 3 种方式。其中,前两种又称平面育雏,后一种称为立体育雏。

(一)平面育雏

根据房舍的不同,地面育雏可以用水泥地面、砖地面、土地面或炕面,地上铺5 cm左右的垫料,室内设有喂食器、饮水器及保暖设备。这种方式占地面积大,管理不方便,易潮湿,雏鸡易患病,受惊后容易扎堆压死,只适于小规模暂无条件的鸡场采用。为便于消毒,应用水泥地面较好。

网上育雏是把雏鸡饲养在离地50～60 cm高的铁丝网或特制的塑料网或竹网上,网眼大小一般不超过1.2 cm×1.2 cm,要求稳固、平整,便于拆洗。网上育雏的优点是可节省垫料,比地面平养增加30%～40%的饲养密度,鸡粪可落入网下,减少了鸡白痢、球虫病及其他疾病的传播;雏鸡不直接接触地面的寒湿气,降低了发病率,育雏率较高。但造价较高,养在网上的雏鸡有些神经质,而且要加强通风,保持堆积的鸡粪干燥,减少有害气体的产生。

平面育雏从保暖方式来说大体上可分为煤炉育雏、烟道育雏、红外灯育雏、电热伞育雏、热水管育雏等。这几种保暖方式各有优缺点,又互为补充,可根据当地及自身情况合理选用。如小型鸡场和农户常用煤炉育雏,中小型鸡场和较大规模鸡场适宜用烟道育雏和热水管育雏。红外灯及电热伞常作为局部加温设备,在电力充足的地区也有仅用电热方式育雏的。每盏红外灯的育雏数与室温高低有关,见表2-1。相应地,电热伞下所容雏鸡数与伞的直径和高度有关,见表2-2。

表2-1　红外灯(250 W)育雏数

室温/℃	30	24	18	12	6
育雏数/只	110	100	90	80	70

表2-2　电热伞育雏器的容鸡数

伞罩直径/cm	伞高/cm	2周龄以下鸡数/只
100	55	300
130	60	400
150	70	500
160	80	1 000

注:两周龄后酌情减少20%的鸡数。

(二)立体育雏

立体育雏是将雏鸡饲养在分层的育雏笼内,育雏笼一般四层,采用层叠式,热源可用电热丝、热水管、电灯泡等,也可以采用煤炉或地下烟道等设施来提高室温。每层育雏笼由一组电加热笼、一组保温笼和四组运动笼三部分组成,可供雏鸡自由选择适宜的温区。笼的四周可用毛竹、木条或铁丝等制作,有专门的可拆卸的铁丝笼门更好,笼底大多采用铁丝网或塑料网,鸡粪由网眼落下,收集在层与层之间的承粪板上,定时清除。饲槽和饮水器可排列在笼门外,雏鸡伸出头即可吃食、饮水。这种设备可以增加饲养密度,节省垫料和热能,便于实行机械化和自动化,同时可预防鸡白痢和球虫病的发生和蔓延,成活率高,但笼育投资大(农村可充分利用竹木结构)，对营养、通风换气等要求较为严格。由于笼养鸡活动量很有限，饲养密度较大，鸡的体质较差，饲养管理不当时容易得营养缺乏症、笼养疲劳症、啄癖、神经质等各种疾病。

目前，养鸡业发达的国家，90%以上蛋鸡都采用笼育，我国也广泛应用。笼育分为两类：两段制和一段制。两段制笼养采用两套不同规格的笼具，一般 0～6 周龄雏鸡养于育雏笼，笼底网眼不超过 1.2 cm×1.2 cm；7～20 周龄养于育成笼，为 2～4 层半阶梯式鸡笼，笼子空间更大，便于育成鸡的生长发育。一段制即育雏育成鸡在同一舍内笼养，采用四层阶梯式，中间两层笼先集中育雏，然后逐渐均匀分布到四层进行育成，可减少转群造成的伤亡。育雏时，笼底网眼间距要缩小，可铺塑料网垫(6 周龄左右取出)或调小网眼间距，侧网和后网加密，以防跑雏，前网丝距可以根据鸡的大小调节，使其既能自由采食、饮水，又不致跑出来。一段制的保温效果不如专用育雏笼好，但比较经济。目前，仍以两段制更为普遍。

三、雏鸡的选择和运输

二维码 2-2 初生雏鸡的挑选与接运(视频)

(一)初生雏的选择

现代商品化养鸡多为大规模、集约化生产，对雏鸡质量要求很高，必须进行认真的选择。

1. 种鸡选择　要求种鸡健康，无垂直传播疾病，产蛋量高，蛋重适宜，遗传性能稳定，符合品种特征，配套正确。

2. 孵化场选择　雏鸡生长是否良好及早期死亡率高低与孵化场密切相关。应从防疫制度严格，种蛋不被污染，出雏率高的孵化场购入苗鸡。同一批鸡，按期出壳的雏鸡质量较好，过早过迟出壳的质量较差。孵化场还应及时给雏鸡注射马立克氏疫苗后，才转移到育雏室。

3. 感官选择　一般在孵化室进行，可通过“一看、二摸、三听”来选择。

一看　就是看雏鸡的精神状态。健雏一般活泼好动，眼大有神，羽毛整洁光亮，腹部卵黄吸收良好；弱雏一般缩头闭目，羽毛蓬乱不洁，腹大，松弛，脐口愈合不良、带血等。

二摸　就是摸雏鸡的膘情、体温。手握雏鸡感到温暖、有膘、体态匀称、有弹性、挣扎有力的就是健雏；手感较凉、瘦小、轻飘、挣扎无力的就是弱雏。

三听　就是听雏鸡的叫声。健雏叫声洪亮清脆；弱雏叫声微弱、嘶哑，或鸣叫不休，有气无力。初生雏鸡的分级标准见表 2-3。

表 2-3　初生雏鸡的分级标准

级别	精神	体重	腹部	脐部	绒毛	两肢	畸形	脱水	活力
健雏	活泼健壮，眼大有神	符合品种要求	大小适中，平整柔软	收缩良好	长短适中	健壮，站立稳当	无	无	挣扎有力
弱雏	呆立嗜睡，眼小细长	过小或适中	过大或较小，肛门污秽	大而潮湿	过长或过短，脆，粘污	站立不稳，喜卧	无	有	绵软无力
残次雏	不睁眼或单眼、瞎眼	过小、干瘪	过大，软或硬，青色	吸收不好，血脐，疗脐	火烧毛，卷毛，无毛	弯趾，跛腿，站不起	有	严重	无

(二)初生雏的运输

雏鸡的运输是一项重要的技术工作,稍不留心就会给养鸡场带来较大的经济损失。因此,必须做好以下几方面的工作。

1. 选好运雏人员 要求运雏人员必须具备一定的专业知识、丰富的运雏经验和较强的责任心。

2. 准备好运雏用具 运雏用具包括交通工具、雏鸡箱、防雨用品、保温用品等。雏鸡箱一般长 50~60 cm,宽 40~50 cm,高 18 cm,箱子四周有直径 2 cm 左右的通气孔若干,箱内分 4 个小格,每个小格放 25 只雏鸡,可防止挤压。箱底可铺清洁的干稻草,以减轻振动,利于雏鸡抓牢站立,避免运输后瘫痪。没有专用雏鸡箱的,也可用厚纸箱、筐子等,但要留有一定数量的通气孔。冬季和早春运雏要带防寒用品,如棉被、毛毯等。夏季运雏要带遮阳防雨用具。所有运雏用具在装运雏鸡前,均要进行严格的消毒。

3. 掌握适宜的运雏时间 初生雏鸡体内还有少量未被利用的卵黄,故初生雏鸡在 48 h 或稍长一段时间内可以不喂饲料进行运输。但可喂些饮用水,尤其是夏季或运雏时间较长时。有试验表明,雏鸡出壳后 24 h 开食的死亡率较 8 h、16 h、36 h 开食都低,故最好能在出壳后 24 h 内运到目的地。运输过程力求做到稳而快,减少振动。

4. 解决好保温和通风的矛盾 雏鸡运输过程中,保温与通风是一对矛盾,只注意保温,不注意通风换气,会使雏鸡受闷、缺氧,以致窒息死亡;只注意通气,忽视保温,雏鸡会受凉感冒,容易诱发鸡白痢,成活率下降。因此,装车时要注意将雏鸡箱错开安排,箱子周围要留有通风空隙,重叠层数不能太多。气温低时要加盖保温用品,但不能盖得过严,装车后立即启运,路上要尽量避免长时间停车。运输人员要经常检查雏鸡动态,如见雏鸡张嘴抬头、绒毛潮湿,说明温度太高,要注意通风降温;如见雏鸡拥挤一起,吱吱鸣叫,说明温度偏低,要把雏鸡分开并加盖保温用品。长时间停车时,要经常将中间层的雏鸡箱与边上的雏鸡箱对调,以防中间的雏鸡受闷。

育雏过程中为使雏鸡生长整齐,成活率高,要及早处理掉过小、过弱及病残雏。捡鸡动作要轻,不要扔掷,否则会影响雏鸡日后的生长发育。

四、雏鸡的饲喂

(一)饮水

1. 初饮 饮水是育雏的关键,给雏鸡首次饮水称为"初饮"。在炎热的天气,尽可能提供凉水;寒冷冬季应给予不低于 20 ℃的温水。经过长途运输的雏鸡,饮水中可加入 5%的葡萄糖或蔗糖、多维素或电解质,以帮助雏鸡消除疲劳,尽快恢复体力,加快体内有害物质的排泄,能有效地提高雏鸡的成活率。育雏头几天,饮水器、盛料器应离热源近些,便于雏鸡取暖、饮水和采食。立体笼养时,开始 1 周内在笼内饮水和采食,1 周后训练在笼外饮水和采食。

二维码 2-3 雏鸡的饲养
(视频)

2. 正常饮水 雏鸡损失 10%的水分就会发生严重紊乱,损失 20%就会死亡。所以初饮后,无论何时都不应该断水(饮水免疫前的短暂停水除外),而且要保证饮水的清洁,尽量饮用自来水或清洁的井水,避免饮用河水,以免水源污染而致病。饮水器要刷洗干净，每天至少换水2次。供水系统应经常检查，去除污垢。饮水器的数量，要求育雏期内每只雏鸡最好有2 cm的饮水位置，或每100只雏有2个4.5 L的塔式饮水器。饮水器一般应均匀分布于育雏室或笼内，并尽量靠近光源、保温伞等，避开角落放置，让饮水器的四周都能供鸡饮水。饮水器的大小及距离地面的高度应随雏鸡日龄的增加而逐渐调整。

雏鸡的需水量与品种、体重和环境温度的变化有关。体重越大，生长越快，需水量越多；中型品种比小型品种饮水量多；高温时饮水量增加。一般情况下，雏鸡的饮水量是其采食干饲料的2～2.5倍。需要密切注意的是：雏鸡的饮水量忽然发生变化，往往是鸡群出现问题的信号，比如鸡群饮水量突然增加，而且采食量减少，可能有球虫病、传染性法氏囊病等发生，或者饲料中含盐分过高等。蛋用雏鸡在不同气温和周龄下的饮水量见表2-4。

表2-4 不同气温和周龄下蛋用雏鸡饮水量 L/100只

周龄	21 ℃以下	32 ℃
1	2.27	3.90
2	3.97	6.81
3	5.22	9.01
4	6.13	10.60
5	7.04	12.11
6	7.72	12.32

（二）饲喂

1. 开食　雏鸡在进入育雏舍后先饮水，隔3～4 h就可以喂料。给初生雏鸡第一次喂料叫开食。适时开食非常重要，原则上要等到鸡群羽毛干后，并能站立活动，且有2/3的鸡只有寻食表现时进行。一般开食的时间掌握在出壳后24～36 h进行，此时雏鸡的消化器官才能基本具备消化功能。

开食时使用浅平食槽或食盘，或直接将饲料撒于反光性强的已消毒的硬纸、塑料布上，当一只鸡开始啄食时，其他鸡也纷纷模仿，全群很快就能学会自动吃料。有条件的鸡场或专业户可采用人工诱食的方法，让鸡群尽快吃上饲料。开食料要求新鲜、颗粒大小适中，易于雏鸡啄食，营养丰富易消化。可直接使用鸡花料。为防因配合饲料蛋白过高导致糊肛，可在开食的第1～2天喂玉米碎粒（用温开水浸泡过更好）。

2. 正常饲喂　开食1～3 d后，应逐步改用雏鸡配合饲料进行正常饲喂，并在喂食器中盛上饲料，每天多次搅拌喂食器中的食物，促使雏鸡开始使用喂食器，1周后撤掉开食器具。开食后，实行自由采食。饲喂时要掌握“少喂勤添八成饱”的原则，每次喂食应在20～30 min内吃完，以免幼雏贪吃，引起消化不良，食欲减退。从第2周开始要做到每天下午料槽内的饲料必须吃完，不留残料，以免雏鸡挑食，造成营养缺乏或不平衡。一般第1天饲喂2～3次，以后每天喂5～6次，6周后逐渐过渡到每天4次。喂料时间要相对稳定，喂料间隔基本一致（晚上可较长），不要轻易变动。从2周龄开始，料中应开始拌1%砂粒，粒度从小米粒逐渐增大到高粱粒大小。

育雏期，要保证每只雏鸡占有5 cm左右的食槽长度。雏鸡的饮水器和喂食器应间隔放开，均匀分布，使雏鸡在任何位置距离水、料都不超过2 m。

雏鸡饲料的需要量依雏鸡品种、日粮的能量水平、鸡龄大小、喂料方法和鸡群健康状况等而有差异。同品种鸡随鸡龄的增大，每天的饲料消耗是逐渐上升的，生产中饲养员应每天测定饲料消耗量，如发现饲料耗量减少或连续几天不变，这说明鸡群生病或饲料质量变差了。此时应立即查明原因，采取有效的措施，保证鸡群正常生长发育。来航型蛋雏鸡育雏期间需要1.1～1.25 kg饲料，其具体体重和耗料见表2-5。其饲养标准见育成蛋鸡部分。

表2-5　NRC(第9版)来航型蛋雏鸡的体重和耗料

周龄	白壳品系		褐壳品系	
	体重/g	耗料/(g/周)	体重/g	耗料/(g/周)
0	35	50	37	70
2	100	140	120	160
4	260	260	325	280
6	450	340	500	350
8	660	360	750	380

为了充分利用农村的自然资源，提高养鸡的经济效益，小型鸡场和广大农户可使用青饲料喂鸡。使用了青绿饲料，在配合饲料就可以少添或不添复合维生素添加剂。给雏鸡第一次喂青绿饲料(即“开青”)的时间一般是在出壳后的第4天，开青用的饲料可以是切碎的青菜或嫩草等。饲喂量约占饲料总量的10%。不宜过多，以免引起拉稀，或雏鸡营养失调。随着雏鸡日龄的增长，可逐步加大喂量到占饲料总量的20%～30%。大型鸡场一般不喂青绿饲料，饲喂营养全面的全价配合饲料。

蛋用雏鸡的饲料形状有3种：颗粒料、干粉料和湿拌料。一般机械化或半机械化的大型鸡场或规模较大的专业户宜采用颗粒料或干粉料，省工省时，鸡群能比较均匀地吃到饲料，只是适口性稍差。一些小型鸡场可采用湿拌料，这种方法能保持雏鸡旺盛的食欲，有利于雏鸡对饲料的消化吸收。但工作烦琐，劳动强度大，要求及时处理料槽中的剩料，现喂现拌，掌握好饲喂量，减少浪费。湿拌料应拌成半干半湿状，捏在手中能成团，轻轻拍击能自动散开。

五、雏鸡的管理

(一)提供良好的环境条件

给雏鸡创造适宜的环境，是提高雏鸡成活率，保证雏鸡正常生长发育的关键措施之一。其主要内容包括提供雏鸡适宜的温度、湿度和密度，保证新鲜的空气、合理的光照、卫生环境等。

1. 合适的温度　适宜的温度是育雏成败的首要条件，育雏开始的2～3周极为重要。刚孵出的幼雏体温低于成鸡，20日龄时接近成鸡体温，体温调节功能不完善，绒毛稀短，皮薄，难以自身御寒，尤其在寒冷季节，所以必须严格地掌握育雏的温度。

二维码2-4　雏鸡舍环境条件管理(视频)

育雏温度包括育雏室和育雏器(伞)的温度，平育时，育雏器温度是指将温度计挂在育雏器(如保温伞)边缘或热源附近，距垫料5 cm处，相当于鸡背高的位置测得的温度；育雏室的温度是指将温度计挂在远离热源的墙上，离地1 m处测得的温度。笼育时，育雏器温度指笼内热源区离网底 5 cm 处的温度；育雏室的温度是指笼外离地 1 m 处的温度。由于育雏器的温度比育雏室的温度高，在整个育雏室内形成了一定的温差，有利于空气的对流，而且雏鸡可以根据自身的需要选择适温地带，感觉到较热的雏鸡可自动走向远离育雏器的地方，而感觉到较冷的雏鸡可以靠近育雏器。育雏的适宜温度见表 2-6。

表 2-6 育雏的适宜温度

年龄	1～3 日龄	4～5 日龄	6～7 日龄	2 周龄	3 周龄	4 周龄	5 周龄	6 周龄
温度/℃	35～36	32～34	30～32	28～30	26～28	22～24	20～22	18～20

由表 2-6 可知，头 3 周温度下降幅度较小，每周降 1～2 ℃，以后几周降幅略大，每周降 3～4 ℃。随着鸡龄增加，育雏器与育雏室的温度差逐渐缩小，最后保持在 16 ℃以上才能满足雏鸡的需要。笼育群小，密度大，提供的温度比较均匀，育雏温度可低些。温度下降要逐渐进行，做到平稳过渡，否则对雏鸡的生长发育不利，死亡率增加。

育雏温度的正确调控，除了参考温度计上的温度外，重要的是要会"看鸡施温"，即通过观察雏鸡的表现正确地控制育雏的温度。育雏温度合适时，雏鸡在育雏室(笼)内均匀分布，活泼好动，采食、饮水都正常，羽毛光滑整齐，雏鸡安静而伸脖休息，无奇异状态或不安的叫声；育雏温度过高时，雏鸡远离热源，精神不振，展翅张口呼吸，不断饮水，严重时表现出脱水现象，雏鸡食欲减弱，体质变弱，生长发育缓慢，还容易引发呼吸道疾病和啄癖等；育雏温度过低时，雏鸡靠近热源而打堆，羽毛蓬松，身体发抖，不时发出尖锐、短促的叫声，因为打堆可能压死下层的雏鸡，还容易导致雏鸡感冒，诱发雏鸡白痢。另外，育雏室内有贼风(间隙风、穿堂风)侵袭时，雏鸡也有密集拥挤的现象，但鸡大多密集于远离贼风吹入方向的某一侧。不同温度下雏鸡的反应如图 2-1 所示。

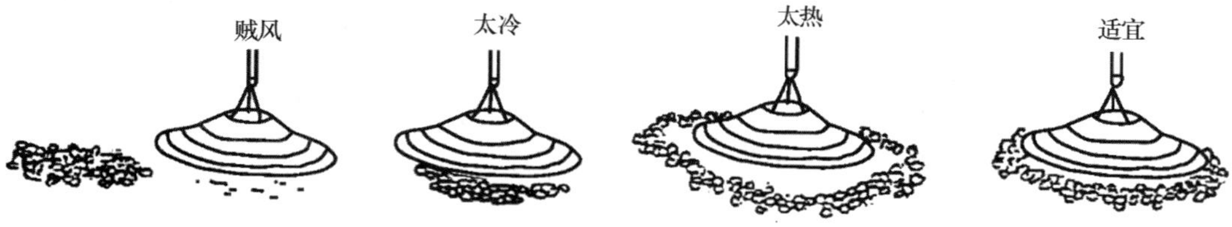

图 2-1 不同温度条件下雏鸡的状态

育雏的温度因雏鸡品种、年龄及气候等不同而有差异。一般而言，育雏温度随鸡龄增大而逐渐降低，弱雏的培育温度应比健雏高些；小群饲养比大群饲养的要高一些；夜间比白天高些；阴雨天比晴天高些；肉用鸡比蛋用鸡要高些；室温低时育雏器的温度要比室温高时高一些。生产中可据实际情况，并结合雏鸡的状态做适当调整。

2. 适宜的湿度　湿度的高低，对雏鸡的健康和生长有较大的影响，但影响程度不及温度，只有在极端情况下或多种因素共同作用时，可能对雏鸡造成较大危害。在干燥的环境下，雏鸡体内的水分会通过呼吸大量散发出去，这就影响到雏鸡体内剩余卵黄的吸收，使绒毛发干且大量脱落，使脚趾干枯；雏鸡可能因饮水过多而发生下痢，也可能因室内尘土飞扬易患呼吸道病。因此，育雏初期由于室内温度较高，空气的相对湿度往往太低，高温低湿会加重上述症状。所以，必须注意室内水分的补充，使雏鸡室的相对湿度达到 70%～75%。可以在火炉上放置水壶烧开水或定期向室内空间、地面喷水等来提高湿度。

育雏室的湿度一般使用干湿球温度计来测定，要注意使湿球少沾灰尘以利于水分蒸发。有经验的饲养员还可通过自身的感觉和观察雏鸡表现来判定湿度是否适宜。湿度适宜时，人进入育雏室有湿热感，不觉鼻干口燥，雏鸡的脚爪润泽、细嫩，精神状态良好，鸡群振翅时基本无尘土飞扬。如果人进入育雏室感觉鼻干口燥、鸡群大量饮水，鸡群骚动时尘灰四起，这说明育雏室内湿度偏低。反之，雏鸡羽毛黏湿，舍内用具、墙壁上有一层露珠，室内到处都感到湿漉漉的，说明湿度过高。雏鸡适宜的相对湿度见表 2-7。

表 2-7　雏鸡适宜的相对湿度　　%

相对湿度	日龄			
	0～10	11～30	30～45	46～60
适宜相对湿度	70	65	60	50～55
最上限	75	75	75	75
最下限	40	40	40	40

3. 正常的通风　一般室内只要经常通风，也不会出现有害气体浓度偏高的问题。在无检测仪器的条件下，以不刺鼻和眼、不闷人、无过分臭味为宜。

密闭式鸡舍及笼养密度大的鸡舍通常采用机械通风，如安装风机、空气过滤器等装置，将净化过的空气引入舍内。开放式鸡舍基本上都是依靠开窗进行自然通风。由于有些有害气体比重大，地面附近浓度大，故自然通风时还要注意开地窗。

值得注意的是，育雏舍内的通风和保温常常是矛盾的，尤其是在冬季，生产上应在保温的前提下排出不新鲜的空气。寒冷天气通风的时间最好选择在中午前后，气流速度不高于 0.2 m/s。自然通风时门窗的开启可从小到大最后呈半开状态，开窗顺序为：南上窗→北上窗→南下窗→北下窗→南北上下窗。不可让风对准鸡体直吹，并防止门窗不严出现贼风。温度高时，通风量大些，除了必要的通风换气外，还需要靠通风带走多余的水分和热量。无论天气多冷，雏鸡多小，都要注意开启一些门窗，不可密封不通气，在雏鸡不感到冷的情况下，要尽量通风。

通风换气除与雏鸡日龄、体重有关外，还受季节、温度变化的影响。

4. 合适的密度　饲养密度是指育雏室内每平方米地面或笼底面积所容纳的雏鸡数。密度与育雏室内空气的质量以及鸡群啄癖的产生有着直接的关系。饲养密度过大，育雏室内空气污浊，二氧化碳浓度高，氨味浓，湿度大，易引发疾病，雏鸡吃食和饮水拥挤，饥饱不均，生长发育不整齐，若室温偏高时，容易引起雏鸡互啄癖。饲养密度过小时，房舍及设备的利用率降低，人力增加，育雏成本提高，经济效益下降，雏鸡的适宜饲养密度见表 2-8。

表 2-8　各种饲养方式下雏鸡的适宜饲养密度　　只/m^2

周龄	地面平养	网上平养	立体笼养
1～2	30	40	60
3～4	25	30	40
5～6	20	25	30

注：笼养所指面积是笼底面积。

表 2-8 可知，饲养密度随周龄和饲养方式而异。此外，轻型品种的密度要比中型品种大些，每平方米可多养 3～5 只；冬天和早春天气寒冷，气候干燥，饲养密度可适当高一些；夏秋季

节雨水多，气温高，饲养密度可适当低一些；弱雏经不起拥挤，饲养密度宜低些。鸡舍的结构若是通风条件不好，也应降低饲养密度。

5.适宜的光照

(1)光照的作用　合理的光照，可以加强雏鸡的血液循环，加速新陈代谢，增进食欲，有助于消化，促进钙磷代谢和骨骼的发育，增强机体的免疫力，从而使雏鸡健康成长。

(2)光照制度　光照制度的制定根据不同鸡舍类型而不同。

密闭式鸡舍完全依靠人工光照照明，容易控制。具体方案见表2-9。

表2-9　密闭式鸡舍光照方案

周龄	光照/(h/d)	周龄	光照/(h/d)	周龄	光照/(h/d)
1～2日龄	24	11	8	21	12
3～7日龄	13	12	8	22	12.5
2	12.5	13	8	23	13
3	12	14	8	24	13.5
4	11.5	15	8	25	14
5	11	16	8	26	14.5
6	10.5	17	8	27	15
7	10	18	8	28	15.5
8	9.5	19	8	29	16
9	9	20	10	>30	16
10	8.5				

开放式鸡舍。因育雏季节不同，有以下几种情况：

①昼长趋于增长　从气象表中查出139日龄育成期内自然日照长度最长的一天，最初1～3日龄可用人工光照补充自然光到21～23 h，此后10 d内补充光照时间逐渐减少到查出的139日龄的日照时间，并维持到139日龄，从140日龄起每周增加光照0.5 h，直至每天光照16～17 h为止。此后恒定。

②昼长先增后减　从气象表中查出育成期内最长的自然日照长度，按①的光照方法，将光照时间缩短到自然日照最长的那一天，此后到139日龄用自然日照，140日龄起每周增加光照0.5～1 h，直至每天光照16～17 h为止。

③昼长趋于减短　从1日龄到139日龄，自然光照长度不断缩短，在育雏初期可参照①的光照方式，此后采用自然日照长度，从140日龄起每周增加0.5～1 h，直至每天光照16～17 h为止。

④昼长先减后增　从气象表中查出139日龄的日照长度，最初1～3日龄人工补光光照至21～23 h，此后采用自然日照，直到等于预期139日龄的光照时间，不足的补够，并维持此光照时间，从140日龄起每周增加0.5～1 h，直至每天光照16～17 h。

(3)光照强度的掌握　光照强度可由照度计测得。是指在鸡头部的高度，也就是鸡的眼睛能感受的光照强度。推荐的光照强度为：1周龄20～30 lx；2～19周龄5～10 lx；20周龄后10～30 lx。光照强度也可估算，即每平方米面积使用2.7 W的白炽灯，可在平养鸡舍的鸡背处提供10 lx的光照强度，但灯泡必须清洁，有灯罩，灯泡高度在2.1～2.4 m处。脏灯泡发出的光比干净灯泡少1/3，有反光罩比无反光罩的光照强度大45%。灯泡在鸡舍内应分布均匀，灯泡之间的距离必须是灯泡高度的1.5倍，灯泡须交叉排列，灯泡的功率不宜大于60 W。白炽灯、荧光灯、节能灯、LED 灯均可使用，但不要随意变更。

6. 搞好环境卫生　幼雏抗病力弱，要求育雏舍在开始育雏前要进行彻底的清洗和消毒。在育雏过程中，要经常保持环境的清洁卫生，尽量减少幼雏受病原微生物感染的机会，使其健康地成长。在生产中，往往只注重育雏前的消毒而放松育雏过程中的环境保持，应提高警惕。

（二）防止啄癖

在育雏过程中，如果密度过大、光线过强、温度过高、通风不良以及饲料缺乏某些营养物质等，经常会导致鸡群发生啄羽、啄趾、啄肛等恶癖，这种现象称为啄癖。虽然偶有发生，但蔓延甚广，会导致鸡群骚乱不安。影响生长和健康，增加淘汰率和死亡率。因此，必须及时查找啄癖发生的原因，改善饲养管理条件。目前防止啄癖最有效的办法是断喙。断喙时间在鸡开产前任何时间都可以，为了便于操作，减少应激和减少断喙后再生率，一般 7～9 日龄是第 1 次断喙的最佳时间；在 8～10 周内进行修喙。在断喙前一天和后一天饮水（或饲料）中可加入维生素 K_3，每千克水（或饲料）中约加入 5 mg。用断喙器将上喙切去 1/2，下喙切去 1/3，灼烧 2 s 左右，以止血。注意：不能让上喙长于下喙，这样不方便采食。

对于被啄伤的鸡，应从鸡群中取出，在伤处涂以紫药水或黑墨汁，干燥后或隔离 1～2 d 即可归群。

（三）做好记录

每天应记录死雏数、进出周转数或出售数；每天各批鸡耗料情况；用药情况；体重测定情况；天气及室内的温度、湿度变化情况等资料，以便汇总分析，见表 2-10。

表 2-10　育雏情况记录表

品种（品系）		入舍日期							
批次（代号）		入舍数量							
转群日期		转群数量							
月	日龄	育雏数	鸡群变动		存活率/%	日耗料量		标准耗料/g	体重/kg
			病死	淘汰		总量/kg	每只/g		
1									
2									
3									
4									
5									
6									
7									
8									
9									
10									
11									
12									
合计									

知识链接

二维码 2-5 雏鸡的生理特点(视频)

一、雏鸡的生理特点

1. 幼雏体温较低,体温调节功能不完善　初生雏的体温较成年鸡低 2～3 ℃,4 日龄开始慢慢上升,到 10 日龄时达到成年鸡体温,到 3 周龄左右,体温调节功能逐渐趋于完善,7～8 周龄以后才具有适应外界环境温度变化的能力。幼雏绒毛稀短,皮薄,早期自身难以御寒。因此,育雏期,尤其是早期要注意保温防寒。

2. 雏鸡生长迅速,代谢旺盛　蛋用雏鸡 2 周龄体重约为初生时的 2 倍,6 周龄为 10 倍,8 周龄为 15 倍;肉仔鸡生长更快,相应为 4 倍、32 倍及 50 倍。以后随日龄增长而逐渐减慢生长速度。雏鸡代谢旺盛,心跳快,脉搏可达 250～350 次/min,刚出壳时可达 560 次/min,安静时单位体重耗氧量比家畜高 1 倍以上,雏鸡每小时每克体重的热产量为 23 J,为成鸡的 2 倍,所以既要保证雏鸡的营养需要,又要保证良好的空气质量。

3. 幼雏羽毛生长快、更换勤　雏鸡 3 周龄时羽毛为体重的 4%,4 周龄时为 7%,以后大致不变。从出壳到 20 周龄,鸡要更换 4 次羽毛,分别在 4～5 周龄、7～8 周龄、12～13 周龄和 18～20 周龄。羽毛中蛋白质含量高达 80%～82%,为肉、蛋 4～5 倍。因此,雏鸡日粮的蛋白质(尤其是含硫氨基酸)水平要高。

4. 消化系统发育不健全　幼雏胃肠容积小,进食量有限,消化腺也不发达(缺乏某些消化酶),肌胃研磨能力差,消化力弱。因此,要注意喂给纤维含量低、易消化的饲料,并且要少喂勤添。

5. 抵抗力弱,敏感性强　雏鸡免疫功能较差,约 10 日龄才开始产生自身抗体,产生的抗体较少,出壳后母源抗体也日渐衰减,3 周龄左右母源抗体降至最低,故 10～21 日龄为危险期,雏鸡对各种疾病和不良环境的抵抗力弱,对饲料中各种营养物质缺乏或有毒药物的过量反应敏感。所以,要做好疫苗接种和药物防病工作,搞好环境净化,保证饲料营养全面,投药均匀适量。

6. 雏鸡易受惊吓,缺乏自卫能力　各种异常声响以及新奇的颜色都会引起雏鸡骚乱不安,因此,育雏环境要安静,并有防止兽害设施。

二、育雏供暖设备

育雏阶段需要供暖,常用电热、水暖、气暖、煤炉、火炕等设备供暖都能达到加热保暖的目的。其中以电热、水暖、气暖比较干净卫生。煤炉加热要注意防止发生煤气中毒事故。火炕加热比较费燃料,但温度较为平稳。

1. 电热保温伞　保温伞育雏时要求室温 24 ℃以上,伞下距地面高度 5 cm 处温度 35 ℃,雏鸡可以在伞下自由出入。此种方法一般用于平面育雏。

2. 红外线灯泡保温　将红外线灯泡悬挂在距离地面 35～40 cm 的高度。

3. 热水或热气供暖　依靠热水和热气,通过管道和散热片供暖。适用于育雏数量较大的大型鸡场采用。

4. 火炕、地下烟道保温　注意烟道不能漏气,以防煤气中毒。适用于广大农户养鸡和中小型鸡场,对平养和笼养均适宜。

5. 煤炉供温　适用于较小规模的养鸡户使用,方便简单。

任务二　育成鸡培育技术

一、育成鸡培育目标

鸡群的育成期要求未发生或蔓延烈性传染病，体重符合标准、均匀度好（85%以上）；骨骼发育良好、骨骼发育应和体重增长相一致；具有较强的抗病能力，在产前做好各种免疫，保证鸡群安全度过产蛋期。

二、育成鸡培育技术

育成鸡的健康成长与生长发育以及性成熟等受外界环境条件的影响，特别是现代养禽生产，在全舍饲、高密度条件下，环境问题变得更为突出。

（一）及时更换饲料

在育成期如果给予充足的能量和蛋白质，容易引起早熟和过肥。因此当鸡群7周龄平均体重和胫长达标时，将育雏料换为育成料。若此时体重和胫长达不到标准，则继续喂雏鸡料，达标时再换；若此时两项指标超标，则换料后保持原来的饲喂量，并限制以后每周饲料的增加量，直到恢复标准为止。育成鸡换料的具体方法见表2-11。

（二）限制饲养，控制体重

蛋用型鸡在育成期适当地限制饲养，其目的在于控制鸡的体重适时开产，提高产蛋量和整齐度。另外，还可节省5%～10%的饲料。由于限制饲养过程中，病弱的鸡耐受不住而淘汰，可提高产蛋期存活率。

表2-11　育成鸡换料方法

方法	雏鸡料＋育成鸡料	饲喂时间/d
1	2/3＋1/3	2
	1/2＋1/2	2
	1/3＋2/3	2～3
	0＋1	
2	2/3＋1/3	3
	1/3＋2/3	4
	0＋1	
3	1/2＋1/2	5～6
	0＋1	

1.限制饲养的方法

限制饲养方法有限质法、限量法和限时法等。限质法，即在氨基酸平衡的条件下，饲料的粗蛋白质从16%降至12%～13%；或将饲料的赖氨酸降为0.39%，可延迟性成熟；限量法，即每天饲喂自由采食量的92%～93%的全价饲料，饲料的质量可以不变；限时法分为以下几种。

①每天限时　每天固定采食时间，其他时间不喂料。

②隔日饲喂　隔1 d喂料1 d，1 d喂2 d的饲料。

③每周停喂1 d　把7 d的饲料集中在6 d饲喂。

④每周停喂2 d　把7 d的饲料集中在5 d饲喂。

无论限饲几天，保证该周喂料总量为不限饲的92%～93%。

2. 限制饲养注意事项

(1)限制饲养时间　根据育成鸡的体重及健康状况具体确定限饲开始和终止时间。一般从6～8周龄开始实施限制饲养，最晚18周龄结束，可以全程也可以中间某一段时间限制饲养。

(2)限制饲养前要整理鸡群，挑出病弱鸡，清点鸡只数。

(3)保证充足采食和饮水的位置(表2-12)，至少保证80%的鸡能同时采食。

(4)每1～2周在固定时间随机抽取2%～5%的鸡只空腹称重。

(5)限制饲养的鸡群应经过断喙处理，以免发生互啄现象。

(6)限制饲养的鸡群发病或处于接种疫苗等应激状态，应恢复自由采食。

(7)限制饲养应与光照控制相配合，保证育成鸡在适宜的周龄和标准体重范围内开产。

表2-12　每只鸡所需的采食和饮水位置　cm

周　龄	位置	
	采食位置	饮水位置
7～10	5	2
11～20	7.5～10	2.5～4

(三)补充砂粒和钙

从7周龄开始，每周每100只鸡应给予500～1 000 g砂粒，撒于饲料面上，前期用量少且砂粒直径小，后期用量多且砂粒直径增大。

从18周龄到产蛋率5%阶段，日粮中钙的含量增加到2%，以供小母鸡形成髓质骨，增加钙盐的贮备。最好单独喂给1/2的粒状钙料，以满足每只鸡的需要，也可代替部分砂粒，改善适口性和增加钙质在消化道内的停留时间。

(四)育成鸡的管理

1. 适时转群

雏鸡6～7周龄应转入育成舍，炎热季节最好在清晨或傍晚进行，冬季可在晴天中午进行。转群时需做到以下几点。

(1)准备好育成舍。鸡舍和设备必须进行彻底的清扫、冲洗和消毒，在熏蒸后密闭3～5 d再使用。

(2)调整饲料和饮水。转群前后2～3 d内增加多种维生素1～2倍或饮电解质溶液；转群前6 h应停料；转群后，根据体重和骨骼发育情况逐渐更换饲料。

(3)整理鸡群。将不整齐的鸡群，根据生长发育程度分群分饲，淘汰体重过轻、有病、有残的鸡只，彻底清点鸡数，并适当调整密度。

(4)临时增加光照。转群的当天连续光照24 h，使鸡尽早熟悉新环境，尽早开始吃食和饮水。

(5)补充舍温。育成舍的温度应与育雏舍温度相当，否则就要补充舍温，补至原来水平或者高1 ℃。这对寒冷季节的平养育成舍更为重要。

2. 环境控制

虽然育成鸡对环境的适应能力增强，但环境条件依然影响其正常的生长发育，因此应重视育成鸡的环境条件。

(1)温度　最佳生长温度为20 ℃左右，一般控制在15～25 ℃。育成鸡对温度有很大的适应能力，但也要避免急剧的温差变化，温差应控制在 5 ℃以内。

(2)湿度　育成鸡对湿度不太敏感，但所处环境以干燥为宜，要防止环境过于潮湿。一般相对湿度保持在 40%～70%。

(3)通风换气　育成鸡舍空气应保持新鲜，使有害气体减至最低量，以保证鸡群的健康。随着季节的变换与育成鸡的生长，通风量要随之改变，在深秋、冬季和初春，由于天气较冷，为了鸡舍保温往往忽视通风换气，而这期间，因为育成鸡活泼好动，空气中的灰尘多，造成鸡舍环境差，很容易引起呼吸道疾病的暴发，从而影响鸡的生长发育，严重时可造成死亡。所以，在保证温度的前提下，应随着季节的变换，保证鸡舍一定的通风换气量。

(4)光照　在饲料营养平衡的条件下，光照对育成鸡的性成熟起着重要作用，特别是 10 周龄以后。这个阶段光照管理的原则是光照时间保持恒定或逐渐缩短，切勿增加。育成期常采用的光照方法有 3 种，即自然光照法、恒定光照法和渐减光照法。

自然光照法：此种方法在自然光照逐渐缩短时使用。这期间不要人工补光。

恒定光照法：此种方法在自然光照逐渐延长时使用。查出本批雏鸡长到 20 周龄时当地日照时间，以此为标准，自然光照不足部分采用人工补光。

渐减光照法：从当地气象部门查出本批雏鸡到 20 周龄时的白天光照时间，再加上 4 h，为 1～4 周龄的光照时间，5～20 周龄每周平均减少 15 min，到 20 周龄时正好与自然光照长短相一致。育成期每天光照的总时数，一般不应低于 8 h。光照制度要相对稳定，光照方案确定后，不应经常更换，要保持一定的稳定性。光照强度以每平方米 1～2 W 照度即可。

(5)密度　为使育成鸡发育良好，整齐一致，须保持适中的饲养密度，见表 2-13。密度大小除与周龄和饲养方式有关外，还应随品种、季节、通风条件等而调整。

表 2-13　育成鸡适中的饲养密度　　只/m^2

周　龄	地面平养	网上平养	半网栅平养	立体笼养
6～8	15	20	18	26
9～15	10	14	12	18
16～20	7	12	9	14

注：笼养所涉及的面积是指笼底面积。

3. 日常管理

(1)定期称测均匀度　均匀度是育成鸡的一项非常重要的质量指标。均匀度与遗传有关，但主要受饲养管理水平的影响，可以用体重和胫长两项指标来衡量。性成熟时达到标准体重和胫长且均匀度好的鸡群，则开产整齐，产蛋高峰高而持久。

(2)搞好环境卫生　为了防止疾病的发生，除按期接种疫苗、预防性投药、驱虫外，要加强日常卫生管理，定期清扫鸡舍，更换垫料，执行严格的消毒制度。

(3)保持环境安静稳定，减缓或避免应激　育成鸡对环境变化的反应非常敏感，尤其在育成后期，因此，在日常管理上应尽量减缓或避免各种干扰，捉鸡、注射疫苗等动作要轻，转群最好在夜间进行。另外，不要随意改变每天的工作程序、饲料配方及饲养员。

(4)及时淘汰病弱鸡　在育成过程中，注意观察鸡群，结合称测体重，及时淘汰体重不符合标准的鸡和病弱鸡。一般在育成期要集中两次挑选和淘汰，第 1 次在 6～8 周龄即育雏结束转入育成期时进行，第 2 次在 18～20 周龄时结合转群或接种疫苗时进行。

知识链接

一、育成鸡的生理特点及生长发育

1. 具有健全的体温调节能力和较强的生活能力，对外界环境的适应能力和对疾病的抵抗能力明显增强。

2. 消化能力强，生长迅速，是肌肉和骨骼发育的重要阶段。整个育成期体重增幅最大，但增重速度不如雏鸡快。体重增长速度随着日龄增加而逐渐减慢，但脂肪沉积随日龄的增加而增多。

3. 育成后期鸡的生殖系统发育成熟。在光照管理和营养供应上要注意这一特点，顺利完成由育成期到产蛋期的过渡。

二、鸡群均匀度

鸡群均匀度是育成鸡的一项非常重要的质量指标，是指鸡群发育的整齐程度，包括体重、胫长和性成熟的均匀度，其中以体重均匀度最为重要。与遗传有关，但主要受饲养管理水平的影响，因此是鸡群管理水平的主要标志，它是提高鸡群产蛋率的必要条件，均匀度越高，产蛋率越高，个体蛋重也越均匀。鸡的育成阶段最主要的目标就是获得均匀度高、性成熟适时、发育良好的整个鸡群。良好的鸡群在育成末期均匀度至少应达到80%以上，鸡群的平均体重与胫长在标准±5%范围内。

1. 体重均匀度　是鸡群体重的一致程度，一般4～6周龄起，每隔1～2周称重一次，及时调整饲喂量。

(1)体重均匀度测定方法　从鸡群中随机取样，鸡群越小取样比例越高，反之越低。如500只鸡群按10%取样；1 000～2 000只按5%取样，5 000～10 000只按2%取样。取样群的每只鸡都称重、测胫长，不加人为选择，并注意取样。要有代表性。以全群称重为最佳。

$$\text{体重均匀度}=\frac{\text{平均体重}\pm10\%\text{范围内的鸡只数}}{\text{取样总只数}}\times100\%$$

(2)体重均匀度等级　蛋鸡群中体重均匀度应达80%，见表2-14。

表2-14　鸡群体重均匀度的评分标准　%

等级	体重在平均体重±10%以内鸡数占的百分数
特级	大于90
优等	84～90
良好	77～83
一般	70～76
不良	63～69
差	56～62
很差	<55

(3)影响体重均匀度主要因素　如果鸡群均匀度差，应设法找到原因，以便今后改进，如疾病、寄生虫，过于拥挤、高温、营养不良、断喙过度、通风不当等。若均匀度太差，还应分群饲养管理。

2. 胫长均匀度　胫长是骨骼发育的代表，对蛋鸡、种鸡更重要。通常以测量胫长为主，结合称体重，可以准确地判断鸡群的生长发育情况。若饲养管理不好，胫短而体重大者，表示鸡肥胖；胫长而体重相对小者，表示鸡过瘦。检查骨骼的发育，一般分别在4周龄、6周龄、12周龄、18周龄进行，用两脚规或游标卡尺测量胫长，部位是从跖关节到脚底(第3趾与第4趾间)的垂直距离。

3. 性成熟均匀度　是指鸡群开产的一致程度。鸡个体性成熟是以产第1枚蛋的平均日龄计，群体性成熟则是以全群产蛋率达50%的日龄计算。影响鸡群性成熟的因素主要有品种、品系、饲养管理条件等。

4. 提高鸡群均匀度的主要措施　定期称重，按大、中、小及时分群，对于发育差的、体重小的鸡增加饲喂空间和饮水空间；降低饲养密度，饲养密度是影响鸡群整齐度的关键。对于患病造成发育迟缓的鸡，应及时淘汰。

任务三　产蛋鸡饲养管理技术

产蛋鸡饲养管理的中心任务是尽可能地消除与减少各种逆境，创造适宜的环境条件，充分发挥其遗传潜力，达到高产、稳产的目的，同时降低鸡群的死淘率和蛋的破损率，尽可能地节约饲料，最大限度地提高蛋鸡的经济效益。

二维码 2-6　蛋鸡产蛋期管理技术(视频)

一、产蛋鸡饲养方式

产蛋鸡的饲养方式分为两大类，即平养和笼养，不同的饲养方式配有相应的设施，平养又分为垫料地面平养、网上平养和地网混合平养 3 种方式。

(一)平养

平养是指利用各种地面结构在平面上饲养鸡群。一般每 4～5 只鸡配备一个产蛋箱；饮水设备采用大型吊塔式饮水器或安装在舍内两侧的水槽或乳头式饮水器等；喂料设备采用吊桶、链式料槽、弹簧式料盘和塞索管式料盘等，后 3 种为机械喂料设备。

平养的优点是：一次性投资较少，便于在大面积上观察鸡群状况，鸡的活动多，骨骼坚实。缺点是饲养密度低，捉鸡较麻烦，需设产蛋箱。

1. 垫料地面平养　分为一般垫料平养和厚垫料平养。前者夏季铺垫料 8 cm，冬季 10 cm；后者一般先撒上一层生石灰吸潮，再铺 10 cm 厚的垫料，以后局部撤换、加厚，直至 20 cm 为止。这类地面投资较少，冬季保温较好，但舍内易潮湿，饲养密度低，窝外蛋和脏蛋较多。寒冷季节若通风不良，空气污浊，易于诱发眼病及呼吸道疾病。

2. 网状或板条平养　网状或板条离地 70 cm 左右，结构与雏鸡的相似，只是网眼大些，一般为 2.5 cm×5.0 cm，网眼的长边应横向于鸡舍，每 30 cm 设一较粗的金属架，防网凹陷。板条宽 2.0～5.0 cm，间隙 2.5 cm，可用木条、竹片等。近年又出现了塑料板条，坚固耐用，便于清洗消毒，但造价较高。这种平养方式每平方米可比垫料平养多养 40%～50%的鸡，舍内易于保持清洁与干燥，鸡体不与粪便接触，利于防病，但轻型蛋鸡易患神经质，窝外蛋与破蛋较多，有时产蛋率稍低。平时要防饮水器漏水，以防鸡粪发酵或生蛆。

3. 地网混合平养　舍内 1/3 面积为垫料地面，居中或两侧，另 2/3 面积为离地设网或板条，高出地面 40～50 cm，形成“两高一低”或“两低一高”的形式。这种方式多用于种鸡，特别是肉种鸡，可提高产蛋量和受精率。商品蛋鸡很少采用。

(二)笼养

目前,全世界 75%、美国 98%的商品蛋鸡养于笼内,我国集约化蛋鸡场几乎都采用笼养。

1. 笼养的优点

(1)笼子可以立体安放,节省地面,提高饲养密度。

(2)便于进行机械化、自动化操作,生产效率高。

(3)尘埃少,蛋面清洁,一般能避免寄生虫等疾病的危害,降低死亡率。

(4)饲料利用效率高,生产性能好,就巢性低,吃蛋现象少。

(5)便于观察和逮捉。

2. 笼养的缺点　笼养鸡易于发生挫伤与骨折,易于过肥和发生脂肪肝。一次性投入大。总的看来,笼养利大于弊,经济效益明显。

3. 蛋鸡笼的布置　可分为阶梯式与叠层式。其中阶梯式又分为全阶梯式与半阶梯式。

全阶梯式光照均匀,通风良好;叠层式上、下层之间要加承粪板,是随着土地价格上涨发展起来的高密度饲养方式,目前叠层式鸡笼已发展到了 8 层。这种鸡笼后网设置有风管,将舍外新鲜空气直接送到每只鸡周围,同时也风干鸡粪,喂料、饮水、集蛋、除粪都实行机械化操作。由于舍内饲养密度加大,必须保证适宜的通风和光照条件。层数越多,对电的依赖性就越强。半阶梯式介于前两者之间,上下笼重叠为 1/2,加承粪板。我国笼养蛋鸡多采用 3 层阶梯式笼具,少数为 2 层或 4 层,随着机械化供料与集蛋的增多,蛋鸡笼有向高层发展的趋势,这样,单位地面上可获得更高的经济效益。

蛋鸡笼的尺寸大小要能满足其一定的活动面积,一定的采食位置和一定的高度,同时笼底应有一定的倾斜度以保证产下的蛋能及时滚到笼外。蛋鸡单位笼的尺寸,一般为前高 445～450 mm,后高 400 mm,笼底坡度 8°～9°,笼深 350～380 mm,伸出笼外的集蛋槽为 120～160 mm。为方便运输,笼具一般制成组装式,即每组鸡笼各部分制成单块,附有挂钩,笼架安装好后,挂上单块即成。

二、产蛋鸡开产前的准备

(一)产蛋鸡舍的整理和消毒

产蛋鸡由育成舍转入产蛋鸡舍前,必须做好产蛋鸡舍的整理和消毒工作。

(1)用广谱消毒药喷洒垫料、鸡粪和墙壁,如发现有寄生虫,应加上杀虫剂。

(2)彻底清除垫料及粪便。

(3)清洗。可以先用低压水泵(20 kg/cm^2)将地面和墙壁润湿;然后再用高压水泵(50 kg/cm^2)将地面、墙壁及各种笼具冲洗干净。

(4)用火焰喷射器将笼具、墙壁及地面烧一遍;一些用塑料制成的设备,应先浸入含有洗涤剂的水中清洗干净后,再用含有消毒剂的水消毒干净。饮水系统必须彻底清洗干净后,用氯化水消毒。鸡舍周围要打扫干净,喷洒消毒药进行消毒。

(5)空舍必须在 10 d 以上。

(6)在鸡舍的墙壁上用石灰浆水喷洒一层,一是起到消毒作用,二是能增加鸡舍内的亮度。

(7)一切准备就绪后,关闭鸡舍,舍内温度升高到 25 ℃,湿度升高到 60%～70%,按每立方米鸡舍空间配置 28 mL 甲醛、14 g 高锰酸钾进行熏蒸消毒。熏蒸前要将一些易燃的东西移放距离熏蒸器皿远一些，以防起火；熏蒸时间最短不能少于 18 h，在进鸡前 48 h，打开门窗及风机，排出药味，就可进鸡。

(二)转群(“全进全出”)与整理鸡群

1. 转群时间的选择

转群时间早的可以在 17～18 周龄，晚的在 20 周龄；最迟要在开产前完成，使鸡群有足够的时间熟悉和适应新的环境，以减少应激给鸡带来不利的影响。

2. 转群前的饲养管理

转群前 2 d，饲料或饮水中添加抗生素和 2 倍的多维及电解质，如维生素 C、速补-14 等。转群当日连续 24 h 光照并停料供水 4～6 h。

3. 转群时的组织工作

(1)转群时要进行选择鉴别，严格淘汰病、残、弱、瘦、小的不良个体。

(2)转群前对全群鸡进行驱虫，主要驱除肠道线虫。

(3)气温适宜；夜间抓鸡可避免惊群，同时要防止碰伤、压死、闷死。

4. 转群后的饲养管理

(1)要注意观察鸡群的动态，并及时处理。

(2)产蛋舍事先准备好饮水和饲料。

(3)饲料或水中添加 2 倍多维素和适当的抗生素 2～3 d。

(4)适应 1 周后，再进行预防注射、换料、补充光照等。

三、产蛋鸡饲养环境

开产是小母鸡一生中的重大转折，产第一枚蛋是一种强刺激，应激相对大。尤其产蛋前期生殖系统的迅速发育成熟，体重仍在不断增长，产蛋率迅速上升，因此生理应激反应非常大。由于应激，产蛋鸡适应环境和抵抗疾病能力下降，应提供良好的饲养环境，减少外界干扰，减轻应激。

(一)温度

温度对产蛋鸡的生长、产蛋、蛋重、蛋壳品质、种蛋受精率及饲料报酬等都有较大影响。产蛋适宜温度为 13～20 ℃，其中 13～16 ℃产蛋率最高，15.5～20 ℃饲料报酬最好。综合考虑各种因素，产蛋鸡舍的适宜温度为 13～23 ℃，最适温度为 16～21 ℃；最低温度不能低于 7.8 ℃，最高温度不应超过 28 ℃。否则，对蛋鸡的产蛋性能影响较大。

(二)湿度

产蛋鸡适宜的相对湿度为 60%左右，但相对湿度为 45%～70%，对蛋鸡生产性能影响不大。鸡舍内湿度太低或太高，对鸡的生长发育及生产性能危害较大。当鸡舍内湿度太低时，空气干燥，鸡的羽毛紊乱，皮肤干燥，饮水量增加，鸡舍尘埃飞扬，鸡群易患呼吸道疾病。遇到这种情况，可向地面洒水，或把水盆、水壶放在炉子上使水分蒸发，以提高室内湿度。

生产中常见鸡舍内湿度太大。当舍内湿度太高时，易使鸡的羽毛污秽，稀薄的鸡粪四溢，此种情况多发于冬季，舍内外温差大，通风换气不畅，鸡群易患慢性呼吸道病等。在这种情况下，应该通过加大通风量、经常清粪、在鸡舍内放一些吸湿物等办法来降低湿度。

（三）通风换气

通风换气的目的在于调节舍内温度，降低湿度，排出污浊空气，减少有害气体、灰尘和微生物的浓度和数量，使舍内保持空气清新，供给鸡群足够的氧气。

为达到通风的目的，在建造鸡舍时，应合理设置进气口与排气口，使气流能均匀流过全舍而无贼风。即使在严寒季节也要进行低流量或间断性通风。进气口须能调节方位与大小，天冷时进入舍内的气流应由上而下不直接吹向鸡体。机械通风的装置应能调节通风量，根据舍内、外温差调节通风量与气流速度的大小。

（四）光照

产蛋鸡光照的原则是在产蛋率上升期光照时间只能增加不能减少，在产蛋高峰来临前的2～3周，每天的最长光照时间要达到16～16.5 h并一直恒定不变，在产蛋后期，可增加至16.5～17 h，直至淘汰。

（五）饲养密度

产蛋鸡的饲养密度与饲养方式密切相关，见表2-15。平养蛋鸡要保证每只13～14 cm的料槽长度和2.5～4 cm的水槽长度，或每3～4只鸡提供一个乳头式饮水器。

表2-15　蛋鸡的饲养密度　　只/m^2

管理方式	轻型蛋鸡	中型蛋鸡
垫料地面平养	6.2	5.3
网状地面平养	11.0	8.3
地网混合笼养	7.2	6.2

注：笼养所涉及的面积是指笼底面积。

（六）尽量避免应激因素发生

应激是指对鸡健康有害的一些症候群。应激可能是气候的、营养的、群居的或内在的（如某些生理功能紊乱，病原体或毒素的作用等）。

任何环境条件的突然改变，都可能引起鸡发生应激反应。养鸡生产中，应激因素是不可避免的，如称重、免疫、转群、断喙、换料、噪声、舍温过高或过低、密度过大、通风不良、光线过强、光照制度的突然改变、饲料营养成分缺乏或不足、断料停水、饲养人员及作业程序的变换、陌生人入舍、鼠犬猫等窜入鸡舍等。防止应激反应的发生，尽量减少应激因素的出现，创造一个良好、稳定、舒适的鸡舍内外环境，是产蛋鸡管理的重要内容，尤其是在产蛋高峰期管理。

四、产蛋鸡开产前后的饲养管理

开产前后是指开产的前几周到约有80%的鸡开产这段时间。

（一）适宜的体重标准

育成后期（18周龄时）要测定鸡群体重，并与该鸡种的标准体重对照。若达不到标准，原为限饲的应转为自由采食；同时，原定 18 周龄为开始增加光照时间的，可推迟到 19 周龄或 20 周龄时再增加，以使鸡群开产时的体重尽可能地达到体重标准。实践证明，鸡群开产时如生长发育比较一致，开产的个体比例较集中和整齐，就能按期达到产蛋高峰和全期产蛋量高。

(二)饲喂

现代蛋鸡对营养需要极高。要根据气候条件，鸡种的不同供给不同的全价日粮，以满足其产蛋和自身的营养需要。因此，从鸡群开始产蛋之时起，应让母鸡自由采食，并一直实行到产蛋高峰过后 2 周为止。

(三)补充光照

产蛋期光照原则是只能延长不能减少。如果 18～20 周龄体重达到标准，则应在 18～20 周龄开始补充光照，每周增 0.5～1 h，直至光照 16 h。若 20 周龄时体重不达标，则可将补光时间推迟 1 周。

(四)改换饲粮

开产前后由育成期饲料改换成预产期饲料，当鸡群产蛋率达 5%时，再换成产蛋期饲料。预产期饲料的含钙量为 2%左右，其他营养水平同产蛋期饲料。一般在 18～19 周龄开始更换，要注意饲粮的过渡，且开产前增加光照时间要与改换饲粮相配合。

五、产蛋鸡日常管理

高产蛋水平与细致的观察和精心的管理密切相关。产蛋鸡舍饲养员除了喂料、捡蛋、清粪、卫生和消毒以外，最重要的是观察和管理鸡群，及时发现和解决生产中的问题，以保证鸡群健康、高产和稳产。

(一)注意观察鸡群

1. 精神状态　注意观察鸡群是否有活力，动作是否敏捷，叫声是否正常等。

2. 采食、饮水情况　采食、饮水量是否正常，饲料的质量是否符合要求，喂料是否均匀，料槽、水槽是否充足、卫生等。

3. 鸡粪情况　主要观察鸡粪颜色、形状及稀稠情况。若有异常，要及时采取措施，对症处理，防止疫情扩大和蔓延。

4. 有无啄癖现象　一旦发现有啄癖的鸡，应查找原因，及时采取措施。对有严重啄癖的鸡要立即隔离治疗或淘汰。

5. 及时发现低产鸡　对鸡冠发白或萎缩、开产过晚或开产后不久就换羽的鸡，要及时淘汰。

6. 产蛋情况　注意每天产蛋率和破蛋率的变化是否符合产蛋规律，有无软壳蛋、畸形蛋，其比例为多少。

7. 鸡舍情况　观察舍温的变化幅度，尤其是冬、夏季节要经常查看温度并记录。查看通风系统、光照系统、饮水系统等，发现问题要及时解决。

(二)减少应激,保持良好而稳定的环境

鸡对环境的变化非常敏感,尤其是轻型蛋鸡更为明显,任何环境条件的变化都能引起应激反应。因此,要尽量固定饲养员,使光照、温度、通风、供水、供料、集蛋、清粪等符合要求,并力求合理和相对稳定。调整饲料要逐步过渡,切忌骤变。

1.采取综合性卫生防疫措施。注意保持鸡舍的环境卫生,经常洗刷水槽、料槽,定期消毒。

2.采用全价、品质优良的日粮。要求饲料必须全价、新鲜,不喂发霉变质的饲料。

3.供给符合卫生要求的饮水。水是鸡生长发育、产蛋和健康所必需的营养元素,必须确保全天供给。产蛋鸡的饮水量随气温变化而变化,一般情况下每只鸡每天饮水量为200～300 mL。

4.准确、清晰地做好生产记录。

(三)定期称测体重和蛋重

产蛋前期的体成熟还未结束,前几周体重周平均增长可达40～50 g,后期也有10～20 g的增重。通过定期监测体重情况,是检查饲养是否恰当的手段之一,特别是营养状况。若体重低于或高于标准体重10%以上,就要及时采取措施,以维持鸡只良好的体况。称重可每2～4周称量一次。

开产后蛋重的增加是有规律的。若平均蛋重没有达到鸡种标准,往往是营养不足的结果,特别是开产后60日蛋重、300日蛋重和500日蛋重。

(四)防止饲料浪费

蛋鸡饲料成本占总支出的60%～70%,节约饲料能明显提高经济效益。饲料营养不全、粉碎过细、发霉变质,一次添加料量超过料槽高1/3,疾病,低产鸡和停产鸡等都是造成饲料浪费的原因,应及时发现,采取纠正措施。

(五)做好记录

每天记录鸡群的耗料情况、产蛋情况、变动情况、环境条件以及卫生防疫等资料。通过这些记录,可以及时了解生产、指导生产,发现问题、解决问题,也是考核经营管理效果的重要依据。鸡群有调整时,做好调整记录,见表2-16。此外,还要做好鸡舍的物资领用记录。

表2-16 产蛋鸡舍的鸡群产蛋记录表

鸡种________ 第____舍 饲养员________ ______年____月

日期	周龄	日龄	当日存养		减少鸡数/只							产蛋数	破蛋数	耗料/kg	备注(温、湿度、防疫等)
			公	母	病死	压死	兽害	啄肛	出售	其他	小计				

知识链接

产蛋鸡的生理特点和产蛋规律

一、产蛋鸡的生理特点

1. 开产后身体尚在发育，蛋重逐渐增加　刚开产的母鸡虽然性已成熟，开始产蛋，但机体还没有发育完全，体重仍在继续增长，到 40 周龄时生长发育基本停止，体重增长极小，40 周龄后体重增加多为脂肪积蓄。

2. 产蛋鸡富于神经质，对于环境变化非常敏感　母鸡产蛋期间饲料配方突然变化，饲喂设备改换，环境温度、通风、光照、密度的改变，饲养人员和日常管理程序等的变换，以及其他应激因素都对蛋鸡产生不良影响。

3. 不同周龄产蛋鸡对营养利用率不同　母鸡 17～18 周龄刚达到性成熟时，成熟的卵巢释放雌性激素，使母鸡的“贮钙”能力显著增强。从开产到产蛋高峰期，鸡对营养物质的消化吸收能力逐渐增强，采食量持续增加；到产蛋后期，其消化吸收能力减弱，脂肪沉积能力增强。

4. 换羽特点　母鸡经一个产蛋期以后，便自然换羽。从开始换羽到新羽长齐，一般需要 2～4 个月的时间。换羽期间因卵巢功能减退，雌性激素减少而停止产蛋。换羽后的鸡又开始产蛋，但产蛋率较上一个产蛋期下降 10%～15%，蛋重提高 6%～7%，饲料利用率降低 12% 左右。产蛋持续时间缩短，仅约 34 周，但抗病力增强。

二、产蛋鸡的产蛋规律

（一）母鸡产蛋具有规律

就年龄而言，母鸡第 1 年产蛋量最高，第 2 年和第 3 年每年递减 15%～20%。就第一个产蛋年而言，鸡群产蛋率随着周龄的增长呈低→高→低的产蛋曲线。

（二）产蛋曲线

就第一个产蛋年而言，反映在整个产蛋期内产蛋率的变化有一定的模式。将每周的饲养日产蛋率绘制成的坐标曲线（横坐标为周龄，纵坐标为产蛋率）称之为产蛋率曲线（简称产蛋曲线），见图 2-2。

1. 正常产蛋曲线的特点

（1）向产蛋高峰过渡的上升曲线陡，产蛋高峰过后的下降曲线平缓。生长发育整齐的鸡群，开产最初的 5～6 周产蛋率迅速增加，达到产蛋高峰后，能够维持 3～4 周的高峰产蛋率，以后则呈直线平稳下降，直到 72 周龄产蛋率仍然可维持在 65%～70%。

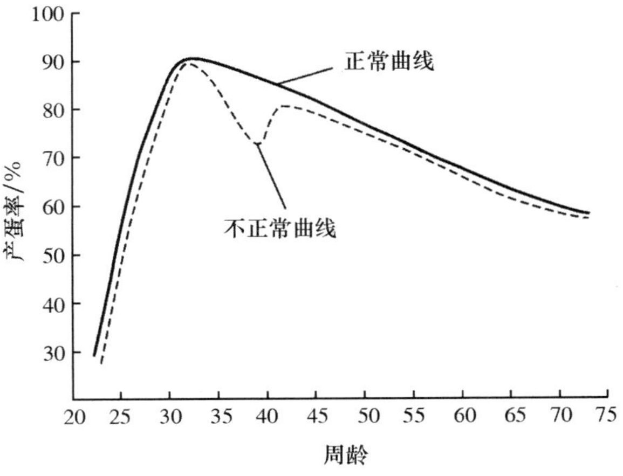

图 2-2　蛋用鸡一个产蛋年的产蛋曲线

（2）产蛋高峰高，高峰持续期长，全年产蛋多。产蛋高峰与全年产蛋量呈高度正相关。

（3）一个产蛋年的产蛋曲线只有 1 个产蛋高峰，如果出现 2 个及以上的高峰或产蛋曲线呈现锯齿状，说明鸡群产蛋期间有问题，应及时查找原因。

2. 异常产蛋曲线与补偿程度

(1)严重应激、疾病或其他因素，使产蛋水平迅速下降，常需几天或几周方能恢复"正常"，恢复时，最多只能达到当时应有的标准产蛋率。"错过"的蛋再也补不回来。

(2)产蛋高峰前发生波折，影响极为严重，鸡群将绝不会达到标准高峰。

(3)在产蛋下降阶段出现波折，损失相对小一些。

任务四　蛋种鸡饲养管理技术

一、蛋种鸡饲养管理要点

(一)蛋种鸡饲养管理目标

1. 产蛋率和种蛋合格率高　产蛋率和种蛋合格率高是种母鸡繁殖优良的表现。产蛋率和种蛋合格率取决于种鸡的遗传基础和饲养管理水平。一般来说，祖代鸡 D 系比 B 系产蛋多。种蛋合格率应大于 90%。蛋重过大过小，蛋壳薄厚不匀，畸形蛋和裂纹蛋等，均不能做种蛋使用。

2. 种蛋受精率高　种蛋受精率高与种公鸡饲养管理有很大关系，要求祖代鸡 B 系所产种蛋受精率不低于 80%、种鸡所产种蛋受精率不低于 85%。

3. 种鸡死淘率低　种公鸡要健康无病，性欲旺盛，精液品质高，祖代鸡 D 系所产种蛋受精率不低于 85%，父母代种鸡生产成本高，死亡或淘汰种鸡，经济损失较大。确保种鸡死淘率在生长期不高于 5%，产蛋期不高于 8%。

4. 控制疾病垂直传播，提高健雏率　垂直传播，指种鸡感染疾病后，病原微生物进入种蛋内，并在孵化过程中感染胚胎，使幼雏先天性感染相应的疾病。这类疾病有沙门菌病、鸡白痢、支原体病、淋巴细胞性白血病和减蛋综合征等。通过对种鸡群的检测和净化，可以控制疾病垂直传播，从而提高健雏率。

(二)蛋种鸡饲养方式

1. 笼养　种公鸡饲养于公鸡笼内，一笼一鸡。种母鸡采用两层或三层阶梯式笼养。繁殖采用人工授精的方式进行。这是我国多数蛋种鸡场普遍采用的饲养方式。

2. 网上平养　种鸡养在离地约 60 cm 的铝丝网或竹木板条上，自然交配繁殖。每 5 只母鸡配一个产蛋箱。

3. 网地混养　在鸡舍内两侧架设网床，床高 70～80 cm。中间部分为铺有垫料的地面，垫料地面占舍内面积的 40%左右。设有木框式台阶可供鸡只上、下网床。供水、供料系统设在网床上面，产蛋箱的一端架在网床上，另一端吊挂在垫料地面上方。公母混群饲养，自然交配。

(三)生长期的饲养管理

生长期(出壳后至 20 周龄)的饲养管理与商品蛋鸡差别不大，但应注意以下几点。

1. 分群管理　祖代种鸡一般有A、B、C、D四个系，父母代种鸡有AB、CD两个双交系。各个系的鸡群在遗传特点、生理特点、发育指标等方面有一定的差异，应该按系分群管理。

2. 剪冠、断趾、断喙　一般在1日龄内对种公鸡进行剪冠处理，可以防止鸡冠冻伤，减少笼养时鸡冠挂伤、擦伤或平养时公鸡相互啄斗引起的损失。剪冠可用手术剪，在贴近头部皮肤处将雏鸡的冠剪去。剪冠后用酒精、紫药水或碘酒进行消毒处理。鸡冠是良好的“散热器”，在炎热的地区不宜剪冠。

断趾可与剪冠同时进行。目的在于防止自然交配时刺伤母鸡背部或人工授精时抓伤工作人员的手臂。断趾可使用断趾器，将第1趾和第2趾从爪根处切去。

公鸡的断喙一般在6～9日龄进行，上喙断去1/2，下喙断去1/3，成年后上、下喙基本平齐，有利于自然交配。

3. 选择淘汰　种公鸡的选择一般分为三个阶段。初选在6周龄左右进行，此时应选留体重较大、体况健康、发育匀称和冠大鲜红、饱满直立的公雏。此时留种的数量，可按公、母比例1∶(7～8)为宜，其余的小公鸡应全部淘汰用于肥育。被选留的公雏最好分群饲养。复选在18周龄左右进行，此时应选留体大健壮、发育匀称、体重符合标准、外貌符合本品种特征的公鸡。用于人工授精的公鸡，还应考虑公鸡性欲是否旺盛、性反射是否良好。选留数量，自然交配按公母比1∶9，人工授精按公母比1∶25确定。留种的公鸡，用于人工授精的应单笼饲养，用于自然交配的应在母鸡转群后或开始收集种蛋前一周放入母鸡群中。终选一般在首次配种后10～20 d进行。此时应将性欲不良、交配能力弱、精液品质差的公鸡及时淘汰。留种比例自然交配的为1∶10左右，人工授精为1∶(25～50)。

母鸡的选择应在6周龄和18周龄前后进行，淘汰畸形、伤残、患病和毛色杂的个体。

4. 强化免疫　种鸡体内某种抗体水平高低和群内抗体水平的整齐度，会对其后代雏鸡的免疫效果产生直接影响。种鸡开产前，必须接种新城疫、传染性支气管炎、减蛋综合征三联苗，传染性法氏囊炎疫苗，必要时还要接种传染性脑脊髓炎疫苗等。种鸡场特别要加强防疫措施，严禁外人进入场内。

5. 疾病净化　通过血清学监测，确认种鸡中有无通过种蛋垂直传播的疾病，从而达到净化该类疾病的目的。通常净化的疾病有鸡白痢、沙门菌和减蛋综合征等。

6. 公母混群　采用自然交配的种鸡群，在育成末期将公鸡先于母鸡7～10 d转入成年鸡舍。公母比例1∶(10～12)。

(四)产蛋期的饲养管理

1. 蛋种鸡的营养需要　蛋种母鸡对饲料中常规营养物质的要求与商品蛋鸡相似。种公鸡对能量和蛋白质的需要低于种母鸡，一般代谢能10.87～12.12 MJ/kg，粗蛋白质11%～13%。在配种期添加精氨酸、维生素A、维生素D、维生素E、B族维生素，可以提高种蛋的受精率、孵化率和初生雏的健雏率。

2. 严把饲料关　鱼粉等饲料原料易被细菌污染而感染疾病，在种鸡饲料中尽量少用或不用。棉仁粕和菜籽粕的用量应严格控制，防止其毒素超标，对种蛋或种雏质量产生不良影响。

3. 确保种蛋质量　蛋重过大过小都不适于作种蛋。控制种鸡体重和开产日龄，增加早期蛋重；产蛋中后期通过限制饲养，使蛋重略减，以提高全程合格种蛋数。增加集蛋次数，缩短种蛋在舍内的放置时间。集蛋后及时进行熏蒸消毒，然后转入蛋库存放。

(五)种公鸡的饲养管理

加强种公鸡的营养和运动，确保种用体质；经常观察鸡群，防止公鸡的损伤；提供适宜的温度(20～25 ℃)，每天维持 12～14 h 的光照，以利于提高精液品质；定期检查精液品质，及时淘汰种用价值低的公鸡；采用人工授精技术，提高种蛋受精率。

二、蛋种母鸡的强制换羽

蛋种母鸡在经历了一个产蛋期后，在夏末或秋季开始换羽。为了延长种鸡利用年限，降低种蛋成本，建议采用强制换羽。强制换羽，是人为采取强制性方法给鸡群造成突然的、强烈的刺激，导致新陈代谢的紊乱而停产换羽。

强制换羽，使鸡群在 7 周左右的时间内完成羽毛脱换过程。换羽后鸡群平均产蛋率比上一产蛋年降低 10%～20%，但产蛋整齐，种蛋合格率高，可继续利用 6～9 个月。

(一)强制换羽的方法

强制换羽的方法有饥饿法、化学法、综合法及生物学法等。

1. 饥饿法　一般在 1～3 d 停水、停料、光照 6～7 h(夏季每天供水 1 h)。4～12 d 停料、限水、光照 6～7 h，每天供水 2 次，每次半小时。当体重与断料前相比减轻 25%左右时，进入恢复期。

恢复期的初始两周可用育成鸡饲料，另补充复合维生素及微量元素，此后两周使用预产期饲料，然后再用产蛋期饲料。恢复期第 1 天，喂料量按每只鸡每天 20 g，此后每天每只鸡递增 15 g，1 周后让鸡群自由采食。喂饲期间应保证充足的饮水。光照时间从恢复喂料时开始逐渐增加，约经 6 周的时间，恢复为每天 16 h，以后保持稳定。一般鸡群在恢复喂料后第 3～4 周开始产蛋，第 6 周产蛋率可达 50%以上。

2. 化学法　主要采用高锌日粮强制换羽。在产蛋期饲料中加 2.5%的氧化锌或 3%的硫酸锌。高锌日粮喂饲 5～7 d，鸡群完全停产，之后换用产蛋期饲料。化学法换羽期间不停水。第 1 周采用自然光照，第 2 周逐渐增加光照时间，第 5～6 周达到 16 h。

3. 综合法　是把饥饿法和化学法结合起来的强制换羽方案。其基本方法是：绝食、停水 2.5 d，然后喂给适量的蛋鸡料。光照时间从每天 16 h 降至 8 h；从第 4 天开始，自由采食含 2%氧化锌的蛋鸡料 7 d；第 11 天开始自由采食正常蛋鸡料，并恢复正常光照。

4. 生物学法　通过注射或拌料给每只鸡施用 20 mg 孕酮，在 2～6 d 内产蛋停止，7～12 d 内开始换羽，3～4 周内恢复产蛋。也可用睾酮、氯地孕酮、促卵泡激素(FSH)、孕马血清促性腺激素(PMSG)、促黄体素(LH)和促乳素等诱发强制换羽。

(二)强制换羽的注意事项

1. 用于强制换羽的鸡群，是产蛋 43 周后产蛋率仍在 70%以上的健康鸡群。

2. 在强制换羽实施前一周，对鸡群接种疫苗，增加对疫病的免疫力。

3. 采用饥饿法，要确实掌握体重减少量，在处理前抽测约 50 只鸡的体重，并做好记录。4 d 后每天称重一次，直到减重 25%时为止。

4. 种公鸡不宜强制换羽，否则会影响以后的受精能力。

三、种鸡的生产性能指标

生产性能指标是种鸡在正常饲养管理条件下的平均生产指标，如开产日龄、产蛋量、产蛋率、蛋重、母鸡存活率、破蛋率、种蛋合格率，还有种蛋受精率和孵化率等指标，用此标准来衡量饲养管理水平。

1.开产日龄　开产日龄的早晚与鸡品种、饲养管理水平、孵化季节等有关。计算方法有两种：一种是从雏鸡出壳到产第一枚蛋时的天数，计算全群鸡天数的平均值，即是该鸡群的开产日龄；另一种是全群产蛋率达50％的天数。

2.产蛋量　指母鸡于统计期内累计的产蛋数。

$$入舍母鸡产蛋量（个/只）=\frac{产蛋期内全群产蛋总数（个）}{期初入舍母鸡数（只）}$$

3.产蛋率　指母鸡在统计期内的产蛋百分比。

$$入舍母鸡产蛋率=\frac{产蛋期内全群产蛋总数}{期初入舍母鸡数\times统计日数}\times100\%$$

4.蛋重　平均蛋重从300日龄开始计算，以g为单位。个体记录连续称取3个，求平均值。群体记录则连续称3 d总蛋重，求平均值。

$$总蛋重（kg）=\frac{平均蛋重克数\times平均产蛋量}{1\,000}$$

5.母鸡存活率　入舍母鸡数减去死亡数和淘汰数后的存活数占入舍母鸡数的百分比。

$$产蛋期母鸡存活率=\frac{入舍母鸡数-（死亡数+淘汰数）}{入舍母鸡数}\times100\%$$

6.破蛋率　指母鸡在统计期内破蛋总数占产蛋总数的百分比。

7.种蛋合格率　指种母鸡在统计期内的种蛋数占产蛋总数的百分比。

项目三
肉鸡生产技术

任务一　现代肉鸡业现状

我国肉鸡产业经过近30年的发展，已实现了从传统饲养模式向现代化养殖模式的转变。首先，肉鸡产业是我国农业产业发展中成功的代表，它已成为农业产业化最完善、市场化运作最典型、与国际接轨最直接的行业。其次，我国肉鸡产业是科技进步的典范，通过采用新技术、新设备、新工艺，使整个产业的生产效率不断提高，产业化水平日益提升。另外，肉鸡产业在广大农民脱贫致富、农业产业结构调整、农业产业化建设等方面起着重要的作用。我国虽然是世界第二大肉鸡生产国，但是与国际上先进的肉鸡生产国家相比，在生产水平、加工技术、检疫标准等方面与世界肉鸡生产大国——美国相比仍有一定差距。

一、我国肉鸡产业现状

我国肉鸡主要包括白羽鸡、黄羽鸡与817杂鸡。2020年我国白羽鸡与黄羽鸡的出栏量分别为49.2亿羽与44.3亿羽，是我国主要的肉鸡品种。其中，白羽鸡的出栏量最多，2020年占比为40.54%；黄羽鸡的出栏量占比为36.50%。817肉鸡与淘汰蛋鸡2020年的出栏量分别为16.7亿羽与11.2亿羽，出栏占比分别为13.76%与9.20%。2020年，我国的肉鸡产量为1 460万t，是全球第二大肉鸡生产国，产量在全球占比为14.74%。近年来，我国肉鸡产量在全球占比有所提升。2016—2020年，我国肉鸡产量在全球占比从13.91%增加至14.74%。

二、我国肉鸡产业发展趋势

（一）建立标准化、规模化、健康养殖新模式

当前，我国肉鸡业正处于向现代化转型的关键时期，各种矛盾和问题凸显，鸡肉产品质量存在安全隐患，疫病防控形势依然严峻，大群体小规模饲养带来的环境污染日趋加重。这些问题已成为制约我国肉鸡业可持续发展的瓶颈。

在我国，小型的饲养散户，鸡舍条件较差，主要表现在：鸡舍密闭性差，漏风、漏雨；屋顶、墙体隔热和保温效果不好，耗电费能，运行成本高。

我国肉鸡产业整体效益不高，与我们鸡群整体健康状况不佳有很大的关系。由于祖代种鸡群健康状况不佳，生产出的父母代鸡苗抵抗能力就会差，育雏、育成期间就容易感染疾病，影响鸡群均匀度，最终父母代产蛋性能不好。同理，如果父母代鸡群不健康，生产的商品鸡苗也弱，使得商品肉鸡死淘率高，生长速度慢，饲料转化效率低。整个肉鸡产业要健康发展，就必须具备上游对下游负责任的态度，保证鸡苗的质量。

因此，我国肉鸡产业需要加大对鸡舍建设、饲养设备等的投资，加快推进标准化、规模化养殖，通过高科技的投入来降低养殖风险。肉鸡产业实行标准化生产，就是要在场址布局、鸡舍建设、饲养设施配备、良种选择、生物安全体系、粪污处理等方面严格执行法律法规和相关标准的规定，并按程序组织生产。

(二)建立健全肉鸡良种繁育体系

坚持保护与开发并重，坚持本品种选育与新品种培育同步推进，建立健全肉鸡良种繁育体系，提升种业创新能力，夯实肉鸡产业发展基础。加强地方家禽遗传资源保护，建立完善保种场、原种场和扩繁场，加大品种选育力度，提升肉鸡供种能力和性能水平。加强地方家禽遗传资源开发利用，引导支持科研院所、高等院校联合家禽企业开展联合育种攻关，实施家禽遗传改良计划，培育肉鸡新品种、新品系。推进肉鸡繁育基地建设，加快白羽肉鸡和黄羽肉鸡研发与育种进程，打造我国高端白羽肉鸡和黄羽肉鸡品牌。

(三)重视商品肉鸡生产，提高肉鸡生产性能

整个肉鸡产业链上，商品肉鸡饲养是现代肉鸡生产体系的主体和基石，所创造的产值最多。肉鸡育种所取得的进展，通过曾祖代、祖代、父母代传递到上百万倍数目的肉鸡上得以体现，商品肉鸡的性能反映着整个肉鸡生产体系的效率。我国肉鸡产业与国外先进国家存在一定的差距。

在规模上或劳动效率上，我国人均饲养商品肉鸡很难超过 2 万只，而国外每人每天可管理 4 栋 12 m×150 m 的商品肉鸡鸡舍，平均每人每天可饲养肉鸡 12 万只。

因此，我国肉鸡性能无论增重速度、成活率，还是饲料转化效率与美国有较大的差距。如果能达到欧美的生产水平，在现有的规模上，我国产肉量将至少增加 15%，饲料消耗减少 10% 以上。

(四)走深度加工和品牌经营之路

禽肉是我国具有出口优势的农产品，努力扩大禽肉出口对解决“三农”问题具有重要的战略意义。随着国民经济的增长和人民收入的提高，鸡肉的消费形态呈多样化增长。我国鸡肉产品的发展经历了四个阶段：整鸡→分割鸡→深/精加工品→熟食品。促进加工业发展，是形成肉鸡内部结构合理化和拉长产业链条的重要途径，并可提高产品的附加值，加大开发鸡肉产品转化增值的力度。

肉鸡上屠宰加工线之前，欧美由于饲料价格及规模效应的因素，生产成本低于我国，但上屠宰线后，因为我国廉价的劳动力，肉鸡生产成本反而低于美国。尤其是那些劳动密集型的深/精加工产品，在国际市场上的价格优势，是我国鸡肉精细加工品和熟食制品夺取肉鸡国际市场份额的重要法宝。据估计，肉鸡深加工每进一步产品价值就增加 20%～40%。长期以

来，由于冷冻、鲜鸡肉出口困难，一些大型肉鸡一条龙企业积极开拓鸡肉深加工领域，通过各种熟食制品外销日本等市场，取得了良好的经济效益。

品牌经营是我国肉鸡行业要取得突破的必经之路。深加工要做到有规模，做出品牌。随着人们生活水平的改善，消费者在购买和消费鸡肉产品时更加看重品牌，好的品牌不仅在规范市场中起到了良好的效应，而且会大力拉动产品消费。

（五）加大国家政策支持

我国肉鸡产业的发展并不顺畅，波动起伏不断，“非典”“禽流感”的暴发，给肉鸡业沉重打击，政府及时采取各项措施，拯救了极度困境中的国内肉鸡业。2010 年，农业部为了深入贯彻中央经济工作会议的精神，提出了关于加快推进畜禽标准化规模养殖的意见，近年来国家加大家禽产业发展支持力度，各级财政部门统筹整合现有农业资金，采取以奖代补、先建后补、贷款贴息等方式，支持家禽标准化规模养殖、良种繁育体系建设、疫病防控、屠宰及深加工等，建立家禽优势产区激励机制，支持打造家禽产业集群，夯实家禽产业发展基础。

任务二　肉用仔鸡生产技术

二维码 3-1　快大型肉用仔鸡饲养管理（视频）

肉用仔鸡，我国民间通常称“笋鸡”或“童子鸡”，一般不到性成熟即进行屠宰的小鸡，在国外是指烧烤用的小鸡。

目前，肉用仔鸡是指用专门的肉用型品种鸡进行品种和品系间杂交，然后用其杂交种，不分公母均饲喂蛋白质和能量较高的日粮，促进其快速生长肥育，一般饲养到 8 周左右，体重达 1.25～2.4 kg 即行屠宰、放血、除毛、去肠后屠体达活重的 80%，净肉达 45%～50%，这种鸡放在沸水中 5～6 min 即可煮熟。

一、肉用仔鸡的特点

1. 生长速度快　在正常饲养管理条件下，4 周龄体重可达 0.81 kg，公雏为初生重的 21.9 倍，母雏为初生重的 18.6 倍；6 周龄体重达 1.49 kg，公雏为初生雏的 40.7 倍，母雏为 33 倍；到 8 周龄时平均体重可达 2.2 kg。

2. 饲料报酬高　由于近年肉鸡业应用了现代先进科学技术，肉仔鸡饲料报酬越来越高，其肉料比一般可达 1∶(1.9～2.2)。肉仔鸡的饲料产品转换率最高，经济效益较大。

3. 饲养期短　饲养期短是肉仔鸡的主要特点之一，目前不到 8 周即可出栏。而肥猪一般要饲养 6～8 个月才能屠宰，肉牛要饲养 18～24 个月方能屠宰出售。由于肉仔鸡饲养周期短，周转快，生产的产品也多，房舍和设备的利用率极高。

4. 肉的品质好　肉用仔鸡的肉质细嫩多汁，蛋白质含量高，可达 24.4%，脂肪含量适度，达 2.8%，胆固醇含量少。因此，其味道鲜美可口，营养极为丰富，是有益健康的食品。

5. 出栏规格整齐　肉鸡的整齐性，是过去几十年育种、改良工作的结果，经过努力得到了在同一日龄、同一环境下，使销售者和消费者都比较满意的整齐性。但公母体重差异却越来越大，一般实行公母分养，或采取公母出售日龄不同的办法，使出栏体重整齐一致。

6. 适于规模饲养，劳动生产率高　在一般设备条件下，肉鸡能够以数千、数万只为单位饲养，一般一个人可饲养 3 000～5 000 只，在机械程度较高的条件下可养十几万只到几十万只，生产 100 kg 鸡肉只需 1 个工时，由于肉仔鸡适于大规模饲养，劳动生产率极高，其产品不仅供应了国内市场，而且可出口创汇，支援了国家建设，增加了养殖企业的收入。

二、饲养方式与全进全出制

由于肉用仔鸡性情温顺，飞翔能力差，生长快，体重大，骨骼易折，胸骨容易弯曲，胸囊肿发生率高，而蛋用雏鸡则活泼好动，喜啄斗，生长较慢，体重较轻，骨骼强壮。故在饲养方式上，虽与蛋用雏鸡有不少共同点，但有许多特殊性。我们应根据其特殊性，在饲养方式上采取相应的措施。提高肉用仔鸡的生产速度、产品合格率，以获得理想的经济效益。肉用仔鸡的饲养方式主要有下列三种。

(一)厚垫料平养

厚垫料平养肉用仔鸡是目前国内外最普遍采用的一种饲养方式。它具有设备投资少，简单易行，能减少胸囊肿发生率等优点，也是农家养鸡常采用的方法。但具有易发生球虫病，且难以控制，药品和垫料费用较高等缺点。

厚垫料平养是在舍内水泥或砖头地面上铺以 15～18 cm 厚的垫料。垫料要求松软、吸湿性强、未霉变、长短适宜，一般为 5 cm 左右。常常使用的垫料有玉米秸、稻草、刨花、锯屑等，也可混合使用。

在厚垫料饲养过程中，首先要求垫料平整，厚度大体一致，其次要保持垫料干燥、松软，及时将水槽、食槽周围潮湿的垫料取出更换，防止垫料表面粪便结块。

对结块者适当地用耙齿等工具将垫料抖一抖，使鸡粪落入下层。最后，肉仔鸡出场后将粪便和垫料一次清除。垫料要常换常晒，或将鸡粪抖掉，晒干再垫于鸡舍。

此种饲养方式大多采用保温伞育雏。伞的边缘离地面高度为鸡背高的两倍，使鸡能在保温伞下自由出入，以选择其适宜温度。在离开保温伞边缘 60～160 cm 处，用 45～50 cm 高的纤维板或铝丝网围成，将保温伞围在中央，并在保温伞和围篱中间均匀地按顺序将饮水器和饲料盆或槽排好。随着鸡日龄增大，保温伞升高，拆去围篱。

一般来说，直径为 2 m 的保温伞可育肉用仔鸡 500 只。

(二)弹性塑料网上平养

弹性塑料网上平养与蛋鸡网上平养基本相似，不同之处是在金属板格上再铺上一层弹性塑料方眼网，此种网柔软而有弹性。采用此种方式饲养的肉仔鸡，腿部疾病及胸囊肿发生率低，且能提高其商品合格率。此外，肉用仔鸡排出的鸡粪经网眼落入地下，减少消化道疾病的发生率，特别是对球虫病的控制效果更为显著。

(三)笼养

肉用仔鸡笼养除了能减少疾病的发生，还具有以下优点：①提高单位空间利用率。②饲料效率可提高5%～10%，降低成本3%～7%。③节约药品费用。④无须垫料，节省开支。⑤提高劳动效率。⑥便于公母分开饲养，实行更科学的管理，加快增重速度。

肉用仔鸡笼养目前尚不十分普遍，主要是由于笼养肉用仔鸡胸囊肿严重，商品合格率低下。但是，近年来生产出具有弹性的塑料笼底，并在生产中注意上市体重(一般以1.7 kg为准)，使肉用仔鸡的胸囊肿发生率有所降低，发挥出了笼养鸡的优势。

三、营养需要

肉用仔鸡需高能量、高蛋白质水平的饲料，日粮中各种营养成分齐全、充足且比例平衡，见表3-1。

表3-1　肉用仔鸡饲养标准

营养成分	前期料(0～21 d)	中期料(22～37 d)	后期料(38 d至上市)
粗蛋白质/%	23	20	18.5
赖氨酸/%	1.20	1.01	0.94
蛋氨酸/%	0.47	0.44	0.38
精氨酸/%	1.28	1.20	0.96
代谢能/(MJ/kg)	13.0	13.4	13.4
钙/%	0.90～0.95	0.85～0.90	0.80～0.85
有效磷/%	0.45～0.47	0.42～0.45	0.40～0.43
食盐/%	0.30～0.45	0.30～0.45	0.30～0.45

四、饲粮配合

1. 饲粮必须以含能量高而粗纤维低的谷物为主，不宜配合较多的含能量低而粗纤维高的糠麸类饲料。

2. 饲粮中应配给适量的动物性蛋白质饲料、油饼类饲料、氨基酸添加剂。

3. 饲粮中应配给以贝壳、食盐等矿物质，并添加适量的微量元素和微生物添加剂。

五、饲喂

1. 先饮水后开食　进雏后应立即饮水。饮水后2～3 h进行开食(开食时间为出壳后24～36 h)。

2. 饲喂方式　自由采食，不限量，每天加料4次；颗粒饲料；饲槽高度适宜(高出鸡背约2 cm)；投料不超过饲槽深度的1/3。

3. 保证充足的饮水　通常吃1 kg饲料，饮水2～3 kg。采用饮水器饮水。

六、肉用仔鸡饲喂的关键技术

1. 加强早期饲喂　肉用仔鸡前期生长受阻则以后很难补偿，这与蛋用型雏鸡有很大区别。出壳后应早入舍、早开饮、早开食。

2. 保证采食量　保证足够的采食位置和采食时间；高温季节应采取降温措施；采用颗粒饲料；在饲料中添加香味剂。

七、管理

1. 温度　必须提供适宜的温度。1 日龄 33～35 ℃，以后每周降低 2～3 ℃，18～20 ℃时脱温。

2. 湿度　相对湿度 60%～65%，防止潮湿。

3. 通风　排出氨气、硫化氢、二氧化碳等。在尽量不影响舍温的前提下，尽量多通风。

4. 光照　一是光照时间较长，目的是延长采食时间；二是光照强度小，弱光可降低鸡的兴奋性，使鸡保持安静。

(1)光照时间

连续光照法：光照时间第 1～2 天，24 h/d；第 3 天后至出栏，23 h/d。

间隙光照法：开放式鸡舍，白天自然光照，从第 2 周开始晚上间断照明，即喂料时开灯，喂完后关灯；全密闭式鸡舍，1～2 h 光照+2～4 h 黑暗。

(2)光照强度　第 1～2 周，2～3 W/m^2；第 3 周至出栏，0.75 W/m^2。

八、免疫程序

肉用仔鸡饲养免疫程序见表 3-2。

表 3-2　肉用仔鸡饲养免疫程序

日　龄	疫苗名称	使用方法	使用剂量	备　注
1	马立克氏疫苗(CVI988 或 HVT)	颈部皮下注射	1～1.5 头份	孵坊进行
5	新城疫(Ⅳ系或克隆 30)传支(H120)二联弱毒疫苗	滴鼻、点眼	1 头份	
10	法氏囊病弱毒疫苗	饮水	2 头份	
15	禽流感油乳剂灭活疫苗(H5,H9)	皮下注射或肌内注射	0.3 mL	强制免疫
20	法氏囊病灭活疫苗	肌内注射	0.5 头份	
25～30	新城疫(Ⅳ系或克隆 30)弱毒疫苗	饮水	2 头份	
28～30	法氏囊病弱毒疫苗	饮水	2 头份	
35～40	禽流感油乳剂灭活疫苗(H5,H9)	皮下注射或肌内注射	0.5 mL	强制免疫
40～45	传支弱毒疫苗(H52)	饮水	2 头份	

任务三　优质肉鸡生产技术

随着人民生活水平的提高，人们开始越来越重视食品安全，追求优质、营养和无公害的绿色食品，已逐渐成为人们追求的消费时尚。

优质肉鸡就是地方品种中肉用性能比较好的鸡种或地方品种经培育改良后的鸡种。其肉质特点是皮薄而脆，肉嫩而实，脂肪分布均匀，鸡味道浓郁，鲜美可口，营养丰富。

一、我国的优质肉鸡

(一)我国优质肉鸡生产现状

我国的优质肉鸡产业始于30年前,盛行于广东地域。最初,优质鸡生产是为了满足我国南方市场的需要。之后,随着内地市场的需要量越来越大,刺激了优质肉鸡商业育种和商品生产的快速发展。仅在广东省,优质(黄羽)肉鸡的市场份额已占整个肉鸡生产的90%,优质肉鸡的育种和生产正在我国由南向北迅猛发展。

我国有地方鸡种100多个,载入《中国家禽品种志》的有27个。近20年来,依据我国丰富的地方品种资源和一些国外品种,培育了一批改良品种和配套品系。

(二)我国优质肉鸡发展趋势

近几年来,我国优质肉鸡行业得到了长足的发展。优质鸡生产总量逐年上升,与快大型肉鸡相比上市比例逐年提高,在个别地区销售量已超过快大型肉鸡。

我国的优质肉鸡与国外的优质肉鸡概念并不完全相同,我国强调的是风味、滋味和口感,而国外强调的是生长速度。我国的优质肉鸡中以黄羽肉鸡数量最多,因此,习惯上又称为黄羽肉鸡。我国有很多地方肉用(或肉蛋兼用)优质鸡品种,如南方的惠阳胡须鸡、清远麻鸡、杏花鸡、和田鸡等,北方地区有北京油鸡、固始鸡等。

二、优质肉鸡的标准和分类

家禽产品质量的概念包括五大方面,即卫生、成分、营养、感官和技术方面。而肉鸡的感官质量指的是色泽、风味、口感、嫩度和多汁性等方面。在我国肉鸡的质量通常指的是感官质量。

(一)根据优质肉鸡质量分类

优质肉鸡按其质量分为优质肉鸡和半优鸡。

1.优质肉鸡　肉质最高的称为优质肉鸡。它直接来自未经过与引进鸡种杂交的地方鸡种,如惠阳胡须鸡、固始鸡、茶花鸡等。

2.半优鸡　肉质次高的称为半优鸡。它来自地方土种鸡与引进快大型商用肉鸡鸡种的杂交种,如京黄肉鸡、海新肉鸡等。

由于土种鸡纯种繁殖力低、生长慢,不能适应商品生产的需要,优质肉鸡通常是通过杂交育种而培育优质鸡种,即充分利用我国的地方鸡种作为素材,选育出各具特色的纯系,通过配合力测定,筛选出最优杂交组合,进行商品优质肉鸡生产。简单地说,凡具有中国地方品种鸡(即土鸡)的特点,其风味、口感、滋味上乘,羽色、肤色各异,含地方鸡血缘为主,适合中国传统加工工艺或传统烹调方式,受消费市场欢迎的良种鸡,就是优质肉鸡。

(二)依据优质肉鸡生长速度分类

优质肉鸡按其生长速度分为快速型、中速型和优质型。

1.快速型　以长江中下游地区如上海、江苏、浙江和安徽等省市为主要市场。要求49日龄公母平均上市体重1.3～1.5 kg,1 kg以内未开啼的小公鸡最受欢迎。该市场对生长速度要求较高，对“三黄”特征要求次之，黄羽、麻羽、黑羽均可，胫色有黄有青也有黑。快速型的优点是早期增长速度快、整齐度高，其缺点是成活率和适应性较差。

2. 中速型　以我国广东珠江三角洲地区为主要市场，内地市场有逐年增长的趋势。市民偏爱接近性成熟的小母鸡，当地称为“项鸡”。要求 80～100 日龄上市，体重 1.5～2.0 kg，冠红而大，毛色光亮，具有典型的“三黄”外形特征。中速型的特点是既有优质肉鸡的外观，又有性成熟早的优势，且增重速度较快，繁殖性能和抗病力较好。

3. 优质型　以广西、广东湛江地区和部分广州市场为代表，内地中高档饭店、高收入人群也有需求。要求 90～120 日龄上市，体重 1.1～1.5 kg，冠红而大，羽色光亮，胫较细，羽色和胫色随鸡种和消费习惯而有所不同。这种类型的鸡一般未经杂交改良，以各地优良地方鸡种为主。优质类型虽然价值最高，但是其缺点是产蛋和其他繁殖性能较低，鸡群整齐度和抗病力较低。

我国的优质肉鸡生产呈现多元化的格局，不同的市场对外观和品质有不同的要求，见表 3-3。

表 3-3　优质肉鸡的分类

类　型	生产性能（小母鸡）	
	饲养期/d	上市体重/kg
特优质型	120～150	1.10～1.25
优质高档型	105～115	1.15～1.25
优质中档型	90～110	1.25～1.40
优质普通型	80～100	1.50～1.80

注：根据张细权（1995）改编。

（三）根据鸡的羽色分类

优质肉鸡按羽毛颜色又分为三黄鸡类、麻鸡类、乌鸡类和土鸡类 4 种。

1. 三黄鸡类　三黄特征明显，即毛黄、脚黄、皮黄。

2. 麻鸡类　主要是黄脚麻鸡、青脚麻鸡，羽毛颜色全麻。

3. 乌鸡类　皮肤、胫、冠、肌肉、骨头和血液均为黑青色，羽毛有白、黑或麻黄 3 种颜色。

4. 土鸡类　主要注重肉质及特有的地方性性状，羽色复杂（以麻黄为主）。

三、优质肉鸡的饲养管理

（一）饲养方式

优质肉鸡的通常采用地面平养、笼网混合、立体笼养和笼牧结合 4 种饲养方式。

1. 地面平养　地面平养对鸡舍的要求较低，在舍内地面上铺 5～10 cm 厚的垫料，定期打扫更换即可；或一次添加 15 cm 厚的垫料，1 个饲养周期更换一次。平养鸡舍地面最好为混凝土结构；在土壤为干燥的多孔沙质土的地区，也可用泥土地作为鸡舍地面。

二维码 3-2　优质肉鸡散养技术（视频）

地面平养的优点是设备简单，成本低，胸囊肿及腿病发病率低。缺点是需要大量垫料，占地面积多，易发生鸡白痢、大肠杆菌病及球虫病等。

2.笼网混合　网上平养适合饲养5周龄以上的优质肉鸡。5周龄前在育雏笼内饲养，5周龄后转群到网上饲养，笼养时能提高群体成活率和均匀度，后期鸡只体重较大需要进行平养。网上平养的设备是在鸡舍内饲养区全部铺上离地面高60 cm的金属网或木、竹栅条，或在用钢筋支撑的金属地板网上再铺一层弹性塑料方眼网。鸡粪落入网下，减少了消化道疾病反复感染概率，尤其对球虫病的控制有显著效果。木、竹栅条平养和弹性塑料网平养，胸囊肿的发生率可明显减少。网上平养的缺点是设备成本较高。

3.立体笼养　立体笼养优质肉鸡近年来越来越广泛地得到应用。鸡笼的规格很多，大体可分为叠层式和阶梯式两种，层数有3～4层，也有些养鸡户采用自制鸡笼。笼养与平养相比，单位占地面积饲养量可增加1倍左右，有效地提高了鸡舍利用率。

由于鸡限制在笼内活动，争食现象减少，发育整齐，增重良好，可提高饲料效率5%～10%，降低总成本3%～7%；鸡体与粪便不接触，可有效地控制鸡白痢等杆菌病和球虫病蔓延；不需垫料，减少垫料开支，减少舍内粉尘；转群和出栏时，抓鸡方便，鸡舍易于清扫。过去肉鸡笼养存在的主要缺点是胸囊肿和腿病的发生率高，近年来改用弹性塑料网代替金属底网，大大减少了胸囊肿和腿病的发生。

4.笼牧结合　对生长发育较慢的鸡种常采用前期笼养，后期放牧饲养。即6周龄以前以笼养为主，6周龄以后采用放牧饲养。放牧饲养鸡群白天放出，夜间回鸡舍栖息注重生态养殖。该方式一般是将鸡舍建在远离村庄的山丘、果园、林地、荒坡等处，设置围栏，鸡群通过自由活动、获得阳光照射和沙浴等，可采食虫草和沙砾、泥土中的微量元素等，有利于优质肉鸡的生长发育和健康。所饲养的优质肉鸡外观紧凑，羽毛有光泽，不易发生啄癖，肉质特别好且无公害。

(二)鸡舍类型

适用于优质肉鸡生产的鸡舍主要有开放式鸡舍和环境控制鸡舍两大类。开放式鸡舍开放的程度依当地气候条件而定，从开一侧窗户直至四侧敞开。环境控制鸡舍必须是无窗的全密闭鸡舍，其内部条件尽可能维持在接近于鸡群需要的最高要求，用排风扇将舍内空气排出，新鲜空气则由进气口进入舍内；鸡舍内采用人工光照；当气温高时，应对鸡舍内进行降温，而在寒冷季节，可根据不同地区采用人工加温或利用鸡自身的热量，以保持舍内温度在舒适范围之内。需要说明的是，环境控制鸡舍的建筑成本和生产成本显著高于开放式鸡舍，但能四季生产且鸡群的生产性能较高。

鸡舍大小应按鸡的饲养规模、利于方便管理、造价经济和充分利用劳动力等情况而定。当上市肉鸡的体重为1.4 kg、1.8 kg和2.3 kg时，每平方米饲养鸡数分别为17.5只、13.6只和10.7只。鸡舍的宽度一般为9 m左右，这样的宽度适合多数自动喂饲设备，而且有利于维持适当的通风。鸡舍的长度则取决于养鸡规模和场地状况。优质肉鸡生产最好采用单层建筑的鸡舍。对于规模超过2 500只的鸡舍，应在舍内分栏饲养，这样做的好处是有利于优质肉鸡生长，而且出售时捉鸡方便。

四、饲养管理技术要点

(一)消毒和运输

进雏鸡之前消毒很关键，一般常用的是甲醛、高锰酸钾密闭熏蒸，消毒舍最少需封闭24 h

以上，如不急于进雏，则可以在进雏前3～4 d打开门窗通气，在进雏前1～2 d再用消毒液对鸡舍喷洒一次，常用消毒剂有过氧乙酸、漂白粉或聚维酮碘，可轮换使用消毒剂。进雏前2 d把舍温升高到34～35 ℃，舍内相对湿度为70%左右，若是火炉采暖，要注意观察炉子是否好烧，以防煤气中毒。

雏鸡必须来自健康高产的种鸡，出生雏鸡平均体重在35 g以上，大小均匀，被毛有光泽，肢体端正，精神活泼，鸣叫响亮，腹部大小适中且柔软，握在手里挣扎有力。

在运输途中一定要注意温度的保持，尽量避免长途运输。有的雏鸡由于运输途中气温低加上运输路途遥远，造成雏鸡卵黄吸收不好、大肠杆菌或沙门菌滋生，对雏鸡以后的生长发育很不利。

（二）进食与饮水

首先进雏第一天保持雏鸡充足的饮水，但要防止一次性饮水太多引起水中毒，或者雏鸡羽毛沾湿引起感冒。雏鸡生性胆小，容易受到外界的各种应激，因此为提高雏鸡体质可在饮水中添加优质电解多维和蔗糖，有利于体力的恢复和生长。在前7 d最好在饮水中添加超浓缩鱼肝油，利于雏鸡卵黄的吸收。

其次是给雏鸡开食，当鸡群约有1/3鸡只有啄食行为时，即可开食，开食最好在白天，可将饲料撒在干净的报纸、塑料布或开食盘上，用手敲打报纸，让饲料颗粒跳动，引逗开食。每次饲喂时间为30 min左右，为减少饲料浪费，要少撒、勤撒。当触摸嗉囊多数雏鸡有五成饱时可以停止撒料，同时减少光照强度，使光变暗，让雏鸡休息，以后每隔2 h喂一次。自3～5日龄起，应逐渐加设料桶，让雏鸡适应料桶吃料，宜少喂勤添，6～8日龄后全改用料桶。育雏阶段雏鸡抗病力和消化功能较差，况且此阶段鸡体重又关系到后期出栏体重，因此雏鸡料一定要采用优质、全价料。在肉鸡饲养第3周时，最好采用限制饲喂法，也就是喂到平时的九成饱，可有效预防猝死症，并且不会耽误后期的出栏体重。

生产中优质肉鸡的喂养方案通常有两种：一种是将优质肉鸡肥育分为两个生长阶段，即0～35日龄为幼雏、36日龄至上市为中雏，分别采用幼雏日粮和中雏日粮进行饲养，这种方案可称为“二阶段制饲养”。

（三）环境要求

提供适宜的温度、湿度、通风换气及光照制度是养好优质肉鸡的重要条件之一，适宜环境条件有利于提高肉鸡的成活率、生长速度和饲料的转化率。

1. 温度　适宜的温度是保证雏鸡成活的首要条件。育雏第1周龄时以32～35 ℃为宜，随着鸡龄的增长，温度应逐渐降低，通常每周降2～3 ℃，到第5周龄时降到21～23 ℃，以后一直保持恒温不变，且温度应平稳过渡。

2. 湿度　雏鸡从相对湿度较大的出雏器中取出，如果转入过于干燥的育雏室，雏鸡体内的水分会大量散发，腹内剩余卵黄也会吸收不良，脚趾干枯，羽毛生长缓慢。因此第1周龄育雏室应保持65%～75%的湿度，两周后保持舍内干燥。另外，养殖后期由于粪便排泄量大、舍内作业用水加大、鸡群呼吸排出水汽较多等因素容易出现低温高湿的环境，因此养殖后期要加强通风、适当增温、及时清理粪便、灵活更换垫料。

3. 光照　光照的目的是延长雏鸡的采食时间，促进其采食和生长。开始采用人工补充光照。育雏头两天连续光照 48 h，而后逐渐减少。光照强度在育雏初期时强一些，以后逐渐降低。

（四）断喙

对于生长速度比较慢的肉鸡，由于生长期比较长，为了防止啄癖发生和饲料的浪费，需要进行断喙处理。断喙的方法和要求与蛋鸡相同。

（五）加强卫生管理

要求定期进行消毒。包括舍内、舍外和用具的消毒，坚持每天刷洗用具一次，坚持工作人员出入鸡舍消毒；坚持在鸡舍门口设消毒池，坚持每周带鸡喷雾消毒 2 次。具体操作时，要选取不同成分消毒剂轮换进行消毒，避免重复使用商品名不同而成分相同的消毒剂。病鸡、死鸡不乱扔，要扔入火炉焚烧或深埋处理。鸡舍每天勤清粪 2 次，粪便存放地点在鸡舍下风处，离鸡舍 50 m 以外。鸡场要远离村庄，不要靠近交通主干道，并建有围墙，防止其他家禽进入，以免传播疾病。

任务四　肉用种鸡饲养管理技术

种鸡生产性能的高低，决定于遗传基因、生活环境条件（如光照、温度、湿度、空气等）、以及充足而全面的营养等。必须对种鸡采用合理的饲养管理方式，创造一个适宜的生活环境，充分发挥其遗传潜力，从而获得最大的经济效益和育种效果。

一、肉用种鸡的饲养方式

肉用种鸡的生产周期比较长，育成期为 20 周左右，繁殖期通常为 40 周。要求每只肉用种母鸡繁殖尽可能多的健壮且肉用性能优良的肉用仔鸡。传统饲养肉用种鸡的全垫料地面饲养法，由于密度小、舍内易潮湿和窝外蛋较多等，现今很少采用。目前采用比较普遍的肉用种鸡饲养方式有如下 3 种。

1. 网上平养　用角钢或木条做成高于地面约 50 cm 的支架，上铺平整的硬塑网做地板，周边用 50 cm 高的金属网围栏，形成网上平养的主要设施。网上平养对鸡脚很少有伤害，也便于冲洗消毒。这类饲养方式饲养密度较高，每平方米可饲养成年种鸡 4.8 只。

2. 2/3 棚架饲养　舍内有 2/3 地面上搭有棚架。具体操作时按舍内纵向中央 1/3 的地面铺上垫料，两侧各 1/3 部分搭上棚架，地面与棚架下方设隔离网以防止鸡进入棚架下面，在棚架的一侧还应设置斜梯，以便鸡只上下。喂料设备和饮水设备置于棚架上，产蛋箱在棚架的外缘，排向与舍的长轴垂直，一端架在木条地板的边缘，另一端悬吊在垫料地面的上方，其高度距地面 60 cm，便于鸡只进出产蛋箱，也减少占地面积。

3. 笼养　近年来肉用种鸡笼养方式有逐渐增加的趋势。较早的笼养是群笼，每笼养 2 只公鸡 16 只母鸡。由于肉种鸡体重大，行动欠灵活，在金属底网上公母鸡不能很好地配种，受精率偏低，产蛋后期更严重，因此实际生产中采用甚少。推广较广的是每笼养 2 只种母鸡或每笼养 1～2 只公鸡，采用人工授精，既提高了饲养密度，又获得了高而稳定的受精率。

生产中，以上 3 种饲养方式可以结合利用，如育雏、育成期采用网上平养，种用期采取 2/3 棚架饲养或笼养。在选用设备方面以适用为原则，并保证每只鸡的采食、饮水位置。采用网上平养和棚架饲养方式，其育成期限饲比较严格，应保证食槽和饮水器的足够数量。

二、肉用种鸡的限制饲养

(一)限制饲养的目的和意义

肉用种鸡具有采食能力强、易沉积脂肪、生长发育快、代谢旺盛、各系统发育不一致等特点。如果在育成期任其自由采食，一方面会使饲料消耗过多，造成不必要的浪费；另一方面会使鸡的体重过大、过肥，造成运动系统、生殖系统与整体发育不协调，使其育成率降低、母鸡产蛋量减少、公鸡受精能力差。因此，为防止鸡的体重过大、过肥，减少饲料的浪费，协调性成熟与体成熟的一致性，有效控制鸡群平均体重，保持良好的体况和均匀度，必须实行限制饲养。

肉用种母鸡在育成后期(20 周龄)体重控制在 2 200～2 400 g，体内没有过多的脂肪沉积，种鸡可以表现出较强的繁殖能力。如任其自由采食，自然生长，体重可达 2 750 g 以上，会大大降低其种用价值，种鸡的产蛋量减少，种蛋的合格率和受精率也会下降。

肉用种公鸡在育成后期(20 周龄)体重应控制在 2 700～2 900 g，确保其具有较高的配种能力。如体重过大，配种困难，脚趾疾患增加，则利用期短，较早失去配种能力。

在生产中，如果肉用种鸡不限饲或限饲不当，会导致鸡群过早或过晚开产。若过早开产，蛋重小，产蛋高峰不高，持续时间短，总产蛋数少；过晚开产，蛋重虽大，但产蛋数少，种蛋合格率低。正确的限饲，可使鸡群在最适宜的周龄开产，蛋重标准，产蛋率上升快，持续时间长，全期总产蛋数多，种蛋合格率高。

(二)限制饲养的方法

限制饲养的程度和方法主要根据肉用种鸡的体重，不同品系和不同的发育阶段及其体重的增加变化而有所不同，所以在拟订限饲方案时应根据育种公司提供的不同生长阶段的肉种鸡体重标准，采取不同的限制饲养方法和不同的限制程度，以达到最佳的限饲效果。目前，各国普遍采用限制料量的方法进行限饲，限制喂料数量的方法有多种，采用何种限料方法要根据不同周龄的体重增加速度及生长情况而确定。

1. 每天限饲法　即每天按本周体重增长所需 1 d 的饲料量一次性给料。每天给以限定的料量为自由采食量的 90%左右。此法对鸡应激较小，限饲程度轻，适于雏鸡转入育成期前 2～4 周(即 3～5 周龄)和育成鸡转入产蛋舍前 3～4 周(即 20～24 周龄)。

2. 隔日限饲法　在饲喂全价配合饲料的基础上，将 2 d 的限喂料量一天喂完，另一天不给料只给饮水。例如每只鸡日喂料 50 g，则 2 d 的量为 100 g，将 100 g 料在一天内喂完。此法对鸡的应激性比较大，适于生长速度最快、体重难以控制的阶段，如 4～8 周龄。另外，体重超标的鸡群也可采用此法，但 2 d 的饲料量总和不要超过产蛋高峰期的用料量，如果超出应改用其他限饲方法。

3. 3/4 限饲法　即在每周内给料 4 d，停料 3 d(间隔停料)，饲料量为本周体重增长所需总饲料量的 1/4，在喂饲日一次性投给。适用于 9～13 周龄的鸡群。此法较隔日限饲法的限饲强度稍轻些。

4. 2/5限饲法　即在每周内给料5 d,停料2 d(间隔停料),饲料量为本周体重增长所需总饲料量的1/5,在喂饲日一次性投给,另外2 d不喂料只饮水。适用于14～18周龄的鸡群。例如,每只鸡日喂料为50 g,1周(7 d)喂料总量为350 g,将7 d的喂料量均分为5份,在5 d投料日中70 g料量一次投给。中间有2 d不喂料只饮水。此法限饲强度较小,适合生长速度较快或体重没有达到标准的鸡群或受应激影响较大、承受不了较强限饲的鸡群。

限饲方法要依具体情况灵活掌握,不能生搬硬套,限饲时间一般从第3～4周龄开始,开始时饲喂次数要由多次逐渐过渡到1次,一般在1～2周内完成。

(三)限饲技术管理要点

1. 调群　限制饲养一般从第4周开始,限饲前应进行鸡只称重。根据体重大小将鸡分为大、中、小不同的鸡群。每隔4～6周调群一次,调群时要对全群进行逐只称重。调群时依据公母、大小、强弱等进行分群,小群以400～500只为宜,密度为:7～15周龄8～10只/m^2;16周龄后3.6～4.8只/m^2。在限饲过程中要根据体重变化及时调群,随时将个别体重过大或过小的鸡只挑出,分别放在体重大和体重小的栏中。分群的同时剔除病、弱、残鸡。

具体调群时间一般在停料日的下午称重并分群,为了避免应激,建议平时在检查鸡群时,随时把过大过小的鸡只对等互调。笼养情况下,可按列划分组群,便于计算给料量和喂料操作。

2. 控制均匀度　均匀度是指本周龄平均标准体重±10%范围内的鸡只数占鸡群总数的百分比率。鸡群均匀度的高低与产蛋量呈正相关,若以70%的均匀度为基础,鸡群的均匀度每增减3%,平均每只鸡每年的产蛋量也相应增减4枚,见表3-4。一般情况下,良好鸡群的均匀度应在80%以上,肉用种鸡各时期均匀度标准,见表3-5。在饲养管理中当观察鸡群的体重大小不一致时,应及时对全群进行逐只称重,生产中常在6～7周龄和15～16周龄时对鸡群进行全群逐只称重,并做好调群工作,调群是为了确保鸡群具有较高的均匀度。

表3-4　体重均匀度与产蛋量的变异关系

均匀度/%	每只鸡每年产蛋量的差异/枚
79	+12
76	+8
73	+4
70	0(基础)
67	-4
64	-8
61	-12
58	-16
55	-20
52	-24

表3-5　肉用种鸡各时期均匀度标准

周　龄	均匀度/%
4～6	80～85
7～11	75～80
12～15	75～80
20以上	80～85

3. 定期称重及计算给料量

(1)为及时了解鸡群的体重情况,应每周抽测体重一次,所称鸡只占鸡群比例越大,所得结果越真实。一般要求生长期抽测每栏鸡数的5%～10%,产蛋期为2%～5%。

称重的时间最好固定在每周的同一天的同一时间,一般在喂料前。用围栏圈一定数量的鸡只,逐只称重,做好记录,计算平均体重和均匀度,并与标准体重进行比较。对超标准的鸡只,在生长期要维持原来的料量,绝不可减少料量,一直到体重达到相应周龄的标准时再增加料量。对于体重过轻的鸡只，应增加料量。虽然喂料量是由每周鸡群平均体重来决定，但不能只看周末体重超标就减料，体重不够就加料，要根据连续 3 周体重的变化和走势来决定喂料量的多少。

(2)计算饲料供给量。以群为单位，根据饲养手册及上周末称重情况，确定本周给料量，一般每周增料以 3～5 g/只为宜，体重超标应少增料或不增料，但不能减料；对体重低于标准要适量多增料，但不应超 10 g/只。

4. 提供适宜的限饲条件　采用限料法进行限制性饲养时，因其给料量不足，要求鸡群必须同时采食到大致料量相同的饲料。若各栏内饲养密度不均或采食饮水槽位不足，则会导致限饲失败，因此采取的措施如下。

(1)放线上料法，加快投料速度。即每次给鸡添料时，应将规定的料量快速均匀地投入喂料器内，若使用料桶或料槽喂料，需要将料桶收线到鸡只无法采食的高度后提前装好饲料，并在均等的位置上将料桶以最快的速度放下，尽量在 5 min 内完成。若采用链式饲槽机械送料，要求传输速度不小于 30 m/min，速度低时应考虑增加辅助料箱或人工辅助喂料。

(2)保证饲养密度均衡和采食饮水槽位充足。具体要求见表 3-6。

表 3-6　限制饲养的饲养密度及条件

类　型		饲养密度		采食槽位		饮水槽位		
		垫料平养 /(只/m^2)	1/3 垫料、2/3 栅网	长食槽位 /(cm/只)	料筒(直径 40 cm)/(个/百只)	长水槽 (cm/只)	乳头饮水器 /(个/百只)	圆饮水器(直径 35 cm)/(个/百只)
母鸡	矮小型	4.8～6.3	5.3～7.5	12.5	6	2.2	11	1.3
	普通型	3.6～5.4	4.7～6.1	15.0	8	2.5	12	1.6
种公鸡		2.7	3.0～5.4	21.0	10	3.2	13	2.0

5. 限制饲养的注意事项

(1)限饲时间　肉用种鸡应从 4 周龄开始限饲，限饲太早会影响育雏期体重的正常增长。限饲过晚，会使育成鸡体重离散度太大，难以控制，严重影响开产前的整齐度。

(2)淘汰体弱鸡并实行公母分群　限饲前应将体重过轻或体质较弱的鸡挑出，单独饲养或淘汰，这部分弱鸡如在大群中，体重越来越小，抗病力越来越差；从进鸡雏开始公鸡和母鸡就要分开饲养，公鸡体格粗壮，采食量大，和母鸡一起采食就达不到限饲公鸡的目的。公鸡的限饲时间是从 6 周开始的。

(3)限饲前断喙　限制饲喂会引起饥饿应激，容易诱发恶癖，所以应在限饲前对公鸡和母鸡进行正确的断喙。良好的断喙会使鸡只采食均匀。公鸡如果一次断喙不整齐，在 16 周或 17 周合群之前可进行适当的修喙，防止喙过于尖利，啄伤母鸡。

(4)及时更换饲料　应按育雏期、育成前期、育成后期、预产期、产蛋期及时更换饲料。更换时应有适当过渡期，一般为 3～5 d。不可一次性完成更换，以免对鸡只造成应激。

(5)肉种鸡在育成期的限饲应主要抓好两项技术指标，即鸡群的平均体重和鸡群发育的均匀度，而有效控制这两项技术指标主要由下列措施来实现。①平均体重是衡量增重情况的主要指标，影响体重的因素除鸡群日龄外，还有饲料投给量，鸡群数量的准确性，称重的准确性及抽样的代表性等因素。因此，育成期称重是限饲技术中的一项烦琐而细致的工作，它是衡量限饲效果的重要指标之一，准确的称重可为计算投料量提供可靠的依据。②鸡群均匀度是衡量鸡群内个体之间体重差异的重要指标。影响均匀度的因素较多，主要因素有吃料位置、上料速度、给料日上料次数，鸡群强弱以及能否及时分群等。鸡只在鸡舍内活动位置不一样，有的鸡在料线出口位置，就会先吃料，这就要求上料速度要尽可能快。在喂料日只能一次性上料。

三、肉用种鸡的管理

（一）育雏期的饲养管理

肉用种鸡育雏的好与坏直接决定种鸡开产后的生产性能，若育雏期任何一个环节管理不好，将会给以后的生产带来较大的影响。因此，要重视育雏期的饲养管理。

1. 育雏前准备工作　提前制定合理的育雏计划。育雏准备中最重要的环节就是鸡场空舍期的清理冲刷，彻底的清理冲刷可除去鸡舍中 90%的有机物，而消毒只可除去 6%～7%的有机物，熏蒸只可除去 1%～2%的有机物。鸡舍的清理冲刷是切断鸡群间疫病传播的重要措施。

2. 舍内温湿度控制

(1)温度　种鸡舍接雏前要进行预热，预热工作对雏鸡至关重要，预热时间需要根据季节适当调整，冬季一般 3～4 d，其他季节 2～3 d，最终使雏鸡到舍后 2 d 内保证伞下垫料温度高达 40 ℃，伞部边缘低温达 30 ℃，舍内空气温度达 32 ℃。

(2)湿度　适宜的湿度应控制在 50%～70%，要求前 3 d 相对湿度保持在 70%左右，若此时育雏期相对湿度低于 50%会造成鸡只脱水和其他问题，高于 80%湿度，不但会造成垫料潮湿和霉变，还会降低空气和垫料的温度，造成冷应激。

3. 饮水管理　第 1 天的饮水质量对雏鸡影响很大，一旦水的质量有问题，饮水后 5～6 h 就会出现症状，必须保证鸡群前期的饮水质量。在进雏鸡前几个小时，就要准备好温开水，放在育雏舍内，而且要尽可能地延长雏鸡饮用温开水的时间，水温应达到 26～28 ℃。有条件的情况下，第 1 周龄尽量饮用温开水效果最好。

4. 饲料管理　雏鸡到场后若鸡群情况良好，无脱水现象，建议水料同时供给，若鸡群脱水严重，可先开水，并根据鸡群情况及早开食。若开食过晚，会影响鸡肠道的发育，影响肠道绒毛的长度及密度，使消化酶减少，不利于鸡的生长及均匀度。1 日龄的雏鸡采食评估标准为采食后 8～10 h 时有 80%的雏鸡嗉囊充盈，24 h 后 95%的鸡只嗉囊充盈。7 日龄体重一定要达到饲养手册上规定的体重标准，若体重较小应及时检查饮水及饲料情况，尽快采取措施，否则将影响均匀度的管理和后续生产性能的发挥。

5. 育雏期垫料的要求　鸡舍的垫料管理好坏，直接影响鸡舍空气的质量，影响鸡群对疫苗接种的反应及鸡群健康。通过现场饲养经验，建议育雏期的垫料使用木花和稻壳的混合物效果最好，原因是二者混合使用，既能降低鸡舍内的灰尘，又能起到对舍内湿度的调节作用。

6. 光照管理　雏鸡到场时，光照强度应在 50 lx 以上且分布均匀，以便雏鸡开水，第 2 周后可根据需要降低到 5～10 lx；光照时间一般在 8 h 左右，光照时间长短应根据体重实现情况进行调整，有必要时应适当延长光照时间增加采食，实现体重目标。

（二）育成期的饲养管理

肉用种鸡育成期的管理，除了确保鸡群的健康，就是控制后备种鸡体重，获得良好体重合格率和均匀度，生产实践管理中实现体重控制目标一般比较容易，但想要获得高均匀度（体重均匀度和性成熟均匀度同步）的后备种鸡较难，均匀度的控制是育成期工作的重点，要从以下环节抓起。

1.加强种鸡场及孵化场的管理　鸡群的均匀度应该从种鸡孵化场抓起，每批种蛋要来源于同一批种鸡，条件允许的情况下最好对种蛋按重量分级处理。同一周龄、同一批次、同一重量等级的健康种蛋，在良好的孵化条件下，会产出均匀度好的高质量的鸡苗。

2.做好育雏工作　从雏鸡到场第 1 天起，提供优质的日粮及饮水、适宜的密度、充足的采食饮水槽位、良好的垫料和光照管理、舒适的温湿度环境。从 1 日龄开始，记录鸡群每天每只日采食量、饲料消耗累计量、雏鸡到场体重、每周末的体重及增重等相关参数，同时饲养管理者应清楚知道本公司饲料的品质状况及加工工艺。接种疫苗或断喙时挑出弱雏和小雏单独饲养，在弱雏饲养中可通过增加光照时间、延长采食时间或延长育雏料的供给时间等使弱雏和小雏体重达标。

3.体重与均匀度的控制　体重与均匀度的控制主要通过限制饲喂方式实现的，从育雏第 4 周开始贯穿到整个育成期，以期获得生长发育良好的种鸡。

（1）加强后备种鸡的饲喂管理。饲喂管理不当是影响鸡群均匀度的关键因素，多数鸡场的饲喂设备陈旧，大大增加了饲喂管理难度，影响鸡群均匀度的控制，生产现场要尽可能地改善饲喂设备并定期做好设备的维修保养工作。

（2）有效进行全群称重。要求分群要早，一般情况下在第 2 周龄开始将鸡群分布到整个育雏栏内，为了使前期鸡群均匀度一致，可利用扩栏机会用电子秤全群称重分群。目的是保证 4 周龄末均匀度指标在 80%以上。若体重达到标准要求，但 4 周龄末鸡群的均匀度不高，也会影响到育成期培育效果。为了全面了解体重情况，要在 4 周龄末再进行全群称重并分群一次。生产中，鸡群通过全群称重及分群处理后 4 周左右均匀度上升到最高，随后各栏体重离散度会拉大，且均匀度出现下降趋势。为了使均匀度一直保持较高水平，应在鸡群体重分布离散度拉大、均匀度有下降趋势之前进行全群称重，缩小大鸡与小鸡的体重差距，便于体重和料量的管理，且均匀度会始终处于较高水平。同时，8 周龄时应再进行全群称重并分群一次，12 周龄前再进行一次全群称重，这样 15 周龄时的各栏鸡只体重基本一致，均匀度也会达到期望值标准。

（3）母鸡在分群后体重的管理。若 4 周龄末鸡群体重比标准高或低 100 g 以上时，应重新制定体重曲线标准，在 12 周龄时回归到正常标准。若 4 周龄末鸡群体重比标准高或低 50 g 以内，应在 8 周龄时回归到正常标准。15 周龄以后若鸡群体重超标，再重新制定体重曲线标准，要求新标准平行于标准曲线，而不能往下压体重，若体重不够，可以在 19 周龄通过增料慢慢赶上标准，由于 15 周以后性成熟发育很快，一定要控制有效的周增重。15 周龄以前主要抓群体均匀度及体重合格率，15 周龄后主要通过控制周增重来达到标准体重和性成熟均匀度。

（4）通过日常挑鸡提高全群均匀度。在不同的育成栏内挑出体重过大或过小的鸡只进行对应互换来提高群体均匀度，在生产管理中不能过于依赖。若安排栏间挑鸡，建议在限饲日进行，挑鸡要按一定的顺序进行且保证调换数量一致，有利于鸡只料量和采食空间的控制，在一定程度上降低调群应激。

（5）完善体重抽测方法，做到及时准确。抽测称重关系到饲养者能否合理确定饲料量。体重抽测采用“四同”方法。即同一时间、同一衡器、同一地点、同一人员。因此，具体抽测体重时要做到抽样称重时间准确，要求每周龄末称重一次，称重时间为早晚光线较暗之时；抽测鸡只比例要适中，每栏至少抽取1%或至少30只鸡为宜。称重结束后及时计算平均体重、均匀度以便确定料量，切勿仅仅根据某一周的抽样称重对原定饲喂程序进行大幅度调整，饲喂程序中的任何变更，都要在连续2～3周内参考鸡群的平均体重、骨骼大小、肥胖程度及羽毛覆盖程度。

正确地掌握鸡群体重的抽测、统计、分析方法应从雏鸡到场开始，要求对鸡只进行每周称重抽测，对每周体重抽测数据进行平均体重、增重、均匀度等参数的计算，并通过上述数据做出饲养效果分析，指导下周的实际生产。

4.掌握饲喂量与体重增加的相对平衡　整个育成期中，鸡只每周体重都在持续地增加，而体重的持续增加需要通过每周给料量的持续增加来实现，饲喂量是实现标准体重的最重要的工具。根据不同的鸡群和饲料品质找出体重增加与饲喂量增加之间的相对比例关系，对于实现鸡群体重目标的控制有重要的意义。由于饲料品质的差别，种鸡饲养管理手册中提供的料量仅供参考，控制与调整料量要根据鸡的品种、体重目标及饲养环境条件参考进行。

5.采取合理的饲喂方式　饲喂方式也是影响均匀度的一个重要因素，一般在3周龄时，采食时间在3 h左右，并由自由采食改为限饲。

6.监测种鸡丰满度　利用周末称重做好鸡群丰满度评估。鸡群的丰满度是指骨架上肌肉和脂肪的丰满程度。不同阶段的鸡丰满程度具有不同的状态，种鸡的丰满程度过分或不足，其产蛋高峰和产蛋总数会明显低于丰满度理想的鸡群；过于肥胖的种公鸡交配活力会降低，从而影响受精率，而且腿病发生率也较高。评估种鸡丰满度有4个主要部位需要监测：胸部、翅部、耻骨、腹部。评估丰满程度的最佳时机是在每周周末称重时对种鸡进行触摸，在抓鸡前要注意观察鸡的总体状态。

(1)胸部丰满度　在称重过程中，从鸡只的嗉囊至腿部用手触摸种鸡胸部。按照丰满度过分、理想、不足三个评分标准，判断每一只种鸡的状况，然后计算出整个鸡群的平均分。

到15周龄时，种鸡的胸部肌肉应该完全覆盖龙骨，胸部的横断面应呈现英文字母“V”的形状；丰满度不足的种鸡龙骨比较突出，其横断面呈现英文字母“Y”的形状；丰满度过分的种鸡胸部两侧的肌肉较多，其横断面有点像较宽大的字母“Y”或较细窄的字母“U”的形状。20周龄时，种鸡的胸部应具有多余的肌肉，胸部的横断面应呈现较宽大的“V”形状。25周龄时，种鸡胸部的横断面应呈现细窄的字母“U”形状。30周龄时，种鸡胸部的横断面应呈现较丰满的“U”形状。

从15周龄开始，为使鸡群体重有较大幅度的增长，使种鸡做好接受光照刺激的准备，料量增加的幅度也要相应增大。

(2)翅部丰满度　第二个监测种鸡体况丰满度的部位是翅膀。挤压鸡只翅膀桡骨和尺骨之间的肌肉可监测翅膀的丰满度。监测翅膀丰满度可考虑下列几点：①20周龄时，翅膀应有很少的脂肪，很像人手掌小拇指尖上的程度；②25周龄时，翅膀丰满度应发育成类似人手掌中指尖上的程度；③30周龄时，翅膀丰满度应发育成类似人手掌大拇指尖上的程度。

(3)耻骨开扩　测量耻骨的开扩程度判断母鸡性成熟的状态，正常情况下母鸡不同周龄的耻骨开扩程度，见表3-7。

表 3-7　种母鸡不同周龄的耻骨开扩程度

年龄	12 周龄	见蛋前 3 周	见蛋前 10 d	开产前
耻骨开扩程度	闭合	一指半	两指至两指半	三指

适宜的耻骨间距取决于种鸡的体重、光照刺激的周龄以及性成熟的状态。在此阶段应定期监测耻骨间距,检查评估鸡群的发育状况。

(4)腹部脂肪的积累　腹部脂肪能为种鸡最大限度地生产种蛋提供能量储备,腹部脂肪积累是一项重要监测指标。监测肉种鸡脂肪沉积时应参考以下几点:常规系肉用种鸡在 24～25 周龄开始,腹部出现明显的脂肪累积;29～31 周龄时(大约产蛋高峰前 2 周),腹部脂肪达到最大尺寸,其最大的脂肪块足以充满一手。丰满度适宜的宽胸型肉种母鸡在产蛋高峰期几乎没有任何脂肪累积。产蛋高峰后最重要的是避免腹部累积过多的脂肪。

(三)开产前的管理

产蛋前期即 18～24 周龄光照刺激期,这一阶段是生殖系统迅速发育并逐渐成熟时期,这一时期要完成两个方面的转换:①光照刺激不断增强以促进性成熟,体重在标准范围内,小母鸡则从 20 周龄开始增加光照时间和强度,以刺激生殖系统的发育,使鸡群大约在 24 周龄开产。②饲料的更换。从 20 周龄起,将育成料转换为产蛋前期料,给料量继续增加,但仍控制料量。24 周龄时再更换为产蛋期料。

1. 光照刺激　按光照计划在 20 周龄中增加光照强度和长度。此时进行光照刺激,产蛋上升快,高峰也高,收集种蛋时间早,种蛋大。在加强光照前应把母鸡体重不足 2.05 kg(公鸡体重不足 2.8 kg)的挑出来,单独放在一个舍内,还保持 10 lx 的光照。随着日龄的增加,料量也不断增加,当体重达到要求标准时再增加光照强度。

2. 饲料的转换与饲喂　由于鸡体维持需要,活动量增加,生殖系统快速增长,体重快速增长,蛋白质、钙需要沉积,饲料的营养必须与之相对应。要求做好下述饲料的转换与饲喂工作:21 周龄时改为每天限饲,减轻限料对机体的刺激,促进生殖系统的发育。22 周龄时改为产蛋前期料或产蛋料,换料用 3 d 换完。23 周龄时增加多种维生素和微量元素的给量,有利于以后产蛋。在此期间因应激多,消化道适应换料可能要时间长些,尽量提早换料。

3. 通风换气　开产前期乃至整个产蛋期都要进行良好的通风换气。生殖系统迅速发育需要空气含有足够的氧气量,舍内通风好,则舍内氧气浓度高,二氧化碳浓度及其他有害气体的分压低。鸡的活动加强,体内代谢旺盛,有利于生殖系统的发育。

4. 产蛋箱的管理　放置产蛋箱的时间是在光刺激之前。肉种鸡饲养到 18～19 周龄时,要将已消毒过的产蛋箱放入鸡舍。放产蛋箱时舍内要暗光,除 1～2 个灯泡正常照明外,其他的灯泡均关闭可减少鸡群应激。放产蛋箱同时放置底板和垫料。在诱导母鸡进入产蛋箱的训练时,饲养员先在产蛋箱内放入母鸡,关上产蛋箱并让别的母鸡看到;也可将塑料材质的白色蛋形物放在窝内引诱母鸡进蛋产箱。但要防止鸡在产蛋箱内过夜、排便,因此按鸡常规产蛋时间定期打开或关闭产蛋箱。

5.垫料　进行光刺激后，鸡群活动增加，垫料减厚速度快，应在21周龄以前补足，同时要每天翻垫料一次。翻垫料的目的：一是让鸡群有良好的生活环境；二是刺激鸡多活动；三是顺便把产蛋箱内的鸡赶出来，接受光照，以便提高性发育均匀度。

（四）产蛋期的管理

1.种母鸡的营养需要　种母鸡产蛋期对蛋白质、钙等需求高。因此，要求产蛋前期饲料中蛋白质、能量、微量元素、多种维生素和氨基酸高于育成期。产蛋后期，氨基酸和磷均低于产蛋前期，而钙含量高于产蛋前期。

2.调整饲喂量　产蛋期的饲喂量，主要依据体况和产蛋率递增速度及产蛋量等情况而定。若鸡体况好，产蛋率上升快，产蛋量高，则饲喂量就多；反之，饲喂量则少。饲喂量掌握不好，会严重影响母鸡的生产性能，生产中重点参考该品种的标准饲喂量。

3.适宜的饮水量　种鸡的饮水量取决于环境温度与采食量，当气温32～38 ℃时与气温21 ℃时比较，鸡只的饮水量要增加2～3倍。

产蛋期要适量限水，目的是防止垫料潮湿。饮水量的适合与否可以检查嗉囊的软硬程度，若嗉囊松软，为饮水适合；若嗉囊较硬，饮水不足。

4.提高种蛋合格率　正常情况下提高种蛋合格率，减少破损率，应尽量做到以下几点。

（1）及时收集种蛋　平养时，随时检查新产种蛋的重量，当蛋重达到48～50 g时可收集种蛋。笼养时，见到开产鸡即可分到产蛋笼中并进行人工授精，蛋重达到要求即可采集。

（2）处理好窝外产蛋鸡　要控制种鸡产窝外蛋，要求放置产蛋箱时间不能晚，并引诱鸡进箱产蛋。同时要经常观察在产蛋箱下面、墙角处、较暗处的鸡是否有产蛋行为，必要时抓起来摸一摸，若有蛋，送到产蛋箱中待产蛋后放出。

（3）减少种蛋破损　减少种蛋破损率是提高种蛋合格率的措施之一。具体方法有：①一般每天应捡蛋4～5次，若有一次捡蛋超过30%比率时，要增加捡蛋的次数，每天可捡蛋6次。②夏季给鸡多加维生素，常饮维生素C和碳酸氢钠水，既可解暑又可保证蛋壳质量。③产蛋后期要加喂石粉或贝壳粉，给鸡补钙。④加强产蛋箱管理，箱内垫料要有一定的厚度。

（4）种蛋的卫生消毒　地面垫料太湿时要及时更换，否则鸡会把箱内蛋弄脏；不要把鸡毛、稻壳等杂物带入孵化厅；不要用清洁球、砂纸擦蛋，这样不但不会把种蛋擦干净，而且会破坏蛋壳表面；先选干净种蛋，脏蛋最后统一选擦；笼养舍先捡蛋后扫地，扫地时轻一些，以免脏物溅到蛋上；工作间经常清扫；种蛋选完后马上用3倍量高锰酸钾和甲醛熏蒸消毒。

四、种公鸡的饲养管理

在良好的饲养管理环境下，一个生产周期内，每只入舍肉种母鸡可以产出大约145只健雏，而每只成熟的肉种公鸡的精液可以产出大约2 000只健雏。但是，目前的实际饲养情况普遍不理想，肉种鸡场在产蛋中后期不得不替换种公鸡来保持一个相对稳定的受精率，公鸡的生产力远没有发挥出来。要从公鸡在育雏期、育成期、生产期的管理措施着手，使种公鸡发挥出最佳生产力。

1. 育雏期　从出壳到5周龄采用自由采食，目的是使种公鸡充分发育。在实际操作中，如果种公鸡的体重没有达到标准体重，可根据实际情况适当延长育雏料的饲喂时间。

2. 育成期　公鸡骨骼生长发育在8周之前大约完成85%，在12周之前大约完成95%，此阶段要换成育成料，并改为隔日限饲，饲养密度3.6只/m^2，当体重均匀度太差时要按照大、中、小进行分栏饲养。错过这个骨骼快速发育的时期，以后再补救的话就来不及了。

10～15周期间，睾丸和生殖系统开始快速发育，16～24周在生殖系统分泌的激素刺激下睾丸的质量迅速增加。这段时间的管理措施是要保证饲养密度合适，并使雏鸡严格按照标准体重生长和发育。这段时间骨骼的大小与体重高低成正比，可以用每周称重的方式来简单了解鸡的生长趋势。此外，在日常管理中要注意多触摸鸡的胸肌，胸肌发育不好的要及时淘汰。

保证公鸡的均匀度最重要，在5周以后，如体重不达标，要及时淘汰。这段时间低于标准体重的公鸡有可能在未来几周内体重达标，这样的鸡在产蛋初期的受精率比较正常，但是到产蛋中后期的生产力会迅速下降。因此，在15～22周，通过每周的称重及时挑出体重不达标的公鸡并淘汰，使鸡群有一个良好的均匀度，是保证产蛋中后期受精率的最重要措施。一般22周龄公母混群，混群后要密切关注种公鸡的采食与体重，并在产蛋前期及时挑出不适应母鸡舍环境的公鸡。

3. 种公鸡的饲料营养及喂料量　为防止种公鸡采食过多而导致体重过大和腿病的发生，必须喂给较低的蛋白质饲料12%～13%、代谢能约11.70 MJ/kg、钙0.85%～0.9%及有效磷0.35%～0.37%，均低于种母鸡。推荐要求公鸡多维素、微量元素的用量为母鸡的130%～150%。

公鸡的喂料量特别重要，原则是在保持公鸡良好的生产性能情况下尽量少喂，喂量以能维持最低体重标准为原则。以AA种公鸡为例，27周龄后，公鸡每天喂料量为130～150 g，喂料时，加料要准，各料桶加料要相等。

4. 种公母鸡同栏分槽饲喂　种公鸡和种母鸡营养需求及饲喂量不同，为了防止公鸡超重影响配种能力，混养的公母鸡必须实行分槽饲喂。否则，公鸡在采食高峰产蛋料后会很快超重，易发腿部疾病，繁殖能力也会下降，常常在45～50周龄不得不补充青年公鸡，增加饲养成本及啄斗应激。

母鸡的料槽加金属条格，间距4.1～4.5 cm，目的是让母鸡能从容采食而公鸡头伸不进去。最初可能发育差的公鸡能暂时采食，到28周龄后，公鸡完全不能采食母鸡料了。饲养管理时，要注意维修、调整料盘，以免金属条格间距过大而使公鸡能采食，过小而擦伤母鸡头部两侧。

公鸡用料桶，比母鸡早4～5 d转入产蛋舍，以适应料桶和新鸡舍的环境，料桶吊离地面41～46 cm，随鸡背的高度而调整，以不让母鸡够着而公鸡立脚能够采食为原则。要求有足够的料位，让每只公鸡都能同时采食，8～10只/桶。喂料时间比母鸡晚15～20 min，有助于母鸡不抢公鸡料。

5. 控制好各阶段的公鸡体重　这是种公鸡各项管理措施的中心任务。只有在适宜的体重下，种公鸡才能发挥最大的作用。

公鸡在21～36周龄期间，以23～25周龄增长最快，以后逐渐减慢；27周龄时体重达到成熟；28～30 周龄睾丸充分发育成熟，受精率达到高峰。此期间每周称重一次，不能让体重减轻，否则会影响受精率，但体重过大也不行。36 周龄后仍要重视公鸡体重的控制，公鸡每 4 周增重 50～70 g 为宜，一般父系比母系公鸡多给料 5～10 g。若公鸡体重超出太多或极瘦，配种力下降，要及时淘汰，换上 30 周龄左右的青年公鸡。

要注意使公鸡群的均匀度保持在 80％以上，饲养末期公鸡体重要比母鸡重 20％～30％。

知识链接

狼 山 鸡

相传 1872 年，一艘英国商船，停泊南通港附近的长江上，炊事员上岸买回一批黑鸡做菜。因鸡肉质细嫩，味道鲜美异常，船长甚感惊奇，如获至宝，便带回英国几只。后黑鸡在英家禽展览会上展出，受欧、美各国养禽专家青睐。于是，许多国家便从我国进口此鸡。由于这些鸡都从南通狼山出口，故取名“狼山鸡”。

狼山鸡是原产于如东县境内著名的蛋肉兼用型地方品种。该品种鸡历史上因集散地为南通港，港口附近有游览胜地——狼山，故名。产地位于长江三角洲北部，东临黄海，地势平坦，土质疏松，河港交错，盛产粮、棉，海产品也丰富，饲料资源富足，养鸡普遍。当地视黑色为吉祥，喜选择黑色羽毛鸡饲养，渔民出海祭祀时也要求用纯黑色的大公鸡，这种历史习俗促使人们不断淘汰杂色羽鸡而选留黑色羽鸡饲养。经长期选择、培育，大约在清代(19 世纪 70 年代)形成该品种鸡。

清同治十一年(1872 年)，狼山鸡被引入英国，后从英国传入美国、德国、日本等国，成为名闻世界的鸡种，并参与奥品顿、澳洲黑等外国著名鸡种的育成，对世界养鸡业有过较大贡献。狼山鸡主要特征：全身羽毛以黑色羽最多，黄羽次之，白羽最少。黑羽鸡又分光头光脚、光头毛脚、凤头光脚、凤头毛脚 4 个类型，其中又以黑羽光头光脚为多。羽色黑中带绿，富有光泽。体格大而健壮，昂头翘尾，羽毛紧密。单冠直立，耳垂和肉髯鲜红色，虹彩黄色，脚趾黑色，皮肤白色。

狼山鸡主要分布在如东县内的马塘、岔河，旁及掘港、拼茶、丰利、双甸等乡(镇)，南通的石港等地也有少量分布。新中国成立后，狼山鸡被推广到 10 多个省(自治区、直辖市)。20 世纪 80 年代，随着外国良种肉鸡、蛋鸡的大量引进和推广，产地饲养狼山鸡数量大减，仅如东狼山鸡种鸡场和南通市狼山鸡种鸡场每年保种 2 000～3 000 只，农村中已难见到。

狼山鸡以南通南部的狼山命名，原名“岔河大鸡”“马塘黑鸡”。

狼山鸡羽毛多为纯黑色，少数白色的已逐渐被淘汰。

任务评价

模块任务评价表

<table>
<tr><td>班　级</td><td></td><td>学号</td><td></td><td>姓　名</td><td></td></tr>
<tr><td>企业(基地)名称</td><td></td><td>养殖场性质</td><td></td><td>岗位任务</td><td>蛋鸡的生产技术</td></tr>
<tr><td colspan="6">一、评分标准
说明:考核共 7 项,总分 100 分;分值越高表明该项能力或表现越佳,综合评分为各项评分的和。90 分及以上优秀,75≤分数<90 良好,60≤分数<75 合格,60 分以下不合格</td></tr>
<tr><td>考核项目</td><td>考核标准</td><td>得分</td><td>考核项目</td><td>考核标准</td><td>得分</td></tr>
<tr><td>专业知识(15 分)</td><td>雏鸡的培育技术;育成鸡的培育技术;产蛋鸡的饲养管理技术</td><td></td><td colspan="3">专业技能(45 分)</td></tr>
<tr><td>工作表现(15 分)</td><td>态度端正;团队协作精神强;质量安全意识强;记录填写规范正确;按时按质完成任务</td><td></td><td>雏鸡的培育技术(15 分)</td><td>能做好育雏前的各项准备工作;能正确接运初生雏、饮水、开食和饲喂及科学的管理</td><td></td></tr>
<tr><td>学生互评(10 分)</td><td>根据小组代表发言、小组学生讨论发言、小组学生答辩及小组间互评打分情况而定</td><td></td><td>育成鸡的培育技术(15 分)</td><td>能制定正确限制饲养方案;能制定科学的光照制度;能正确实施提高鸡群均匀度的措施</td><td></td></tr>
<tr><td>实施成果(15 分)</td><td>雏鸡健康、成活率高、生长发育良好;育成鸡健康、体重和胫长达标、均匀度高、适时性成熟;产蛋鸡产蛋高峰持续时间长、期间死淘率低</td><td></td><td>蛋鸡的饲养管理技术(15 分)</td><td>做好开产前的准备工作;能根据鸡群的产蛋率调整料量;能提供良好的环境条件保证满足产蛋需要</td><td></td></tr>
<tr><td colspan="6">综合评分:________分　　优秀(　　)　　良好(　　)　　合格(　　)　　不合格(　　)</td></tr>
<tr><td colspan="6">二、综合考核评语
(该学生是否掌握了该岗位的专业知识、专业技能及掌握程度,能否通过该岗位技能考核)

教师签字:
日　　期:</td></tr>
</table>

项目四
家禽饲养管理工技能训练

技能一　鸡断喙技术

一、技能目标

通过技能训练，使学生初步掌握人工断喙的方法，为今后养鸡生产中广泛应用人工断喙技术打下基础。

二维码 4-1　雏鸡断喙技术(视频)

二、教学资源准备

1. 仪器设备　断喙器、育雏围栏、饮水器、电解多维、维生素 K、电源插座。

2. 材料与工具　出生 3～7 d 的雏鸡 30 只。

3. 教学场所　校内外教学基地或实验室。

4. 师资配置　实验时 1 名教师指导 40 名学生。

三、原理与知识

雏鸡断喙，可以防止啄羽、啄肛等恶癖，防止钩甩饲料，减少浪费；有利于雏鸡生长发育，提高经济效益。

四、实训内容与方法步骤

(一)断喙方法

1. 雏鸡的断喙方法　雏鸡较小，可一手固定体躯，另一手大拇指压在雏鸡头顶上部，食指放在咽下，稍加压力，使鸡舌头后缩，并使上下喙闭合整齐，不能使上喙或下喙偏左偏右，然后把雏鸡上下喙呈 30°角放到灼红的刀片之下，断喙长度自喙尖端至鼻孔 1/2～2/3 处，用脚踏板使劲将上下喙断掉(市场上有多种断喙器，不同断喙器方法略有不同，请参考说明书)。要求上喙比下喙短，要边切边烙，以便止血；不能用力过猛，防止把喙压碎或出血，导致流血不止。

2. 育成母鸡的断喙方法　由专人操作，一手握住鸡的翅膀根部，另一手保定头部，大拇指放在眼眶上下沿，食指放于咽下，施加压力，使舌回缩，上下喙闭合整齐，将喙放在灼红的刀片呈 30°角，从鼻孔下沿 1/3 处断去。其他要求同雏鸡的断喙要领一样。一般以三人组合最佳，一人断喙，两人抓放鸡。

3. 公雏的断喙　自然交配的公雏，只需要断喙一次，即在 15～20 日龄，但断喙长度比母雏短。将来进行人工授精用的公雏，第一次和第二次都要断喙。

(二)断喙的注意事项

1. 断喙后 1 周内应添加比平时稍多量的多种维生素，或在饲料中添加维生素 K，防止流血过多。

2. 断喙和接种疫苗不安排在 1 周之内，最好两项工作错开，不要重叠进行，以免造成不良影响。

3. 断喙要领要掌握好，以生长点为界线。公雏的喙不要断得过多。

4. 断喙器必须经常清洁、消毒，以防止断喙时的交叉感染。断喙后，在饮水中加入抗生素，如青霉素、链霉素、庆大霉素等。

5. 断喙后鸡嘴会损伤，因而须增加料的厚度，尽量避免鸡嘴碰到坚硬的料槽底上，同时不能停水，断喙后立即给水。

6. 断喙要选择在凉爽的时间进行。

五、实训报告

根据雏鸡断喙实训，写出断喙的注意要点。

技能二　肉用种鸡调群及均匀度测定

一、技能目标

通过对肉用种鸡全群体重的准确把握，使学生能够掌握育成鸡称重方法和均匀度计算方法，了解鸡群的生长发育情况，为下一周饲料量的准确调整做好充分的准备；并能根据所测鸡群均匀度判断后备鸡群发育整齐度，可提出改进饲养管理技术措施，并对种鸡在产蛋期的生产水平进行全面的估计。

二、教学资源准备

1. 仪器设备　电子秤 5 个，计算器 5 台。

2. 材料与工具　育成鸡 1 000 只；大围栏 1 个，小围栏 3 个；桌子 3 张；电源插座 3 处；线手套 8 副；统计表 3 份。

3. 教学场所　校内外教学基地或实验室。

4. 师资配置　实验时 1 名教师指导 40 名学生，技能考核时 1 名教师可考核 20 名学生。

三、原理与知识

良好的生产性能来自鸡群生长发育的整齐程度，其中以体重的整齐性最为重要。要从育雏期开始，通过不同的方法对快速生长的鸡群进行合理的限饲，以期有效地控制鸡群的体重在正常的生长范围之内。由于个体差异等多方面的原因，总会有一小部分的鸡体重不能达标，如不能及时调整，就会出现两方面的变化："小的越小，重的越重。"鸡群在开产后，蛋不均匀，高峰出现得晚，持续的时间短，严重影响种鸡的生产性能。因此，每隔 4 周左右就要为鸡群进行全群称量，把体重符合标准的鸡群放在一个围栏里，正常增长饲料。体重稍小的鸡群放在一个围栏里，适当提高喂料量。体重稍大的鸡群放在一个围栏里，暂时少加或不加料量，但一定不能减料。

四、实训内容与方法步骤

(一)调群

1. 将 1 000 只鸡围在大围栏内，注意松紧适度。

2. 桌子在围栏外摆好，把电子秤放在桌子上，接上电源。

3. 把 3 个小围栏分别放在每个电子秤旁边。在每个围栏旁边上用纸壳分别写上体重范围。例如，常规系母鸡 10 周龄体重是 0.95 kg，那么 3 个围栏上的范围应该是：①称量后体重为 0.85 kg 以下放在一栏中。②体重为 0.85～1.05 kg 放在一栏中。③体重为 1.05 kg 以上的放在一栏中。

4. 准备好之后，进去 3 名学生，不断地抓住围栏里面的鸡递到称量人手里，称量人根据体重把鸡只放入不同体重范围的小围栏中。

5. 整个鸡群称量完毕后，要仔细认真记录各栏鸡只数量，以便准确投料。

(二)体重均匀度测定计算

1. 确定测定鸡数与正确抽样　鸡群数量较大时，按 1%比例抽样；群体数量较小时，按 5%的比例抽样，但抽样比例应不少于 50 只。抽样应具有代表性。平养时，一般先将鸡舍内各区域的鸡统统驱赶，使各区域的鸡大小分布均匀，然后用围栏在鸡舍任何一区域围住大约需要的鸡数，然后逐个称重登记。笼养时，应从不同层次的鸡笼中抽样称重，每层鸡笼取样数相同。

2. 体重均匀度的计算　通常按在标准体重±10%范围内的鸡只数量占抽样鸡只数量的百分比作为被测鸡群的均匀度。

案例：某 5 000 只群鸡群 10 周龄平均体重为 760 g，超过或低于平均体重±10%范围是：

$$760+(760\times10\%)=836(\text{g})$$

$$760-(760\times10\%)=684(\text{g})$$

在 5 000 只鸡群中抽样 5%的鸡(为 250 只)中，标准在±10%(684～836 g)范围内的鸡为 198 只，占称量总数的百分比为：

$$(198\div250)\times100\%=79\%$$

则该鸡群的群体体重均匀度为 79%。

3. 鸡群的均匀度判断标准　根据计算结果，判断鸡群发育的整齐度。鸡群的均匀度标准如表 4-1 所示。可见，上例鸡群的均匀度为好。

表 4-1　鸡群的均匀度标准　　%

在鸡群中平均体重在±10%范围内的鸡只所占比例/%	均匀度
85 以上	特等
80～85	良好
75～80	好
70～75	一般
70 以下	不良

五、注意事项

1. 围栏鸡群时，一定要注意，不要太拥挤，以免压死弱鸡、小鸡，而且要注意围栏不能松动或过矮，以免个别鸡只飞出围栏。

2. 最好在上午没有喂料时进行，但不控水。

3. 在进行均匀度测定时，要适当添加电解多维，避免鸡群由于驱赶或捕捉产生过度应激。

4. 在养鸡场均匀度测定实训时，要注意防疫消毒，同时要注意安全操作。

六、实训报告

根据鸡群均匀度的测定结果，对鸡群发育整齐度做出判断，并提出饲养技术管理改进措施。

复习思考题

一、选择题

1. 雏鸡第 1 周的育雏温度以(　　)为宜。

A. 20～25 ℃　　B. 26～31 ℃　　C. 32～35 ℃　　D. 36～42 ℃

2. 雏鸡开食时间最适宜为出壳后(　　)。

A. 2 h　　B. 12 h　　C. 24～36 h　　D. 48 h

3. 在雏鸡的管理中，(　　)是育雏的首要条件。

A. 温度　　B. 湿度　　C. 通风　　D. 光照

4. 目前认为(　　)是防止啄癖的最有效的措施。

A. 适时断喙　　B. 适宜温度　　C. 适宜湿度　　D. 适宜通风换气

5. 良好的鸡群在育成末期均匀度应达到(　　)以上。

A. 60%　　B. 70%　　C. 80%　　D. 90%

6. 育成鸡在限制饲养期间应保证充足采食和饮水的位置，至少保证(　　)的鸡能同时采食。

A. 50%　　B. 60%　　C. 70%　　D. 80%

7. 育成鸡限制饲养应与(　　)相配合，保证育成鸡在适宜的周龄和标准体重范围内开产。

A. 控制温度　　B. 控制通风换气　　C. 控制光照　　D. 控制密度

8. 育成鸡控制光照的主要目的是(　　)。

A. 提高变更饲料后鸡群的适应性　　B. 为了转群和免疫

C. 提高鸡体免疫力、减少疾病发生　　D. 控制生长、抑制性成熟

9. 产蛋鸡饲料转化效率最高的温度是(　　)。

A. 5～10 ℃　　B. 10～15 ℃　　C. 15～20 ℃　　D. 20～25 ℃

10. 产蛋鸡饲料和育成鸡饲料的主要区别是产蛋鸡料(　　)含量高。

A. 钙　　B. 磷　　C. 铁　　D. 铜

二、简答题

1. 育雏前应做好哪些准备工作？

2. 蛋种母鸡强制换羽的方法有哪些？

3. 为什么要对育成鸡实行限制饲养？限制饲养时应注意哪些问题？

4. 育成鸡转入产蛋鸡舍后，应如何进行换料？如何增加光照？

复习思考题参考答案

Module Two

Module Two

模块二

家禽繁育工

Module Two

Module Two

知识目标

1. 了解家禽生物学特征和家禽生殖器官构造。

2. 熟悉家禽配种操作规程。

3. 掌握种禽生产性能测定方法。

4. 掌握家禽人工授精技术和精液处理常识。

5. 掌握人工授精器具的构造、使用、消毒和保管常识。

能力目标

1. 会识别不同生产用途家禽的外形特征。

2. 能制定并执行选种、选配和繁育计划。

3. 能识别高产与低产家禽。

4. 能对种禽进行生产性能测定。

5. 能对家禽进行人工采精、人工输精。

6. 能准确评定精液品质，并对冷冻精液进行处理。

素质目标

1. 通过家禽育种等的介绍，培养学生崇尚科学、遵法守纪、诚实守信的优良品格。

2. 通过种禽生产性能测定等的练习，培养学生严谨务实、团队协作能力。

3. 通过人工授精技术等技能的操作，培养学生认真、细致、规范、安全操作素养。

4. 培养学生吃苦耐劳精神。

5. 培养学生自主学习、发现问题、分析问题和解决问题的能力。

适合工种

家禽繁育工、特禽繁育工、家禽育种工。

项目五
家禽繁育工概述

家禽繁育工是禽类养殖生产环节中从事种禽繁殖、新品种培育等工作的岗位，承担着种禽的性能测定、种公母禽的挑选及选配计划的制定、种公禽的饲养调教、采精、精液品质检测、稀释以及输精等工作任务。

禽类养殖效益的好坏依赖很多关键性的生产环节，其中种禽场的有效产出是保证效益的第一步。有了优良的家禽品种品系才能有好的生产成绩，家禽繁育工是培育优秀种禽的园丁。家禽繁育工首先要做好种禽的饲养管理，熟悉不同禽类的经济性状、生产性能及外在表现。同时要求其要有高度的责任心，认真做好采精、检测和输精操作以获得较高的受精率，通过疾病防治保障种禽群体的健康。禽养殖场要制定合理的规章制度和奖惩条例来提高员工的责任感与积极性，进而提高工作质量。

任务一　家禽繁育工的岗位职责和工作目标

家禽繁育工必须熟练掌握种禽场各阶段的工作目标和饲养管理要求，认真执行种禽繁育的操作规程；熟练掌握种禽品种特征、特性及其与经济性状之间的联系，能够进行种禽的性能测定、体尺测量，能识别高产和低产家禽特征，掌握采精、人工授精和一般精液处理技术；掌握家禽采精、输精器具的使用、洗刷、消毒和保管，准确填写记录，并能协助有关人员做好其他工作。

虽然不同的种禽繁殖场工作特点不同，种鸡场又有蛋鸡和肉鸡之分，种鸭场也有蛋鸭和肉鸭之分，水禽场有特殊的工作环境，但是一般种禽场繁育工的工作目标和岗位职责是一样的，具体分述如下。

一、家禽繁育工的岗位职责与工作目标

（一）家禽繁育工的岗位职责

（1）服从场内管理人员的指挥，遵守各项规章制度，配合技术人员的工作，及时准确填写各项数据和报表。

（2）公母禽繁殖档案管理，确定配种期和配种方式。

(3)有计划地使用和调整种群,根据生产性能对种群进行筛选,及时淘汰性能较差的种禽。

(4)定期检查公禽的精液品质,以便及时发现问题,采取相应措施。

(5)配合防疫员做好种群的防疫。

(6)配合饲养员搞好种群的饲养管理。

(7)做好配种记录、人工授精记录的登记,及时填报统计报表。

(二)家禽繁育工的工作目标(以鸡为例)

(1)受精率≥90%。

(2)每次输精有效精子数为0.7亿~1亿个。

(3)精子的活力大于0.65。

(4)采用隔日采精制度。若配种任务大,也可适当增加采精次数,但应注意公鸡的营养状况及体重变化。

(5)正确人工输精。蛋用型母鸡盛产期,每次输入0.025 mL原精液,每5~6 d输1次;产蛋中、末期每次输入0.05 mL原精液,每4~5 d输1次;肉用型母鸡每次输入0.03 mL原精液,每4~5 d输1次;产蛋中、末期每次输入0.05~0.06 mL原精液,每周输2次,或4 d输1次。

(6)稀释精液合格率为100%。

二、家禽繁育工的技术等级与技能操作要求

(一)技术等级

根据畜禽繁殖规律,按照选种、选配计划,从事采精、人工授精、人工辅助配种及有关记录的工作,分初、中、高三个技术等级。

(1)初级工:了解家禽生物学特征和一般饲养管理知识,家禽生殖器官构造功能,家禽采精、配种操作规程常识,家禽人工授精技术和精液处理常识,人工授精器具的构造、使用、消毒和保管常识,家禽繁育、采精、配种各项记录常识。

(2)中级工:熟悉家禽繁殖生理常识,家禽繁殖方法和生殖器官生理功能,繁殖生理知识,家禽精液质量评定知识,家禽生殖系统常见病防治常识。

(3)高级工:掌握家禽繁殖、遗传一般知识,家禽生殖激素功能一般知识,家禽繁殖生产管理知识,国内外家禽繁育生产先进经验,家禽繁殖场常识。

(二)技能操作要求

(1)初级工:掌握采精、配种操作规程,熟练进行安全操作,掌握公禽第二性征发育与配种能力之间的关系,识别母禽发育状况,掌握采精、人工授精和一般精液处理技术,掌握家禽采精、输精器具的使用、洗刷、消毒和保管,准确填写记录。

(2)中级工:能够执行选种、选配和繁育计划,能识别家禽高产与低产的特征,掌握家禽采精技术,可以独立操作精液质量评定和冷冻精液处理,能识别家禽一般生殖疾病并协助兽医处理。

(3)高级工:能拟订家禽繁殖生产计划和实施方案,协助技术人员统计、分析各项记录、进行总结,识别不同生产用途家禽外形特征,在技术人员指导下可以进行家禽体质外形评分、体尺测量鉴定,协助制定家禽繁殖场和饲养工艺设计方案。

项目六
家禽生物学

任务一　家禽品种的分类

一、品种的概念

品种是指人类为了某种经济目的，在一定的自然和经济条件下，通过育种而形成的具有一定数量、体型外貌相似、生产性能一致且遗传性稳定的群体。世界各地自然经济条件各不相同，人们在长期的生产劳动过程中培育出了许多优良的家禽品种，如意大利的白色来航鸡产蛋量最大，美国的白洛克鸡、AA 鸡生长速度快肉质细嫩等；我国也有很多风味独特的地方品种，如九斤鸡、丝毛鸡、北京鸭、中国鹅等。

二、家禽品种的分类

为了便于区分众多的家禽品种，人们对家禽进行分类，常用的分类方法有两种，即标准分类法和现代分类法。

(一)标准分类法

要了解标准分类法，首先要认识标准品种。所谓标准品种是指把经过有计划的系统选育，并按育种组织制定的标准鉴定后，被列入《美洲家禽标准品种志》和《大不列颠家禽标准品种志》的家禽品种。列入世界标准品种和变种的鸡种有 200 多个，这些标准品种一般生产性能高，体型外貌一致，适应较高的饲养管理条件。一个新培育的品种经鉴定评比符合标准的即承认为标准品种，可编入每 4 年出版一次的品种志内。品种志中所收录的家禽品种按照不同类型进行分类，该分类方法称为标准分类法，被其他国家所采纳。标准分类法分为以下四个层次。

1. 类　按照家禽的原产地(或输出地)进行划分，如亚洲类、美洲类、英国类、美国类等。

2. 型　按家禽的主要经济用途进行划分，如鸡的分类有蛋用型、肉用型、兼用型、玩赏型等。

(1)蛋用型　主要经济用途是产蛋。一般体型较小，外观清秀，羽毛紧凑、后躯发达，肌肉结实，较敏感；5～6个月开产，产蛋量高，年产蛋220～270枚；腿细产肉少，肉质差，无抱窝性。

(2)肉用型　主要经济用途是产肉。生长速度快、产肉多、肉质细嫩。一般体躯较大，体型宽厚、深而短。全身肌肉丰满，胸肌、腿肌发达；冠小，颈粗而短；性情温顺、迟钝；生长迅速，尤其是早期生长较快，一般49 d左右出栏；母鸡产蛋量较小，一般7～8个月开产，年产蛋130～160枚，有抱窝性。

(3)兼用型　既能产蛋又可产肉，鸡的体型、体重、生产性能等介于蛋用型和肉用型之间。性情比较温顺，体质健壮，觅食能力强，抗病力强。一般6～7个月开产，年产蛋160～180枚，有抱窝性。

(4)观赏型　适用于观赏或作宠物，体型一般较小，也有的较大，如斗鸡。中国宠物鸡有六大系列，即元宝系、绣球系、宫廷系、矮脚系、绒毛系和翻毛系。每个品系外貌特征各不相同，价格昂贵。

3.品种　品种是指经过选育有共同的血统，外貌特征相似、有一定的经济用途、遗传性稳定、种用价值高、群体达到一定数量的家禽种群。

4.变种　变种又称品变种、内种等，是指在同一个品种内因为某一个或几个外貌特征差异而建立的种群。如白色来航鸡依冠型不同可分为单冠白来航和玫瑰冠白来航等。

(二)现代分类法

近20年来养禽业特别是养鸡业出现了规模经营，为适应工厂化规模化生产需要，现代鸡种应运而生。现代鸡种是配套体系，就是充分利用杂种优势而专门培育的商品系。现代鸡种配套系有专门化的父系和母系，其杂种一代商品系有强大的杂种优势，生长和生产性能超群，且体型大小一致性好，适应工厂化生产。现代分类法是依据家禽的主要生产方向(经济用途)和产品特征进行划分的，分为肉用型和蛋用型。

1.肉用型鸡　现代肉用型鸡是专门用于生产肉用仔鸡的配套品系，这类鸡的生长速度较快或肉质较好，是通过肉用型鸡的专门化父系和专门化母系杂交配套选育而成，一般分为快大型肉鸡和优质肉鸡。

(1)快大型肉鸡　快大型肉鸡按羽毛颜色又可分为白羽肉鸡和有色羽肉鸡。其中白羽肉鸡父本大多采用生长快、胸腿肌肉发达的白色科尼什为主要种源选育出的高产品系。母本主要采用产蛋量高且肉用性能也好的白洛克为基础选育出的高产品系，此外又有新培育的矮小节粮型洛克种鸡。这些商品代肉仔鸡特征是羽毛为纯白色，胫部黄色，早期生长速度快(6周龄平均体重能够达到2.5 kg左右)，饲料转化率2∶1以下。有色肉鸡是以红羽为主，一般采用红科尼什选育成父系，洛岛红选育出母系，如加拿大雪佛公司生产的红布罗、法国伊莎公司培育的安康红等。有色肉鸡的生产性能不如白羽肉鸡。

(2)优质肉鸡　优质肉鸡是指其肉的品质在风味、鲜味和嫩度上优于快大型肉鸡。这类鸡是用黄羽或麻羽地方良种鸡与外来品种进行杂交后育成的。羽毛颜色为黄色或麻色，胫部黄色或青色。其生长较慢、性成熟早，宽胸、矮脚、皮薄、骨细、肉质细嫩爽滑，脂肪分布均匀，肉味鲜美，是高档肉食品。一般商品代要饲养2～3个月，体重达到1.5～2.0 kg，饲料转化率在3∶1左右。

2.蛋用型鸡　这类鸡以产蛋多为主要特征，根据蛋壳颜色又可以分为以下4种类型。

(1)白壳蛋鸡　以单冠白来航为基础选育出的高产品系，可用羽速自别雌雄。其特征是羽毛纯白色，蛋壳白色，体型较小，耗料少，开产早，产蛋量高。与褐壳蛋鸡相比，蛋重略轻，抗应激性较差。如星杂 288、滨白鸡、北京白鸡、罗曼白等。

(2)褐壳蛋鸡　由肉蛋兼用型洛岛红选育出的高产蛋鸡品系，利用羽色和羽速自别雌雄。种鸡和商品鸡所产蛋壳颜色均为褐色，蛋重较大，蛋壳厚，抗应激能力强。与白壳蛋鸡相比，体型略大，耗料略高，蛋中血斑率、肉斑率高。如伊莎褐、海赛克斯褐、海兰褐、尼克红、罗曼褐等。

(3)粉壳蛋鸡　通常是由白壳蛋鸡高产品系与褐壳蛋鸡高产品系进行杂交育成。杂交商品代羽毛以白色为主，个别个体有褐色或其他颜色羽毛，蛋壳颜色为粉色。其产蛋量高，饲料转化率高，但生产性能不稳定。如农昌 2 号、B-4 鸡、京白 939、京白 989 等。

(4)绿壳蛋鸡　是利用我国特有的绿壳蛋鸡遗传资源和现代蛋鸡杂交培育而成的。羽毛颜色有很多类型，蛋壳颜色为青绿色，深浅有差异。体型小，产蛋量较高，蛋白质优良，耗料少，蛋重偏小。如江西东乡绿壳蛋鸡、上海新杨绿壳蛋鸡、江苏三凰青壳蛋鸡。

三、水禽品种的分类

(一)鸭的分类

鸭主要是按照所提供产品类型进行分类，可分为肉用型、蛋用型和兼用型。我国蛋用型鸭主要是以麻鸭为主，此外还有莆田黑鸭、连城白鸭等。肉用型品种最有名的是北京鸭，还有瘤头鸭等。兼用型品种主要有高邮鸭和建昌鸭。

(二)鹅的分类

鹅的品种类型一般是按照成年体重进行区分，可分为大、中、小 3 种。中国鹅除伊犁鹅在新疆外，其他主要分布在东部农产区。大型鹅品种主要是狮头鹅，成年公鹅体重 9 kg 以上，母鹅体重 8 kg 以上；中型鹅品种有皖西白鹅、溆浦鹅、雁鹅等，成年公鹅体重 5～7.5 kg，母鹅体重 4.5～7 kg；小型鹅品种有太湖鹅、豁眼鹅、乌鬃鹅等，成年公鹅体重 5 kg 以下，母鹅体重 4.5 kg 以下。

任务二　家禽的外貌

一、外貌部位

家禽外貌部位大体上可分为头部、颈部、体躯、四肢(上肢特化成翼)、尾部 5 个部分，如图 6-1 所示。

二、外貌识别在生产中的应用

1. 可推断家禽的生产性能　高产和低产家禽的外貌特征就有明显的不同。如对肉鸡而言，体重大而胫骨短的鸡产肉性能较好，体重小而胫骨长的鸡产肉性能差。

2. 可判断家禽的生产类型　一般肉用型家禽的外貌特征是体型较大，头颈部粗且较短，胫部粗壮，胸部宽深，胸肌腿肌发达；一般蛋用型家禽的体型较小，头部清秀，颈部细长，胸部不发

1. 冠　2. 头顶　3. 眼　4. 鼻孔　5. 喙　6. 内髯　7. 耳孔　8. 耳叶　9. 颈和颈羽　10. 胸　11. 背　12. 腰
13. 主尾羽　14. 大镰羽　15. 小镰羽　16. 覆尾羽　17. 鞍羽　18. 翼羽　19. 腹　20. 小腿
21. 踝关节　22. 跖(胫)　23. 距　24. 趾　25. 爪

图 6-1　鸡的外貌部位

(引自赵聘等,2011)

达,腹部较大,胫部较细。

3. 可判断家禽的健康状况　健康的家禽生长迅速,发育良好,体重大,羽毛丰满,毛色润泽,精神饱满。不健康的家禽精神迟缓,羽毛没有长齐或散乱,双翅与体躯贴得不紧,身体发育不良或畸形,体躯瘦,腹部过大或过小。

4. 可推断家禽的年龄及性发育情况　家禽的年龄大则脸部干燥有皱纹,胫部和趾部鳞片厚且干燥,爪长而弯曲,鸡的距长而尖有弯曲。达到性成熟的家禽能够表现出明显的第二性征。

三、鸡的外貌

(一)头部

1. 冠形　鸡的冠形为品种或变种的特征之一,可分为豆冠、单冠、玫瑰冠、胡桃冠、羽毛冠、角冠和杯状冠等。

健康鸡冠的颜色大多为鲜红色,细致、丰满、滋润。病鸡冠常皱缩变白或发绀变黑(除乌骨鸡外)。母鸡的冠色可随着产蛋的继续进行而逐渐褪色。产蛋母鸡的冠色鲜红、肥润、温暖;停产鸡冠色淡,手触有冰凉感,表面皱缩。产蛋母鸡的冠色越红、越丰满,生产能力越高。冠还是第二性征的性状。

二维码 6-1　鸡的外貌特征(视频)

2. 喙　鸡具有角质化的喙,是皮肤的衍生物,没有味觉,没有牙齿。喙的颜色有白、黄、红、黑、蓝、青灰等,具有品种的特异性,一般与胫的颜色一致。

3.脸　一般鸡脸皮肤裸露为红色。肉鸡脸部丰满，蛋鸡脸部清秀。健康鸡脸色红润无皱纹，老弱病鸡脸色苍白而有皱纹。

4.眼　健康鸡眼睛有神且反应灵活，瞳孔彩虹的色泽具有品种的特异性。

5.耳叶　位于耳孔下侧，椭圆形而有皱褶，常作为品种特征。来航鸡和一些地中海品种鸡耳叶为白色，丝毛鸡的耳叶为绿色，其他有色品种的耳叶多是红色。

6.肉髯　颌下一对下垂的皮肤衍生物，其色泽和健康的关系与冠同，一般品种的肉髯多为红色。

7.胡须　泛指颊须和髯，胡为脸颊两侧羽毛，须为颌下的羽毛。可作为品种和变种的特征。

(二)颈部

颈部羽毛显示出第二性征，公鸡颈羽端部像梳齿一样较尖，称为梳羽，而母鸡颈羽端部钝圆。

(三)体躯

鸡的体躯有一定的长度、宽度和深度。由于生产类型不同，鸡的体躯表现有很大的差异。一般肉鸡体躯宽长，胸部丰满，腹部深而广，体躯呈长方形或梯形。蛋鸡体躯轻小狭长，胸背适中，腹深臀广，体躯略呈楔形。鸡腰部又称鞍部，母鸡鞍部羽毛短而圆钝，公鸡鞍部羽毛较长，端部尖形，像蓑衣一样披在鞍部，故称蓑羽。

(四)四肢

鸡前肢特化成翼。翼羽中央有一较短的羽毛称为轴羽，从轴羽向外侧数一般有 10 根羽毛称为主翼羽，向内侧数一般有 11 根羽毛称为副翼羽。每一根主翼羽上覆盖一根短羽，称为覆主翼羽，如果初生雏只有覆主翼羽而无主翼羽，或者覆主翼羽比主翼羽长，或两者等长，或主翼羽比覆主翼羽稍长，在 0.2 mm 以下，其羽绒更换为幼羽时速度慢，称为慢羽；如果初生雏的主翼羽比覆主翼羽长，在 0.2 mm 以上，其羽绒更换为幼羽时速度快，称为快羽。慢羽对快羽是显性，它们是一对伴性性状，可以用于雏鸡的自别雌雄。成年鸡的羽毛每年要更换一次，母鸡更换羽毛时要停产。一般主翼羽脱落较早且更换速度快的母鸡，产蛋能力都比较强。

鸡后肢骨骼较长，包括股骨、小腿骨、跖骨、趾骨等。股骨是大而长的管状骨，股骨肌肉发达，是禽体第二群最发达的肌肉，仅次于胸肌。小腿骨细长，跖骨较粗，所在体表部位俗称胫部。胫部覆盖有鳞片，年幼时鳞片柔软而薄，年龄越大鳞片越硬越厚且角质化。因此可通过胫部鳞片软硬程度和是否有突起来判断鸡的年龄大小。不同品种鸡的胫部颜色不同。

(五)尾部

鸡的尾部有尾椎骨 5～6 个，最后一块是由几节尾椎在胚胎期愈合形成的尾综骨，为尾羽和尾脂腺的支架。其尾部羽毛可分为主尾羽和覆尾羽两种，主尾羽从中央一对起分向两侧，共有 7 对，公母鸡都一样；而公鸡覆尾羽较发达，状如镰形，故称镰羽。覆盖第一对主尾羽的覆尾羽叫大镰羽，其余相对较小的叫小镰羽。

四、体尺测量

(一)体尺指标

半潜水长(水禽)　用皮尺测量嘴尖到髋骨连线中点的距离(cm)。
胸宽　用卡尺测量两肩关节之间的距离(cm)。
胸深　用卡尺测量第一胸椎到胸骨前缘间的距离(cm)。
胸骨长　用皮尺测量体表胸骨前后两端间的距离(cm)。
胸角　用胸角器在胸骨前缘测量两侧胸部角度。
骨盆宽　用卡尺测量两坐骨结节间的距离(cm)。
颈长　头骨末端至最后一根颈椎间的距离(cm)。
胫长　用卡尺测量胫部上关节到第三、第四趾间的直线距离(cm)。
胫围　胫部中间的周长(cm)。
体斜长　用皮尺沿体表测量锁骨前上关节至坐骨结节间距离(cm)。

(二)体尺测量在生产中的应用

1. 体尺指标是描述一个品种的重要依据,任何一个家禽品种在描述其特征和性能的时候都要提及部分体尺数据。

2. 体尺指标是判断家禽发育的重要指标,家禽的生长发育情况主要从体尺和体重两个方面进行衡量。

3. 体尺指标是评价生产性能的参考指标,一些体尺指标能够反映家禽的生产性能,如胸宽、胸深、胸角和胫围的指标能反映鸡的产肉性能,骨盆宽可以反映鸡的产蛋性能等。

任务三　蛋的结构

一、蛋的形成过程

禽蛋是在母禽的卵巢和输卵管中形成的,卵巢产生成熟的卵泡,输卵管则在卵黄外面依次形成蛋白、壳膜和蛋壳。

(一)卵泡的发育与排卵

卵泡的发育就是卵黄的沉积过程。在母禽卵巢表面布满许多大小不一的卵泡,每个卵泡内部都有一卵母细胞,性成熟前 3 周发育较快,卵泡成熟前 7～9 d 内所沉积的卵黄占卵黄总量的 90%以上。性成熟后在母禽卵巢上有 3～5 个直径 1.5 cm 以上的大卵泡,有 5～8 个直径在 0.5～1.5 cm 的中型卵泡,另外还有很多直径在 0.5 cm 以下的小型卵泡,一个成熟的卵泡直径可达到 4 cm。

(二)蛋在输卵管内的形成过程

卵(黄)从卵巢排出后被输卵管的伞部接纳。卵子在伞部与精子结合成为受精卵,伞部的边缘包紧并压迫受精卵向后运行,经 15～30 min 后进入输卵管膨大部。

当卵黄进入膨大部后以旋转的形式向前运行。膨大部的腺体首先分泌黏稠蛋白包围卵黄,卵黄的旋转使浓蛋白扭结而形成系带,其作用是使悬浮在蛋白中的卵黄保持一定的位置。其次分泌稀蛋白,形成内稀蛋白层,再分泌浓蛋白形成浓蛋白层,最后分泌稀蛋白形成外稀蛋白层。大约经过 3 h,蛋离开膨大部进入输卵管峡部。

峡部的腺体分泌物包围在蛋白周围形成内、外壳膜,一般认为峡部前段的分泌物形成内壳膜、后段分泌物形成外壳膜。峡部的粗细决定蛋的形状。蛋经过峡部的时间约为 1 h。

蛋离开峡部后进入输卵管子宫部,在子宫部停留 18～20 h。在最初的 4 h 内子宫腺分泌子宫液并透过壳膜渗入蛋白内,使蛋白的重量成倍增加,同时使蛋壳膜膨胀成蛋形。随后腺体分泌的碳酸钙逐渐增多,并沉积在外壳膜上形成蛋壳。有色蛋壳是因为壳内存在色素,血红蛋白中的卟啉分解后形成各种色素,经过血液循环到达子宫部而沉积在蛋壳上。蛋壳表面的一层可溶性胶状物也在此处形成,它是子宫分泌物涂抹于蛋壳表面,其在产蛋时起润滑作用和某种程度上防止细菌侵入及蛋内水分蒸发。

输卵管阴道部对蛋的形成不起作用,蛋到达此处只待产出,停留时间约为 0.1 h。一般母禽在产蛋 15～75 min 后,下一个成熟的卵泡破裂排卵,如果是连续产蛋母鸡,产一枚蛋需 24～26 h。

(三)产蛋

当蛋在输卵管内形成后,家禽体内相关激素会刺激子宫部肌肉发生收缩,将蛋推出体外。垂体后叶分泌的催产素是控制产蛋的主要激素,它能够刺激子宫部肌肉的收缩,推动蛋向后运动。

家禽的产蛋时间有一定的规律性,鸡的集中产蛋时间一般在当天光照开始后 3～6 h;鸭的产蛋时间主要集中在凌晨 2:00—5:00 时(即当天光照开始前),9:00 以前仍有少量个体产蛋,9:00 以后产蛋很少;鹅的产蛋时间一般在下半夜或上午。

二、蛋的结构

禽蛋由外到内依次为:蛋壳、壳膜、蛋白、蛋黄,如图 6-2 所示。

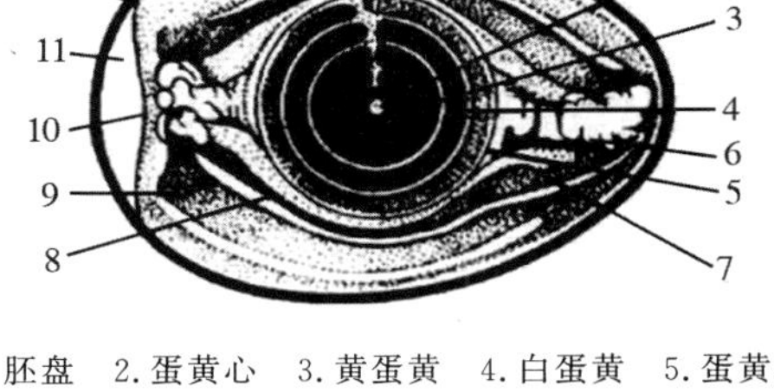

1. 胚盘　2. 蛋黄心　3. 黄蛋黄　4. 白蛋黄　5. 蛋黄膜
6. 系带　7. 内稀蛋白　8. 浓蛋白　9. 外稀蛋白
10. 内壳膜　11. 气室　12. 外壳膜　13. 蛋壳

图 6-2　蛋的构造

(引自王小芬等,2012)

1. 蛋壳　由碳酸钙、磷酸钙、碳酸镁和磷酸镁等柱状结晶体组成,每个柱状结晶体的下部为乳头体,是与壳膜接触的位置,结构相对疏松,中上部是结构比较致密的海绵体。在柱状结晶体之间存在缝隙,即气孔,它有利于蛋内水分蒸发和胚胎呼吸。蛋壳的厚度一般为 0.26～0.38 mm,锐端略厚于钝端。在新鲜蛋壳的外表面有一层非常薄的膜(胶护膜),遮蔽着气孔,能够防止外界细菌进入蛋内和防止蛋内水分蒸发。随着蛋存放时间的延长及孵化时间的推移会逐渐消失,水洗后也容易脱落。

2.壳膜　有两层,贴紧蛋壳内壁的一层是外壳膜,在其内部并包围在蛋白表面的是内壳膜,也称为蛋白膜。在气室处内外壳膜是分离的,在其他部位则是紧贴在一起的。蛋的钝端内部有一个气室,它是由于蛋产出后蛋白和蛋黄温度下降而体积收缩,空气由厚度较薄的蛋的钝端气孔进入形成的。

3.蛋白　也叫蛋清,是蛋中所占比例最大的部分,约占蛋重的56%,主要是水分和蛋白质。由外向内分为4层:外稀蛋白层、浓蛋白层、内稀蛋白层和系带层。蛋白层围绕蛋黄积累,具有保护胚盘的作用,并供应胚胎发育所需的营养物质和酶类。

4.蛋黄　位于蛋的中心位置,是一团黏稠不透明的黄色半流体物质,水分比蛋白少,约占蛋重的33%。蛋黄外面有一层极薄而有弹性的蛋黄膜,使蛋黄保持球形。最中心是蛋黄心。在蛋黄的表面有一个白色的小圆点,是胚盘或胚珠的位置,未受精的叫胚珠,受精的叫胚盘。外观胚盘中央透明状称为明区,周围颜色稍暗称为暗区。胚珠比较小且没有明暗之分,据此剖视种蛋可估测其受精率。由于胚盘比重较轻,不管蛋如何放置,胚盘始终处在蛋黄上方,这样可以使胚盘优先获得热量有利于胚胎发育,这是生物适应性的表现。

三、畸形与异物蛋

1.畸形蛋　主要指外形异常的蛋,如过长、过圆、腰箍、蛋的外形不光滑、有棱角、皱皮、蛋的一端有异物附着等。引起蛋形异常的根本原因是输卵管的峡部和子宫部发育异常或有炎症。这样的蛋都不能留作种蛋。

2.异物蛋　主要指在蛋的内部有肉斑、血斑,甚至还有寄生虫的存在。肉斑蛋是指在蛋白中有灰白色的斑块。在蛋形成过程中,当蛋黄通过输卵管膨大部时,该部位腺体组织脱落,最后被裹在蛋白中;血斑蛋是指在靠近蛋黄的部位有绿豆大小的深褐色斑块,它是由卵泡膜破裂时渗出的血滴附着在蛋黄上而形成。

3.过大蛋　蛋形过大,常见的有蛋包蛋、多黄蛋。蛋包蛋是指在一个大蛋内又包有一个正常的蛋。如果蛋在子宫部形成蛋壳的时候母禽受到刺激,使输卵管发生异常的逆蠕动,把这枚蛋反推向膨大部,然后又逐渐回到子宫部并重新形成蛋壳,就能产出蛋包蛋。处于刚开产期间的家禽体内生殖激素合成多,会使卵巢上多个卵泡同时发育,在相近的时间内先后排卵从而形成多黄蛋。

4.过小蛋　蛋形过小,分两种情况:一种是出现在初开产时期,此时卵黄比较小,形成的蛋也小,这会随着种禽日龄和产蛋率的增加而迅速减少;另一种是无黄蛋,它是由于母禽输卵管膨大部腺体组织脱落,脱落的组织块刺激该部位蛋白分泌腺而产生的蛋白块,包上壳膜和蛋壳而成的。

5.薄壳蛋、软壳蛋及破裂蛋　导致薄壳蛋及软壳蛋出现的因素有:饲料中钙、磷含量不足或两者比例不合适,缺乏维生素D,饲料突然变更等;另外许多疾病会影响蛋壳的形成过程,如喉气管炎、传染性支气管炎、禽流感、减蛋综合征、非典型性新城疫等各种因素引起的输卵管炎症;高温也能使蛋壳变薄,破损增多;每天拣蛋时间和次数、鸡是否有啄癖、是否受到惊吓等饲养管理因素也有影响。

项目七 家禽育种及繁育技术

任务一　家禽的主要性状及其遗传特点

家禽的性状可分为质量性状和数量性状。质量性状多是一些品种的特征、特性，数量性状一般指生长和生产性状，与经济联系密切。

一、家禽的质量性状及其遗传

家禽的质量性状可分为颜色性状、形态性状、生理性状和生化标记性状 4 大类，下面着重介绍与生产联系比较密切的几个主要质量性状及其遗传特点。

(一)家禽的颜色性状及其遗传

颜色性状主要包括羽毛颜色和皮肤颜色。

1. 羽色　羽色是品种的主要特征，各种羽色性状均为一对或几对基因控制，它们的遗传方式及在育种上的应用分述如下。

(1)白羽　可分为两类：一类是显性白羽，一类是隐性白羽。白羽在鸡、鸭、鹅和火鸡等的许多品种中出现，如白洛克鸡、白科尼什鸡、白来航鸡、北京鸭、四川白鹅、白火鸡等。白羽有一定的经济价值，白羽制成的羽绒美观价格高，白羽肉用禽在屠宰拔羽后，屠体不像有色羽家禽那样留有残痕，整洁美观。在鸡的品种中，除白来航是显性白羽外其他品种都是隐性白羽。

(2)黑羽　黑羽对显性白羽为隐性，而对隐性白羽为显性。鸡的黑羽品种很多，如狼山黑鸡、澳洲黑鸡、黑来航鸡、黑奥品顿鸡和黑明诺卡鸡等。鸭、火鸡、鸽子等也有黑羽的品种或变种。黑羽鸡的初生绒毛基本为黑色，但深浅相差颇多。

(3)黄羽　常指浅黄色羽，对黑色为隐性。鸡主要有浅黄来航鸡、浅黄洛克鸡、浅黄温多特鸡、浅黄九斤鸡和三黄鸡等品种。浅黄羽色的鸡如果出现其他色泽，则被认为是严重的缺点。用黑鸡和黄鸡杂交时，F_1黑色占优势，F_2约有 25%的鸡是浅黄色，而其他都为黑色。

(4)红羽　红羽鸡全身羽毛以红色占优势，但是翼羽、尾羽，有时颈羽上带有黑色。红羽对黑羽为隐性。在鸡的品种中有洛岛红、红色来航、新汉夏、红色苏赛斯和红育鸡等。红羽鸡和澳洲黑鸡杂交，子代全身羽毛呈黑色。

(5)银色羽和金色羽　所有鸡若不带有银色基因 S 就带有金色基因 s，它们分别控制银色和金色的表现。银色对金色为显性。所有黄鸡都带金色基因 ss，而显性白色、黑色鸡中金色和银色被基本色泽所掩盖。白羽鸡基本上都携带有银色基因 S，杂合情况下也有金色基因 s。在单一色泽的雏鸡绒毛中，一般易区分金银色。如果雏羽不易区分金银色，在背部有条斑的，可从条斑的深浅来区分，浅的是银色，深的是金色。以银色羽做母本，金色羽做父本杂交时，杂种 F_1 公鸡都是银色羽，母鸡都是金色羽。公雏初生绒羽为白色，母雏初生绒羽为黄红色。所以，金银羽性状可用来培育自别雌雄的杂交品系。

(6)芦花羽　也称横斑羽，即羽毛在有色底子上呈现白色横带。芦花基因 B 位于 Z 染色体上，是显性伴性基因。常见的芦花鸡品种有芦花来航鸡、芦花洛克鸡、多米尼克鸡等。B 基因有冲淡色素的作用，而且还具有加性效应。如芦花公鸡有两个 B 基因，其冲淡黑色素的效应就强，羽毛上的白色带和黑色带宽度相等；芦花母鸡只有一个 B 基因，其冲淡色素的效应就弱，羽毛白带约为黑带宽度的一半，所以芦花洛克本身就能自别雌雄。

2. 肤色　皮肤颜色包括体肤、喙和胫、冠、耳叶和肉髯等部分颜色。它受两种不同来源的色素影响。一种是黑色素，它存在于表皮层和真皮层；另一种是黄色素，它不能在体内产生，直接来源于饲料，贮存于皮肤、脂肪、血液及卵黄中。家禽的体肤主要是白色和黄色，但也有黑色和蓝色等。如我国的九斤黄鸡、三黄鸡是黄肤，狼山鸡是白肤，许多美洲品种鸡是黄肤，英国品种是白肤。

丝毛乌骨鸡是我国特有的鸡种，它不仅皮肤是黑色，内脏、骨骼和肌肉也呈黑色。这是由于含有黑色素的色素细胞分布于全身结缔组织包括骨膜细胞。而用白丝毛公鸡配棕黄色来航母鸡，所产 F_1 皮肤颜色表现，公雏是黄皮肤，母雏是黑皮肤，能够自别雌雄。

(二)家禽的生理性状及其遗传

生理性状有很多表现，这里仅介绍羽速和就巢性。

1. 羽速　羽速即羽毛的生长速度，主要是指翼羽和尾羽长出的迟早和快慢，有快羽和慢羽之分。快羽鸡在出雏时翼羽已开始冒出以代替绒毛，其主翼羽比覆主翼羽长，副主翼羽也长出来，到 3 日龄时就开始长出尾羽。但慢羽鸡在出雏时只能见到覆主翼羽，即便有主翼羽也长得很慢，且比覆主翼羽短，副主翼羽则没有长出，要到 12 日龄后才长出尾羽。现代肉仔鸡的生产以白羽为主，故利用快慢羽自别雌雄非常普遍。

快羽性状有很大的经济效益。快羽鸡抗寒能力强，维持体温所需营养较少，故雏鸡生长速度快，饲料报酬高。现在的肉鸡品种和蛋鸡品种都培育出了快羽品系，我国的地方鸡品种大多数是慢羽表现。

2. 就巢性　就巢性也称为抱窝性，由脑下垂体前叶分泌的催乳素增多而形成。一般产白壳蛋的地中海品种如来航鸡等无就巢性，而产褐壳蛋的如白洛克、洛岛红和澳洲黑鸡等有不同程度的就巢性。

二、家禽的数量性状及其遗传

家禽的数量性状均为重要的经济性状，包括肉用性状、蛋用性状、繁殖力性状等。

(一)肉用性状

肉用家禽应该具有优秀的肉用性状，包括生长速度、体重、屠宰率和屠体品质等。

1.体重　体重包括出壳体重、生长期体重和成禽重。出壳体重与蛋重有关，为蛋重的65%～70%。出壳体重与早期生长速度密切相关，初生重大，早期生长速度快。生长期体重一般指6.5～7周龄时的体重，对于肉用仔鸡或鸭来说，这是一个重要的经济性状。这一性状的遗传力较高，大多数在0.42～0.46。

在同等饲养管理条件下，生长期体重与品种、品系和性别相关。如肉仔鸡在6.5～7周龄时的体重可达2.0 kg，而蛋鸡在相同周龄时仅有0.7～0.8 kg；肉仔鸭6.5～7周龄时的体重可达到3.0 kg，而蛋用品种的鸭也仅为0.7～0.8 kg。成年体重作为一个特定性状，每个品种都有其标准成年体重。成年体重影响后代早期体重，对于产肉家禽要求有较大体重，在生产和育种上都要利用这种相关。

体重与品种、年龄、性别、饲养条件等有关。在日常饲养管理中，需要经常抽测体重，以检查饲养效果，决定喂料量。据估计鸡的成年体重遗传力为0.55～0.65。

2.屠宰率　屠宰率反映肉禽肌肉丰满的程度，屠宰率越高，产肉越多，对于肉用家禽要求有较高的屠宰率。屠宰率以屠体重（包括半净膛重、全净膛重）占活重的百分率表示，该性状的遗传力为0.3。

（1）屠宰率

$$屠宰率=\frac{屠体重}{活重}\times 100\%$$

屠体重是指活体重减去放血、净毛、剥去脚皮、爪壳、喙壳后的重量。活重是指屠宰前禁食、不停水12 h后的体重。

（2）半净膛率

$$半净膛率=\frac{半净膛重}{屠体重}\times 100\%$$

半净膛重是指在屠体重的基础上再去掉气管、食管、嗉囊、肠、脾、胰和生殖器官，保留心、肝（去胆囊）、肺、肾、腺胃和肌胃（除去内容物和角质层）以及腹脂的重量。

（3）全净膛率

$$全净膛率=\frac{全净膛重}{屠体重}\times 100\%$$

全净膛重是屠体（胸、腹腔内只留下肺和肾，其他器官全部去掉）去头和脚（跗关节以下）（鸭、鹅保留头和脚）的重量。

3.屠体品质　屠体品质是肉用仔禽另一重要经济性状，肉用仔禽应该具有肉嫩而鲜、脂少而匀、皮薄而脆、骨细而软等特点。评定屠体品质主要有胸部肌肉、腿部肌肉、肉质嫩度及屠体外观等指标。

肉质嫩度是测量肌纤维的粗细和拉力。通过测量可判断肉质的细嫩程度，如肌纤维细、拉力小则说明肉质细嫩。我国一些地方对禽肉品质的评价多以肉质肉味为重点，一般认为地方品种鸡肉质较好，称为优质肉鸡。

屠体外观要求丰满、洁净、有光泽、无伤痕及无胸囊肿，屠体皮肤以肉白色或黄色为佳。

（二）蛋用性状

蛋禽和种禽都需要有优良的蛋用性状，它包括产蛋量、蛋重和蛋的品质等。

1.产蛋量　产蛋量是指母禽在一定时间内的产蛋数量，或一个禽群在一定时间内平均产蛋数量。产蛋量的遗传受多基因控制，且遗传力较低，一般在0.1～0.25。

(1)产蛋量的计算　在育种场常采用个体笼养，使用自闭产蛋箱，可以准确地测定每一只种鸡的产蛋量。通常统计开产后60日龄产蛋量、300日龄产蛋量和500日龄产蛋量。

一般在育种场才进行个体产蛋记录，而种禽场和商品禽场不做个体记录，只统计群体产蛋量。群体产蛋量的计算方法有以下两种：

①入舍母鸡产蛋量　能反映鸡群的生活力、产蛋率以及禽场的饲养管理水平等。因为开产期母鸡进入产蛋鸡舍后，统计期内产蛋母鸡若有死亡和淘汰，则总产蛋数必然减少。该指标可以考核种禽场的饲养管理水平。

$$入舍母鸡产蛋量(枚/只)=\frac{统计期内总产蛋数}{入舍母鸡数}$$

②饲养只日产蛋量　一只母鸡饲养一天就是一个饲养只日，是根据每周(或每月)内每天实际平均饲养母禽数，计算在相同时间内的平均产蛋数。该指标不考虑家禽的死亡、淘汰率，因此禽场在死淘率很高的情况下也能得到很高的饲养只日产蛋量。

$$饲养只日产蛋量(枚/只)=\frac{统计期内产蛋数}{平均每天饲养母鸡只数}$$

(2)产蛋率　产蛋率是指母鸡在统计期内的产蛋百分率，通常用饲养只日产蛋率(%)和入舍母鸡产蛋率(%)来表示。

$$饲养只日产蛋率=\frac{统计期内总产蛋数}{统计期内总饲养只日数}\times 100\%$$

当天鸡群的饲养只日产蛋率就表示当日鸡群的产蛋率。鸡群的日产蛋率达到80%以上时，就表示鸡群进入产蛋高峰期。产蛋高峰期的长短和高峰产蛋率是决定鸡群产蛋量高低的重要指标。

(3)影响产蛋量的生理因素　产蛋量受着家禽本身遗传和生理及外界环境条件等多方面的影响。一般影响产蛋量的生理因素有5个，分述如下：

①开产日龄　母禽产第一个蛋的日龄为开产日龄，它表示家禽性成熟期的到来。一般蛋鸡、蛋鸭的开产日龄是以该群连续2 d达到50%产蛋率的日龄作为标志，鹅、肉用种鸡则以全群产蛋率达5%为开产日龄。

家禽的开产日龄受品种、品系、体型、饲养水平和季节气候等多种因素的影响。一般蛋用型禽类比肉用型开产日龄要早，小型品种比大型品种开产日龄早。

饲养管理水平高，开产日龄早，则产蛋量高。如果开产日龄过早，机体发育尚不成熟，则产蛋小、产蛋量少，产蛋不能持久，易导致早产早衰。现代养禽业，要求母禽开产整齐，而且一开产，蛋的重量就要符合标准。

②产蛋持久性　指从开始产蛋，经过产蛋高峰并持续一段时间、产蛋率下降至换羽停产为止的时期，又叫生物产蛋年。产蛋持续性的长短受开产日龄及种禽换羽迟早的影响，凡开产后，产蛋期长，第二年换羽迟的，则生物产蛋年长，产蛋持久性好；开产后产蛋期短，换羽早的，则生物产蛋年短，产蛋持久性差。优秀的商品蛋鸡，在良好的饲养管理条件下，能持续产蛋14～15个月。

③就巢性(或抱窝性)　就巢性是鸡的繁殖本能。这属于质量性状,在前面已有叙述。母鸡就巢时间越长,产蛋量就越低。就巢性具有高度遗传性,可通过直接淘汰就巢母鸡来消除这一性状。

④休止性　在冬季,母鸡休产 7 d 以上又无就巢时,叫产蛋休止性。在现代化饲养条件下,鸡舍环境可以人工控制,休止现象很少发生,即使有也不一定在冬季发生。新母鸡在开产 2～3 个月常会出现休止性。但在开放式的鸡舍饲养时,应激因素较多,休止现象还时有发生。休产时间越长,次数越多,母鸡的产蛋量自然就越低。

总之,产蛋量受家禽本身生理因素和外界环境、营养条件及遗传因素的共同影响。

2.蛋重　蛋重是评定家禽产蛋性能的一项重要指标,蛋重的遗传力为 0.2～0.7,不同品种蛋重的差别很大。此外,蛋重还受营养水平和气候的影响,饲粮营养丰富时蛋重大,春季蛋重大、夏季较小、秋季又增加。体重与蛋重之间表型呈正相关,多数情况是体型大则蛋大,体型小则蛋小。蛋重的计算有以下两种方法:

(1)平均蛋重　育种场个体平均蛋重的测定,常测初产蛋重、300 日龄蛋重和 500 日龄蛋重 3 个时期。方法是在上述时间连续称测 3 d 蛋,求其平均数作为该时期的蛋重,一般以 300 日龄蛋重为其代表蛋重;繁殖场和商品鸡场一般仅测群体平均蛋重,其结果作为生产水平和管理水平的参考指标。方法是每月按日产蛋量的 5% 连测 3 d,求其平均数,作为该群该月龄的平均蛋重。通常平均蛋重以 g 为单位。

(2)总蛋重

$$\text{总蛋重(kg)}=\frac{\text{平均蛋重(g)}\times\text{总产蛋量}}{1\,000}$$

3.蛋的品质　蛋的品质测定要求在蛋产出后 24 h 内进行,每次测量不得少于 50 枚。蛋的品质包括蛋的外形品质和蛋的内部品质。

(1)蛋的外形品质

①蛋壳颜色　蛋壳颜色是品种的重要特征,不同品种蛋壳的颜色不同,与蛋内营养状况无关。蛋壳有白、粉、褐、浅褐和绿色等,受多基因控制,遗传力较高(0.3～0.9)。

②蛋壳强度　蛋壳强度指蛋壳耐受压力的大小。一般用蛋壳强度测定仪进行测定。蛋壳结构致密,则耐受压力大而不易破碎。禽蛋的纵轴比横轴耐压力大,所以在禽蛋运输时应竖放。该性状遗传力为 0.3。

③蛋壳厚度　测量蛋壳的厚度用蛋壳厚度仪,分别测定蛋锐端、钝端和中腰三处蛋壳(不包括壳膜)厚度,求其平均值。优质鸡蛋壳厚度为 0.33～0.35 mm,鸭蛋壳厚度为 0.43 mm 左右。蛋壳厚度的遗传力为 0.3。

④蛋的比重　蛋的比重不仅能够表明蛋的新鲜程度,而且还可间接反映蛋壳厚度和蛋壳强度状况。一般采用盐水漂浮法测定,鸡蛋的比重应在 1.070～1.080。该性状遗传力为 0.3～0.6。

⑤蛋形指数　即蛋的纵径与横径的比值。蛋的正常形状为卵圆形,鸡蛋的正常蛋形指数为 1.30～1.35,大于 1.35 的蛋太长,小于 1.30 的蛋则太圆。如果蛋形指数偏离标准过大,会影响种蛋的孵化率和商品蛋的等级,而且也不利于机械集蛋、分级和包装。该性状遗传力为 0.25～0.50。

(2)蛋的内部品质

①蛋白浓度　蛋白浓度反映蛋的新鲜度的高低,国际上用哈氏单位表示浓度。哈氏单位越大,表示蛋白黏稠度越大,蛋白品质越好。哈氏单位以85以上为优等,75～85为良好,60以上为合格,60以下则蛋白品质差。哈氏单位与孵化率呈正相关,哈氏单位高,则孵化率高。可通过育种提高哈氏单位。蛋白浓度的表示方法如下:

$$\text{哈氏单位}=100\lg(H-1.7W^{0.37}+7.57)$$

式中:H 为浓蛋白高度,mm;W 为蛋重,g。

②蛋黄色泽　国际上按罗氏比色扇进行比较,罗氏比色扇从浅黄到深黄共分15个等级。优质蛋黄的比色扇值应在12以上,蛋黄色泽越浓,表示蛋的品质越好。蛋黄色泽与饲料所含叶黄素有关,它的遗传力是0.15。

③血斑和肉斑　血斑和肉斑是蛋内的异物,血斑和肉斑率越高,蛋的品质越差。该性状的遗传力为0.25。蛋的血斑和肉斑率随家禽的品种而不同,一般情况下,褐壳蛋鸡比白壳蛋鸡要高得多。种蛋的血斑或肉斑容许率在2%以下,可通过个体选择的途径减少或消除这一性状。

(三)繁殖力性状

繁殖力是家禽繁殖后代的能力。公禽繁殖力高低主要表现于精液的质量,要求交配时射出的精液中含有大量富于活力的精子。母禽除了要有高的产蛋量外,种蛋还要有高的受精率和孵化率。因此,家禽繁殖性状的高低主要通过种蛋受精率、孵化率、种蛋合格率和健雏率等指标进行评定。受精率和孵化率是决定种禽繁殖率的主要因素。

1.受精率　受精率是指受精蛋数占入孵蛋数的百分比。受精率是反映繁殖力的直接指标,它不仅受遗传因素的影响,还与家禽生殖系统的生理状态、双方性行为癖性和饲养管理水平等有关,同时与公母禽的配比也有关联。研究发现,轻型鸡较重型鸡受精率高;单冠母鸡的受精率高于其他冠形;正常情况下,产蛋率越高则受精率越高。

$$\text{受精率}=\frac{\text{受精蛋数}}{\text{入孵蛋数}}\times100\%$$

2.孵化率　孵化率又称出雏率。在不同的情况下有不同的计算方法,在育种场一般是计算受精蛋孵化率;在商品场中,可以计算受精蛋孵化率,也可以计算入孵蛋孵化率。

(1)受精蛋孵化率是指出雏数占受精蛋数的百分比。一般要求90%以上。

$$\text{受精蛋孵化率}=\frac{\text{出雏数}}{\text{受精蛋数}}\times100\%$$

(2)入孵蛋孵化率是指出雏数占入孵蛋数的百分比。

$$\text{入孵蛋孵化率}=\frac{\text{出雏数}}{\text{入孵蛋数}}\times100\%$$

影响孵化率的因素有遗传基因、种禽的饲养管理和健康状况、种蛋的保存和孵化条件等,所以孵化率是反映种禽场管理水平的灵敏指标。优秀商品种鸡的标准孵化率应该是盛产期母鸡受精率98%,孵化率91%;经产母鸡受精率93%,孵化率81%。

3. 种蛋合格率　种蛋合格率是指母禽在一定的产蛋期间所产符合本品种或品系要求的种蛋数占产蛋总数的百分比。

$$种蛋合格率=\frac{合格种蛋数}{产蛋总数}\times 100\%$$

4. 健雏率　健雏率是指健康雏禽数占出雏总数的百分比。健雏是指绒毛蓬松有光泽，脐部愈合良好、没有血迹，蛋黄吸收良好，腹部大小适中，精神活泼，叫声响亮，反应灵活，手握挣扎有力，手感饱满和温暖，无畸形的雏禽。

$$健雏率=\frac{健雏数}{出雏总数}\times 100\%$$

任务二　家禽的品种

一、家禽品种的分类

家禽品种的分类主要有两种方法：标准分类法和现代分类法。

(一)标准分类法

家禽品种标准分类法将家禽分为类、型、品种和变种 4 个层次(表 7-1)。

类：按照该品种的原产地(或输出地)进行划分，如英国类、美洲类、亚洲类、地中海类。

型：按该品种的主要经济用途划分，分为蛋用型、肉用型、兼用型和观赏型。

品种：是指经过系统选育、有特定的经济用途、外貌特征相似、遗传性状稳定、具有一定数量的家禽种群。

变种：是指在同一个品种内因某一个或几个外貌特征差异而划分的种群。

表 7-1　家禽品种标准分类法示例

家禽种类	类	型	品种	变种
来航鸡	地中海	蛋用	来航鸡	单冠白来航鸡、褐来航鸡等
洛克鸡	美洲	兼用	洛克鸡	白洛克鸡、芦花洛克鸡等
九斤鸡	亚洲	肉用	九斤鸡	黄色九斤鸡、黑色九斤鸡等

(二)现代分类法

现代分类法是以家禽的主要生产方向(经济用途)和产品特征进行划分的。分为肉用型和蛋用型。

1. 肉用型鸡

以提供鸡肉为主，这类鸡的生长速度较快或肉质较好。根据其生产性能和产品特征又分为两类。

(1)白羽快大型肉鸡　父本是以白色科尼什鸡为主要种源选育出的高产品系，母本是以白洛克鸡为基础选育出的高产品系。其特征是羽毛纯白色，胫(跖)部为黄色，早期生长速度快，6 周龄平均体重能够达到 2.65 kg 左右，饲料效率高，每千克增重的耗料量约 1.8 kg。主要是引进品种，包括艾维茵肉鸡和AA肉鸡等。

(2)优质肉鸡　这类鸡是用黄羽或麻羽地方良种鸡与外来品种进行杂交后育成的。羽毛颜色为黄色或麻色，胫(跖)部黄色或青色。根据生长速度又可以分为3个类型：快速型，49日龄体重为1.3～1.6 kg；中速型，80～100日龄体重为1.6～2.0 kg；慢速型(优质型)：90～120日龄体重为1.3～1.5 kg。

2. 蛋用型鸡

主要以产蛋性能高为特点，根据蛋壳颜色又可分为4个类型。

(1)白壳蛋鸡　羽毛纯白色，蛋壳白色，体型较小。

(2)褐壳蛋鸡　羽毛白色或褐色，蛋壳颜色为褐色。

(3)粉壳蛋鸡　羽毛以白色为主，个别个体有褐色或其他颜色，蛋壳颜色为粉色(浅褐色)。

(4)绿壳蛋鸡　绿壳蛋鸡是从我国地方良种鸡群中将产绿色蛋壳的个体挑选出来后扩群和选育而成。羽毛颜色有很多类型，蛋壳颜色为青绿色。

(三)水禽品种分类

1. 鸭的分类　主要是按照经济用途进行划分，分为肉用型鸭、蛋用型鸭和兼用型鸭。

2. 鹅的分类　常按成年体重进行分类，分为大型鹅(成年公鹅体重在9 kg以上，母鹅在8 kg以上)、中型鹅(成年公鹅体重在5～9 kg，母鹅在4.5～8 kg)和小型鹅(成年公鹅体重在5 kg以下，母鹅在4.5 kg以下)。

二、鸡的主要品种

(一)鸡的地方品种

地方品种是指没有明确的育种目标，没有经过有计划的杂交和系统选育，只是在某地区长期饲养而形成的品种。我国是鸡的发源地之一，地方品种资源十分丰富，犹如取之不尽、用之不竭的“金矿”，值得研究和开发应用。这些地方品种各具一定的优良特性或特征，特别是具有能很好适应当地环境条件，耐粗饲，抗病力强，肉质优良等特点，但生产性能较低，整齐度较差。我国地方品种繁多，现列出比较有代表性的部分地方品种。

1. 固始鸡(图7-1、图7-2)　属于蛋肉兼用型品种，中心产区为河南省固始县。体型中等，羽毛丰满。雏鸡绒羽呈黄色，公鸡羽色呈深红色和黄色，母鸡羽色以麻黄色和黄色为主，白毛、黑毛很少，尾型分为佛手状尾和直尾两种。成年鸡冠型分为单冠与豆冠两种，以单冠居多。冠直立，胫色呈青色，四趾，无胫羽。皮肤呈暗白色。成年公鸡体重为2 470 g，母鸡为1 780 g。开产日龄205 d，年平均产蛋量142枚，平均蛋重51.4 g，蛋壳褐色，壳厚0.35 mm，蛋形指数1.32。

二维码7-1　蛋鸡品种选择(视频)

2. 桃源鸡(图7-3、图7-4)　属肉用型品种，原产湖南省桃源县中部。体型高大，体质结实，体躯稍长、呈长方形。公鸡头颈高昂，尾羽上翘，侧视呈“U”字形。母鸡体稍高，背较长而平直，后躯深圆，近似方形。公鸡体羽呈金黄色或红色，主翼羽和尾羽呈黑色。母鸡羽色有黄色和麻色两个类型。黄羽型的背羽呈黄色，胫羽呈麻黄色，喙、胫呈青灰色，皮肤白色。单冠，公鸡冠直立，母鸡冠倒向一侧。成年公鸡体重为 3 342 g，母鸡为 2 940 g。开产日龄平均为 195 d，年产蛋 100～120 枚，平均蛋重 55 g，蛋壳浅褐色，蛋形指数 1.32。

图 7-1　固始鸡(母)

图 7-2　固始鸡(公)

图 7-3　桃源鸡(母)

图 7-4　桃源鸡(公)

3. 北京油鸡(图 7-5、图 7-6)　属肉蛋兼用型品种，原产于北京市北郊。羽毛呈赤褐色，体型较小；羽毛呈黄色的鸡，体型略大。冠羽、胫羽、髯羽也很明显，体态浑圆。具有冠羽和胫羽，有些个体兼有趾羽和五趾，不少个体的颌下和颊部生有髯须，故称三羽(风头、毛腿、胡子嘴)。成年公鸡体重为 2 049 g，母鸡为 1 730 g。性成熟较晚，母鸡 7 月龄开产，年产蛋 110～125 枚，平均蛋重 56 g，蛋形指数 1.32。肉质细嫩，肉味鲜美，适合多种传统烹调方法。

图 7-5　北京油鸡(母)

图 7-6　北京油鸡(公)

4.河田鸡 属肉用型品种,原产于福建省的西南地区。体型宽深,近似方形,单冠带分叉,黄羽,喙、胫黄色。耳叶椭圆形,红色。成年公鸡体重1 725 g,母鸡1 207 g。开产日龄180 d,年产蛋量100枚,平均蛋重43 g。蛋壳颜色有浅褐色和灰白色两种。皮薄骨细,肉质细嫩,肉味鲜美,皮下腹部积贮脂肪,但生长缓慢,屠宰率低。

5.丝羽乌骨鸡(图7-7、图7-8) 丝羽(毛)乌骨鸡在国际标准品种中列入观赏鸡,原产于江西泰和县、福建泉州市和厦门市以及闽南沿海等地。身体轻小,行动迟缓。外貌总结为“十全”特征:紫冠、缨头、绿耳、胡子、五爪、毛脚、丝毛、乌骨、乌皮、乌肉。另外,眼、跖、趾、内脏和脂肪呈乌黑色。成年公鸡(福建)体重为1 810 g,母鸡为1 660 g。开产日龄(福建)170～205 d,年产蛋量(福建)120～150枚,蛋重37.56～46.85 g,蛋形指数1.34～1.36。具有独特的体型外貌,其乌皮乌骨乌肉是入药的主要原料。

图7-7 丝羽乌骨鸡(母)

图7-8 丝羽乌骨鸡(公)

6.茶花鸡 茶花鸡体型矮小,单冠,红羽或红麻羽色,羽毛紧贴,肌肉结实,骨骼细嫩,体躯匀称。性情活泼。机灵胆小、好斗性强、能飞善跑。茶花鸡150日龄体重公母分别为750 g、760 g,半净膛屠宰率公母分别为77.64%、80.56%。

7.清远麻鸡(图7-9、图7-10) 属肉用型品种,原产于广东省清远县,以肉用品质优良而驰名。体型特征:“一楔”,“二细”,“三麻身”。“一楔”指母鸡体态象楔形,前躯紧凑,后躯圆大;“二细”指头细,脚细;“三麻身”指母鸡背羽面主要有麻黄、麻棕、麻褐3种颜色。公鸡体质结实灵活,结构匀称。公鸡头大小适中。冠直立,颜色鲜红。肉髯、耳叶鲜红。母鸡头细小。单冠直立,颜色鲜红,冠、耳叶鲜红。喙黄而短。成年公鸡体重为2 180 g,母鸡为1 750 g。6月龄母鸡半净膛屠宰率为85%,全净膛为75.5%;6月龄阉公鸡半净膛为83.7%,全净膛为76.7%。年产蛋70～80枚,平均蛋重46.6 g,蛋形指数1.31,壳色浅褐色。

图7-9 清远麻鸡(母)

图7-10 清远麻鸡(公)

8.峨眉黑鸡　体型较大，体态浑圆，全身羽毛黑色，着生紧密，具有金属光泽。大多数为红单冠或豆冠，喙黑色，腹、趾黑色，皮肤白色，偶有乌皮个体。公鸡体型较大，梳羽丰厚，胸部突出，背部平直，头昂尾翘，姿态矫健，两腿开张，站立稳健。90 日龄公、母鸡体重分别为（973.18±38.43）g、（816.44±23.70）g。6 月龄半净膛屠宰率公、母鸡分别为 74.62%、74.54%。

9.惠阳鸡（图 7-11、图 7-12）　属肉用型品种，产于广东省惠州地区，以其特有的优良肉质与三黄胡须的外貌特征而驰名中外。羽毛、胫、脚、喙均为黄色，颌下有发达而张开的细羽毛，状似“胡须”，故又名胡须鸡。体质结实，头大颈粗，胸深背宽，胸肌发达，胸角一般在 60°以上。后躯丰满，体躯呈葫芦瓜形。公鸡单冠直立，耳叶红色。成年公鸡体重为（2 228.40±38.78）g，母鸡为（1 601.00±31.20）g。开产日龄为 115～200 d，年产蛋 98～112 枚，平均蛋重为 45.8 g，蛋形指数 1.30。

图 7-11　惠阳鸡（母）

图 7-12　惠阳鸡（公）

10.湘黄鸡（图 7-13、图 7-14）　属蛋肉兼用型品种，主产于衡东、衡南、衡山交界等地。体型矮小，体质结实，体躯稍短呈椭圆形。单冠直立。冠、肉髯、耳叶、脸均为鲜红色，公鸡羽毛为金黄色和淡黄色，母鸡全身羽毛为淡黄色。喙、胫、皮肤多为黄色，少数喙、胫为青色。60 日龄公鸡体重为 418 g，母鸡为 393 g；90 日龄公鸡体重为 760 g，母鸡为 677 g；120 日龄公鸡体重为 1 170 g，母鸡为 946 g；成年公鸡体重为 1 460 g，母鸡为 1 280 g，开产日龄 170 d，年产蛋约 160 个，蛋重 41 g，蛋壳多为浅褐色。公鸡性成熟期为 80～100 d，公、母鸡配种比例为 1∶15。平均种蛋受精率为 84.5%，平均受精蛋孵化率为 88%。

图 7-13　湘黄鸡（母）

图 7-14　湘黄鸡（公）

我国地方鸡品种很多，除以上介绍品种之外，还有仙居鸡、浦东鸡、寿光鸡、霞烟鸡、中国斗鸡、白耳黄鸡、林甸鸡、大骨鸡、萧山鸡、鹿苑鸡、边鸡、彭县黄鸡、静原鸡、略阳鸡、武定鸡、藏鸡等。

(二)鸡的标准品种

标准品种是指根据家禽育种组织制定的家禽品种标准选育而成，其品种外貌特征和生产性能可稳定遗传给后代的家禽品种。具有生产性能较高、体形外貌一致、遗传稳定的优点，但对饲养管理条件要求较高。主要有白来航鸡、洛岛红鸡、新汉夏鸡、白洛克鸡和科尼什鸡等，目前这些品种很少直接作为商品代使用，而主要是作为现代家禽育种的素材。

1. 来航鸡(图 7-15)　来航鸡是世界著名的蛋鸡标准品种，原产于意大利，因最早从意大利的来航港向外输出而得名来航鸡。来航鸡按冠型和毛色分成 12 个品变种，如单冠白来航鸡、玫瑰冠褐来航鸡等。以单冠白来航鸡生产性能高，该鸡体型较小而清秀，体质紧凑，羽毛全白，鸡冠和肉髯发达，公鸡的冠厚而直立，母鸡冠向一侧倾倒，喙、胫、趾及皮肤均为黄色，耳叶为白色，觅食能力强，反应灵敏，活泼好动，易受惊吓。适应性强，160 d 左右性成熟，年产蛋 220～240 个，平均蛋重 55～60 g，蛋壳白色，成年公鸡体重 2.0～2.5 kg，母鸡 1.5～1.6 kg。目前培育的一些白壳蛋鸡配套杂交种，主要是利用白来航鸡做亲本。

2. 科尼什鸡(图 7-16)　科尼什鸡为典型的肉鸡标准品种，原产于英国的康瓦尔，有白色科尼什鸡和红色科尼什鸡。该鸡为豆冠，喙、胫、皮肤为黄色，羽毛紧密，体躯坚实，肩、胸很宽，胸、腿肌肉发达，肉用性能好，但产蛋量较低，年产蛋 120～130 个，蛋重 56 g，蛋壳浅褐色，体重大，成年公鸡体重 4.5～5.0 kg，母鸡 3.5～4.0 kg。具有显性白羽的科尼什鸡与其他有色鸡杂交后，其后代多为白色或近似白色。

图 7-15　白来航鸡

图 7-16　科尼什鸡

3. 九斤鸡　为世界著名的肉鸡标准品种，原产于我国北京。该鸡头小，喙短，单冠，冠、肉髯、耳叶均为鲜红色，眼棕色，胫、皮肤黄色。颈短粗，体躯宽深，胸部饱满，背部向上隆起，羽毛蓬松，外形近方形。胫短，有胫羽和趾羽。体大而笨重，性情温顺，就巢性强。8～9 月龄性成熟，年产蛋 100～120 个，平均蛋重 55 g，蛋壳黄褐色。成年公鸡体重 4.9 kg，母鸡 3.7 kg，肉质滑嫩，肉色微黄，肉味鲜美。目前九斤鸡在我国存量较少，但该鸡在世界一些优良品种的培育过程中曾做出过重大贡献，如洛岛红鸡、横斑洛克鸡、奥品顿鸡、三河鸡等均有九斤鸡的血统。

4. 洛岛红鸡(图 7-17、图 7-18)　属肉蛋兼用的标准品种，因在美国的洛岛州育成而得名。

该鸡羽毛深红色，尾羽黑色，冠、耳叶、肉髯、脸均为鲜红色，皮肤、喙、胫为黄色，体躯近似长方形，背部宽平，全身肌肉发育良好，体质强健，头中等大小，单冠或玫瑰冠，该鸡适应性强，具有良好的产肉和产蛋性能，平均 180 d 开产，平均年产蛋 160～180 个，平均蛋重 60 g 左右，蛋壳褐色，成年公鸡体重 2.8～3.5 kg，母鸡为 2.3～3.0 kg。

图 7-17 单冠洛岛红鸡

图 7-18 玫瑰冠洛岛红鸡

5. 新汉夏鸡 属兼用型的褐壳品种，在美国的新汉夏州育成。该鸡主要是在洛岛红鸡的基础上选育而成。因此，其体形外貌与洛岛红鸡基本相似，只是背部较短，羽毛颜色稍浅，单冠，体型大。180 日龄开产，年产蛋 180～200 个，平均蛋重 58 g。成年公鸡体重 3.0～3.5 kg，母鸡 2.5～3.0 kg。

6. 白洛克鸡 属兼用型品种，原产于美国。该鸡全身羽毛白色，单冠，冠、肉髯、耳叶为红色，喙、胫、皮肤为黄色。体形为椭圆形，早期生长发育快，胸、腿肌肉发达，肉质较好。170～180 d 性成熟，年产蛋 160～180 个，蛋重 58～60 g，蛋壳浅褐色。白洛克鸡具有良好的产蛋和产肉性能，因此，在现代化肉鸡生产中，多选其作为肉鸡的母系。

（三）鸡的现代品种

现代鸡种都是配套系，又称杂交商品系，是在标准品种的基础上，先选育出具有不同特点的高产专门化品系，再经品系杂交，筛选出配合力最佳，表现高产、稳产的杂交配套组合。按经济用途将现代鸡种分为蛋鸡系和肉鸡系。

1. 蛋鸡系

蛋鸡系主要用于生产商品鸡蛋，根据蛋壳颜色又分为褐壳蛋鸡、白壳蛋鸡、粉壳蛋鸡和绿壳蛋鸡。

（1）白壳蛋鸡

①京白 938 由北京种禽公司利用三系配套育成的商品代蛋鸡。具有早熟、高产、蛋重大、生活力强，饲料报酬高等特点。6 周龄体重 440～450 g，20 周龄成活率为 96%～98.5%。开产日龄 157 d，高峰产蛋率为 96.2%，72 周龄产蛋数 279～292 枚。平均蛋重 59～60 g，蛋壳白色，产蛋期日耗料 105 g，料蛋比 2.33∶1。

②海兰白 W36 由美国海兰公司培育成的商品蛋鸡配套系。生长期（0～18 周龄）：成活率为 95%～98%，饲料消耗 5.67 kg，18 周龄体重 1.28 kg。产蛋期（19～80 周龄）：高峰产蛋率为 92%～95%，开产日龄 159 d，80 周龄成活率为 92%～95%。80 周龄入舍鸡产蛋数 304～322 枚，平均蛋重 32 周龄时 56.7 g，70 周龄时 62.9 g，蛋壳白色。70 周龄体重 1.70 kg。

料蛋比为(2.1～2.3)∶1。

③尼克白　由美国辉瑞公司三系配套而成的白壳蛋鸡。特点是：抗逆性强，成活率高，产蛋峰值高，持续时间长。生长期(0～20周龄)：成活率为97%，6周龄体重445～456 g，20周龄体重1 450～1 550 g。70周龄成活率为94%，高峰产蛋率为93%，76周龄产蛋量295～305枚，蛋重55～60 g。蛋壳白色。

(2)褐壳蛋鸡

①伊莎褐　由法国伊莎公司利用四系配套培育而成的褐壳蛋鸡之一。生长期(0～20周龄)：成活率为93%～98%，1～20周龄耗料量7.8～8.0 kg，20周龄体重1 500～1 620 g。产蛋期：达50%产蛋率日龄153～160 d，高峰产蛋率为94%～95%，入舍母鸡72周龄产蛋数287～296枚，总蛋重18.0～19.0 kg，平均蛋重63.5 g，成活率为92%～96%，料蛋比为(2.25～2.40)∶1，商品代雏鸡羽色自别雌雄。

②海兰褐　由美国海兰公司培育的四系配套的杂交鸡。生长期成活率为96%～98%，饲料消耗5.9～6.8 kg，18周龄体重1.55 kg。达50%产蛋率日龄为155 d，高峰产蛋率为92%～96%，入舍母鸡72周龄产蛋数296枚，80周龄成活率为92%～96%，平均蛋重63.3 g，72周龄体重2.25 kg，平均日耗料量(19～80周)115 g。羽毛：红色带白，肤色：黄，性情温顺，适应性强。

③罗曼褐　由德国罗曼公司四系配套的杂交鸡。生产性能：生长期成活率为97%～98%，耗料量7.4～7.8 kg，20周龄体重1.5～1.6 kg。达50%产蛋率的日龄152～158 d，高峰期产蛋率为92%～96%，每只入舍母鸡72周龄产蛋总数285～295枚，平均蛋重63.5～64.5 g，日耗料量115～122 g，产蛋总量18.2～18.8 kg。料蛋比为(2.3～2.3)∶1，成活率为94%～96%，蛋壳褐色。

④海赛克斯褐　由荷兰优利公司四系配套的杂交鸡。生产性能：0～18周龄死淘率为3%，18周龄体重1 400 g，0～18周龄饲料总耗5.9 kg。50%产蛋率日龄为160 d，产蛋率大于或等于80%的周数有26周，饲养日产蛋数304枚，平均蛋重62.8 g，平均日耗料量115 g，料蛋比为2.44∶1，每只鸡总耗料46.7 kg；72周龄体重2 250 g。

(3)粉壳蛋鸡

①京白939　由北京种禽公司培育成的浅褐壳蛋鸡。它具有产蛋多、耗料少、体型小、抗逆性强等特点。商品代能进行羽速鉴别雌雄。生产性能：出壳重36～38 g，成活率为95%～98%，20周龄体重1 500～1 550 g。开产日龄157 d，达50%产蛋率周龄有23周，高峰期产蛋率为95%～96%，成活率为89%～90%，80周龄产蛋数290～300枚，蛋总重量18.6～19.3 kg。蛋壳浅褐色(粉色)。

②亚康蛋鸡　亚康蛋鸡是以色列PBU公司培育的。生产性能指标是：育成期成活率为95%～97%；产蛋期成活率为94%～96%；达50%产蛋率日龄152～161 d；每只鸡80周龄产蛋数330～337枚，平均蛋重62～64 g。

③海兰粉　由美国海兰公司培育出的高产粉壳蛋鸡，我国近年才引进，主要饲养在北京等地。其生产性能指标是：0～18周龄成活率为98%，达50%产蛋率平均日龄155 d，高峰期产蛋率为94%；20～74周龄饲养日产蛋数290枚，成活率达93%；72周龄产蛋量18.4 kg；料蛋比为2.3∶1。

(4)绿壳蛋鸡　绿壳蛋鸡因产绿壳蛋而得名，其特征为五黑一绿，即黑毛、黑皮、黑肉、黑骨、黑内脏，绿壳蛋，集天然黑色食品和绿色食品为一体，是世界罕见的珍禽极品。该鸡种抗病力强，适应性广，喜食青草菜叶，饲养管理、防疫灭病和普通家鸡没有区别。绿壳蛋鸡体型较小，结实紧凑，行动敏捷，匀称秀丽，性成熟较早，产蛋量较高。成年公鸡体重 1.5～1.8 kg，母鸡体重 1.1～1.4 kg，年产蛋 160～180 枚。

2. 肉鸡系

肉鸡系主要用于生产商品肉仔鸡，有白羽和黄羽两种。前者早期生长快、饲料报酬高，又称“快大型”肉鸡，大多用新选育的白科尼什鸡做父系、白洛克鸡做母系，杂交配套而成；后者生长较慢，肉味浓香，又称为“优质型”肉鸡，多为具有“三黄”（黄羽、黄腿和黄皮肤）特征的地方良种及其杂种。

(1)快大型白羽肉鸡

①艾维茵(Avian)　由美国艾维茵国际有限公司育成的三系配套杂交鸡。该鸡种在国内肉鸡市场上占有 40%以上的比例，为我国肉鸡生产的发展做出很大的贡献。该鸡体型大，商品代肉用仔鸡羽毛为白色，体型饱满，胸宽腿短，皮肤黄色而光滑。商品代肉鸡（混合雏）：5 周龄平均体重 1.425 kg，料肉比为 1.72∶1。6 周龄平均体重 1.859 kg；料肉比为 1.85∶1；7 周龄平均体重 2.287 kg，料肉比为 1.97∶1。

②AA 肉鸡　又称爱拔益加肉鸡，由美国爱拔益加家禽育种公司培育的四系配套肉鸡。我国引入祖代种鸡已经多年，饲养量较大，效果也较好。特点是体型大，生长发育快，饲料转化率高，适应性强。商品代生产性能（混合雏）：6 周龄平均体重 1.863 9 kg，料肉比为 1.78∶1；7 周龄平均体重 2.306 kg，料肉比为 1.96∶1；8 周龄平均体重 2.739 kg，料肉比为 2.14∶1。

③海布罗(Hybro)　由荷兰泰高集团下属的优利公司育成。其父母代种鸡生产性能：育成期（1～20 周龄）死淘率为 6%，20 周龄体重 1.94 kg。入舍母鸡总耗料量 9.6 kg，产蛋期 20～64 周，入舍母鸡产蛋数 171 枚，其中可孵蛋数 160 枚，入孵蛋平均孵化率为 84.2%。每只入舍母鸡产雏数 135 个。产蛋期总耗料量 52 kg，每枚蛋所需饲料 290 g。每月死亡率为 0.8%，产蛋结束时体重 3.52 kg。商品代生产性能（混合雏）：6 周龄平均体重 1.62 kg，料肉比 1.89∶1；7 周龄平均体重 1.98 kg，料肉比 2.02∶1；8 周龄平均体重 2.35 kg，料肉比 2.15∶1。

④罗斯 308　由英国罗斯育种公司培育成功的优质白羽肉鸡。其突出特点是体质健壮，成活率高，增重速度快，出肉率和饲料转化率高；其父母代种鸡产合格种蛋多，受精率与孵化率高。该鸡种为四系配套，商品代雏鸡可以羽速自别雌雄。商品肉鸡适合全鸡、分割和深加工。商品代生产性能（混合雏）：6 周龄平均体重 2.474 kg，料肉比 1.72∶1；7 周龄平均体重 3.052 kg，料肉比 1.85∶1；8 周龄平均体重 3.579 kg，料肉比 1.98∶1 。

(2)优质型黄羽肉鸡　优质型黄羽肉鸡包括引进品种（如红布罗肉鸡、狄高黄羽肉鸡、安卡红肉鸡等）和我国培育的配套系（如新兴矮脚黄鸡、康达尔优质肉鸡、岭南黄鸡等）。

①狄高黄羽肉鸡(Tegel)　由澳大利亚狄高公司育成的二系配套杂交肉鸡，父本为黄羽，母本为浅褐色羽，其特点是仔鸡生长速度快，与地方鸡杂交效果好。羽毛颜色为黄麻色，1 日龄雏鸡可根据羽速鉴别雌雄。父母代母鸡 24 周龄体重 2.5 kg，66 周龄体重 3～3.5 kg。料肉比 1.77∶1。商品代鸡 6 周龄体重可达 2.09 kg，料肉比 1.94∶1。

②新兴矮脚黄鸡　由广东温氏集团南方家禽育种有限公司和华南农业大学培育而成。种鸡性能好，早熟、体重均匀、脚细矮、黄脚、毛色金黄、羽毛紧凑贴身。商品代肉鸡性成熟早，抗病力强，生产性能高，公鸡为正常型，生长速度快，羽毛纯金黄；母鸡为矮脚型，体型紧凑，羽毛

纯黄贴身，具备地方土鸡外形。种鸡 24 周龄开产，开产体重 2 050 g，产蛋期成活率为 92%，产蛋高峰达 80%，种蛋合格率为 92%，受精率为 92%。商品代公鸡 63 日龄体重 1.65～1.75 kg，料肉比(2.20～2.35)∶1，母鸡 80 日龄体重 1.35～1.4 kg，料肉比(2.65～2.80)∶1。

③康达尔优质肉鸡　由深圳康达尔养鸡公司选育而成的优质三黄鸡配套系，分黄鸡和麻鸡两种。康达尔黄鸡商品鸡：56 日龄公鸡平均体重 1.6 kg，料肉比 2.1∶1；母鸡体重 1.25 kg，料肉比 2.2∶1；70 日龄公鸡平均体重 2.0 kg，料肉比 2.3∶1，母鸡平均体重 1.6 kg，料肉比 2.5∶1。康达尔麻鸡商品鸡：56 日龄公鸡平均体重 1.8 kg，料肉比 1.9∶1，母鸡体重 1.35 kg，料肉比 2.1∶1；70 日龄公鸡平均体重 2.2 kg，料肉比 2.2∶1，母鸡平均体重 1.7 kg，料肉比 2.4∶1。

三、鸭的主要品种

鸭的品种根据经济类型分为肉用型品种、蛋用型品种和兼用型品种。常见的优良品种有北京鸭、樱桃谷鸭、康贝尔鸭、四川麻鸭、高邮鸭、绍兴鸭、金定鸭等。

二维码 7-2　鸭品种选择（视频）

（一）肉用型品种

著名的肉用型鸭包括北京鸭、樱桃谷鸭、狄高鸭、番鸭、天府肉鸭等。

1. 北京鸭(图 7-19、图 7-20)　北京鸭是世界著名的肉用鸭标准品种。原产于北京近郊，北京鸭体型大，全身羽毛洁白、紧凑，喙、胫、蹼橘红色。肌肉纤维细致，肉味独特，适应性强，性情温顺。较早熟，一般 150～160 日龄开产，自开产日起计 365 d 产蛋 150～200 枚，高产的达 300 枚以上，蛋重 90～100 g。仔鸭 50 日龄体重 1.75～2 kg，经多年选育后，56 日龄鸭体重已达 3 kg。料肉比为 2.7∶1。

图 7-19　北京鸭(母)

图 7-20　北京鸭(公)

2. 樱桃谷鸭　樱桃谷鸭是由英国樱桃谷公司以我国的北京鸭和埃里斯伯里鸭为亲本，经杂交育成的优良肉鸭品种，是世界著名的瘦肉型鸭。体型外貌酷似北京鸭。羽毛白色，喙橙黄色，胫、蹼橘红色。体型较大，头大额宽，颈粗短，胸部宽深，背宽而长，脚粗短。成年公鸭体重 4.0～4.5 kg，母鸭 3.5～4.0 kg。父母代开产周龄为 25 周龄，50 周累计产蛋 296 枚，种蛋孵化率为 80%，其商品代鸭 47 日龄活重 3.48 kg，料肉比为 2.28∶1，成活率为 98%，瘦肉率为 70%以上。

3. 天府肉鸭　天府肉鸭是由四川农业大学主持培育的肉鸭品种。羽毛颜色有白色和麻色两种。白羽类型是在樱桃谷鸭的基础上选育的，外貌特征与樱桃谷鸭相似。初生雏鸭绒毛金黄色，至4周龄左右变为白色，喙、胫、蹼均为橙黄色，公鸭尾部有4根向背部卷曲的性指羽；母鸭腹部丰满，脚趾粗壮。麻羽肉鸭是用四川麻鸭经过杂交后选育而成，羽毛为麻雀羽色，体型与北京鸭相似。父母代种鸭年产蛋240多枚；白羽商品肉鸭7周龄体重平均2.84 kg，料肉比为2.84∶1。

（二）蛋用型品种

蛋用型品种包括绍兴鸭、金定鸭、攸县麻鸭、莆田黑鸭、康贝尔鸭、连城白鸭等。

1.绍兴鸭　简称绍鸭，原产于浙江绍兴、萧山等地区，是我国优良的蛋用鸭品种。绍鸭属小型麻鸭，头小，喙长，颈细长，体躯狭长，前躯较窄，臀部丰满，腹略下垂，结构紧凑，体态均匀，体形似琵琶。站立或行走时，前躯高抬，体轴角度为45°。雏鸭绒毛为乳黄色，成年后以褐色麻雀羽毛为主。按其羽色分为两个高产品系：带圈白翼梢和红毛绿翼梢。

①带圈白翼梢：该品系母鸭全身被覆浅褐色麻雀羽，并有大小不等的黑色斑点。颈中部有2～4 cm宽的白色羽圈。主翼羽白色，腹部中下部白色，故称为“带圈白翼梢”鸭（图7-21）。公鸭羽毛以深褐色为基色，颈圈、主翼羽、腹中下部羽毛为白色，头、颈上部及尾部性指羽均呈黑绿色，性成熟后有光泽。喙、胫、蹼橘红色，喙豆和爪白色，皮肤黄色（图7-22）。

②红毛绿翼梢：该品系母鸭全身以红褐色的麻雀羽为主，并有大小不等的黑斑，不具白颈圈、白主翼羽和白色腹部的“三白”特征。颈上部深褐色无黑斑，镜羽墨绿色，有光泽，腹部褐麻色。公鸭全身羽毛以深褐色为主，从头至颈部均为墨绿色。镜羽和尾部性指羽墨绿色，有光泽。喙灰黄色，胫、蹼橘红色，喙豆和爪黑色，皮肤黄色。

出生雏鸭体重一般为37～40 g，30日龄体重450 g，60日龄体重860 g，90日龄体重1.12 kg，成年体重1.45 kg左右，且公母鸭体重无明显差异。开产日龄为130 d，产蛋期料蛋比为(2.7～2.9)∶1。带圈白翼梢母鸭年产蛋量为250～290枚，300日龄蛋重约为68 g，蛋壳颜色以白色为主。红毛绿翼梢母鸭年产蛋量为260～300枚，300日龄平均蛋重为67 g，蛋壳颜色以青色为主。

图7-21　绍兴鸭（母）

图7-22　绍兴鸭（公）

2.康贝尔鸭　康贝尔鸭有3个变种：黑色康贝尔鸭、白色康贝尔鸭和咔叽·康贝尔鸭（即黄褐色康贝尔鸭）。我国引进的是咔叽·康贝尔鸭。体躯高大，深广而结实。头部秀美，面部丰润，喙中等大，眼大而明亮，颈细长而直，背宽广、平直、长度中等。胸部饱满，腹部发育良好而不下垂。两翼紧贴体躯、两腿中等长、距离较宽。公鸭的头、颈、尾和翼肩部羽毛都是青铜色，其余羽毛为暗褐色，喙蓝色(优越者其颜色越深)，胫和蹼为深橘红色。母鸭的羽毛为暗褐色，头颈是稍深的黄褐色，喙绿色或浅黑色，翼黄褐色，脚和蹼近似体躯的颜色。平均年产蛋量 260～300 枚，蛋重 70 g，蛋壳白色。2 月龄公鸭体重 1 820 g，母鸭 1 580 g，成年公鸭体重 2 400 g，母鸭 2 300 g；其肉质鲜美，有野鸭肉的香味。母鸭开产日龄 120～140 d，公母鸭配种比例为 1:(15～20)，种蛋受精率为 85%左右。公鸭利用年限 1 年，母鸭第一年较好，第二年生产性能明显下降。

3.金定鸭　中心产区位于福建省龙海县紫泥乡金定村。金定鸭体型中等，体躯狭长，结构紧凑。母鸭体躯细长紧凑、后躯宽阔，站立时体长轴与地面呈 45°，腹部丰满。全身羽毛呈赤褐色麻雀羽，背部羽毛从前向后逐渐加深，腹部羽毛颜色较淡，颈部羽毛无黑斑，翼羽深褐色，有镜羽。公鸭体躯较大，体长轴与地面平行，胸宽背阔，头部、颈上部羽毛翠绿色，有光泽，因此又有“绿头鸭”之称，背部灰褐色，前胸红褐色，腹部灰白带深色斑纹，翼羽深褐色，有镜羽，尾羽黑褐色。公、母鸭喙呈黄绿色，胫、蹼橘红色，爪黑色。

30 日龄公鸭体重 560 g，母鸭 550 g，60 日龄公鸭体重 1.039 kg，母鸭 1.037 kg；90 日龄公、母鸭体重 1.47 kg；成年公、母鸭体重相近，1.8 kg 左右。性成熟日龄为 110～120 d，年产蛋量为 270～300 枚，舍饲条件下，年平均产蛋量可达 313 枚。平均蛋重 72 g，蛋壳青色。

4.莆田黑鸭　中心产区位于福建省莆田县。该品种是在海滩放牧条件下发展起来的蛋用型鸭，具有较强的耐热性和耐盐性。体型轻巧紧凑，行动灵活迅速。公、母鸭外形差别不大，全身羽毛均为黑色，喙墨绿色，胫、蹼、爪黑色。公鸭头颈部羽毛有光泽，尾部有性指羽，成年公鸭体重 1.4～1.5 kg，母鸭 1.3～1.4 kg。年产蛋量 260～280 枚，平均蛋重 65 g，蛋壳颜色以白色居多，料蛋比为 3.84:1。母鸭开产日龄 120 d 左右，公母配种比例为 1:25，种蛋受精率为 95%左右。

(三)兼用型品种

兼用型鸭包括高邮鸭、四川麻鸭、建昌鸭、大余鸭、巢湖鸭等。

1.高邮鸭　主产于江苏省的高邮、兴化等县市。母鸭颈细长，胸部宽深，臀部方形，全身为浅褐色麻雀羽毛，斑纹细小，主翼羽蓝黑色，镜羽蓝绿色，喙紫色，胫、蹼橘红色。公鸭体躯呈长方形，背部较深。头和颈上部羽毛墨绿色，背部、腰部羽毛棕褐色，胸部羽毛棕红色，腹部羽毛白色，尾部羽毛黑色，主翼羽蓝色，有镜羽；喙青绿色，胫、蹼橘黄色。

成年公鸭体重 2.0～3.0 kg，母鸭约 2.6 kg。年平均产蛋量 248 枚，平均蛋重 84 g，蛋壳颜色有青、白两种，以白壳蛋居多。母鸭开产日龄 120～140 d，公母鸭配种比例为 1:(25～30)，种蛋受精率达 90%以上，受精蛋孵化率为 85%以上。

2.巢湖鸭(图 7-23、图 7-24)　属肉蛋兼用型鸭，原产于安徽省中部、巢湖周围的庐江县、无为县等地。体型中等大小，母鸭全身羽毛浅褐色带黑色细花纹，翅有蓝绿色镜羽。喙黄绿色、胫、蹼橘红色，爪黑色。公鸭头颈上部墨绿色有光泽，前胸和背腰褐色带黑色条斑，腹部白色。

巢湖鸭初生重为 48.9 g，成年公鸭体重 2.42 kg，母鸭 2.13 kg。105～144 d 开产，年产蛋 160～180 枚，平均蛋重为 70 g 左右，蛋形指数 1.42，壳白色居多，青色少。公母配种比例为 1:(25～30)，种蛋受精率为 92%左右。

图 7-23　巢湖鸭(母)

图 7-24　巢湖鸭(公)

3. 大余鸭(图 7-25、图 7-26)　属肉蛋兼用型鸭种，主产于江西省大余县。该鸭以腌制板鸭而闻名，母鸭全身羽毛褐色，翼有墨绿色镜羽。公鸭头颈背部羽毛红褐色，少数头部有墨绿色羽毛，翼有墨绿色镜羽。初生重为 42 g，成年体重公鸭 2 147 g，母鸭 2 108 g。开产日龄 205 d，年产蛋 121.5 枚，蛋重 70.1 g，壳白色。公母配种比例 1∶10，种蛋受精率约为 83%。

图 7-25　大余鸭(母)

图 7-26　大余鸭(公)

四、鹅的主要品种

鹅是体型较大的食草型水禽，按羽毛分为白鹅和灰鹅两种，根据体重又可分为大型、中型、小型 3 种类型。我国鹅种较多，包括狮头鹅、四川白鹅、溆浦鹅、太湖鹅、豁眼鹅、皖西白鹅等。国外品种有：法国的朗德鹅、德国的莱茵鹅等。

1. 狮头鹅(图 7-27)　属亚洲第一大型鹅种，原产于广东省饶平县。体躯呈方形，头大颈粗，头部前额肉瘤发达，向前突出覆盖于喙上，肉瘤呈黑色。喙也为黑色，与口腔交接处有角质锯齿。眼皮突出，外观眼球似下陷。颌下咽袋一直伸延至颈部。胫、蹼红色有黑斑。全身背面羽毛、前胸羽毛及翼羽均为棕褐色。腹面的羽毛白色或灰白色。

成年公鹅体重 10 kg 以上，母鹅 9 kg 以上。母鹅 5～6 月龄开产，第一年平均产蛋 24 枚，蛋重 176.3 g；第二年产蛋 28 枚，蛋重 217.2 g。种蛋受精率为 65%～80%，受精蛋孵化率为 87%～90%。母鹅产蛋盛期为 2～4 岁。种用年限 5～6 年。公母配比为 1∶(5～6)。仔鹅在较好的饲养条件下，30 日龄活重达 2 kg 以上，60 日龄活重达 5 kg 以上。

2. 四川白鹅(图 7-28)　属中型鹅种，产于四川省温江、乐山、宜宾等地。四川白鹅全身羽毛洁白，喙橘黄色，胫、蹼橘红色。公鹅额部有一呈半圆形的橘黄色肉瘤，母鹅头上的肉瘤不明显。成年公鹅体重5～5.5 kg,母鹅4.5～4.9 kg。公鹅性成熟为180日龄左右,母鹅200日龄开产,母鹅基本无就巢性,平均年产蛋60～80枚,高产者可超过100枚,平均蛋重146.28 g。公母配比为1∶(3～4),种蛋受精率为85%,受精蛋孵化率为84%左右。仔鹅60日龄活重2.5 kg,90日龄3.56 kg。

图7-27 狮头鹅

图7-28 四川白鹅

3.溆浦鹅 属中型鹅种,产于湖南省溆浦县城附近的新坪、马田坪等地。羽毛颜色有灰、白两种,以白色居多,20%左右的个体有顶心毛。灰鹅腹部白色,胫、蹼橘红色,喙黑色,肉瘤突起,表面光滑,呈灰黑色。白鹅全身羽毛洁白,喙、肉瘤、胫、蹼皆橘黄色。平均体重公鹅5.89 kg,母鹅5.33 kg。性成熟期为7月龄,年产蛋30枚,平均蛋重212.5 g,蛋壳多为白色,少数为淡青色。公母配比为1∶(3～5),种蛋受精率为97%,受精蛋孵化率为93.5%。仔鹅10周龄体重:放牧鹅3.5 kg以上,舍饲鹅4 kg以上。

4.太湖鹅 属小型鹅种,原产于江苏省太湖一带。太湖鹅全身羽毛洁白,偶在眼梢、头顶、腰背部有少量灰褐色羽毛。头上肉瘤圆而光滑,无皱褶、无咽袋。公鹅常昂首挺胸展翅行走,喜追逐啄人,母鹅肉瘤较公鹅小。喙、胫、蹼均为橘红色,爪白色。母鹅160日龄开产,年产蛋60～80枚,平均蛋重135.3 g。公母配比为1∶(6～7),种蛋受精率为90%以上,受精蛋孵化率为85%以上。仔鹅10周龄体重:放牧鹅2.5 kg,舍饲鹅3～3.5 kg。

5.朗德鹅 又称西南灰鹅,原产于法国朗德省,是世界著名的肥肝专用品种。毛色灰褐,颈部、背部接近黑色,胸部毛色较浅,呈银灰色,腹下部则呈白色。喙橘黄色,胫、蹼肉色。其鹅肥肝质地细腻、味道独特,营养价值很高,含有大量对人体有益的不饱和脂肪酸及多种维生素,被誉为“世界绿色食品之王”。年产蛋30～40枚,成年公鹅7～8 kg,成年母鹅6～7 kg。肥肝重700～800 g。

任务三 家禽的选择与淘汰

家禽选育工作的第一步就是选种,所谓选种就是选出符合人们要求的个体留作种用,同时淘汰不良个体。对家禽的选择通常是根据其外貌和生理特征、生产性能记录和某些生化性状,抓住关键性的生长发育时期,并尽可能结合一定的饲养管理程序来进行。

一、根据外貌和生理特征的选择

家禽的外貌和生理特征选择一般分阶段进行，现分述如下。

1. 出雏期的选择　首先要在具有理想遗传基础、健康无病的特定育种群中选择合格或符合要求的种蛋入孵，注意提高孵化质量。到出雏期选择时要注意雏禽的外貌、花色、体形等应符合品种、品系特征或育种要求，出壳体重符合标准；选择整齐一致、精神活泼、绒毛整洁、体质健壮，各部分发育正常，脐环闭合良好的健雏留作种用。对于那些不符合育种要求，过重或过轻，精神呆滞，绒毛枯干，或腹部过大、绵软，脐环闭合不全，身体畸形等弱雏要予以淘汰。

2. 育成期的选择　在育雏期结束转入育成舍时，结合转群进行一次全面选择。对于肉用种鸡或种鸭则一般于 6 周龄时应进行一次选择，此时是选择早期生长速度的关键时候。选择时，对于肉用型家禽，应选留符合品种、品系特征或育种要求，生长迅速，发育良好、体重大，羽毛丰满润泽，精神饱满，身体健康的个体；对于蛋用型家禽，应选择羽毛生长迅速，外貌良好，身体发育匀称，健壮，体重不大不小的；育成期的种禽，不论是原种还是配套繁育的祖代、父母代，均要实行限制饲养，保证达到目标体重和尽可能的均匀度。

3. 开产前的选择　种母禽临开产前 1～2 周，应结合入舍或公母合群配种等进行一次选择。把符合品种、品系特征或育种要求，体重、胫长符合标准，身体各部发育良好，冠和肉髯鲜红（鸡），胸宽背阔（公禽），背宽腹深（母禽），羽毛光润，精神饱满，行动迅速，性征明显，体格健壮的家禽选入种禽群，同时淘汰不理想的个体。

4. 产蛋期的选择　种母禽进入产蛋期后，一般不再进行选择，努力维持种禽于高的存栏量，这样可以提高生产效率和经济效益。不过，在产蛋高峰期过后结合加强免疫，进行一次全面检查，同时把那些腹部和皮下存积有大量脂肪的母禽与那些腹部柔软、皮薄，耻骨菲薄扩展，手触不到厚脂肪层的母禽分开，加强限制饲养，经一段时间观察，证实为低产的则予以淘汰。

二、根据生产性能记录成绩的选择

育种场和原种场为了准确地选优去劣，选出真正具有优秀生产性能的种禽，需要做好个体或家系生产性能记录，根据记录成绩进行选择。通常记录统计的主要项目如下。

1. 肉用种禽　其记录统计的主要项目：各周龄公母禽存栏及死亡淘汰数，各周龄公母禽育雏率、育成率和种鸡存活率；出壳雏重；从限制饲养开始到育成期结束各周龄公母禽抽样称重、测量胫长及计算它们的均匀度；产蛋期每 4 周公母禽抽样称重及计算均匀度；淘汰种鸡的体重；开产期各周全群及平均产蛋量和累积产蛋量；平均产蛋率；超过 80%产蛋率的周数；计算相应各周种禽公母比例，种蛋合格率、受精率和孵化率。各周全群及平均饲料消耗量和累积饲料消耗量；由每只入舍母禽得健雏数；每产一只健雏所消耗饲料数，以及执行免疫程序、防病治病及环境情况统计。

2. 肉用仔禽　其记录统计的主要项目：出壳雏重、育雏率、上市日龄、上市平均活重、料肉比和屠宰率等。

3. 蛋用种禽　其记录统计的主要项目：出壳雏重、育雏率、50%产蛋率的周龄、超过 90%产蛋率的周数、平均蛋重和总蛋重。

4. 商品蛋禽　其记录主要统计的主要项目：出壳雏重、育雏率、开始限制饲养日龄、育成率，到 50%产蛋率的周龄和超过 90%产蛋率的周数，产蛋利用周数，产蛋存活率，每只入舍母禽全期平均产蛋量，各周平均产蛋率和全期平均产蛋率，平均蛋重和总蛋重及有关蛋品质要求、料蛋比等。

任务四　家禽配种

一、家禽配种比例与利用年限

（一）配种比例

家禽的配偶比例要适当，在养禽生产中，公禽过多或过少都会降低受精率。在生产实践中配偶比例的确定还应该考虑多方面的因素，如饲养方式、种禽年龄、配种方式、繁殖季节、种公禽体质等。在自然交配模式中，公母禽比例见表 7-2。

表 7-2　自然交配公母禽的比例

品种	公母比例	品种	公母比例
轻型鸡	1∶(12～15)	兼用型鸡	1∶(10～15)
中型鸡	1∶(10～12)	肉用型鸭	1∶(8～10)
蛋鸡	1∶(15～20)	鹅	1∶(4～6)
肉鸡	1∶(8～10)	火鸡	1∶(10～12)

（二）利用年限

家禽的繁殖力大小与年龄有直接关系，一般情况下，鸡和鸭都是在性成熟后第一个产蛋年产蛋量和种蛋受精率最高，第二年比第一年下降 15%～20%，第三年下降 25%～35%。因此，商品场和繁殖场饲养的禽群，一般只利用一个产蛋年。育种场的优秀禽群可利用 3～4 年。

大多数鹅的生长期长，性成熟较晚，第一个产蛋年产蛋量少，而第二个产蛋年比第一个产蛋年产蛋量增加 15%～20%，第三个产蛋年比第二个产蛋年增加 15%～20%，以后逐年降低，所以产蛋母鹅可利用 3～4 年。有的品种如太湖鹅、扬州鹅只利用 1 个繁殖年度。

二、家禽交配方式

（一）自然交配

自然交配就是让公母禽采用本交的方式。自然交配的繁殖方式适用于地面散养或网上平养的家禽如鸭、鹅和快大型肉种鸡等。由于养禽场的性质不同，育种目的不同，因而可采用不同的配种方法。

1. 大群配种　该方法是在一个数量较大的母禽群体内，按性别比例要求放入一定数量的公禽，进行随机配种，禽群的数量为 100～1 000 只。3 年以上的种公禽，不宜用于大群配种。这种配种方法受精率高，但不能确切知道雏鸡的父母，只能用于种禽的扩群繁殖和一般的生产性繁殖。

2. 小群配种　小群配种又称小间配种，它是在一个隔离的小饲养间内根据家禽的种类、类型不同放入 8～15 只母禽和 1 只公禽，公禽和母禽均需戴脚号。这种方法可以用于家系育种，此法适宜于育种场，也用于种鹅配种生产。小群配种受精率低于大群，管理也麻烦。许多育种场已改为人工授精。

3. 人工辅助配种　多用于种鹅繁殖，指在工作人员的帮助下，种鹅顺利完成自然交配过程。通常在小圈内进行，把需要配种的母鹅放进圈内，再放入公鹅。操作人员让母鹅伏卧在地面，用手握母鹅两脚和翅膀，引诱公鹅靠近，当公鹅踏上母鹅背上时，可一只手抓住母鹅，另一手把母鹅尾羽提起，以便交配，训练几次，公鹅看到人捉住母鹅就会主动靠近交配。

（二）人工授精

1. 家禽人工授精的优越性

（1）提高优秀种公禽的利用率　由于人工授精所需要的公禽数量少，这样就可以加大选择强度，让质量最好的公禽得到充分利用，能迅速地提高后代的品质。

（2）减少公禽饲养量　在自然交配情况下，每只公鸡仅能够承担 10～12 只母鸡的配种任务，若采用人工授精技术则能够承担 30～50 只，可以减少 2 倍的公鸡饲养量。按一个生产周期（500 d）计，1 只公鸡的饲料消耗约为 53 kg，少养 1 只公鸡仅饲料费就可以节约 100 多元。

（3）可以提高受精率　人工授精能克服配种双方的某些差异，如雌雄家禽个体的体重悬殊、公禽的择偶习性、腿部受伤的公禽等，从而提高受精率。

（4）可以提高育种工作效率及准确性　人工授精可以实现种鸡采用笼养，交配后代有详细的个体记录，试验结果准确可靠，能很快通过后裔鉴定，选出最优秀的个体，加快育种速度。

（5）有利于净化疾病，控制疾病传播　交配过程中公禽不再与母禽直接接触，避免了一些疾病传播。另外，人工授精要定期对公鸡状况进行检查，对造成疾病传播的公鸡进行治疗，若不行即淘汰。同时种蛋不与地面接触，对白痢杆菌、大肠杆菌的净化工作也有利。

（6）扩大基因库　如采用人工授精技术中的冷冻精液技术，则可以不受地域、时间的限制，即使某些优良的种公禽死后仍可使用其精液繁殖后代。

2. 人工授精器械

（1）采精杯　用于采精，小玻璃漏斗形采精杯或 10 mL 试管。

（2）集精杯　收集精液，使用 10～20 mL 刻度试管，可以用离心管代替。

（3）保温瓶或保温杯　用于精液保温或短时间贮存。

（4）温度计　用于测量水温。

（5）输精器　多数采用普通细头玻璃胶头滴管或家禽输精枪、微量移液器。

（6）毛剪　用于剪去公鸡泄殖腔周围的羽毛。

（7）75％酒精　用于采精前对公鸡泄殖腔周围进行消毒。

（8）蒸锅　用于每天对人工授精器械的消毒。用纱布把上述器具包好，蒸 1 h。

（9）其他　显微镜、载玻片、盖玻片、试纸等。

3. 采精前的准备

（1）种公禽的选择　选择种公禽，其外貌特征要符合该品种的标准，体格健壮、精神、第二性征明显。

（2）隔离饲养　为了减少公禽相互间的争斗和假交配，选留的种公禽应采用个体笼养或小单间饲养，每只公禽占用1个独立的空间。隔离饲养开始时间至少应在性成熟前3周。

(3)种公禽的特殊饲养　根据所饲养的家禽品种类型，提供公禽专用饲料，可以适当增加复合维生素的用量，采用自由采食，充足饮水。每天光照时间为14～16 h，保持适宜的室内环境条件。

(4)剪毛　为了方便采精操作，在采精训练之前应将公禽肛门周围的羽毛剪去，使肛门能够充分显露，也能避免污染精液。采精当天，公鸡须于采精前3～4 h绝食，以防排粪、排尿。

(5)用具的准备和消毒　先将采精杯、贮精杯等所有人工授精用具清洗、消毒、烘干。如无烘干设备洗干净后，用蒸馏水煮沸消毒，再用生理盐水冲洗2～3次方可使用。

(6)采精训练时间　公禽只要达到性成熟，就可以进行采精训练，也可以在输精前7～10 d进行训练。公鸡每天1次，或隔天1次，一旦训练成功，则应坚持隔天采精。公鸡经3～4次训练，大部分都能采到精液，有些发育良好的公鸡，在采精熟练的情况下，开始训练当天便可采到精液。但有些公鸡虽经多次训练仍不能建立条件反射，这样的公鸡应淘汰。公鸭、公鹅训练4～7 d也可采出精液，此后坚持训练以便建立条件反射。

4.鸡的按摩采精技术

采精的方法很多，但在生产中最为适宜的是按摩法。按摩采精分为腹部按摩、背部按摩、腹背结合按摩3种。腹背按摩通常由两人操作，一人保定公鸡，一人按摩并收集精液。

(1)公鸡的保定　保定公鸡常用的是保定员用双手各握住公鸡一只腿，自然分开，拇指扣其翅，使公鸡头部向后，类似自然交配姿势。

(2)按摩与收集精液　操作者右手的中指与无名指间夹着采精杯，杯口朝外。左手掌向下，贴于公鸡背部，从翼根轻轻推至尾羽区，按摩数次，引起公鸡性反射后，左手迅速将尾羽拨向背部，并分开拇指与食指，跨捏于泄殖腔上缘两侧，同时右手虎口打开紧贴于泄殖腔下缘腹部两侧，轻轻抖动触摸，当公鸡露出交配器时，左手拇指与食指适当压挤泄殖腔，精液即流出，右手便可用采精杯盛接精液。按摩采精也可1人操作完成，即采精者坐在凳子上，将公鸡保定于两腿间，公鸡头朝左下侧，此时便可空出两手，按照上述按摩方法收集精液。此法简便快捷，节省劳动力。

(3)采精操作注意事项　①保持采精场所的安静和清洁卫生。②采精人员要固定，不能随便换人。③在采精过程中一定要保持公鸡舒适，捕捉、保定时动作不能粗暴，不使公鸡受到强烈刺激或惊吓公鸡，否则会采不出精液或量少或受污染。④捏挤动作不应用力过大，否则引起公鸡排粪、尿，透明液增多，或损伤黏膜而出血，从而污染精液，降低精子的密度和活力(肉用型鸡比蛋用型鸡的透明液更多，采精时尤应注意)。⑤采精时间不宜过长，采集到的精液应立刻置于38～40 ℃水温的保温瓶内，并尽可能于采精后30 min内使用完毕。⑥整过采精过程中人员和用品应遵守清洁操作规程。

5.鹅、鸭的按摩采精

采精时助手将公鸭、鹅保定在采精台上或保定人员坐在椅子上将鸭鹅放在腿上(小型蛋鸭采精时的保定方法与鸡相同)。采精者右手放在鸭或鹅的后腹部，左手由背向尾按摩5～7次后抓住尾羽，再用右手拇指和食指插入泄殖腔两侧，沿着腹部柔软部位上下来回按摩，当泄殖腔周围肌肉充血膨胀，向外突起时将左手拇指和食指紧贴于泄殖腔上下面，右手拇指和食指贴于泄殖腔左右两侧，两手拇指和食指交互做有节奏捏挤的方式按摩充血突起的泄殖腔，公鸭(鹅)即可使阴茎外露，精液外排，此时右手捏住泄殖腔左右两侧以防其阴茎缩回泄殖腔，左手持采精杯置于阴茎下盛接精液。

6. 采精频率

为获得优质精液以及圆满完成繁殖期内的配种任务，可采用隔日采精制度。若配种任务大，也可在1周之内连续采精3～5 d，休息2 d，但要注意公鸡的营养状况及体重变化。使用连续采精最好从公鸡30周龄以后。采精的时间要与输精时间相吻合，若用新鲜精液输精，鸡、鹅在下午采精，鸭在上午采精。

7. 精液品质检查

(1)精液品质常规检查

①外观检查　正常精液为乳白色不透明云雾状翻滚液体，略带腥味。被粪便污染为黄褐色；混入血液为粉红色；混入尿酸盐时，呈粉白色絮状块。

②精液量检查　射精量的多少，依鸡的品种、品系、年龄、生理状况、光照制度、饲养与管理条件而异，同时也与公鸡的使用制度和采精的熟练程度有关。可用具有刻度的吸管、结核菌素注射器或其他度量器具将精液吸入，然后读数。一般而言，肉用型种公鸡每次射精量为0.5～0.8 mL，蛋用型种公鸡每次射精量为0.3～0.5 mL。

③活力检查　精子的活力是指精液中直线前进运动的精子所占比例。采精后，把精液放入0～5 ℃的冰箱中，并于采精后25 min内进行活力检查。其方法是取精液及生理盐水各1滴，滴在载玻片一端混匀，放上盖玻片。在37～38 ℃条件下，用200～400倍显微镜检查。观察精子的运动情况，做直线前进运动的精子，具有受精能力，以其所占比例的多少评定为0.1级、0.2级……0.9级；做圆周运动或原地摆动的精子均无受精能力。

④密度检查　估测法分为密、中等和稀三个级别。在显微镜下，可见整个视野布满精子，精子间几乎无间隙称为密级，表示鸡每毫升精液有精子40亿个以上；在一个视野中精子之间的距离明显，可插入1～2个精子的间隙称为中等，表示鸡每毫升精液有精子20亿～40亿个；精子间空隙较大，每毫升精液的精子为20亿个以下属于稀级。此外，用血细胞计数板来计算精子密度较为准确。

⑤精液的酸碱度检查　使用精密试纸或酸度计便可测出。鸡新鲜精液的pH为6.2～7.4。

(2)精液稀释与保存　一般情况下，如果精液够用，可直接用原精输精，不必稀释，效果较好。如需稀释，室温(18～22 ℃)保存不超过1 h，稀释比例以1∶(1～2)为宜。稀释液目前常用温生理盐水(0.9%氯化钠)。

采精后应尽快稀释，将精液和稀释液分别装于试管中，并同时放入30 ℃保温瓶或恒温箱内，使两者温度相等或相近。稀释时稀释液应沿装有精液的试管壁缓慢流入，轻轻转动，使二者混合均匀。在稀释操作时，特别注意避免有害气体或粉尘的危害，绝对不能吸烟、打喷嚏，严禁采精人员酒后操作。精液短期保存可于采精后20 min内稀释，在0～5 ℃条件下保存。

8. 家禽的输精技术

(1)鸡的输精技术　目前最常见的输精方法是输卵管口外翻输精法。输精时两人操作，助手用左手握母鸡的双腿提起，令母鸡头朝下。肛门朝上，右手掌置于耻骨下，在腹部柔软处施以一定的压力，泄殖腔内的输卵管开口便翻出(位于鸡体左侧)，输精员便可将输精器向输卵管口正中转动插入并输精。插入深度以1～2 cm为宜。

(2)鹅、鸭的输精操作　通常采用手指引导输精法，助手将母禽固定于输精台上(可用50～60 cm高的木箱或加高的方凳)，输精员的右手(或左手)食指插入母禽泄殖腔，探到输卵管后将食指插入，左手(或右手)持输精管沿插入输卵管的手指的方向将输精管插入并输精。

(3)输精时间与间隔　鸡一般在下午输精，此时母鸡基本都已产过蛋；鸭一般在夜间或清晨产蛋，故输精工作宜在上午进行；因为上午鹅的输卵管里有蛋存在，故鹅的输精可于下午进行，但上午输精仍有很高的受精率。

(4)输精深度与剂量　以输卵管口开处计算，输精器插入的深度：鸡 2～3 cm(鸭、鹅 3～5 cm)，若未经稀释，鸡每次输精剂量为 0.025～0.03 mL，鸭、鹅 0.03～0.05 mL；若按有效精子数计算，每次输入精子量鸡不少于 0.7 亿个，鸭为 0.8 亿个；鹅不少于 0.5 亿个。

(5)输精注意事项　①抓取母禽和输精动作要轻缓，插入输精管时不能用力太大以免损伤输卵管。②在输入精液的同时要放松对母禽腹部的压力，防止精液回流。在抽出输精管之前，不要松开输精管的皮头，以免输入的精液被吸回管内，然后轻缓的放回母禽。③注意不要将空气输入输卵管。④精液采出后应尽快输精，未稀释的精液存放时间不得超过 0.5 h。精液应无污染，并保证每次输入足够的有效精子数。⑤输精时按压母鸡后腹部使其泄殖腔外翻的同时如果母鸡排粪，有的母鸡粪便会黏附在泄殖腔的内壁上，甚至在输卵管开口处。遇到这种情况，先用棉球将粪便擦去，然后再输精，避免粪便污染输精滴管而对母鸡输卵管造成感染。⑥种鸡场尽量做到 1 只母鸡换 1 套输精器，防止交叉感染。如使用滴管类的输精器，必须每输 1 只母鸡用消毒棉球擦拭输精器。

任务五　家禽育种

一、家禽繁育的基本环节

现代家禽生产都是利用杂种优势来提高生产成绩，商品代家禽基本都是“杂优禽”。为了生产“杂优禽”，各个育种公司培育出专门化配套品系，它是在原有品种的基础上，采用先进的育种方法，培育出许多各具特点的纯系，然后在这些纯系之间进行杂交组合试验、配合力测定，筛选出最好的杂交组合，用以生产配套商品“杂优禽”。现代家禽育种的工作技术环节主要包括保种、育种、配合力测定和制种 4 个。

(一)保种

保种就是妥善保存家禽的基因库，提供育种素材。保存具有育种价值的某些原有品种或品系，采用本品种选育或纯种繁育等保种措施，提高原有品种或品系的纯度、克服其缺点，提高其生产性能，为育种场提供育种素材。

(二)育种

育种就是培育纯系或合成系。利用某些原有品种或品系为育种素材，采用先进的育种方法，培育出若干各具特点的纯系或合成系。培育纯系的目的是用来杂交，使商品代产生强大杂种优势来提高生产性能。这个阶段育种的重点是“选优”和“提纯”，“选优”就是选出那些高产的优秀基因，并使优秀基因在群体中扩散，扩散成一个群体共有的性状，从而形成一个新品系。“提纯”就是提高群体的纯度，只有群体的基因纯度高了，杂交后才能产生强大的杂种优势。

（三）配合力测定

配合力测定就是进行杂交组合试验。不同品系的杂交组合，产生的杂种优势大小不同。杂种优势的大小取决于父母双亲的配合力，通常用测定杂交后代生产性能高低的方法，来评定父母双亲配合力的好坏。具体方法是：把育种场培育的各个纯系的杂交组合后代，送到配合力测定站，在相同的饲养管理条件下进行饲养试验，通过对杂交后代生产性能进行测定，杂交后代生产性能高说明父母双亲的配合力强。从中选出配合力最佳的杂交组合，从而构成配套品系。

在配套系杂交过程中，有了原种才能进行配套杂交，它是制种工作的基础。所谓原种，就是杂交组合配套的纯系。在每个纯系中，既有母禽又有公禽，可以进行纯种繁殖。除了原种，其他各代繁殖场饲养的都是单性别的家禽，不能进行纯种繁殖。因此，必须向育种公司购买原种，但这需要支付极高的价格，因为买到原种就意味着可以进行纯种繁殖而不再受育种公司制约。

（四）制种

制种就是配套系杂交过程，是利用配套系的各个纯系，按照固定的位置进行逐代杂交，生产商品杂交禽的过程。其杂交方式主要有两系配套杂交、三系配套杂交和四系配套杂交 3 种。

1. 两系配套杂交　配套系由两个纯系构成，用两个纯系固定性别的公母禽进行一次杂交，利用 F_1 做商品禽生产。这是最简单的一种杂交方式，也叫单杂交。两系配套杂交见图 7-29。

两系配套杂交，其制种过程包括原种场的纯繁制种和父母代场的一次杂交制种。两系配套只能利用 F_1 的生长杂种优势，不能利用繁殖母禽的杂种优势。构成配套品系的原种 A 和原种 B 都是祖代。

2. 三系配套杂交　配套系由三个纯系构成。先用两个纯系固定性别的公禽、母禽进行杂交，利用 F_1 的母禽再与第三个纯系的公禽杂交，用以生产商品杂交禽。这种杂交方式比两系杂交方式的遗传基础广，父母代的繁殖母禽也是杂种，因此获得的杂交优势也较强。三系配套杂交见图 7-30。

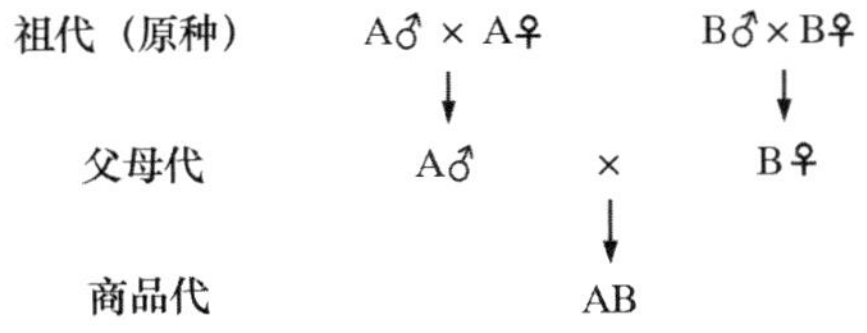

图 7-29　两系配套杂交

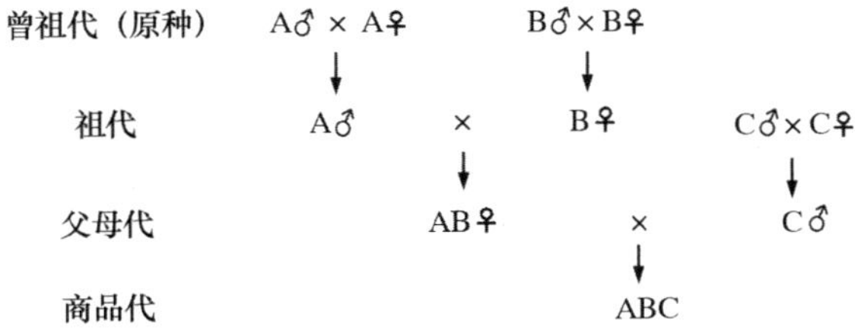

图 7-30　三系配套杂交

三系配套杂交，其制种过程包括原种场的纯繁制种和祖代场及父母代场的两次杂交制种。构成配套系的原种 A 和原种 B 是曾祖代又是祖代。而 C 是终端父本，由原种场提供，既属于祖代又属于父母代。

3. 四系配套杂交　配套系由四个纯系构成。先用四个纯系固定性别的公禽、母禽分别进行两两杂交，利用其产生的子代再进行杂交，用以生产商品杂交禽。四系配套杂交又称双交，这种杂交方式遗传基础更广，杂交优势更强。如美国的“AA”肉鸡、加拿大的“星杂 579”褐壳蛋鸡等就是四系配套杂交。四系配套杂交见图 7-31。

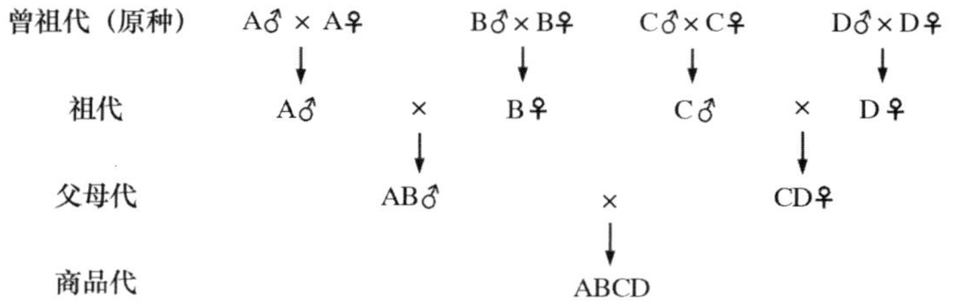

图 7-31　四系配套杂交

四系配套杂交，其制种过程包括原种场的纯繁制种和祖代及父母代场的两次杂交制种。构成配套系的原种 A、B、C、D 都是曾祖代。

特别注意，在配套系杂交中，各个纯系都有自己固定的位置和性别，父本和母本不能随意更换，否则将会失去杂种优势和杂优禽的特性。另外，利用配套系杂交生产的商品杂优禽，虽然杂种优势强，生产性能高，但不能留种进行自群繁殖，因其后代会发生性状分化，导致生活力下降、生产性能降低，某些特性也将随之消失。所以，商品代杂交禽绝不能留作种用。

二、家禽繁育体系

现代禽种的繁育过程主要包括保种、育种、配合力测定和制种四个基本环节，整个程序需要通过繁育体系来实现。所谓家禽繁育体系是指现代禽种繁育的基本组织形式。为了获得有突出特点、生产性能高且具有市场竞争能力的杂优禽种，必须进行一系列的育种和制种工作，需要把品种资源保护、培育纯系、测定配合力以及曾祖代、祖代、父母代、商品代的组配与生产等环节有机地结合起来，从而形成配套体系，这套体系就是家禽繁育体系，如图 7-32 所示。

在杂交繁育体系中，育种工作和杂交扩繁任务都是由育种场和各级种禽场来分别完成，各级种禽场的工作专门化，任务都不相同。现以四系配套杂交为例，将良种繁育体系中各场的主要任务和相互关系概述如下。

1. 品种资源场（基因库）　主要是开展本品种选育，保存和扩繁某些原有品种或品系，研究它们的特征、特性及其遗传规律，尽量保存它们所有的基因，发掘可能利用的优良基因，并提高原有品种或品系的品质，为育种场提供育种素材。因此，品种资源场也称基因库，要避免近交。

2. 育种场　充分利用品种资源场提供的育种素材，进行纯系培育。为使禽群的基因纯合化，可用近交育种法或闭锁群选育法等进行品系选育。纯系培育后，进行品系间的配合力测定，选出最佳杂交组合。再将优秀配套组合中的父系和母系提供给曾祖代场，从而进入繁育体系。

3. 原种场（曾祖代场）　由育种场提供的配套纯系种蛋或种雏，在曾祖代场继续培育。曾祖代场进行配套纯系的选育、扩繁，也继续进行配合力的测定。将优秀组合中的单性纯系提供给祖代场。如四系配套的曾祖代场，将A，B，C，D四个纯系，在进行纯繁保种的同时，为祖代场提供一定公母比例、单一性别的祖代种禽如A♂，B♀，C♂，D♀。目前我国的曾祖代场与育种场常结合在一起，称之为原种场。

4. 祖代场　祖代场不进行育种工作，其主要任务是引种、制种与供种。把从曾祖代场得到的单性种禽，进行品系间杂交制种，即A♂和B♀杂交、C♂和D♀杂交，然后将单性杂交种提供给父母代场。祖代场可以向父母代场提供单性的杂交种雏如AB♂和CD♀，也可提供种蛋。

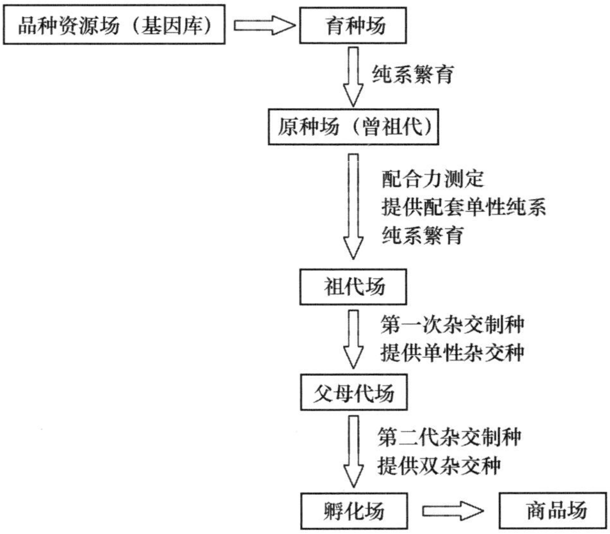

图 7-32　现代家禽良种的繁育体系

5. 父母代场　将祖代场提供的杂交父母代进行第二次杂交制种，即用AB♂与CD♀进行杂交。父母代场要把AB♀与CD♂淘汰，绝不能利用祖代场提供的种蛋继续进行自繁，也不能用反交方式进行杂交，这样会违背繁育体系的本意，从而降低商品代禽的质量。规定祖代场每年必须由曾祖代场进禽，父母代场每年必须由祖代场进禽。父母代场经过杂交制种，向商品代场提供商品杂交禽ABCD。

6. 商品代场　饲养由父母代场提供的双杂交商品雏禽（ABCD）进行商品生产，为市场提供商品禽蛋或禽肉。

总之，要想推广和普及一种定型的高产配套杂交种禽，就要建立和健全繁育体系。没有健全的繁育体系，再好的配套系也不能在生产中发挥其应有的作用。

知识链接

北京市华都峪口禽业有限责任公司

北京市华都峪口禽业有限责任公司（简称“峪口禽业”），始建于20世纪70年代，历经40年发展，跻身世界三大蛋鸡育种公司之列，成长为全球最大的蛋鸡制种公司、农业产业化国家重点龙头企业和国家高新技术企业。长期致力于研究我国自主知识产权蛋鸡品种培育、良种繁育体系建设与产业化开发过程中的一系列关键工程技术问题。

作为北京市蛋鸡工程技术研究中心的依托单位，峪口禽业自主培育蛋鸡和肉鸡两大系列，蛋鸡“京”系列品种和肉鸡“WOD”系列品种，蛋鸡品种十年累计推广45亿只，国内市场占有率50%，成为国内率先打破国外控制的高产畜禽品种；小型优质肉鸡品种WOD168，是第一个具有自主知识产权的白羽肉鸡品种，开创了我国白羽肉鸡育种的先河。

公司建立起了涵盖原种、祖代、父母代三级良种繁育体系，在北京、天津、河北、辽宁、河南、山东、湖北、江苏、云南、新疆等地拥有16家分/子公司，产业布局立足北京，辐射全国，祖代种鸡规模40万套、父母代种鸡500万套、年产商品代雏鸡4亿只。

公司率先在蛋鸡行业开始“产业＋互联网”的实践，应用云计算、大数据、人工智能等现代信息技术，构建“智慧蛋鸡”，推动蛋鸡全产业链改造升级，解决制约中国蛋鸡产业的品种、效率和效益问题。

任务评价

模块任务评价表

<table>
<tr><td>班　级</td><td></td><td>学号</td><td></td><td colspan="2">姓　名</td><td></td></tr>
<tr><td>企业(基地)名称</td><td></td><td>养殖场性质</td><td></td><td colspan="2">岗位任务</td><td>家禽的识别及生产性能评估</td></tr>
<tr><td colspan="7">一、评分标准
说明：考核共 8 项，总分 100 分；分值越高表明该项能力或表现越佳，综合评分为各项评分的和。90 分及以上优秀，75≤分数＜90 良好，60≤分数＜75 合格，60 分以下不合格</td></tr>
<tr><td>考核项目</td><td>考核标准</td><td>得　分</td><td>考核项目</td><td colspan="2">考核标准</td><td>得　分</td></tr>
<tr><td rowspan="2">专业知识
(15 分)</td><td rowspan="2">家禽翼羽的生长情况；公母禽的性别特征；禽体外貌部位和羽毛的名称；鸡、鸭、鹅和火鸡的外貌主要区别</td><td rowspan="2"></td><td colspan="4">专业技能(45 分)</td></tr>
<tr><td>母禽的生产性能
(20 分)</td><td colspan="2">根据主翼羽的换羽根数预测产蛋时间；根据耻骨间距判定母禽是否产蛋；强制换羽</td><td></td></tr>
<tr><td>工作表现
(15 分)</td><td>态度端正；团队协作精神强；质量安全意识强；记录填写规范正确；按时按质完成任务</td><td></td><td>体尺测量
(15 分)</td><td colspan="2">体斜长、胸宽、胸深、胸角、龙骨长、胫长、胫围、骨盆宽的测量</td><td></td></tr>
<tr><td>学生互评
(10 分)</td><td>根据小组代表发言、小组学生讨论发言、小组学生答辩及小组间互评打分情况而定</td><td></td><td>外貌部位识别
(5 分)</td><td colspan="2">各部位特点、名称；羽毛名称</td><td></td></tr>
<tr><td>实施成果
(15 分)</td><td>区别公禽母禽；指出初生公母禽的羽翼特点；检查产蛋效果；熟悉各部位名称；外观触摸识别</td><td></td><td>固定
(5 分)</td><td colspan="2">抓鸡和保定鸡的方法</td><td></td></tr>
<tr><td colspan="7">综合分数：______分　　优秀(　　)　　良好(　　)　　合格(　　)　　不合格(　　)</td></tr>
<tr><td colspan="7">二、综合考核评语

教师签字：
日　　期：</td></tr>
</table>

项目八

家禽繁育工技能训练

技能一　常见品种鉴定技术

一、技能目标

通过技能训练，使学生能够根据家禽体型外貌特征识别国内外知名家禽品种，认识当地饲养的主要鸡、鸭、鹅品种的外貌特征，了解其生产性能，获得认知家禽品种的基本技能。

二、教学资源准备

1. 仪器设备　放映器材。
2. 材料与工具　家禽品种图片。
3. 教学场所　多媒体实训室。
4. 师资配置　实验时 1 名教师指导 40 名学生。

三、实训内容与方法步骤

(一)品种介绍

观看家禽品种图片或活禽，介绍其产地、类型、外貌特征和生产性能。

(二)识记各种常见家禽的品种特征

1. 鸡的品种特征

(1)标准品种鸡的外貌特征(表 8-1)。

表 8-1　标准品种鸡的外貌特征

品　种	羽毛颜色	冠	耳	胫	皮肤	体　型
白来航鸡	全身白色	单冠	白或黄色	白或黄色	黄色	体型小而清秀
芦花鸡	全身为黑白相间的横条纹，公鸡颜色较淡	单冠	红色	黄色	黄色	体型中等呈长圆形

续表 8-1

品　种	羽毛颜色	冠	耳	胫	皮肤	体　型
洛岛红鸡	深红色，有光泽，主尾羽尖端和公鸡镰羽均为黑色并带翠绿色	单冠或玫瑰冠	红色	黄色	黄色	背宽平而长，体躯呈长方形
澳洲黑鸡	全身黑色并带有绿色光泽	单冠	红色	黄黑脚、脚底为白色	白色	体深而广，胸部丰满
白洛克鸡	全身白色	单冠	红色	黄色	黄色	体躯呈椭圆形
白科尼什鸡	全身白色	豆冠	红色	黄色	黄色	体躯坚实，羽毛紧密，胸腿肌肉发达
黑狼山鸡	全身黑色	单冠	红色	白色	白色	体高、脚长、背短、头尾翘立、背呈“U”形
丝毛鸡	全身白色，丝毛	复冠，如桑葚状	绿色	黑色	黑色	体小骨细、行动迟缓

（2）地方品种鸡的外貌特征（表 8-2）。

表 8-2　地方品种鸡的外貌特征

品　种	羽毛颜色	冠	胫	体　型
仙居鸡	黄色、白色、黑色	单冠	黄色、肉色及青色	小巧秀丽，羽毛紧贴
灵昆鸡	黄色、栗黄色	单冠	黄色，有胫羽	体型中等，少数鸡有冠羽
浦东鸡	黄色、麻褐色	单冠	黄色	体型硕大宽阔，近似方形，骨粗脚高，羽毛疏松
桃源鸡	黄色、麻色	单冠	黄色或灰黑色	体型硕大，近似正方形
惠阳鸡	黄色	单冠	黄色	体型中等，背短，脚矮，后躯发达，呈楔形。肉髯较小或仅有痕迹，颌下有羽毛
北京油鸡	浅黄色或红褐色	单冠多褶皱，呈“S”形	黄色，有胫羽	体型中等，有冠羽
固始鸡	黄色、黄麻色	单冠	靛青色或黑色	体型紧凑，羽毛紧贴，冠叶分叉呈鱼尾状
庄河大骨鸡	全身黑色，带有光泽	单冠	黄色	体型硕大，骨骼粗壮
寿光鸡	淡黄色	单冠	黑色	体型硕大，皮肤白色

（3）现代鸡种的外貌特征

蛋鸡系的白壳蛋系　该类鸡均具有白来航鸡的外貌特征，即体型小而清秀，全身羽毛白色而紧贴，单冠大而鲜红，喙、胫和皮肤均为黄色，耳叶白色。

蛋鸡系的褐壳蛋系　该类鸡较白壳蛋系鸡体型稍大，羽毛颜色有深褐色和白色两种，单冠较白壳蛋系鸡矮小而稍厚，胫、皮肤黄色，耳叶红色。

肉鸡系的快速生长型白羽肉鸡　该类鸡体型硕大，胫趾粗壮，全身羽毛白色，单冠或豆冠，喙、皮肤黄色，耳叶红色。

肉鸡系的快速生长型黄羽肉鸡　该类鸡体型硕大，全身黄色羽毛，耳叶红色。

2. 鸭的品种特征

鸭的品种特征如表 8-3 所示。

表 8-3　鸭的品种特征

品　种	羽毛颜色	胫　蹼	体　型
北京鸭	全身白色	橘红色	体型硕大，胸部丰满突出，腿短粗壮
康贝尔鸭	公鸭的头、颈、尾和翼肩为表绿色，其余为暗褐色，母鸭为暗褐色	暗褐色	体型中等，头部优美，颈细长，骶部饱满，腹部发育良好而不下垂
金定鸭	以灰色黑斑和褐色黑斑为多	橘黄色及黑色	体型较小，外貌清秀，头中等大，颈细长，有的颈部有白圈
绍鸭	麻雀羽色，公鸭较母鸭颜色深	橘黄色	体型小似琵琶形，头似蛇头
瘤头鸭	纯黑、纯白或黑白间杂	橘黄色及黑色	体型呈橄榄形，头长而大，头部两侧长有赤色肉瘤，喙色鲜红或暗红，眼鲜红，胸丰满，脚矮

3. 鹅的品种特征　鹅的品种特征如表 8-4 所示。

表 8-4　鹅的品种特征

品　种	羽毛颜色	胫　蹼	体　型
雁鹅	体背灰褐，各羽缘白色	足呈橙黄色，爪黑色	体型较大，全身羽毛紧贴，头部圆而略方。颈细长，具腹褶，个别有喉袋
浙东白鹅	白色	幼龄时橘黄色，成年后橘红色	体型中等，额部肉瘤呈半球形突出
太湖鹅	白色	橘红色	颈细长，呈弓形
豁眼鹅	白色	暗褐色	体型较小，眼呈三角形，上眼睑有一豁缺
狮头鹅	毛色棕褐色、灰褐色和灰白色	橘红色	体型硕大，上嘴基部的肉瘤发达，面颊有 1～2 个对称的瘤子。颌下皮肤褶明显，一直延伸达颈部

四、实训报告

写出鸡的 4 个标准品种、鸭的 4 个品种、鹅的 1 个品种名称及其产地和经济类型。

技能二　蛋的品质鉴定技术

一、技能目标

通过技能训练，了解禽蛋的形态结构，掌握蛋的品质鉴定方法。

二、教学资源准备

1.仪器设备　蛋白高度测定仪、蛋壳厚度测定仪、蛋形指数测定仪、蛋白蛋黄分离器、罗氏比色扇、游标卡尺、光电反射式色度仪、照蛋器。

2.材料与工具　新鲜鸡蛋若干枚,保存4周以上陈旧鸡蛋若干枚,煮熟的新鲜鸡蛋若干枚、粗天平、培养皿、放大镜、剪刀、手术刀、镊子、液体比重计、配置好的不同比重的盐溶液。

3.教学场所　校内外教学基地或实验室。

4.师资配置　实验时1名教师指导40名学生。

三、实训内容与方法步骤

(一)了解蛋的构造

1.胚盘(胚珠)　蛋黄上部中央有一小白圆斑,未受精时称为胚珠,受精后称为胚盘,胚盘中央呈透明状的称为明区,周围不透明的称为暗区。

2.蛋黄　位于蛋的中央,其外有蛋黄膜包围而呈球形。

3.蛋白　蛋白又称蛋清,是一种胶体物质,占蛋重的45%～60%,呈微黄色,是带黏性的半流动透明胶体,紧包围着蛋黄。

4.蛋壳膜　蛋壳里面有两层蛋壳膜,紧贴蛋壳的一层叫外壳膜,紧贴蛋白的一层叫内壳膜,两层之间在钝端形成气室。在蛋的孵化过程中,气室随胚龄增加而日渐增大。未产出的蛋,其两层膜是紧贴在一起的。蛋离体后,由于外界温度低于鸡的体温,蛋的内容物收缩,多在蛋的钝端两层膜分开,形成一个双凸透镜似的空间,称为气室。气室的大小可反映禽蛋的新鲜程度。

5.蛋壳　蛋壳位于蛋的最外层,蛋壳上有许多气孔与内外相通。

(二)蛋的品质测定技术要点

1.感官测定

(1)看　用肉眼观察蛋壳色泽、形状、壳上膜、蛋壳清洁度和完整情况。新鲜鸡蛋的蛋壳比较粗糙,色泽鲜明,表面干净,附有一层霜状胶质薄膜;如表皮胶质脱落,不清洁,壳色油亮或发乌、发灰,甚至有霉点,则为陈旧鸡蛋。

(2)听　通常有两种方法:一是敲击法,即从敲击蛋壳发出的声音来判定蛋的新鲜程度、有无裂纹、变质及蛋壳的厚薄程度。新鲜鸡蛋掂到手里沉甸甸的,敲击时声坚实,清脆似碰击石头;裂纹蛋发声沙哑,有"啪啪"声;大头有空洞声的是空头蛋,钢壳蛋(也称石壳蛋)发声尖细,有"叮叮"响声。二是振摇法,即将禽蛋拿在手中振摇,有内容物晃动响声的则为散黄蛋。

(3)嗅　用鼻子嗅蛋的气味是否正常。新鲜鸡蛋、鹌鹑蛋无异味,新鲜鸭蛋有轻微腥味;有些蛋虽然有异味,但属外源污染,其蛋白和蛋黄正常。

2.称蛋重　用蛋秤或粗天平将鸡蛋、鸭蛋逐个称重,称得的数据分别写在蛋的小头上,鸡蛋的重量为40～70 g,鹅蛋为120～200 g,鸭蛋和火鸡蛋重的变动范围均为70～100 g。

3.蛋壳颜色　用光电反射式色度仪测定,颜色越深,反射测定值越小,反之则越大。用该仪器在蛋的大头、中间和小头分别测定,求其平均值。一般情况下,白壳蛋蛋壳颜色测定值为

75 以上，褐壳蛋为 20～40，浅褐壳蛋为 40～70，而绿壳蛋为 50～60。

4. 测量蛋形指数　蛋的长轴和短轴的比例由蛋形指数决定，测定工具是游标卡尺。蛋形指数通常是长径与短径的比值，但也有用短径与长径的比值来表示的。正常形鸡蛋的蛋形指数为 1.32～1.39，1.35 为标准形（如用短径/长径则分别为 0.72～0.76，0.74 为标准形）。鸭蛋蛋形指数为 1.20～1.58 或（0.63～0.83），标准形为 1.30（或 0.77）。

5. 蛋的比重测定　蛋的比重即反映蛋的新鲜度，也与蛋壳厚度有关。测定方法是在每 3 000 mL 水中加入不同数量的食盐，配制成不同比重的溶液，用比重计校正后分盛于玻璃缸内。溶液的比重依次相差 0.005，见表 8-5。

表 8-5　配制不同比重的溶液

成分	溶液比重								
	1.060	1.065	1.070	1.075	1.080	1.085	1.090	1.095	1.100
水/mL	3 000	3 000	3 000	3 000	3 000	3 000	3 000	3 000	3 000
食盐量/g	276	300	324	248	372	396	420	444	468

测定时先将蛋浸入清水中，然后依次从低比重到高比重食盐溶液中通过，当蛋悬浮在溶液中即表明其比重与该溶液的比重相等。鸡蛋壳质量良好的蛋比重为 1.080 以上、鸭蛋为 1.090 以上、火鸡蛋为 1.080 以上、鹅蛋为 1.100 以上。

6. 测定蛋白高度和哈氏单位　用蛋白高度测定仪测定新鲜鸡蛋（产出当天或于第 2 天中午前）和陈旧鸡蛋各 1～2 枚，先称蛋重，然后破壳倾在蛋白高度测定仪玻璃板上，测定浓蛋白的高度，取蛋黄边缘与浓蛋白边缘之中点，测量 3 个点的蛋白高度平均值，注意避开系带，单位以 mm 计。

根据蛋重和浓蛋白高度两项数据，用下列公式计算哈氏单位值。也可以用“蛋白品质查寻器”查出哈氏单位及蛋的等级。新鲜鸡蛋哈氏单位在 75～85，蛋的等级为 AA 级。

计算公式：

$$HU=100\ \lg\ (H-1.7W^{0.37}+7.6)$$

式中：H 为浓蛋白高度，mm；W 为蛋重，g；HU 为哈氏单位。

7. 蛋壳强度　蛋壳强度是指蛋对碰撞或挤压的承受能力（单位为 kg/cm^2），是蛋壳致密坚固性的重要指标。用蛋壳强度仪进行测定。

8. 蛋壳厚度　蛋壳厚度指蛋壳的致密度。用蛋壳厚度测量仪在蛋壳的大头、中间、小头分别取样测量，求其平均值（单位为 μm）。注意在测量时去掉蛋壳上的内、外壳膜为蛋壳的实际厚度，鸡蛋壳厚度一般在 330 μm。如果没去掉蛋壳内外膜，则是表观厚度，一般在 370 μm。

9. 蛋黄颜色　比较蛋黄色泽的深浅度。用罗氏比色扇取相应值，一般为 7～9。

10. 血斑与肉斑　血斑与肉斑是卵子排卵时由于卵巢小血管破裂的血滴或输卵管上皮脱落物形成。血斑和肉斑与品种有关。

（三）蛋的照检

用照蛋器检视蛋的构造和内部品质。可检视气室大小，蛋壳质地，蛋黄颜色深浅和系带的完整与否等。刚产出 1～2 d 的新鲜鸡蛋，气室直径仅为 3～4 mm。照检时要注意观察蛋壳组织及其致密程度，也要判断系带的完整，蛋黄的阴影由于旋转鸡蛋而变位置，但又能很快回到原来位置；如系带断裂，则蛋黄在蛋壳下面晃动不停。观察蛋内有蛋黄以外的阴影，可能属于血蛋、肉斑蛋或坏蛋。

（四）蛋的剖检

1. 熟蛋的剖检　将煮熟的蛋壳剥去用刀纵向切开，观察蛋白层次、蛋黄深浅及蛋黄心。蛋黄由于鸡体日夜新陈代谢的差异，形成深浅两层，深色层为黄蛋黄，浅色层为白蛋黄。观察蛋的内部构造和研究内容物结束之后，可借助放大镜来统计蛋壳上的气孔数（锐端和钝端分别统计）。统计面积为 1 cm^2 或其 1/4。

2. 生蛋的剖检　直接观察蛋的构造和进一步研究蛋的各部分重量的比例以及蛋黄和蛋白的品质等。

(1)鲜蛋置于培养皿内，静止 10 min，用小剪刀刀尖在蛋壳中央开一个小洞，然后小心地剪出一个直径为 1～1.5 cm 的洞口，胚盘就位于这个洞口下面。受精蛋胚盘的直径为 3～5 mm，并有稍透明的同心边缘结构，形如小盘。未受精蛋的胚珠较小，为一不透明的灰白色小点。

(2)将内容物小心倒在培养皿中，注意不要弄破蛋黄膜，在蛋壳的里面有两层蛋白质膜，可用镊子将它们与蛋壳分开。这两层壳膜在蛋壳的钝端，气室所在处最容易看清楚。紧贴蛋壳膜，也叫外蛋壳膜，包围蛋的内容物叫蛋白膜，也叫内蛋壳膜。

(3)为观察和统计蛋壳上的气孔及其数量，应将蛋壳膜剥下，用滤纸吸干蛋壳，并用乙醚或酒精棉去除油脂。在蛋壳内面滴上高锰酸钾溶液，经 15～20 min，蛋壳表面即显出许多小的蓝点或紫红点。

(4)分别称量蛋重、蛋壳重、蛋白重、蛋黄重，计算各部分蛋重的比例。用蛋白蛋黄分离器或吸管（或铁窗纱）使蛋白和蛋黄分开，将蛋白放在预先称好重的培养皿一起称重。由总重减去培养皿的重量即可分别获得蛋白和蛋黄的重量。

四、实训报告

1. 分别统计蛋形指数、蛋壳颜色、蛋壳厚度和蛋的比重，并求其平均值。
2. 按禽蛋构造的挂图，绘出蛋的纵剖面图并注明各部名称。
3. 计算各部分蛋重的比例，填入表 8-6 中。

表 8-6　蛋重比例

编　号	蛋壳重/g	蛋白重/g	蛋黄重/g	各部分占的比例/%		
				蛋壳	蛋白	蛋黄

技能三　鸡的人工授精技术

一、技能目标

通过技能训练，初步掌握鸡采精和输精技术，为今后养鸡生产中开展人工授精打下基础。

二、教学资源准备

1. 仪器设备　显微镜、高压灭菌锅。

2. 材料与工具　种公鸡和种母鸡各若干只、1 mL 注射器、5～10 mL 集精瓶、100 mL 烧杯、温度计、保温瓶、搪瓷盆、医用纱布。

3. 教学场所　校内外教学基地或实验室。

4. 师资配置　实验时 1 名教师指导 40 名学生。

三、原理与知识

通过刺激公鸡的腰荐部盆神经和腹下交感神经，引起性兴奋，交接器充血射精。通过人工授精，提高种禽受精率，减少母禽损伤，提高存活率，减少公禽饲养量，降低生产成本。

四、实训内容与方法步骤

（一）采精

腹背按摩通常由两人操作，一人保定公鸡，一人按摩与收集精液。

1. 保定公鸡　一人用双手各握住公鸡一只腿，自然分开，拇指扣其翅，使公鸡头部向后，类似自然交配姿势。

2. 按摩与收集精液　操作者右手的中指与无名指间夹着采精杯，杯口朝外。左手掌向下，贴于公鸡背部，从翼根轻轻推至尾羽区，按摩数次，引起公鸡性反射后，左手迅速将尾羽拨向背部，并使拇指与食指分开，跨捏于泄殖腔上缘两侧，与此同时，右手呈虎口状紧贴于泄殖腔下缘腹部两侧，轻轻颤抖按摩，当公鸡露出交配器时，左手拇指与食指做适当挤压，精液即流出，右手便可用采精杯承接精液。

（二）输精

1. 抓鸡翻肛　抓鸡翻肛人员右手紧握种母鸡双腿把种母鸡拉到鸡笼门口处，使种母鸡侧卧，用左手背将种母鸡尾羽向背部上翻，再用拇指按压种母鸡腹部，待输卵管开口由泄殖腔内翻出时，输精人员将装有精液的注射器迅速插入种母鸡生殖道，此时抓鸡翻肛人员应立刻停止按压种母鸡腹部。

2. 输精　输精人员一只手紧握集精瓶，另一只手持注射器迅速吸取 0.05 mL 左右的精液，待注射器插入生殖道 3～5 cm 后，迅速将精液注入并拔出注射器。输精后，注射器应用医用纱布擦拭一次，以防污物污染精液和疫病交叉感染。

(三)人工授精的注意事项

1.人工授精前，种公鸡日粮要适当增加蛋白质，补充多维和微量元素等，同时还要适当增加运动。种公鸡在采精前适当停食限水，种母鸡适当限制饮水。

2.输精过程中，输精管中不可带有气泡或空气柱，更不可带有羽屑、粪便、血液等杂物。

3.从采精到精液使用原则上不得超过 30 min。

4.尽量减少输卵管在外界暴露时间，同时避免精液吸出后等待翻肛人员。

5.抓鸡动作尽量轻柔，尽量降低鸡只应激。

6.吸取精液时，应尽量在精液水平表面吸取，避免将滴管插入精液深部。

7.输精完毕后，翻肛人员必须看精液是否溢出，外流的进行补输，同时忌推鸡只腹部，防止造成腹压，精液外流。

五、实训报告

根据鸡的人工授精试验，写出鸡的采精和输精技术要点。

技能四　精液品质测定与保存技术

一、技能目标

通过技能训练，初步掌握精液品质测定方法及精液保存常规技术。

二、教学资源准备

1.仪器设备　烘干箱、水浴锅、蒸馏水、显微镜、保温箱。

2.材料与工具　种公鸡和种母鸡各若干只、采精杯、贮精管、输精管、毛剪、显微镜、载玻片、保温桶、温度计、棉花、95%酒精、0.5%龙胆紫、0.9%的氯化钠溶液。

3.教学场所　校内外教学基地或实验室。

4.师资配置　实验时 1 名教师指导 40 名学生。

三、实训内容与方法步骤

(一)精液品质测定技术要点

1.感官检查　外观检查正常精液为乳白色，不透明液体。混入血液为粉红色；被粪便污染为黄褐色；尿酸盐混入时，呈粉白色棉絮状块；过量的透明液混入，则见有水渍状。

2.活力检查　在采精后 20～30 min 内进行，取精液及生理盐水各 1 滴，置于载玻片一端，混匀，放上盖玻片，精液不宜过多，以布满载玻片、盖玻片的空隙，而又不溢出为宜。在 37 ℃条件，用 200～400 倍显微镜检查。按下面 3 种活动方式估计评定：直线前进运动，有受精能力，占其中比例多少评为 0.1～0.9 级；圆周运动、摆动两种方式均无受精能力，活力高，密度大的精液，在显微镜下可见精子呈旋涡翻滚状态。

3. 密度检查　在显微镜下根据精子稠密程度可分为以下三类。

(1)密　显微镜下,可见整个视野布满精子,精子间几乎无空隙。鸡每毫升精液有精子40亿个以上。

(2)中　在一个视野中,精子之间距离明显。鸡每毫升精液有20亿~40亿个精子。

(3)稀　精子间有很大空隙。鸡每毫升精液有精子20亿个以下。

4. 畸形率检查　取精液一滴于玻片上,涂片,自然干燥后,用95%酒精固定1~2 min,冲洗,再用0.5%龙胆紫(或红、蓝墨水)染3 min,冲洗,干后即在显微镜下检查,数300~500个精子中有多少个畸形精子。

5. 细菌学检查　无菌条件下,取新鲜或解冻后的细管精液,一支细管精液接注一个灭菌平皿内,并倒入50 ℃的培养基约15 mL,转动平皿使精液、培养基混合均匀,凝固后翻转平皿并置于恒温箱37 ℃培养,48 h后计算每个平皿内菌落数,取两个平皿的平均值。每样品做两个平皿,并设立一个空白对照平皿。

(二)精液的保存技术要点

1. 常温保存　精液经稀释后,按照输精剂量要求分装,或者在烧杯中封口后,保存在18~20 ℃温度下。

2. 低温保存　将稀释后的精液,置于0~5 ℃的低温条件下保存。

3. 冷冻保存　以颗粒法为例。

(1)稀释液配方　配方1:5.7%葡萄糖85 mL、甘油5 mL、印黄15 mL;配方2:乙烯二酸8 mL、牛奶8 mL。上面两种稀释液均按每毫升加入青霉素1 000 U,链霉素1 000 μg。精液采集后,一般按1∶(1~3)稀释。

(2)降温和平衡　用棉花包住精液瓶在2~5 ℃条件下放置2~4 h。

(3)滴冻　在铜纱网上滴冻,滴冻温度为-118~-56 ℃,铜纱网距离液氮面2.5~3.5 cm,滴成颗粒后熏蒸1~2 min。颗粒大小可为0.09~0.11 mL。

(4)解冻　解冻液可用5.7%葡萄糖,解冻温度35~40 ℃,一般用0.5 mL解冻液。

四、实训报告

写出实训报告。

复习思考题

一、选择题

1. 家禽卵子的受精部位是在输卵管的(　　)。

A. 膨大部　B. 漏斗部　C. 峡部　D. 子宫部

2. 蛋壳的形成是在输卵管的(　　)。

A. 膨大部　B. 漏斗部　C. 峡部　D. 子宫部

3. 对鸡的体重进行选择时,最适宜的选择方法应该是(　　)。

A. 个体选择　B. 家系选择　C. 家系内选择　D. 综合选择

4. 对鸡的孵化率进行选择时，最适宜的选择方法是(　　)。

A. 个体选择　　B. 家系选择　　C. 家系内选择　　D. 综合选择

5. 家禽的骨骼在产蛋期的钙代谢中有着重要作用。蛋壳形成过程中所需要的钙有60%～75%由饲料供给，其余的由(　　)供给。

A. 髓质骨　　B. 长骨　　C. 含气骨　　D. 椎骨

二、简答题

1. 能用于雏鸡自别雌雄的性状有哪些？
2. 一般影响鸡产蛋量的生理因素有哪些？
3. 试述人工授精技术的优越性有哪些。
4. 鸡的采精操作注意事项有哪些？

复习思考题参考答案

Module Three

Module Three

模块三

家禽孵化工

Module Three

Module Three

知识目标

1. 了解家禽孵化工的岗位职责和工作目标。

2. 熟悉蛋的形成过程和胚胎的发育过程。

3. 掌握机器孵化的技术、操作与管理。

4. 掌握孵化效果的检查与分析。

5. 掌握影响孵化效果的原因。

6. 掌握初生雏的质量管理技术。

能力目标

1. 能正确挑选与保存种蛋。

2. 能准确操作家禽孵化机,并按照规程孵化鸡苗。

3. 能迅速准确地进行胚胎检查。

4. 能准确判断孵化效果,并分析影响孵化效果的原因。

5. 能准确进行雏鸡分级,正确区分健雏、弱雏。

6. 会对初生雏鸡进行雌雄鉴别。

素质目标

1. 通过家禽孵化技术的操作,培养学生严谨工作态度、规范安全操作素养。

2. 通过初生雏鸡分级和雌雄鉴别技术的训练,培养学生爱护动物、关注动物福利、珍爱生命素养。

3. 通过孵化效果的分析,提高学生分析问题和解决问题的能力。

4. 通过胚胎发育观察,培养学生认真细心的工作习惯。

5. 培养学生爱岗敬业、团队协作和吃苦耐劳精神。

适合工种

家禽孵化工、特禽孵化工。

项目九
家禽孵化工概述

家禽孵化工是禽场非常重要的技术岗位,作为家禽孵化工,必须了解每天工作日程和各项规章制度,掌握种蛋贮存、消毒方法及消毒所适应的条件,孵化机械原理,安全使用常识及操作规程,种蛋胚胎发育过程及孵化周期,快速准确地进行种蛋分级与码盘入孵,牢固掌握胚胎检查技术,能迅速准确地进行胚胎检查,准确进行雏鸡分级,正确区分健、弱雏等技术。准备做家禽孵化这一职业,就要做好充分的思想准备,要有不怕苦、不怕累和不怕脏的精神。必须认真学习相关孵化知识,牢牢掌握相应基本知识,方可上岗,在岗位操作过程中要不断思考学习,并运用相关科技知识。

任务一　家禽孵化工的岗位职责和工作目标

一、家禽孵化工的岗位职责

(1)服从场内领导,遵守各项规章制度,听从管理人员的指挥,配合技术人员的工作。

(2)认真贯彻落实管理程序、工作流程,切实实施孵化技术。

(3)工作认真负责,按照规定的技术要求孵化。

(4)做好各种设备的调试、维护及保养工作。

(5)及时准确填写各项数据和报表。

(6)负责对原材料、半成品及产品的记录、标识、搬运、贮存、交付与检疫工作。

(7)进行雌雄鉴别,并对雏禽孵化质量负责。

(8)协助防疫员对雏禽的免疫接种。

(9)完成各项临时性任务。

二、家禽孵化工的工作目标

(1)确保出雏一次性快速完成。

(2)受精蛋孵化率≥90%;入孵蛋孵化率≥87%。

(3)确保健雏率≥98%。

(4)确保雌雄鉴别准确率达98%以上。

(5)死精率≤2.5%。

家禽的人工孵化技术，是所有种禽饲养企业的关键环节；是高效率生产家禽产品、推广家禽良种繁育的重要途径；是现代养禽业进行工厂化、集约化生产的重要保证。

本部分将从家禽的孵化岗位出发，从家禽的胚胎发育、家禽的孵化条件、种蛋的质量管理、机器孵化技术、传统孵化技术、孵化效果的检查与分析、初生雏的质量管理等几个方面，系统地介绍家禽孵化岗位的相关知识与技能；通过认真的学习和一定时期的实训锻炼，具备并掌握家禽孵化岗位的技术和管理能力，成为既懂技术又会管理的复合型职业技术人才。

项目十
家禽孵化技术

任务一　家禽的胚胎发育

一、家禽的孵化期及影响因素

(一)家禽的孵化期

家禽的孵化期是指家禽胚胎在体外发育所需要的时间。正常的孵化条件下,主要家禽的孵化期见表 10-1。

表 10-1　主要家禽的孵化期　d

家禽种类	孵化期	家禽种类	孵化期
鸡	21	火鸡	28
鸭	28	珠鸡	26
鹅	30～32	鹌鹑	17～18
番鸭	33～35	鸽	18

引自:周新民等,2012。

由于胚胎发育快慢受多种因素的影响,实际孵化期是一个变动的范围,一般是上下浮动 12 h 左右。

(二)影响孵化期的因素

家禽的孵化期受以下因素的影响。

1. 保存时间　种蛋保存时间越长,孵化期越长,出雏时间参差不齐。
2. 孵化温度　孵化温度偏高,则孵化期短;孵化温度偏低,则孵化期延长。
3. 家禽类型　蛋用型的比兼用型的、肉用型的短。
4. 蛋重　大蛋的孵化期比小蛋的长。

孵化期的延长或缩短,对出雏率和雏禽的质量都有不良的影响。

二、蛋形成过程中的胚胎发育

成熟的卵子,在输卵管的伞部受精后就开始发育。受精卵在输卵管内停留 24 h 左右,经过不断分裂,发育成 2 个胚层之后,蛋即产出。当环境温度低于胚胎发育的临界温度(23.9 ℃)时,胚胎发育暂时停止,进入休眠状态。

三、孵化过程中的胚胎发育

种蛋在获得适合的外界条件后，可以重新开始继续发育，并很快形成中胚层，以后禽体的所有组织和器官都由内、中、外三个胚层发育而来；其中，中胚层形成肌肉、骨骼、生殖泌尿系统、血液循环系统、消化系统的外层和结缔组织；外胚层形成羽毛、皮肤、喙、趾、感觉器官和神经系统；内胚层形成呼吸系统上皮、消化系统的黏膜部分和内分泌器官。

(一)胎膜的形成及其功能

胚胎发育过程中，家禽的胚胎发育所依赖的内在环境是胎膜，包括：卵黄囊、羊膜、浆膜(也称绒毛膜)、尿囊。这几种胎膜虽然都不形成禽体的组织或器官，但是它们对胚胎发育过程中的营养物质利用和各种代谢等生理活动的进行是必不可少的。

1. 卵黄囊　从孵化的第 2 天开始形成，到第 9 天几乎覆盖整个蛋黄的表面。卵黄囊由卵黄囊柄与胎儿连接，卵黄囊表面分布很多血管汇成循环系统，通入胚体，供胚胎从卵黄中吸收营养；卵黄囊在孵化初期具有与外界进行气体交换的功能；其内壁还能形成原始的血细胞——造血器官。在出壳前，卵黄囊连同剩余的蛋黄一起被吸收进腹腔，作为初生雏禽暂时的营养来源。

2. 羊膜与浆膜(绒毛膜)　孵化第 2 天开始出现。头部长出一个皱褶，随后向两侧扩展形成侧褶，第 3 天开始羊膜尾褶出现，以后向前生长；第 4 天头、侧、尾褶在胚体的背方会合，形成羊膜。而后翻转向外包围整个蛋内容物称绒毛膜。绒毛膜与尿囊融合形成尿囊绒毛膜。羊膜由平滑肌纤维组成，产生有规律的收缩，促使胚胎运动，防止胚胎和羊膜粘连。羊膜腔内有羊水，胚胎在其中可受到保护。绒毛膜与尿囊膜融合在一起，帮助尿囊膜完成其代谢功能。

3. 尿囊　孵化第 2 天末在脐部形成一个囊状突起，第 10～11 天包围整个蛋的内容物，在蛋的小头合拢，以尿囊柄与肠相连。尿囊在接触壳膜内表面的同时，与绒毛膜结合成尿囊绒毛膜。尿囊上布满血管，其动、静脉与胚胎循环相连接。尿囊位置紧贴在多孔的壳膜下面，起到排出二氧化碳，吸收外界氧气的作用；吸收蛋壳的无机盐供给胚胎；尿囊还是胚胎蛋白质代谢产生废物的贮存场所；是胎儿的营养、排泄器官、呼吸器官。孵化过程中鸡的胚胎和胎膜的发育见图 10-1。

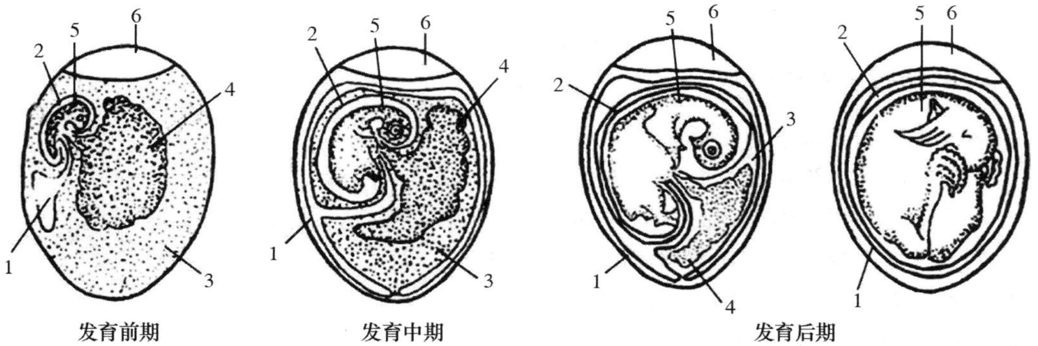

1. 尿囊　2. 羊膜　3. 蛋白　4. 卵黄囊　5. 胚胎　6. 气室

图 10-1　鸡的胚胎和胎膜的发育

(二)胚胎发育过程中的物质代谢

孵化过程中胚胎的物质代谢变化主要取决于胎膜的发育，孵化头 2 d 物质代谢极为简单，孵化 2 d 以后物质代谢逐渐增强。胚胎发育过程中的物质代谢依靠 3 条主要的血液循环路线来完成，即卵黄囊血液循环、尿囊绒毛膜血液循环和胚内循环。

1. 卵黄囊血液循环　它携带血液到达卵黄，吸收养料后回到心脏，再送到胚胎各部。

2. 尿囊绒毛膜血液循环　从心脏携带二氧化碳和含氮废物到达尿囊绒毛膜，排出二氧化碳和含氮废物，然后吸收氧气和养料回到心脏，再分配到胚胎各部。

3. 胚内循环　从心脏携带养料和氧气到达胚胎各部，而后从胚胎各部将二氧化碳和含氮废物带回心脏。

（三）胚胎发育过程

胚胎发育过程相当复杂。以鸡的胚胎发育为例，大致分为四个阶段。第 1～4 天为内部器官发育阶段；第 5～14 天为外部器官发育阶段；第 15～20 天为胚胎生长阶段；第 20～21 天为出壳阶段。孵化期胚胎发育中各胚龄期的主要形态特征见表 10-2。

表 10-2　鸡、鸭、鹅胚胎发育不同胚龄的主要形态特征

胚龄			照蛋特征（俗称）	胚胎发育的主要形态特征
鸡	鸭	鹅		
1	1～1.5	1～2	鱼眼珠	器官原基出现
2	2.5～3	3～3.5	樱桃珠	出现血管，胚胎心脏开始跳动
3	4	4.5～5	蚊虫珠	眼睛色素沉着，出现四肢原基
4	5	5.5～6	小蜘蛛	尿囊明显可见，胚胎头部与胚蛋分离
5	6～6.5	7～7.5	单珠	眼球内黑色素大量沉着，四肢开始发育
6	7～7.5	8～8.5	双珠	胚胎躯干增大，活动力增强
7	8～8.5	9～9.5	沉	出现明显鸟类特征，可区分雌雄性腺
8	9～9.5	10～10.5	浮	四肢成形，出现羽毛原基
9	10.5～11.5	11.5～12.5	发边	羽毛突起明显，软骨开始骨化
10～10.5	13～14	15～16	合拢	尿囊合拢，胚胎体躯生出羽毛
11	15	17		尿囊合拢结束
12	16	18		蛋白由浆羊膜道输入羊膜囊中
13	17～17.5	19～19.5		鸡胚开始吞食蛋白
14	18～18.5	20～21	血管加粗	胚胎生长迅速，骨化作用急剧。此阶段至 16 d 时鸡胚对蛋白的利用由吞食到消化吸收，16 d 时蛋白用完
15	19～19.5	22～22.5	颜色加深	
16	20	23	胚体加大	
17	20.5～21	23.5～24	封门	蛋白全部输入羊膜囊内
18	22～23	25～26	斜口	胚胎转身，喙伸向气室，蛋黄开始进入腹腔
19	24.5～25	27.5～28	闪毛	颈部翅突如气室，蛋黄大部分进入腹腔，尿囊萎缩
20	25.5～27	28.5～30	起嘴	喙进入气室，肺呼吸开始，大批啄壳，少量出雏
21	27.5～28	30.5～31	出壳	出雏结束

引自：周新民等，2012。

知识链接

双黄蛋是如何形成的？其营养价值比单黄蛋更高吗？

我国民俗将“双黄蛋”视为可给人们带来吉利祥和的“祥瑞食品”。日本民俗将“双黄蛋”视为夫妻“百年好合”的象征，用之作为新婚或结婚纪念日的喜庆赠品。“双黄蛋”受青睐是因为它比较难得，在购买的鸡蛋中偶尔发现一个“双黄蛋”比较欣喜。双黄蛋是指一个蛋壳中含有两个卵黄的蛋，它通常比正常蛋要大得多。双黄蛋是由于两个卵泡同时成熟并一起排卵进入输卵管，在输卵管各部依次被蛋白、壳膜和蛋壳等物质包裹而形成的。甚至有时还会多个卵泡同时成熟并一起排卵进入输卵管，而成为多黄蛋。

但从营养而言，一个鸡蛋的营养成分中蛋清占 28%、蛋黄占 72%。蛋清主要含蛋白质。蛋黄主要含卵黄磷蛋白、脂卵黄磷蛋白、磷脂、甘油三酯、胆固醇。鸡蛋的营养价值主要集中在蛋黄中，但是，这也并不一定能说明双黄蛋的营养价值更高，如果是普通鸡在受到外界刺激的条件下产生的双黄蛋，营养是否被分离流失，还很难确定。

任务二　家禽的孵化条件

家禽胚胎发育主要是依靠蛋内的营养物质和合适的外界条件。孵化技术的好坏，直接影响种蛋的孵化率、雏禽成活率及其生长发育和以后的生产性能。孵化技术的关键是掌握好孵化条件，主要包括温度、相对湿度、通风换气、翻蛋和凉蛋。

一、温度

温度是孵化的首要条件，它决定着胚胎的生长和发育。只有在适宜的温度下，胚胎才能正常发育，温度过高和过低，都对胚胎产生不良影响。

(一)胚胎发育的适温范围和孵化最适温度

鸡胚胎发育对环境温度有一定的适应能力，温度 36～40 ℃都能出雏，但孵化的最适宜温度为 37.8 ℃，出雏期间为 37.0～37.5 ℃。高于适宜温度时，胚胎发育加快，孵化期缩短；温度偏低时，则胚胎发育迟缓，孵化期延长。

(二)变温孵化与恒温孵化制度

1.变温孵化法　不同胚龄对温度的需求是不一样的，即“看胎施温”。在自然孵化和我国传统孵化法中，都是变温孵化。

变温孵化的施温方案为：1～6 d，38 ℃；7～12 d，37.8 ℃；13～18.5 d，37.3 ℃；18.5～21 d，37 ℃。分 4 个阶段逐渐降温，故又称降温孵化。变温孵化只能在整批孵化时采用。特别值得注意的问题是：在实施变温孵化的过程中，一定要按每台孵化机的施温方案，准时进行变温，否则造成孵化后期温度偏高，胚胎大量死亡，孵化率非常低，即使孵化出来的雏鸡也质量下降，难以饲养，给孵化厂造成较大的经济损失和负面影响。

2.恒温孵化法　施温方案为：1～18.5 d，37.5～37.8 ℃；18.5～21 d，37～37.2 ℃。孵化

室温度为 22～26 ℃。

二、相对湿度

湿度是孵化的重要条件，它对胚胎发育和破壳出雏有较大的影响。适当的湿度使孵化初期胚胎受热良好，后期有利于破壳出雏。在孵化过程中，特别要防止高温高湿。

(一)湿度的作用

1.湿度的大小影响蛋内水分蒸发的速度，因此，也影响胚胎的正常生长发育；水汽有导热作用，适宜的湿度可使孵化前期胚胎受热均匀，后期散热加强。

2.湿度的大小影响出雏率的高低，孵化后期水蒸气使蛋壳由碳酸钙酸化成碳酸氢钙，蛋壳变脆，有利于雏鸡啄壳出雏，提高出雏率和雏鸡质量。

(二)胚胎发育的湿度范围和最适湿度

鸡胚胎发育对环境相对湿度的适应范围较宽，一般为 40%～70%。不同的孵化期所需的最适湿度为：1～7 d，60%～65%；8～18.5 d，55%～60%；18.5～21 d，出雏机内的相对湿度要求比孵化机内的高，一般为 70%～75%，使雏鸡更容易啄壳、出雏。

三、通风换气

胚胎在整个发育过程中，要吸入氧气，排出二氧化碳。随着胚龄的增加，胚胎的耗氧量和二氧化碳的呼出量也随着增加，特别是到出雏期，气体的交换量更大。通风换气可以保持孵化器内的空气新鲜，以利于胚胎的正常发育。

1.通风换气的目的　通风换气主要是供给胚胎氧气，排出二氧化碳气体。当氧气含量为 21%时，孵化率最高；每减少 1%，孵化率下降 5%。

空气中二氧化碳含量为 0.03%～0.04%，二氧化碳含量超过 0.5%，孵化率下降，超过 1%时，胚胎发育迟缓，孵化率下降幅度大，死亡率高，且畸形比例增加。

2.通风与温度、湿度的关系　通风换气与温度、湿度有密切的关系，通风量过大，则温度和湿度降低，浪费能源；通风不良，则湿度增加，温度高。良好的通风可保证胚胎受热均匀，有助于水分的蒸发和散热。

3.在孵化过程中，随着胚龄的增加，胚胎的新陈代谢加强，产生的热量也逐渐增多，特别到后期，如通风不良，往往会出现“自温超温”现象，易造成“烧蛋”使胚胎死亡；因此，加强通风换气可排出多余的热量，减少不必要的损失。

四、翻蛋

翻蛋也称转蛋，就是改变种蛋的孵化位置和角度。正确的入孵位置为蛋的钝端朝上放置，翻蛋角度以水平位置左右或前后各倾斜 45°为宜。其目的不仅是改变胚胎位置，防止胚胎与壳膜粘连，而且还可以使胚胎各部受热均匀，也有利于胚胎的发育。

不同的孵化位置其孵化率不一样，钝端朝上时，死胎率仅为 5%～7%，横放时为 20%～25%，倒置(锐端向上)时死胎率高达 60%～70%。在出雏期就不再向上放置，最好平放以利于出壳。

翻蛋的次数及停止翻蛋时间：在生产中，常结合记录温度、湿度，每 1～2 h 翻蛋一次。机器孵化一般到第 18.5 天，即停止翻蛋并进行移盘。孵化第 14 天以后停止翻蛋是可行的，因为孵化第 12 天以后，鸡胚自温调节能力已较强，孵化第 14 天以后，胚胎全身已覆盖绒毛，不翻蛋也不至于引起胚胎与壳膜粘连，但实践中很少使用。

五、凉蛋

凉蛋的目的是使孵化设备大幅度换气，而间歇地降温可增强胚胎的活力，增加散热，防止超温。

孵化到第 17 天以后，胚胎的代谢加强，自身产热增加，容易出现超温现象，特别是水禽蛋个大、脂肪含量高，更易超温，这时可以进行凉蛋。方法是从孵化器中把蛋车拉出，2 次/d，15 min/次。控温与通风设备良好的孵化机，在孵化种鸡蛋时，只要不出现超温现象，一般都不进行凉蛋处理。但孵化鸭、鹅的种蛋时，则需要凉蛋处理。

任务三　种蛋的选择、保存、运输和消毒技术

一、种蛋的选择

二维码 10-1　种蛋的挑选与管理(视频)

这项工作应主要在鸡舍内集蛋时完成，以减少摆弄种蛋的次数，但在多数种禽公司，则主要在孵化厅完成。种蛋的选择应遵循以下原则。

1. 来源　种蛋应来源于健康无病的种禽公司，无任何传染病发生，雌雄比例恰当，高产健康的良种禽群。

2. 蛋重与壳色　蛋重与蛋壳颜色应符合本品种的要求。蛋过大或过小都不适合作为种蛋，一般鸡种蛋以 50～65 g 为宜。

3. 保存时间　用于孵化的种蛋越新鲜越好，孵化率高，雏禽健壮，育雏成活率高。一般在标准条件下保存 3～5 d 的种蛋比较新鲜。

4. 蛋形　种蛋的形状以椭圆形，蛋形指数为 1.32～1.37 最好。过长、过圆、扁形、葫芦形、腰鼓、皱纹蛋等畸形蛋都不适宜作种蛋。

5. 脏蛋、破蛋、裂纹蛋不可当作种蛋用。若不挑出，在孵化过程中，变成臭蛋，甚至爆裂，是一大污染源。

6. 窝外蛋不可作种蛋用。

7. 薄壳蛋、钢壳蛋(蛋壳过厚)、沙壳蛋不可留作种蛋用。

二、种蛋的消毒

种蛋在保存前和孵化前应各进行一次消毒。种蛋消毒有两种流行方法：一是福尔马林熏蒸消毒法，二是消毒药喷洒消毒法。

1. 福尔马林熏蒸消毒法　用福尔马林熏蒸种蛋，效果较好。贮存在低温条件下的种蛋，熏蒸前要先预温，凉蛋直接熏蒸，甲醛气体与冷凝水结合，渗入蛋内，造成胚胎死亡。

一般按每立方米空间用高锰酸钾 15 g，加福尔马林溶液 30 mL，熏蒸 20～30 min。容器应该用瓦质的，而且容量较大，以免激烈反应溅出外面。先加少量温水，再加高锰酸钾，最后加福尔马林，也可单独用福尔马林加适量水后直接加热熏蒸。熏蒸温度要求在 20 ℃以上，熏蒸湿度在 60％～80％，熏蒸后通风 40 min 以上。

2. 过氧乙酸熏蒸消毒法　每立方米用含 16％的过氧乙酸溶液 40～60 mL，加高锰酸钾 4～6 g，熏蒸 15 min。稀释液现用现配，过氧乙酸应在低温下保存。

3. 喷洒消毒法　喷洒消毒不适合脏蛋消毒。因为蛋表面脏物与消毒剂起反应，降低消毒效果；喷洒后，蛋温下降，蛋内形成较强负压，鞭毛类杆菌“穿透”加强，造成蛋内容物污染。

最好在集蛋后尽快实施喷洒消毒。喷洒时，消毒药应覆盖种蛋表面。消毒药中，不应含有福尔马林，季铵浓度不宜过高；建议配方是：1％过氧化氢、0.05％过氧乙酸和 175 mg/L 的季铵。

4. 新洁尔灭消毒法　将种蛋放在 40～45 ℃，0.1％浓度的新洁尔灭水溶液中浸泡 3 min，或直接喷洒。

5. 有效氯消毒法　将种蛋浸在含有活性氯 1.5％的漂白粉溶液中，3 min 后取出晾干即可。

6. 紫外线消毒法　在离地约 1 m 高处安装 40 W 紫外线灯管，距离种蛋 40 cm，照射 1 min，再从背面照射一次，即可达到消毒目的。

7. 碘液消毒法　将种蛋置于 0.1％的碘溶液（10 g 碘片或 10 g 碘化钾，加入 10 kg 水中）内浸泡 0.5～1 min。

三、种蛋的保存

受精的种蛋，在输卵管内形成的过程中就开始发育了。蛋形成后产出，由于外界温度的下降，发育停止，进入休眠状态；当再获得适宜的外界条件时，胚胎又继续发育。因此，种蛋从母体产出至入孵这段时间内，必须注意保存的环境条件，即给予适宜的温度、相对湿度、新鲜空气、时间等保存条件。否则，由于保存不当，造成孵化率下降和雏禽体质虚弱等不良后果。

1. 种蛋库的要求　为了保持种蛋质量，要求种蛋库保温、隔热、防潮性能良好，清洁卫生，无灰尘，无苍蝇、老鼠等危害。有条件的安装空调设备，自动控温、控湿和通风。

2. 温度要求　鸡胚发育的临界温度是 23.9 ℃（生理零度），超过此温度，鸡胚就会开始发育，但如果达不到孵化的适宜温度，则因不能满足代谢需要而较快死亡。保存温度也不能过低，若低于 10 ℃，孵化率就会下降；低于 0 ℃就会因受冻而失去孵化能力。种蛋保存的最适宜温度为 10～18 ℃。保存 1 周以内 15 ℃左右为宜，2 周 12 ℃为宜。

3. 湿度要求　蛋库的相对湿度保持在 70％～80％为宜。过低会使蛋内失水增大，而影响种蛋质量。

4. 存放位置　一般种蛋钝端朝上放置。种蛋保存时间在 1 周内的不用翻蛋，超过 1 周，应每天翻蛋 1～2 次，以防胚胎与蛋壳发生粘连。

5. 时间要求　在良好的保存条件下，保存 2 周以内，孵化率下降很少，保存 2 周以上孵化率会明显下降，且弱雏率增加，所以种蛋的保存时间最好不要超过 2 周。如没有能控温的蛋库，保存时间在夏季不宜超过 3 d，春秋季不宜超过 5 d，冬季不宜超过 7 d。

6. 蛋库管理　制定每日管理规程，每 3～5 h 记录一次蛋库的温度、湿度数值，了解温度、湿度的变化情况，检查蛋库的保温性能，及时检查空调、加湿器和通风系统的运转状况。若温度、湿度偏离正常设定值，则应及时调整空调和加湿器的设定值。每日打扫2次蛋库，早晚各1次，保持蛋库整洁，并用消毒药消毒地面。蛋车或蛋盘距离墙不少于2 m，蛋车或蛋盘之间应保持1 m的距离，使空气循环通畅。应在种蛋或蛋车上做入库时间的标记，防止某车或某批种蛋长期压库，造成不必要的损失。

四、种蛋的包装和运输

种蛋运输，要求尽量减少运输途中的颠簸，避免种蛋破损、系带断裂、卵黄膜松弛、气室破裂等使孵化率下降，因此，包装和运输非常重要。

（一）种蛋的包装

种蛋包装最好用特制的纸质种蛋周转箱和蛋托，每箱可放5层10个蛋托（也有的放6层12个蛋托），每个蛋托放30枚种蛋，每箱300枚（12个蛋托的放360枚），最上层应反盖一个蛋托来保护种蛋；纸质种蛋周转箱的优点是保护效果好，不磕蛋；缺点是怕水，一经污染不能清洗，使用周期短；一般长途运输种蛋时，使用纸质种蛋周转箱。也有塑料材料制作的种蛋箱，每箱只能放5层10个蛋托300枚种蛋。优点是可以随时进行清洗消毒，使用周期较长；缺点是易磕蛋，尤其是在码箱过程中，稍有不慎就将下面的种蛋压破；一般公司内部周转或是近距离运输时，使用塑料材质的种蛋箱。包装种蛋时，要求钝端向上放置，纸质种蛋周转箱外面要注明“种蛋”“防震”“易碎”“勿倒置”“防雨淋”等字样或标记。

（二）种蛋的运输

运输种蛋的车每次都要清洗消毒，减少污染，保持清洁卫生和通风。运输时要求匀速平稳、防震、防日晒雨淋、冬季防冻，轻拿轻放，尤其要提醒司机避免紧急制动。减少由运输原因造成的死胎或破损，降低孵化率。种蛋到达目的地后，应进行预热、码盘，剔除破蛋，并进行消毒，准备入孵。另外，长途运输要到当地动物检疫部门开具产品检疫合格证和交通工具检疫合格证。

任务四　机器孵化技术

一、孵化设备

机械孵化是比较先进的大型人工孵化方法。大型孵化器是采用自动控温系统、控湿系统、翻蛋系统、通风换气系统等控制孵化条件，具有操作简便、孵化量大、劳动强度小、劳动效率高、孵化效果好的特点。机械孵化不受季节影响，但是一次性投资较大，需要有稳定充足的电源保证和较高的管理技术。

（一）孵化机的分类

孵化机分为平面孵化机和立体孵化机两大类。平面孵化机孵化量小，一般用于珍禽种蛋的孵化或是教学科研使用。立体孵化机属于大型孵化设备，根据箱体的结构又分为箱体式孵化机和巷道式孵化机两大类。

1.箱体式孵化机　目前都采用电脑自动控制系统,蛋架车式孵化箱。消毒后的蛋架车、盘可以直接推到蛋库进行装蛋,消毒后保存或是推入孵化机,减少人工的劳动量,提高生产率。箱体式孵化机按容量分为16800型、19200型等多种机型。一般情况下,3～6台孵化机与1台出雏机组合使用。

2.巷道式孵化机　巷道式孵化机是由多台箱式孵化机组合连体拼装,配备电脑自动控制系统、空气搅拌和导热系统,容量在9万枚以上。使用时将种蛋车按一定轨道逐一推入巷道内,18.5 d推出,进行照蛋、落盘(移盘),转入出雏机。一般巷道式孵化机都是分批入孵,充分利用胚蛋的代谢热,所以较箱体式孵化机节省电能。巷道式孵化机有自己配套使用的出雏机,孵化机与出雏机的蛋位比为6∶1。

(二)孵化机的构造

1.箱体　孵化机的箱体由框架、内外板和中间夹层组成,厚5 cm。要求密封、保温性能好,防潮能力强,坚固美观,便于清洗和消毒,方便组装和运输。

2.蛋架车和出雏车　现代孵化设备厂生产的大多是跷板式蛋架车,由多层跷板式蛋盘托组成,以蛋盘托中心为支点,可以左右或前后倾斜45°进行翻蛋。出雏车一般为层叠式平底车,方便出雏、清洗和消毒。巷道式孵化机的蛋架车是采用气压式进行翻蛋。

3.种蛋盘和出雏盘　多采用塑料制品。种蛋盘与出雏盘配套使用,提高落盘的劳动效率,减少落盘的应激,提高孵化率。

4.控温系统　由电热管(或红外线棒)、控温电路和温度调节器组成。电热管(或红外线棒)应安装在风扇的两侧或下方。一般设有两组或三组预热电源,两组或三组加热元件(主加热和副加热元件),在刚开机温度低时,启动预热电源,待孵化机温度达到预调温度后,自动关闭预热电源。

5.控湿系统　现代孵化机均采用叶片式供湿轮或是卧式圆盘片滚筒自动供湿装置,安装在均温风机下部,由贮水槽、供湿轮、驱动电机、加热管和感湿元器件等组成。

6.报警系统　是监督控温、控湿系统和电机正常工作的安全保护装置。分超温报警和降温冷却系统,低温、高湿和低湿报警系统,电机缺相、过载及停转报警系统。

7.翻蛋系统　现代孵化采用自动翻蛋系统,由微型电机、减速箱、定时自动翻蛋仪等组成。

8.均温装置　孵化机里的温度是否均匀,除备有均温风扇外,还与电热管和进出气孔的布局、孵化机门的密封性能有很大关系。

9.通风换气系统　孵化机的通风换气系统,是由进气孔、出气孔和均温电机、风扇等组成。通风换气的作用除了提供新鲜的空气外,还起到均温的作用,使种蛋受热均匀,保证正常的胚胎发育。同时还要保证孵化室的通风换气良好。

10.设置与显示系统　在控制箱门上,可通过显示器,将设置的温度、湿度存入控制系统,孵化机运行过程中,可以显示机内实际温、湿度的变化。显示器还可以反映翻蛋控制、风门控制、报警显示、自动控制反应、蛋架位置、照明系统和安全装置等信息。另外,出雏机同样具有孵化机内部的各种装置,只是没有翻蛋系统,配有出雏车和出雏盘。

(三)孵化机的安装与调试

孵化机一般是由设备生产厂家派专业人员负责安装和调试。开机调试前,先检查各个部位螺丝是否拧紧,整机是否平稳,密封是否严密,电源接线是否正确可靠,没有异常方可试机。开机后要先检查电机运转方向是否正确,风扇皮带松紧是否合适;要认真检查、校对各个部件的性能和温度、湿度自动控制情况,要特别注意温度、湿度的校对和报警装置的灵敏程度。无异常后,试机运转 1～2 d,一切正常经消毒后,方可以入孵种蛋。最好安排孵化技术人员与厂家专业人员一起进行安装和调试,掌握孵化机的基本情况和调试方法。

(四)孵化机的保养与检修

孵化机的机械化和自动化程度较高,使用者一定要定期保养、检修,确保其正常运转及延长使用年限,从而达到提高孵化率和降低生产成本的目的。

1. 每周维护　检查加湿水位、进水阀、机门的封闭情况,风机、风门的运转情况,擦拭机箱和控制柜外部,出雏机每批都要清洗加湿水槽系统,清理机器顶部的绒毛。

2. 每月维护　检查风扇、加湿、翻蛋皮带是否完好,检查加热功能、报警功能、翻蛋系统是否正常。彻底清洗并消毒孵化设备。

3. 每季度维护　要清洁探头,校准温度、湿度,机械轴承、润滑系统要清洁后再加油,全面检查各系统的功能。

4. 长时间停机的保养　机器若是长时间不使用,要将加湿水槽中的水放净,并烘干机器,各运转部位要擦净后用黄油保护好,以防生锈。每 20 d 要开机升温烘干运转一次。

二、孵化机的操作与管理

(一)温度、湿度的调节

孵化前,要依据孵化的具体情况,选择变温孵化法或恒温孵化法进行孵化。

1. 温度　孵化机经过试机、设置温度、校正温度、预热运转正常后才能入孵。入孵前先预热种蛋,减少孵化器内温度下降的幅度,除去蛋表凝水,以便入孵后能立刻消毒种蛋。方法是将种蛋在 22 ℃以上的环境下放置 4～8 h 即可。预热后码盘入孵,入孵时间在下午 16:00—17:00 时,可望在白天大量出雏。

高温的处理　一般是在停电时,均温风扇停止转动,热量上升,造成孵化箱内顶部温度升高;再就是虽然停电,加热管还在散发热量,加热管周围温度升高;此时要将孵化箱门打开并把种蛋车拉出进行散热,否则造成局部温度偏高,胚胎发育加快,使孵化率和雏鸡质量下降。一旦发生停电,应当马上启动发电机供电。

2. 湿度　预先设置孵化湿度,并经常观察孵化器内的相对湿度,及时检查湿度控制系统是否正常,进水管道、贮水槽是否漏水,进水阀门是否畅通;注重相对湿度的调节,可通过调整湿度设置值、水的蒸发面积和蒸发速度来实现。孵化厂还要依据所使用的水质情况,进行科学的处理,如使用沉淀、过滤、消毒等措施来改变水质状态,确保孵化的正常进行。

3. 发电机组的使用　孵化厂必须配备发电机组,并保证随时可以正常运转,在停电时及时供电。发电机的电压是由柴油机的油门控制的,刚开始送电时,由于所有孵化机的电机和加热管都开始运转工作，耗电量大，要观察电压表来调整油门；当孵化机正常运转后，部分加热管停止供热，耗电减少，更要注意观察电压表，及时减小油门，防止电压过高烧毁电机和其他电器设备。

(二)照蛋

1. 照蛋的作用

照蛋是在禽蛋孵化到一定时间后，用照蛋器在黑暗条件下对胚蛋进行透视，检查禽胚胎发育情况，剔除无精蛋、死胚蛋和破损蛋的过程。它是检查胚胎发育状况和调节孵化条件的重要依据。

二维码 10-2　照蛋技术
（视频）

2. 照蛋时间

孵化过程中应照蛋 3 次，具体时间可见表 10-3，孵化正常情况下，一般孵化场每批胚蛋照 2 次（即省去表中的抽验），在大型孵化场，为节省工时，减轻劳动强度和避免照蛋对胚胎产生的应激反应，通常只照 1 次（省去表中的头照和抽验），即只在移盘前进行二照。

表 10-3　不同家禽三次照蛋时间　　日龄

家禽种类	头照	抽验	二照
鸡	5～7	10～11	18～19
鸭	6～7	13～14	25
鹅	7～8	15～16	27～28

3. 照蛋方法

当前普遍使用孵化机进行孵化，种蛋数量多，采用照蛋器进行照蛋速度快，省工省力。把要照蛋的蛋盘从孵化机内取出，放在桌子上，直接在蛋盘上照，光源从种蛋的钝部由上向下照。“头照”是剔除无精蛋和死胚蛋，以便充分利用孵化空间，尤其是观察胚胎发育情况。抽验仅抽查孵化机中不同点的胚蛋发育情况，把死胚蛋剔除，防止腐臭变质污染活胚蛋和孵化机。二照在移盘时进行，剔除死胚蛋，防止它们混在活胚蛋中间吸收热量，影响活胚蛋温度的均匀度而影响出雏率。一般头照和抽验结果作为调整孵化条件的参考；二照结果作为掌握移盘时间和控制出雏环境的参考。

4. 发育正常的胚蛋和各种异常胚蛋的识别

(1)发育正常的活胚胎　头照可明显看到黑色眼点，血管呈放射状，扩散面占蛋体 4/5，蛋色为暗色（图 10-2A）；抽验时，尿囊绒毛膜“合拢”，整个胚蛋除气室外全部布满血管；二照时，可见蛋内全为黑色，蛋的小头部不透光（已“封门”），气室口变斜，气室边界弯曲明显，气室内有颈、喙的阴影，形似小山丘，有时可见胚胎颤动（俗称“闪毛”）。

(2)弱胚蛋　头照胚体小，黑色眼点不明显，有的看不到黑眼点，血管淡而纤细，扩散面不足蛋体的 4/5（图 10-2B）；抽验时，胚蛋小头淡白（尿囊绒毛膜未合拢）；二照时，气室较正常胚蛋的小，且边缘不整齐，可见红色血管，看不见胎动，有的小头有少部分透亮。

(3)死胚蛋　俗称“血蛋”。头照只见蛋内有不规则的血线、血点或紧贴内壳的血环。有时可见到死胚小黑点贴壳静止不动(图 10-2C);抽验时,气室较模糊,胚胎呈黑团状,看到很小的胚胎与蛋分离,固定在蛋的一侧,胚胎不动;二照时,气室口未变斜,气室边界颜色较淡,无血管分布,大头紧贴气室有一条宽约 1 cm 的红带子,黑阴影浑浊不清,摸之感觉发凉。

(4)无精蛋　照蛋时,蛋内发亮,只看到淡黄色的影子,为无精蛋(图 10-2D)。

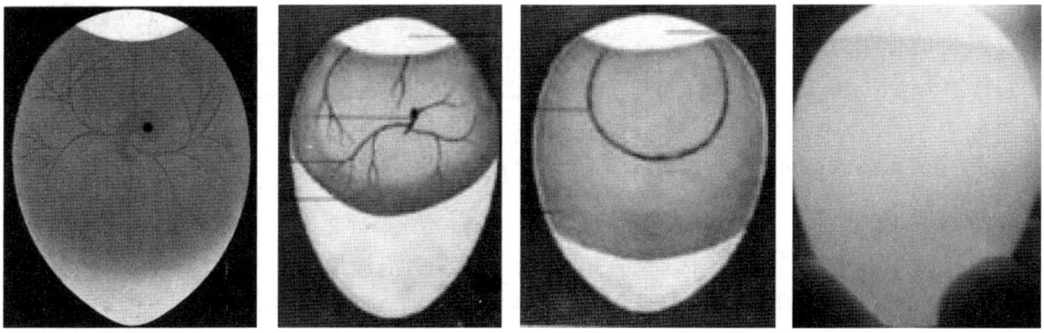

A.正常胚蛋　　B.弱胚蛋　　C.死胚蛋　　D.无精蛋

图 10-2　鸡胚头照时各类型胚蛋

5. 照蛋时的注意事项

照蛋要稳、准、快,尽量缩短时间,有条件时可提高室温。照完一盘,用外侧蛋填满空隙,这样不易漏照。照蛋时发现胚蛋小头朝上应倒过来。放盘时,有意识地对角倒盘(即左上角与右下角孵化盘对调,右上角与左下角孵化盘对调)。照蛋完毕后再全部检查一遍,以免转蛋时滑出。最后统计无精蛋、死胚蛋及破蛋数,登记入表,计算受精率。

(三)移盘(也叫"落盘")

鸡胚孵至第 19 天(鸭第 25 天,鹅第 28 天),经过最后一次照蛋后,将胚蛋从孵化机的孵化盘移到出雏器的出雏盘的过程,称落盘或移盘。具体掌握在约有 10%鸡胚"打嘴"时进行移盘为宜。移盘时,如有条件应提高室温。动作要轻、稳、快,尽量减少破蛋,移盘后停止翻蛋,增大湿度,适当加大通风量。出雏期间,用纸遮住观察窗,使出雏器内保持黑暗,这样出壳的雏鸡安静,不致因骚动踩破未出壳的胚蛋,而影响出雏效果。

(四)捡雏

鸡胚孵化满 20 d,鸭胚满 27 d,鹅胚满 30 d 就开始出雏了。应及时拿出绒毛已干的雏禽和空蛋壳,在出雏高峰期,应每 4 h 左右捡雏 1 次。捡出雏禽的同时,捡出蛋壳,以防蛋壳套在其他胚蛋上闷死雏禽。取出的雏禽置于 25～28℃室温内存放。捡雏时动作要轻、快,尽量避免碰破胚蛋。前后开门的出雏器,不要同时打开,以免温度大幅度下降而推迟出雏。出雏期间机门尽量少开,以防降温和减少应激。大部分出雏后,将已"打嘴"的胚蛋并盘集中,放在上层,以促进弱胚出雏。

任务五　孵化效果的检查和分析

在孵化过程中，应定时检查种蛋的受精情况和胚胎发育情况，并对不正常的情况进行分析，查明原因，及时采取相应的措施，提高种蛋孵化率。

一、衡量孵化效果的指标

1. 入孵种蛋合格率　入孵种蛋合格率应大于98%。若合格率低，则破壳蛋增加。原因一是饲养人员捡蛋不及时、捡蛋次数少，要督促饲养人员按规程及时捡蛋；二是种鸡舍内产蛋箱数量不够或是蛋箱内缺少垫料，一般是每4只种鸡配一个产蛋箱，并经常检查窝内垫料情况，及时补充，减少破壳蛋的产生。

入孵种蛋合格率=(入孵种蛋数/接到种蛋数)×100%

2. 受精率　种蛋的受精率，一般要求在90%以上，受精蛋包括活胚蛋和死胚蛋。受精率的高低直接影响孵化成绩和经济效益。受精率低的原因：一是公母比例不当；二是公鸡质量问题，过肥或过瘦失去配种能力；三是人工授精操作不当。要定期检查公鸡数量和质量，淘汰劣质公鸡，尤其在50周龄以后，可以补充青年公鸡来提高受精率；对输精人员进行技术培训，提高基本操作能力。

受精率=(受精蛋数/入孵蛋数)×100%

3. 早期死胚率　早期死胚是指入孵后头5～6 d内的死胚，正常情况下，早期死胚率为1%～2.5%。

早期死胚率=(1～6 d胚龄死胚数/受精蛋数)×100%

4. 受精蛋孵化率　受精蛋孵化率应在90%以上，高水平应达93%以上，此项是衡量孵化效果的主要指标。

受精蛋孵化率=(出雏总数/受精蛋总数)×100%

5. 入孵蛋孵化率　该项反映出种禽场的综合水平，入孵蛋孵化率应达到80%以上。

入孵蛋孵化率=(出雏总数/入孵蛋总数)×100%

6. 健雏率　健雏是指精神状态良好、脐部愈合良好，无畸形、体格发育良好，叫声清脆的健康雏禽。健雏率应达97%以上。

健雏率=(健雏数/出雏总数)×100%

7. 毛蛋率　毛蛋是指出雏时的死胚蛋。正常情况下，毛蛋率应在5%～7%的范围内。

毛蛋率=(出雏死胚数/受精种蛋数)×100%

8. 破损率　破损蛋所包括的是孵化过程中意外损坏的、变臭的和无法统计的种蛋。

破损率=(破损蛋数/入孵种蛋数)×100%

二、孵化效果检查

1.照蛋检查　正常情况下,每批蛋入孵后要求进行两次照蛋。每次照蛋时根据照检时特征,判断胚胎发育是否正常。同时根据死胚蛋的多少推测种蛋品质的好坏和孵化条件是否适宜。

一照时,一般在5~6 d进行,若死精率高,则说明种蛋是陈蛋或受震严重;多数发育良好,但有充血、溢血等异常现象,说明孵化初期温度偏高;胚胎发育缓慢,可推测温度偏低;血环蛋和无精蛋多,说明种禽维生素A缺乏所致。

二照时,若死亡率高可推测种禽营养不良或蛋白中毒所致;如果胚胎畸形多说明超温,羊水中有血液或内脏充血、淤血则可估计为通风换气不良。

相当多的孵化厂一般只进行一次照蛋,箱体式孵化在5~6 d进行,而巷道式孵化只能在第18.5天落盘时进行。

2.蛋重和气室变化　孵化期间,由于蛋内水分的蒸发,蛋重逐渐减轻。在开始孵化至移盘时,蛋重减轻约为原蛋重的10.5%,平均每天减重为0.55%。如果蛋的减重超过此标准,则照检时气室很大,可能是湿度过低。如果蛋的减重低于标准过多,则气室小,可能是湿度大,蛋的品质不良。

3.初生雏的观察　雏禽孵出后,观察雏禽的活力,体重的大小,蛋黄吸收情况,被覆绒毛状况。健康雏禽:体格健壮,精神活泼,体重合适,蛋黄吸收良好,腹部平坦,脐部愈合良好,绒毛整洁而有光泽、站立稳健有力,叫声洪亮。弱雏常常蛋黄未完全吸收、脐带愈合不良或腹大拖地站立不稳,残雏和畸形骨骼弯曲、脚和头麻痹、脐部开口并流血、绒毛稀短焦黄。

正常情况下,出雏有明显的高峰时间,持续时间较短。若孵化异常时,出雏无明显的高峰时间,持续时间较长,孵化期超出1 d尚有部分胚蛋未破壳。

4.死胚的外表观察及剖检　出雏时随机抽测5%左右的毛蛋,检查其胎位、绒毛、体表出血或淤血、水肿等;解剖胚体,检查其内脏器官是否异常;并分析原因。

三、孵化效果分析

(一)胎死亡原因的分析

1.整个孵化期胚胎死亡的分布规律　由于种种原因,受精蛋的孵化率不可能达到100%。胚胎死亡在孵化期不是平均分布的,而是存在着两个死亡高峰。鸡胚死亡第一高峰出现在孵化前期,即孵化的第3~5天,第二高峰期出现在孵化后期,即孵化的第18~21天。一般来说,第一高峰的死胚率约占全部死胚的15%,第二高峰约占50%,两个高峰期死胚率共占全期死胚的65%。但是对高孵化率鸡群来讲,鸡胚多死于第二高峰,而低孵化鸡群,第一、二高峰期的死亡率大致相似。一般鸡胚死亡的分布规律见表10-4。

表 10-4　一般鸡胚死亡的分布规律　　%

孵化率水平	孵化各阶段中死胚数占受精蛋数的百分率		
	1～5 d	6～17 d	18～21 d
95 左右	1～2.5	<1	2～2.5
90 左右	2～3	2～3	4～6
85 左右	3～4	3～4	7～8

引自:史延平等,2009。

根据一般鸡胚死亡的分布规律表,可对照检查每一批的具体孵化结果。

2. 出现死亡高峰的一般原因　孵化第 1～5 天出现死亡高峰的原因是此时正是胚胎各器官的分化、形成的关键时期,如心脏开始搏动,血液循环的建立及各胎膜的形成,均处初级阶段,不够健全,胚胎的生命力非常脆弱,对外界环境的变化很敏感,稍有不适,如温度过高或过低,胚胎和胎膜的发育受阻,以致夭折。孵化第 18～20 天出现的死亡高峰的原因是尿囊萎退,尿囊血管的呼吸功能消失,鸡胚由尿囊呼吸转变为肺呼吸,胚胎生理变化剧烈,需氧量剧增,加上胚胎的自温猛增,如果通风换气及散热不好,就会造成一部分体质较弱的胚胎不能顺利破壳出雏。

胚胎死亡是由外部因素与内部因素共同影响的结果,内部因素对孵化第 1～5 天出现死亡影响较大;外部因素对孵化第 18～21 天出现死亡影响大。影响胚胎发育的内部因素主要是种蛋的品质,它们是由饲养管理水平与遗传因素所决定;影响胚胎发育的外部因素,包括入孵前(种蛋保存环境)和孵化中的环境(孵化条件)等。

胚胎死亡可能会同时由几个原因引起,因此,要根据生产实际,进行综合分析,找出降低孵化率的实际原因,以便引起今后注意。

(二)种禽营养与孵化效果的关系

种禽缺乏营养,其所产的种蛋用于孵化则会影响孵化效果。

1. 缺维生素 A　孵化初期死胚率高,后期发育迟缓,肾有尿酸盐沉淀物,无力破壳,出壳时间延长。

2. 缺维生素 D_3　尿囊发育迟缓,死亡高峰出现在中期,皮肤水肿,肾肥大,出壳拖延,初生雏软弱。

3. 缺维生素 B_2　胚胎死亡多在前期或中期,蛋重损失少,禽绒毛卷缩,颈、脚麻痹的雏禽增多。

4. 缺维生素 B_{12}　胚胎死亡高峰出现在中期,大量胚胎头部位于两腿间,水肿、喙短、趾弯、肌肉发育不良。

5. 缺维生素 E　胚胎死亡前 3 d,全身水肿,单眼或双眼突出。

6. 缺钙　蛋壳薄而脆,蛋白稀薄,腿短粗,翼与腿弯曲,额部突出,颈部水肿。

(三)孵化中异常现象的产生与原因

1. 臭蛋　产生的原因是脏蛋,破壳或裂纹蛋,被细菌污染,蛋未消毒或消毒不当,种蛋保存时间太长,孵化机内污染等。

2.胚胎死于2周内　种禽营养不良，患病，孵化机内温度过高或过低，停电，翻蛋不正常，通风不良。

3.气室过小　孵化过程中相对湿度过高或温度过低。

4.气室过大　孵化过程中相对湿度过低或温度过高。

5.雏禽提前出壳　蛋重小，全程温度偏高。

6.雏禽延迟出壳　蛋重大，全程温度偏低，室温多变，种蛋保存时长，温度计不准确。

7.死胚充分发育，但喙未进入气室　种禽营养不平衡，前期温度过高，最后几天相对湿度过高。

8.死胚充分发育，且喙在气室内　种禽营养不平衡，出雏机通风不良，最后几天温度太高或湿度偏大。

9.雏禽啄壳后死亡　种禽营养不良，并存在致死基因，种禽患病，胎位不正，后期通风不良，温度过高或湿度偏大或过低。

（四）影响孵化效果的其他因素

除了孵化条件和上述原因直接影响孵化效果外，尚有许多因素与孵化效果有关，在生产中应逐个检查分析。

1.种禽年龄　母禽刚开产时所产种蛋的孵化率低，孵出的雏禽也弱小；母禽在30～55周龄这个阶段所产种蛋的孵化率最高，而后随日龄的增长逐渐下降。

2.母禽产蛋率　产蛋率与孵化率呈正相关，禽群产蛋率高时，种蛋孵化率也高，影响产蛋率的原因也影响种蛋孵化率。

3.种禽健康状况　种禽感染疾病影响种蛋孵化率。某些疾病还可由种蛋传染给后代。

4.种禽的管理　种禽舍的温度、通风、垫料的清洁程度都与种蛋孵化率有关。通风是减少禽舍内微生物的有效措施。若蛋被污染，从而影响种蛋孵化率。

5.外界气温　夏季高温时种禽活力低，种蛋保存条件差，种禽采食量下降，蛋白稀薄，孵化率降低。

6.蛋的形态结构　蛋重、蛋形、蛋壳结构等均与孵化率有关。种重过大，孵化前期的感温和孵化后期的胚胎散热不良，孵化率低。蛋壳薄时不仅易碎，蛋内水分蒸发也过快，破坏正常的物质代谢，孵化率也低。

7.胎位不正　在孵化后期，胚胎在蛋内的正常位置是头部朝向蛋的钝端，头在右翅下，两脚屈曲，紧贴腹部，胎位不正的表现如下。

(1)头向蛋的钝端，但头在左翅下或两脚之间，或脚超过头部。

(2)头在蛋的小端，头在左翅下或两脚之间，或头不在翅下。

胎位不正的胚胎有的可以孵出，有的则死于壳内。正常情况下，胎位不正的数量占1%～3%，在进行孵化效果检查分析时，应注意剖检死胎蛋，确定胎位不正的比率及查找发生的原因。

(3)胚胎畸形，如歪嘴、曲颈、跛脚等的畸形胚胎易死亡或出壳困难，均影响孵化效果。应剖检统计，从母禽的营养、孵化条件、种蛋消毒等方面进行检查分析。

任务六　初生雏的分级和运输技术

一、初生雏的分级

初生雏鸡的品质好坏对其以后的生长发育、前期死亡、增重以及免疫接种效果都有重大影响。根据初生雏鸡的精神状态、体重大小、腹部、脐带部的愈合程度、绒毛、下肢、畸形、活力等指标分级为健雏和弱雏(表10-5)。只有健雏才能保证育雏的成活率。弱雏在育雏时要求更加注意保温和精心的饲养管理,而且弱雏多在育雏前期死亡,或生长发育迟缓,生活力差。所以,应及时淘汰弱雏、残次雏,以节省劳力和饲料。

二维码10-3　初生雏鸡的处理(视频)

表10-5　初生雏鸡分级标准

项　目	健　雏	弱　雏	残次雏
精神状态	活泼好动,眼亮有神	眼睛半闭,呆立嗜睡	不睁眼或单眼、瞎眼
体重	大小适中、均匀	过大或过小	过小干瘪
腹部	大小适中、平坦柔软	过大或过小,肛门污秽	过大或软或硬
脐部	收缩良好	收缩不良,大肚脐潮湿等	蛋黄吸收不完全、血脐部
绒毛	长短适中,毛色光亮,符合品种标准	长或短、色深或浅,粘污	火烧毛、卷毛、无毛
下肢	两肢健壮,行动稳健	站立不稳、喜卧、行走蹒跚	弯趾跛腿、站不起来
畸形	无	无	有
脱水	无	有	严重
活力	挣脱有力	软绵无力似棉花团	无

另外,孵化率高的、在正常出壳时间出雏的雏鸡比孵化率低的、过早或过迟出壳的质量要好。此外,蛋用型雏鸡和种用雏鸡应在孵化场里进行马立克氏疫苗防疫注射后再出售,肉用型商品鸡苗则可不做马立克氏疫苗接种。

二、初生雏的运输

1.装雏箱　最好采用专用的运雏纸箱,长50～60 cm,宽40～50 cm,高18 cm,周围有通气孔,箱内分4个小格,每小格放25只雏鸡,每箱100只。效果好,但不能重复使用,每只雏鸡要增加3～4分钱的成本。专用塑料雏鸡周转箱,经冲洗消毒后,可以重复使用,降低成本。

2.交通工具　汽车、火车、飞机、船均可用于运雏,1 d内能够到达的最好采用汽车,以便直接运至育雏场门口。运雏工具要有遮阳防雨措施,并解决好保温与通风的关系。运雏箱不能堆放得太挤,高度不能过高,每隔1 h检查一次雏鸡的动态。如见雏鸡张嘴抬头、绒毛潮湿,说明温度太高;如见雏鸡挤堆、尖叫,说明温度偏低。

雏鸡运输，要严格按照动物卫生监督机构的要求进行免疫和消毒，并开具产品检疫合格证和交通工具检疫合格证。

任务七　初生雏的雌雄鉴别技术

初生雏的性别鉴定，在生产上有着重要的意义：一是可以节省饲料，尤其是蛋鸡和种鸡。二是节省设备和设施，增加母鸡的饲养量，节省劳动力和各种饲养费用。三是可以提高母雏的成活率和均匀度。四是对于留做种用的公鸡雏，依据其生理特点及其对营养的需要，进行科学的饲养管理。

生产中使用较多的雌雄鉴别法主要有伴性遗传鉴别法和翻肛鉴别法。

一、伴性遗传鉴别法

1. 羽色鉴别法　利用隐性金黄色绒羽公鸡，与显性银白色绒羽母鸡杂交，后代中凡金黄色绒羽者为母鸡，银白色绒羽者为公鸡。一般现代父母代蛋鸡雏，银白色绒羽为母鸡，金黄色绒羽为公鸡；商品代蛋鸡雏，金黄色绒羽为母鸡，银白色绒羽为公鸡。

2. 羽速鉴别法　利用快生羽（隐性）公鸡，与慢生羽（显性）母鸡杂交，后代中凡是快生羽者为母鸡，慢生羽者为公鸡。一般现代白羽肉种鸡父母代的母系雏鸡，用羽速鉴别法鉴别公母，孵化员经指导即可操作；而父系只能采用下面的翻肛鉴别法来鉴别公母，由鉴别师操作，鉴别率要求在96%以上。

二、翻肛鉴别法

二维码 10-4　翻肛法雌雄鉴别技术（视频）

对于那些不能进行伴性遗传鉴别法鉴别的禽品种。初生雏在外貌上很难分出性别，可以采用翻肛鉴别法，即根据雏鸡生殖突起的有无及组织形态上的差异来鉴别初生雏雌雄的方法。技术熟练者准确率可达95%以上。

（一）初生雏鸡雌雄生殖隆起组织形态差异

鉴别时首先观察生殖突起的有无，如无突起则为母雏，如有突起则依其组织形态上的差异判定性别。公雏的生殖突起充实，轮廓鲜明，周围组织陪衬有力，表面紧张而有光泽，富弹力，虽经压迫伸张也不易变形，突起部的血管发达，受刺激容易充血。母雏生殖突起不充实或有萎缩之感，因深部组织已经退化，周围组织陪衬无力，突起显示孤立，表面软而透明，缺乏弹力，以手指压迫或左右伸张时易变形，但因血管不发达，不易充血（表10-6）。

表 10-6　初生雏雌雄生殖突起组织形态的差异

生殖突起状态	公雏	母雏
形状	偏圆	多数无，少量稍尖
充实和鲜明程度	充实，轮廓鲜明	相反
周围组织和陪衬程度	陪衬有力	无力，突起显得孤立
弹力	富弹力，受压迫不易变形	相反
光泽及紧张度	表面紧张而有光泽	有柔软而透明之感，无光泽
血管发达程度	发达，受刺激易充血	相反

(二)鉴别操作方法

1. 抓雏、握雏　雏鸡的抓握法一般有两种：一种是夹握法(图 10-3)，右手朝着雏鸡运动的方向，掌心贴雏背将雏鸡抓起，然后将雏鸡头部向左侧迅速移至放在排粪缸附近的左手，雏背贴掌心，肛门向上，雏颈轻夹在中指与无名指之间，双翅夹在食指与中指之间，无名指与小指弯曲，将两脚夹在掌面；技术熟练的鉴别员，往往右手一次抓两只雏鸡，当一只移至左手鉴别时，将另一只夹在右手的无名指与小指之间。另一种是团握法(图 10-4)，左手朝雏尾部的方向，掌心贴雏背将雏鸡抓起，雏鸡背向掌心，肛门朝上，将雏鸡团握在手中，雏鸡的颈部和两脚任其自然。两种抓握法没有明显差异，团握法多为熟练鉴别员采用。

图 10-3　夹握法

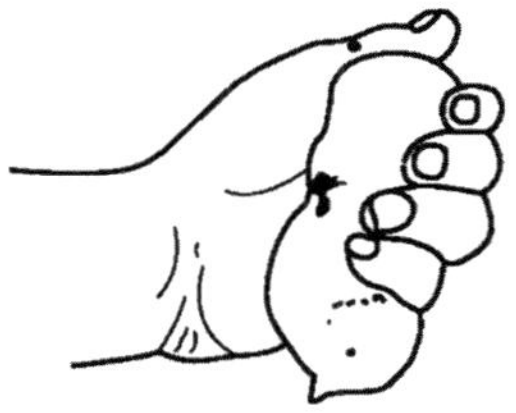

图 10-4　团握法

2. 排粪、翻肛

①在鉴别观察前，必须将粪便排出，其手法是左手拇指轻压腹部左侧髋骨下缘，借助雏鸡呼吸将粪便挤入排粪缸中。

②翻肛　翻肛手法较多，常用以下两种方法。

第一种方法：左手握雏，左拇指从前述排粪的位置移至肛门左侧，左食指弯曲贴于雏鸡背侧，与此同时右食指放在肛门右侧，右拇指侧放在雏鸡脐带处(图 10-5)。右拇指沿直线往上顶推，右食指往下拉、往肛门处收拢，左拇指也往里收拢，3 指在肛门处形成一个小三角区，3 指凑拢一挤，肛门即翻开。

第二种方法：左手握雏，左拇指置于肛门左侧，左食指自然伸开，与此同时，右中指置于肛门右侧，右食指置于肛门端(图 10-6)。然后右食指往上顶推，右中指往下拉，左拇指向肛门处收拢，3 指在肛门形成一个小三角区，3 指凑拢，肛门即翻开。

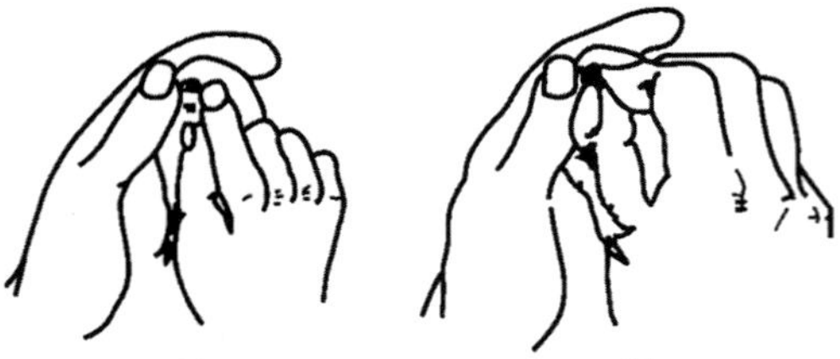

(a) (b)

图 10-5 翻肛手法之一

(a) (b)

图 10-6 翻肛手法之二

3. 鉴别、放雏　根据生殖隆起的有无和形态差别，便可判断雌雄。如果有粪便或渗出物排出，可用左拇指或右食指抹去，再行观察。遇生殖隆起一时难以分辨时，也可用左拇指或右食指触摸，观察其充血和弹性程度。鉴别后的雏鸡根据习惯把公雏放在左侧雏鸡盒内、母雏放在右侧雏鸡盒内。

(三)鉴别的适宜时间与鉴别要领

1. 鉴别的适宜时间　最适宜的鉴别时间是出雏后 12～24 h，在此时间内，雌雄雏鸡生殖隆起的性状差异最显著，也好抓握、翻肛。而刚孵出的雏鸡，身体软，呼吸弱，蛋黄吸收差，腹部充实，不易翻肛，技术不熟练者甚至造成雏鸡死亡。孵出 24 h 以上的雏鸡，肛门发紧，难以翻开，而且生殖隆起萎缩，甚至陷入泄殖腔深处，不便观察。因此，鉴别时间以出壳后不超过 24 h 为宜。

2. 鉴别要领　生产中要求翻肛分辨雌雄准确率达到 95%以上，技术熟练者每小时可鉴别 1 000 只左右。提高鉴别的准确性和速度，关键在于正确掌握翻肛手法，熟练而准确无误分辨雌雄雏的生殖隆起。翻肛时，3 指的指关节不要弯曲，三角区宜小，不要外拉和往里顶，以免人为地造成隆起变形而发生误判。

(四)鉴别注意事项

1. 动作要轻捷　鉴别时动作粗鲁容易损伤肛门或使卵黄囊破裂，影响以后发育，甚至引起雏鸡的死亡；鉴别时间过长，肛门容易被粪便或渗出液掩盖或过分充血而无法辨认。

2. 姿势要自然　鉴别员的坐姿要自然。

3. 光线要适中　肛门雌雄鉴别法是一种细微结构的观察。故光线要充足而集中，从一个方向射来，光线过强过弱都容易使眼睛疲劳。自然光一般不具备上述条件，常采用 40～60 W 乳白灯泡的光线。

4. 盒位要固定　鉴别桌上的鉴别盒分三格，中间一格放未鉴别的混合雏，左边一格放雄雏，右边一格放雌雏。

5. 鉴别前要消毒　为了做好防疫工作，鉴别前，要求鉴别员穿工作服、鞋，戴帽、口罩，并用消毒液洗手。

知识链接

孵化厅的卫生与管理

孵化厅是各种鸡场所产种蛋的聚集地，同样也是各种种鸡场所带病原微生物的聚集地。它们在孵化厅内适宜的环境下存活、繁殖，在种蛋之间传播，并传给新生雏鸡，致使雏鸡质量下降。因此说，卫生是孵化厅管理中的一个极其重要的环节，应引起足够的重视。要搞好孵化厅的卫生，首先要建好孵化厅，其次要搞好日常管理，二者缺一不可。

一、孵化厅的建厂要求

孵化厅是最容易被污染，又最怕污染的地方。孵化厅一经建立，就很难更改，所以选址要慎重，避免选址不当而造成经济损失。

孵化厅应相对独立，并远离交通干线、村庄、养禽场和其他厂区（距离 1 km 以上），应在养禽场的上风向上建设。

二、孵化厅的构筑及工艺流程

一个构筑合理的孵化厅，能有效地截断外界环境与孵化厅内环境、孵化各环节的微生物传播途径，能有效地实施清洗与消毒操作，控制厅内微生物数量；为达到此目的，孵化厅的工艺流程必须严格遵循“种蛋→种蛋接收室（选择、码盘）→种蛋消毒室（贮存前）→种蛋贮存室→种蛋消毒室（入孵前）→孵化室→落盘间→出雏室→捡雏间→雏禽存放室→雏禽运出间”。在建筑孵化厅时还应考虑以下几点。

（一）功能间的设置

1. 孵化厅应设置：更衣淋浴间、人员休息室、配电室、厕所、种蛋接收间、种蛋熏蒸间、种蛋码盘间、蛋库、孵化间、出雏间、雏鸡处理间、雏鸡待运间、清洗间等功能间。

2. 更衣淋浴间应包括：内、外更衣间，淋浴间和出厅通道。室内应安装取暖和通风设施，确保室内温度舒适、空气新鲜，避免工作人员因室内条件不良而拒绝淋浴。人员进出线路应分开，避免因脏区工作人员出厅更衣，造成内更衣间的污染。

3. 在种蛋接收处，设立种蛋熏蒸消毒间是非常重要的。因为这使种蛋进入厅内时，就能得到消毒，有效地截断微生物随种蛋进入孵化厅的途径。

（二）厅内公共设施与净区和脏区之间的通道

厅内公共设施与净区和脏区之间的通道应分开，两通道与公共设施连接处应设鞋底消毒设施，净区和脏区之间的连接处也应配有鞋底消毒设施，以便截断厅内通过鞋底传播微生物的途径。这种鞋底消毒设施不是一般形式消毒池，而是相当于能存贮消毒液的浅凹的地面，这样既不影响厅内车辆移动，又能起到消毒作用。

（三）出雏间

出雏间应隔成两个独立的房间。大多数孵化厅的孵化、出雏蛋位比为 6∶1，每次出雏和落盘之间的时间间隙很短。若只有一个出雏间，清洗消毒工作只能在以下两种情形下进行：一是需边出雏边冲洗，这样就给出雏间的清洗工作带来许多不便，而且清洗效果也不好；二是等到出雏完毕后再冲洗，没有足够时间使出雏器内干燥，就匆匆忙忙地落盘。一方面，落盘后机内温度不能快速达到设定温度，影响孵化效果；另一方面，机内不干燥，影响消毒效果，并最终导致细菌数增加。

三、日常管理

1. 建立日常工作程序、操作规则、管理记录、孵化记录、奖惩制度等。

2. 定期召集工作人员召开教育性的会议，通报卫生现状，讨论卫生目标和采取某种措施的原因，总结工作经验，使每个人认识到，自己在孵化厅的卫生工作中起着重要的作用。这将培养工作人员的生物安全意识，这和已建立的卫生制度同样重要。

3. 人员必须经过淋浴、更衣后方可进厅；在脏区工作的人员不得进入净区；值班人员查看设备时，先到净区，后到脏区，返回值班室时，应做体表和鞋面的消毒。

在实际生产中，工作人员一般都能遵守各项卫生防疫制度并形成习惯。而一些来访者，进厅不淋浴，在厅内随意走动，是卫生防疫制度的破坏者，带来诸多不利影响。

四、卫生管理

（一）消毒药的选购

在孵化厅，常用的消毒药有季铵、次氯酸钠、甲醛、过氧化氢、过氧乙酸等。目前，消毒药的生产厂家和品牌很多且效用不一，因此，在购药前应做效用检测，以免因药物无效而造成不良后果。要选择3～4种有效的消毒药进行交替使用，避免长期使用一种消毒药产生耐药性，失去消毒效果。

（二）建立消毒程序

据生产过程的实际需要，建立定期和与工序相结合的即时消毒程序，并严格执行。

（三）清洗、消毒的一般步骤

1. 除去浮物，如蛋皮、雏鸡绒毛、垫料等。

2. 除去黏结物的方法有两种：一是物理方法，用高压清洗设备；二是化学方法，用泡沫、液体或固体状态的碱性或中性清洗剂浸洗。

3. 漂洗：漂洗用水的温度不应低于洗涤剂溶液温度。漂洗后，除去表面水。

4. 消毒：对于表面或区域消毒，采用不同的消毒方法。①表面消毒，将消毒液喷洒在被消毒物表面，或将被消毒物浸泡在消毒液内。可用的消毒药有次氯酸钠、碱液、季铵等。②区域消毒，实为福尔马林熏蒸消毒，依不同物品，施用不同浓度。

5. 漂洗或通风，除去残留消毒药。

任务评价

模块任务评价表

<table>
<tr><td>班　级</td><td></td><td>学号</td><td></td><td>姓　名</td><td></td></tr>
<tr><td>企业(基地)名称</td><td></td><td>养殖场性质</td><td></td><td>岗位任务</td><td>初生雏鸡的管理技术</td></tr>
<tr><td colspan="6">一、评分标准
说明：考核共 8 项，总分 100 分；分值越高表明该项能力或表现越佳，综合评分为各项评分的和。90 分及以上优秀，75≤分数<90 良好，60≤分数<75 合格，60 分以下不合格</td></tr>
<tr><td>考核项目</td><td>考核标准</td><td>得分</td><td>考核项目</td><td>考核标准</td><td>得　分</td></tr>
<tr><td rowspan="2">专业知识(15 分)</td><td rowspan="2">初生雏鸡的分级；初生雏鸡的雌雄鉴别；初生雏鸡的断喙技术</td><td rowspan="2"></td><td colspan="3">专业技能(45 分)</td></tr>
<tr><td>初生雏鸡的雌雄鉴别(20 分)</td><td>根据翻肛法、快慢羽鉴别法、羽色鉴别法鉴别初生雏鸡的雌雄</td><td></td></tr>
<tr><td>工作表现(15 分)</td><td>态度端正；团队协作精神强；质量安全意识强；记录填写规范正确；按时按质完成任务</td><td></td><td>初生雏鸡的断喙技术(15 分)</td><td>断喙的目的意义；正确的断喙部位；断喙的操作技术</td><td></td></tr>
<tr><td>学生互评(10 分)</td><td>根据小组代表发言、小组学生讨论发言、小组学生答辩及小组间互评打分情况而定</td><td></td><td>初生雏鸡的分级(5 分)</td><td>初生雏鸡的分级标准</td><td></td></tr>
<tr><td>实施成果(15 分)</td><td>初生雏鸡的分级标准；初生雏鸡的雌雄鉴别方法；初生雏鸡的断喙技术操作方法</td><td></td><td>固定(5 分)</td><td>保定鸡的方法</td><td></td></tr>
<tr><td colspan="6">综合分数：______分　　优秀(　　)　　良好(　　)　　合格(　　)　　不合格(　　)</td></tr>
<tr><td colspan="6">二、综合考核评语

教师签字：
日　　期：</td></tr>
</table>

项目十一
家禽孵化工技能训练

技能一　初生雏鸡管理技术

一、技能目标

通过技能训练，掌握如何选择初生雏鸡，能用伴性遗传法鉴别雏鸡雌雄，能用翻肛法鉴别雏鸡的雌雄，了解用触摸法鉴别雏鸭、雏鹅的雌雄，会对出生雏禽进行免疫接种。

二、实训材料和用具

初生雏鸡若干箱（羽速自别、羽色自别初生雏及出壳 12 h 以内的其他雏鸡若干），操作台及鉴别灯（用 60 W 乳白色灯泡）若干。出壳 24 h 以内的雏鸡若干箱、鸡马立克氏疫苗及稀释液、注射器等。

三、实施环境

学校实训鸡场。

四、实训内容与方法步骤

（一）初生雏的分级

1. 强弱雏比较　由教师或技术员拣出健康雏和弱雏进行比较说明。

2. 初生雏的分级　每个学生完成一箱初生雏鸡的分级操作。将选出的健康雏进行计数并装入专用雏箱内，将选出的弱雏按不同类别计数并存放起来。

（二）初生雏的雌雄鉴别

1. 由教师介绍伴性遗传鉴别初生雏鸡的方法与原理　伴性遗传鉴别法是利用伴性遗传原理，培育自别雌雄品系，通过不同品系间杂交，根据初生雏鸡羽毛的颜色、羽毛的生长速度准确地辨别雌雄。

2. 学生利用伴性遗传鉴别法鉴别初生雏　每个学生对 1～2 箱羽速自别和羽色自别的初生雏按公母分箱装好并计数，最后统计准确率。

3. 由教师或技术员介绍翻肛鉴别初生雏的方法并示范操作　鉴别方法如前所述。初生雏鸡生殖隆起的形态特征参见表10-6。翻肛鉴别初生雏鸡的整个操作过程中的动作要轻、快、准。用此法鉴别雌雄,适宜的时间是在出壳后2～12 h内,超过24 h,生殖突起开始萎缩,甚至陷入泄殖腔深处,难以进行鉴别。

4.用初生雏让学生训练翻肛　技术关键在于抓雏与握雏、排粪、翻肛,观察并进行区别,由教师和现场技术人员进行指导。

5.进行鸭、鹅雌雄鉴别示范　初生鸭、鹅公雏有外部生殖器,呈螺旋形,翻转泄殖腔即可拔出,可直接进行雌雄鉴别。鸭还可以用触摸法进行鉴别,无须翻肛,即从雏鸭泄殖腔上方开始,轻轻往泄殖腔下方触摸,如摸到有突起的即为阴茎,可判定为公雏。

(三)初生雏免疫接种

1.注射器消毒　注射器具清洗后煮沸消毒。

2.稀释疫苗　用鸡马立克病疫苗专用稀释液进行稀释,稀释的疫苗规定在1 h内用完。

3.免疫接种　每只雏鸡颈部皮下注射0.2 mL。

五、实训报告

写出初生雏的分级、雌雄鉴别及免疫接种分析报告。

复习思考题

一、选择题

1.鸡蛋一般在孵化的第(　　)天移盘。

A.10～11　　B.13～14　　C.18～19　　D.20～21

2.孵化上蛋的时间一般是(　　)。

A.上午　　B.中午　　C.下午　　D.晚上

3.鸡蛋孵化时一般在(　　)胚龄进行头照。

A.2～3　　B.5～7　　C.8～10　　D.11～12

4.鸭蛋、鹅蛋在孵化时必须进行凉蛋的原因是(　　)。

A.蛋内脂肪含量高　　B.孵化期相对较长　　C.蛋重大　　D.相对表面积大

5.当鸡蛋孵化到第19天落盘时照蛋检查,此时的照蛋特征为(　　)。

A.闪毛　　B.合拢　　C.斜口　　D.封门

6.某种鸡场的孵化厂为方便出雏工作的安排,最好选择(　　)开机孵化。

A.8:00时　　B.12:00时　　C.16:00时　　D.20:00时

7.当孵化条件得当、出雏正常时,出雏时间表现为(　　)。

A.出雏持续时间长　　B.出雏时间较一致

C.无明显的出雏高峰　　D.提前出雏

8.各种家禽的孵化期不同,鸡为(　　)。

A.21 d　　B.25 d　　C.28 d　　D.31 d

9.孵化过程中一般每隔(　　)翻蛋一次,前俯后仰45°。

A.0.5 h　　B.1 h　　C.2 h　　D.3 h

10. 种蛋的保存期一般以不超过(　　)为宜。

A. 1 周　　B. 2 周　　C. 3 周　　D. 4 周

二、名词解释

1. 孵化期　2. 落盘(移盘)　3. 照蛋　4. 翻蛋　5. 恒温孵化法　6. 变温孵化法

三、简答题

1. 种蛋选择应遵循的原则是什么?
2. 种蛋保存的条件是什么?
3. 家禽的孵化条件是什么?
4. 照蛋的目的和作用是什么?
5. 衡量孵化效果的指标有哪些?

复习思考题参考答案

模块四

水禽生产

Module Four

Module Four
Module Four
Module Four

知识目标

1. 了解鸭和鹅的生活习性。

2. 熟悉鸭和鹅各个生长阶段的特点。

3. 掌握鸭和鹅生产环节和饲养管理技术要点。

4. 充分利用鹅病的基本防疫知识，对鹅群进行消毒、防疫、药物保健、诊断和治疗等。

能力目标

1. 具备肉鸭、蛋鸭和种鸭的饲养管理能力。

2. 具备肉鹅和种鹅的饲养管理能力。

3. 能通过观察鸭群和鹅群的状况，发现鸭群和鹅群中存在的问题，并进行妥善处理。

4. 能对鸭舍和鹅舍温度、湿度、通风和光照等进行调控。

5. 能利用鸭病和鹅病的基本防疫知识，对鸭群和鹅群进行消毒、防疫、药物保健、诊断和治疗等。

素质目标

1. 通过鸭和鹅饲养管理技术的介绍，培养学生科学养殖、生态养殖的理念。

2. 通过育雏鸭温度、湿度等环境条件的控制，培养学生认真、严谨的工作作风，规范、安全的操作素养。

3. 培养学生综合分析问题和解决问题的能力。

4. 培养学生细致的观察能力。

适合工种

鸭饲养工、鹅饲养工。

项目十二 鸭生产技术

一、鸭的生活习性

1. 喜水合群　鸭属水禽，喜欢在水中洗浴、嬉戏、觅食和求偶交配，性情温顺，合群性强，适合于有水面的地方大群放牧饲养和圈养。

2. 喜欢杂食　鸭的嗅觉、味觉不发达，但食管容积大，肌胃发达，能觅食各种食物，无论是精、粗、青绿饲料，还是昆虫、鱼、虾及蚯蚓都可作鸭的饲料。

3. 耐寒怕热　鸭体表绒羽浓密，保温性好，具有极强的耐寒能力，即使在0 ℃左右的低温下，也能在水中活动，寒冷的冬季也不会影响鸭的产蛋和增重。鸭的尾脂腺发达，常用喙把尾脂腺分泌的油脂涂在羽毛上面，可起到防水御寒的作用。鸭比较怕热，在炎热的夏季，喜欢泡在水中，或在树荫下休息。

4. 反应灵敏，生活有规律　鸭的反应灵敏，容易接受训练和调教。鸭的觅食、戏水、休息、交配和产蛋等行为都有一定的规律和特点，如上午一般以觅食为主，下午则以休息为主，间以戏水和觅食，晚上则以休息为主，采食和饮水甚少。交配活动则多在早晨和黄昏放牧、收牧、戏水时进行。产蛋集中在夜间12:00至凌晨3:00。

5. 抗性强，胆小易惊　鸭对不同的气候和环境的适应能力较鸡强，适应范围广，生活力和抗病力强，但比较怕惊动，遇到人或其他动物易受惊叫，导致产蛋减少乃至停产。

二、蛋鸭的饲养管理

(一)养殖前的准备

1. 选择优秀的蛋鸭品种　根据本地的自然饲养条件、采用的饲养方式选择适合的优秀蛋鸭品种，如金定鸭、绍兴鸭、攸县麻鸭、康贝尔鸭等。

2. 优质雏鸭的选择　选择的雏鸭，体质健康、健壮，脐部收缩良好，无伤残，外貌特征符合品种要求。作为商品蛋鸭的养殖场，雏鸭出壳后及时进行公母性别鉴别，淘汰公鸭。

3. 合理配制产蛋鸭的饲料　蛋鸭品种产蛋量高，而且持久，产蛋期饲料要求较高，特别要注意粗蛋白质、矿物质、维生素和能量等的供给，以满足高产、稳产的需要，因此选择正规饲料厂家供给饲料或者按标准自配饲料。

4. 商品蛋鸭场地的选择　在地势干燥、靠近水源的地方修建鸭舍，要求鸭舍采光和通风良好，鸭舍朝向以朝南或东南方向为宜。饲养密度以舍内面积5～6只/m²计算。在鸭舍前面应有一片比舍内宽约20%的陆地运动场，供鸭吃食和休息。陆地运动场外侧连接水面的地方，是鸭群上岸、下水之处，其坡度一般为20°～30°。水上运动场应有一定深度而又无污染的活水。

5. 做好蛋鸭疾病预防　蛋鸭生产周期长，养殖技术要求相对较高。鸭场要建立完善的消毒和防疫措施，严格实行鸭场卫生管理制度。搞好环境卫生，做好主要传染病的防疫工作，减少疾病发生的机会。

（二）雏鸭的饲养管理

0～4周龄的鸭称为雏鸭。雏鸭的培育工作直接关系到雏鸭的成活率和生长发育，还影响今后种鸭的产蛋量和蛋品质。

1. 育雏季节的选择　主要根据本地自然条件和饲养条件，选择合适的季节进行雏鸭培育。由于育雏时间不同，雏鸭一般可分三类。

（1）春鸭　在3月下旬至5月初饲养的雏鸭为春鸭。这一时期天气逐渐转暖，气候适宜，天然动植物饲料十分丰富，雏鸭可以充分觅食水生动植物，在水稻田或麦地放牧，食杂草花籽。因此，春鸭生长快、省饲料、成熟快、产蛋早。在3—4月份孵出的雏鸭当年8—9月份就可以产蛋，每只母鸭在当年可产蛋5 kg左右。南方的种鸭多在4月份间培育。而气温较低地区由于天气还十分寒冷，新母鸭在第一个产蛋高峰过后，体质衰弱、抗寒能力差，遇到寒流就易停产，要养到第二年春季才能留种蛋，比秋鸭作种鸭消耗的饲料多。故饲养春鸭一般作为商品蛋鸭或菜鸭，很少留作种用。

（2）夏鸭　一般指5月下旬至8月份饲养的雏鸭称夏鸭。这一时期气温较高、雨水多、气候潮湿、气候条件不太适合雏鸭生理需要。但农作物生长旺盛，雏鸭育雏期短，不需要考虑保温，可节省保温费用，早下水、早放牧，放牧在稻秧田里，可节省部分饲料，而且开产早，当年可以得效益，第一个产蛋高峰恰逢初冬，气温很低，饲养管理得当，冬季还保持较高产蛋量，如遇到寒流产蛋率也不会明显下降。在南方由于气温闷热，管理上较困难，要注意防潮湿、防暑和防病。

（3）秋鸭　一般指8月中旬饲养的雏鸭称秋鸭。这个时期气温由高到低逐渐下降，雏鸭从小到大，外界温度正适合生理需要，是育雏的好季节。秋鸭可以充分利用晚稻收获期，进行较长时间的放牧，可节省饲料。但是，秋鸭的育成期正值寒冬，气温低，天然饲料少，放牧场地少，故开产较晚，应注意防寒和适当补料。如将秋鸭作为种用，产蛋高峰期正遇上春孵期，种蛋价值高，长江中下游大部分地区都利用秋鸭作为种鸭。如作为蛋鸭饲养，开产以后产蛋持续期长，产蛋期可以一直延续到第二年底。

2. 育雏的环境条件

（1）温度　雏鸭可采用自温育雏和给温育雏两种方式。自温育雏是利用雏鸭本身的温度，使用保温用具，如塑料膜等，根据雏鸭数量来调节温度，在气温较高的季节或地区采用。给温育雏则是通过人工加温，以维持雏鸭需要的温度标准。雏鸭所需温度见表12-1。

表12-1　雏鸭培育的温度

日龄/d	1～3	4～6	7～10	11～14	15～20	>21
温度/℃	30～28	28～26	25～24	24～22	22～20	不低于20

当育雏温度合适时，雏鸭活泼好动，采食积极，饮水适量，均匀散开。饲养人员应该根据雏鸭对温度反应的动态，及时调整育雏温度。3 周龄以后的雏鸭，已有一定的抗寒能力，如气温不低于 18 ℃，可不考虑保温。

(2)湿度　雏鸭舍内高温、低湿会造成干燥的环境，很容易使雏鸭脱水，羽毛发干，加上供水不足甚至会导致雏鸭脱水而死亡。湿度也不能过高，高温、高湿易诱发多种疾病。育雏第 1 周应该保持稍高的湿度，一般相对湿度为 60%～65%，随着日龄的增加，要注意保持鸭舍的干燥。要避免漏水，防止粪便、垫料潮湿。第 2 周湿度控制在 55%～60%，第 3 周以后为 55%。

(3)密度　雏鸭饲养密度过大，会造成雏鸭活动不便，采食饮水困难，空气污浊，不利于雏鸭生长；密度过小，则房舍利用率低，消耗能源多，不经济。因此，要根据品种、饲养管理方式、季节等不同，确定合理的饲养密度。雏鸭的平面饲养密度参考表 12-2。

(4)光照　光照可促进雏鸭的采食和运动，有利于雏鸭的健康生长。光照的强度不要过高，通常在 10 lx 左右。雏鸭光照时间和光照强度见表 12-3。

表 12-2　雏鸭平面饲养的密度　只/m^2

日　龄	地面平养	网上饲养
1～7	15～20	25～30
8～14	10～15	15～25
15～21	7～10	10～15

表 12-3　雏鸭光照时间和光照强度

周　龄	光照时间/h	光照强度/lx
1	23～24	8～10
2～4	16～20	5

(5)通风　雏鸭的饲养密度大，排泄物多，育雏室容易潮湿，积聚氨气和硫化氢等有害气体。因此，保温的同时要注意通风，以排出氨气等，舍内湿度保持在 55%～65%为宜。适当的通风可以保持舍内空气新鲜，夏季通风还有助于降温。

(6)雏鸭进栏前的准备　在雏鸭运到之前应根据所引进的雏鸭数目备好足够的房舍、饲料、供暖、供水和供食用具等。室内墙壁、地面、房顶和一切用具应消毒并晾干。门窗、墙壁、通风孔等均应检查，如有破损则及时修补，防止贼风。采用网上平养或笼养，要仔细检查网底有无破损，铁丝接头不要露出平面，竹片或木片不得有毛刺和锐边，以免刺伤鸭脚或皮肤。雏鸭入舍前 12～14 h 把保温伞或育雏室调到合适的温度。

3. 雏鸭饲养方法

(1)开水或者"潮口"　首次给雏鸭饮水俗称开水，也叫"潮口"。先饮水后开食，是饲养雏鸭的一个特点。一般于出壳后 24 h 内进行。一般饮水中加入 0.05%高锰酸钾，起到消毒、预防肠道感染。并在饮水中加入 5%葡萄糖，迅速恢复体力，提高成活率。

(2)开食与喂养　第一次喂食称开食。出壳的雏鸭开水后即可开食。开食主要是调教雏鸭，使全群学会采食。方法：准备好拌湿的全价配合饲料，湿料以用手握紧后指缝无滴液溢出为度。将雏鸭赶到塑料薄膜或草席上，饲养员一边轻撒开食料，一边吆喝调教，吸引鸭群啄食。开食吃六成饱就行了。鸭有边吃边喝的习性，可用浅盘或饮水器盛水喂饲。饮水要清洁充足，盛水器可放育雏舍一侧，以免溅湿垫料及雏鸭绒毛。

雏鸭每天喂饲量和喂料次数，按消化能力而定。每次饲喂让其自由采食。10 日龄内的雏鸭每昼夜喂 5～6 次，白天喂 4 次，夜晚 1～2 次；11～20 日龄的雏鸭白天喂 3 次，夜晚喂 1～2 次；20 日龄以后的雏鸭白天喂 3 次，夜晚喂 1 次。

4.雏鸭的管理

(1)及时分群　育雏期内常因温度的变化管理不当,雏鸭互相堆集,被挤在中间或压在下面的雏鸭,轻则全身“湿毛”后感冒,重则窒息死亡。根据雏鸭个体大小、强弱及时分群饲养,一般1～14日龄,每平方米饲养20～25只,每群100～150只。15～28日龄,每平方米饲养12～15只,每群200～250只。一般情况下,分群后不再随便混合。

(2)下水与放牧　3日龄后的雏鸭就可适时下水,不要因其怕冷、胆小而停止。下水每天上、下午各1次,每次不超过10 min。以后增加到每天3～4次,每次10 min左右,并逐渐延长时间,但水温以不低于15 ℃为宜。每次下水后都要在运动场避风休息、理毛,待羽毛干后再赶回鸭舍。寒冷天气可减少下水次数或停止下水,以免受凉。炎热天气中午不能下水,防止中暑。雏鸭自由下水后可以进行放牧训练,初放牧宜在鸭舍周围,待适应后,逐渐延长放牧路程。放牧时间应从短到长,开始放牧20～30 min,以后逐渐延长,但不要超过1.5 h。放牧次数一般上、下午各1次,中午休息。放牧最好选择水草茂盛、昆虫滋生、浮游生物较多的湖塘或田地。

(3)环境卫生　随着雏鸭的日龄增大,粪便不断增多,鸭舍极易潮湿和污秽,也有利于病原微生物的繁殖。因此,必须及时清除粪便,勤换垫料,保持清洁干燥。喂料喂水的用具应每天清洗。鸭场四周也应保持良好的卫生环境。

(三)育成鸭的饲养管理

育成鸭是指5～18周龄的中鸭,也叫青年鸭。

1.育成鸭特点　体重增重快,羽毛生长速度快,性器官发育快,适应性强,体温调节能力增强,对外界气温变化的适应能力也随之加强,活动能力很强,合群性也强,青年鸭可以在常温下饲养,饲养设备也较简单,甚至可以露天饲养。

2.育成鸭的放牧饲养　放牧饲养可使鸭体健壮,节约饲料,降低饲养成本,是我国传统的饲养方式。

(1)放牧前的信号调教　育成鸭放牧一般鸭群较大。因此,放牧前应用固定信号和动作进行训练调教,使鸭群建立条件反射,听从饲养员的指挥,以便在放牧中收拢鸭群。调教时的信号和动作,因人因地而异,但要固定。信号调教要从雏鸭开始放牧就进行,使育成鸭从小就养成习惯。

(2)放牧方法　根据各地的自然条件和习惯,育成鸭放牧方法主要有两种。一种是将鸭群赶到放牧地,让鸭群自由分散、自由采食。这种方法适于牧地饲料比较丰富或可较长时间进行放牧的地方。另一种是由2～3人管理,前面让1人带路,后面2人在两侧压阵,赶鸭群缓慢前进觅食,适于放牧地范围较小或饲料较少的地方。

(3)放牧注意事项　放牧时应注意以下问题:一是放牧人员放牧前选择好牧地和放牧路线,了解牧地近期是否施用过农药;二是放牧群以500～1 000只为宜,按大小、公母分群放牧饲养;三是不同季节里放牧时间要合理安排,如天热时,在清晨或傍晚进行放牧,牧地不能过远,防止鸭疲劳中暑;四是要逆风放牧,可防止鸭受凉,有利于鸭在水中觅食。

3.育成鸭的圈养　育成鸭的整个饲养过程均在鸭舍内进行,称为圈养或关养。圈养鸭不受季节、气候、环境和饲料的影响,降低传染病的发生率,还可提高劳动生产效率。

(1)鸭舍的选择和建造　鸭舍应选择在河塘边,水面深度1.5 m以上,过浅容易混浊污染，暴发疾病。鸭舍建筑应简单实用，力求冬暖夏凉，舍内设置饮水和排水系统，地面用水泥铺成，并有一定的坡度，便于清除鸭粪。鸭舍面积以饲养 1 000 只蛋鸭测算，需建造 150～160 m^2 的鸭舍。舍顶高以 5～6 m 为宜。在鸭舍前面建造一片比鸭舍大 1/3～1/2 的鸭滩（即运动场），供鸭群采食、活动和休息。运动场与水面交界处斜坡以 25°为宜，如河塘水面太大，应用尼龙网或竹围，以防鸭群散落不易驱赶。

（2）圈养育成鸭的饲养　育成鸭主要采用限制饲养，此期的饲养管理将决定其产蛋期的生产性能。限制饲养就是要有计划地控制喂料量或限制日粮的营养水平，其目的主要是防止育成鸭体重过大，过肥或过早性成熟，都会影响今后的产蛋量及蛋品质。

在进行限制饲养时，要有计划地控制饲料喂量或限制日粮的能量、蛋白质、氨基酸水平。要注意定期定时称测育成鸭的体重。从 4 周龄起，每周 1 次，称重时随机抽样，比例为鸭群的 5%～7%。称重后，将公母鸭体重平均数与育种公司提供的标准体重进行比较，如果实际体重与标准体重差异较大，则要调整饲喂次数或饲喂量。

（3）圈养鸭的管理　①适当运动。让鸭在鸭舍附近空地和水池中活动、洗浴，以促进骨骼、肌肉的生长和防止过肥。②分群与密度。育成鸭群的组成视圈养的规模大小来定，但不宜过大，一般以 300 只左右为宜，5～9 周龄饲养 15～20 只/m^2；10～18 周龄饲养 8～12 只/m^2。③控制光照。育成期的鸭不宜采用强光照，光照时间也要有所控制。每天光照时间稳定在 10 h 左右。光照时间长或强度大，会导致育成鸭早熟、产蛋小、降低将来的产蛋量。为了便于鸭在夜间的采食和饮水，防止老鼠等走动引起惊群，舍内应通宵弱光照明。

育成期的鸭要接种疫苗（菌苗），预防鸭瘟、禽霍乱等传染病。

（四）产蛋鸭的饲养管理

二维码 12-1　蛋鸭产蛋期饲养管理（视频）

1.产蛋鸭的特点及产蛋规律　母鸭从开始产蛋到淘汰（19～72 周龄）称为产蛋鸭。

（1）产蛋鸭的特点　胆大、性情温顺。产蛋以后鸭的胆子较大，见人不怕反而喜欢接近人，性情温驯，睡眠安静，不乱跑乱叫。放牧时则喜欢单独活动。觅食勤、饲料要求高。放牧时勤于走动，到处觅食，喂料也抢食。由于连续产蛋，体内消耗的营养物质特别多，如饲料中的蛋白质、矿物质、维生素等营养物质供应不足或不全面，则产蛋量下降、蛋重变小、蛋壳变薄，鸭的体重下降，甚至停产。

（2）鸭产蛋的规律　蛋用型鸭开产日龄一般在 21 周龄左右，28 周龄时产蛋达 90%，产蛋高峰出现较快。产蛋持续时间长，到 60 周龄时才有所下降，72 周龄淘汰时仍可达 75%左右。蛋用型鸭每年产蛋 220～300 枚。鸭群产蛋时间一般集中在凌晨 2:00—5:00，白天产蛋很少。

2.蛋鸭的饲养

（1）营养与饲料　产蛋鸭在产蛋期间，代谢旺盛，对饲料要求高，必须饲喂优质的全价配合饲料，以满足鸭产蛋的营养需要。当鸭群产蛋率为 70%时，粗蛋白质水平应在 15%左右；当产蛋率达到 80%时，粗蛋白质应为 17%左右，并注意矿物质和维生素的供给。每只鸭日平均喂配合饲料 140 g 左右，一昼夜喂 3 次，其中夜间 9:00—10:00 喂一次。

（2）放牧饲养　鸭的食性广，产蛋期可实行放牧饲养为主，适当补喂配合饲料。这样可充分利用天然饲料，降低成本。我国传统饲养产蛋鸭，主要采取放牧饲养。通过放牧饲养，能增强体质和抵抗力，防止过肥，从而提高产蛋量。产蛋鸭放牧饲养必须根据天气和季节的特点以及产蛋鸭的产蛋率，制定放牧时间以及补饲次数和饲料量。在气候适宜的春季、初夏和秋季，当鸭处于产蛋水平较高时延长放牧时间，每天补喂2～3次，每天每只鸭补料50～100 g；在寒冷的冬季、早春或盛夏季节，应减少放牧时间，如仍处于高产时期，每天需补饲2～3次，并适当增加补饲量。要经常观察蛋重和产蛋率上升的趋势以及母鸭体重变化的情况，随时调整饲喂量或日粮的营养水平。如产蛋率下降至60%以下，则应减少补饲次数和饲料量，及早淘汰或强制换羽。

3. 蛋鸭的管理

（1）环境卫生　鸭舍内要保持清洁卫生，及时清除粪便，经常更换垫料，保持干燥，通风，定期消毒。另外还应注意保持鸭体的清洁，可防病防虱，以促进鸭的生长发育。

（2）密度与分群　产蛋鸭产蛋期饲养密度，地面平养以5～6只/m^2为宜。产蛋鸭以每群500～800只为好。

（3）季节管理　春季是鸭产蛋的旺季，每天光照时间应稳定在16 h，除正常光照时间外，鸭舍内还要保证通宵弱光照明，以便夜间饮水和产蛋。这期间湿度大，地面最好铺垫料可吸潮，敞开窗门，排出污浊空气，安排专人及时捡蛋。夏季炎热多雨，注意防暑降温，做好防霉及通风工作。饲具勤洗、勤晒、勤消毒，勤换垫料。秋季要注意补充人工光照，使每天光照时间达16 h。做好防寒、防风、防湿、保温工作。冬季应加强防寒保暖，舍内加厚垫料，保持干燥。增加光照，保证每天光照时间不低于14 h。

（五）种鸭产蛋期的饲养管理

产蛋留作种用的鸭称为种鸭。种鸭与产蛋鸭的饲养管理基本相同，不同的是养种鸭不仅要获得较高的产蛋量，还要保证蛋质量。

1. 养好种公鸭　种公鸭对提高种蛋品质有直接关系。公鸭要求体质强壮，性器官发育健全，性欲旺盛，精力充沛，精液质量好。种公鸭通常比母鸭提早1～2个月饲养，以便在母鸭产蛋前已经性成熟。对已开始性成熟，但未到配种时期的公鸭与母鸭分开饲养，应尽量在旱地放牧，这样可避免公鸭之间互相嬉戏，形成恶癖。公鸭以放牧为主，多锻炼，多活动。配种前20 d，将公鸭放入母鸭群中。种鸭交配活动都在水上进行，早晚交配次数最多。

2. 公母配比　根据鸭的经济用途不同和季节不同，公母配比稍有差异。蛋用型种公鸭配种性能较好，公母配比可大些，一般早春季节公母配比为1∶20；而夏秋季节公母配比为1∶(25～30)。肉用型种鸭，早春季节公母配比为1∶15，夏秋季节公母配比为1∶(15～20)。按这样的公母配比，正常情况，全年的受精率均在90%以上。

3. 种鸭营养　除按母鸭产蛋率的高低给予必需的营养物质外，还应注意补给维生素和必需氨基酸，特别是维生素E和色氨酸，因为它们对种蛋的受精率和孵化率有直接影响，黄玉米、鱼粉、豆粕中富含上述营养。

4. 人工强制换羽　种鸭经过长时间的产蛋高峰期后，产蛋量都逐渐下降，即转入自然换羽期，并停止产蛋。自然换羽时间约需4个月。人为地强迫实行换羽后使种鸭群集中在短期内停产换羽，缩短换羽时间，提早20～30 d恢复产蛋，称为人工强制换羽。对于优良并具有生产潜力的种鸭群，可实行人工强制换羽，再利用2～3个产蛋期。

强制换羽的方法就是采取停料刺激，实行人工拔除翼羽。具体做法通常分三个步骤进行，第一步是控制喂料，将鸭群关在棚舍内不放牧，同时控制喂料，头 2 d 内喂 2 次，饲料减少一半；第 3 天只喂 1 次；第 4～5 天停料，只喂青料，不要断水。第二步是拔毛，经过停料刺激后，第 5～6 天鸭羽毛蓬松，开始脱落，即可开始人工拔羽。每天喂维持饲料。第三步是复壮，拔羽后，正常喂料，补充蛋白质和矿物质等，经过 40～50 d 可以换羽完毕，恢复产蛋。

三、肉鸭的饲养管理

肉鸭分大型肉鸭和中型肉鸭两类。大型肉鸭又称快大鸭或肉用仔鸭，一般饲养 50 d，体重可达 3.0 kg 左右。中型肉鸭一般饲养 65～70 d，体重达 1.7～2.0 kg。

(一)肉用仔鸭生产特点

1. 生长特别迅速，饲料报酬高　肉用仔鸭的早期生长速度是所有家禽中最快的一种。如大型肉鸭 7 周龄体重达 3.2～3.5 kg 即可上市，全程耗料比为 1∶(2.6～2.8)。因此，肉用仔鸭的生产要尽量利用早期生长速度快，饲料报酬高的特点，在最佳屠宰日龄出售。

2. 体重大、出肉多、肉质好　大型肉鸭上市体重一般在 3 kg 以上，比麻鸭上市体重高出 1/3～1/2，尤其是胸肌特别丰厚。因此，出肉率高。据测定 7 周龄上市的大型肉用仔鸭的胸腿肉可达 600 g 以上，占全净膛重的 25％以上，胸肌可达 350 g 以上。这种肉鸭肌间脂肪含量多，所以特别细嫩可口。

3. 生产周期短，可全年批量生产　肉用仔鸭由于早期生长特别快，饲养期为 6～7 周，因此，资金周转很快，对集约化的经营十分有利。

4. 采用全进全出制　肉用仔鸭的生产采用全进全出的生产流程，根据市场的需要，在最适合屠宰日龄批量出售，以获得最佳经济效益。

(二)0～3 周龄肉用仔鸭的饲养管理

0～3 周龄是肉用仔鸭的育雏期，这是肉鸭生产的重要环节，因为雏鸭刚孵出，各种生理功能不完善，还不能完全适应外部环境条件，必须从营养、饲养管理上采取措施，促使其平稳、顺利地过渡到生长阶段，同时也为以后的生长奠定基础。

1. 饲养方式　0～3 周龄肉用仔鸭，一般采用舍内地面平养或网上平养。鸭舍内设有运动场和水池，不放牧。

2. 分群　雏鸭群过大不利于管理，因为水槽、食槽、温度等不易控制，易出现惊群或挤压而造成死亡。为了提高育雏率，必须分群管理，一般每群 300～500 只。

3. 营养与饲喂　肉用雏鸭生长速度很快，育雏期末的体重是初生重的 10 多倍。因此，必须满足雏鸭的营养需要，日粮中的能量、蛋白质、氨基酸、维生素、矿物质等营养要全面，而且需平衡，所配的饲料要容易消化。饲喂上要少喂勤添。

肉用仔鸭的饲料应采用全价配合饲料。第 1 周龄的雏鸭应让其自由采食，经常保持料盘内有饲料，随吃随添加。一次投料不宜过多，否则堆积在料槽内，不仅造成饲料的浪费，而且饲料容易被污染。1 周龄以后还是让雏鸭自由采食或采用定时喂料。一般 2 周龄内昼夜 6 次，其中一次安排在晚上；3 周龄时昼夜 4 次。每次投料若发现上次喂料到下次喂料时还有剩余，则应酌量减少，反之则应增加一些。

4. 环境条件及其控制

(1)温度 大型肉鸭用舍饲方式饲养。因此，在育雏期间，特别是在出壳后第 1 周内要保持适当高的环境温度。育雏温度与前面介绍的蛋用雏鸭相同。

(2)湿度 育雏第 1 周应该保持稍高的湿度，一般相对湿度为 65%；第 2 周湿度控制在 60%，第 3 周以后为 55%。

(3)密度 肉用雏鸭密度依品种、饲养管理方式、季节的不同而异。参照前面介绍蛋用雏鸭。

(4)光照 出壳后的头 3 d 内采用 23～24 h 光照，以便雏鸭熟悉环境、寻食和饮水，关灯 1 h 保持黑暗，目的使鸭能够适应突然停电的环境变化，防止一旦停电造成的扎堆死亡。光照强度不可过高，过强烈的光照不利于雏鸭生长。

(5)通风 肉用雏鸭舍适当的通风可以保持舍内空气新鲜，夏季通风还有助于降温。在舍外气温较低时，可将育雏舍内温度先提高 1～2 ℃，再打开窗户通风，以保证舍温的稳定。

5. 注意清洁卫生 雏鸭抵抗力差，要创造一个干净卫生的生活环境。随着雏鸭日龄的增大，排泄物不断增多，鸭舍的垫料极易潮湿。因此，垫料要经常翻晒、更换，保持生活环境干燥，所使用的食槽、饮水器每天要清洗、消毒，鸭舍也要定期消毒等。

6. 搞好免疫防病工作 按要求定期进行免疫和做好防病工作。

(三)4～8 周龄肉用仔鸭的饲养管理

肉鸭 4～8 周龄培育期又称为生长肥育期，将 4 周龄开始到上市这段时间的肉鸭称为仔鸭。大型商品肉鸭的生长肥育期，体温的调节机制已趋完善，骨骼和肌肉生长旺盛，绝对增重处于最高峰时期，采食量大大增加，消化功能已经健全，体重增加很快。所以在此期要让其尽量多吃，加上精心的饲养管理，使其快速生长，体重达到上市要求。

1. 饲养方式 肉鸭 4～8 周龄，目前多采用舍内地面平养或网上平养，育雏期地面平养或网上平养的，可不转群，能避免转群给肉鸭带来的应激。但育雏期结束后采用自然温度肥育的，应撤去保温设备或停止供暖。对于由笼养转为平养的，则在转群前 1 周，平养的鸭舍、用具须做好清洁卫生和消毒工作。

2. 温度、湿度和光照 室温以 15～18 ℃最宜，冬季应加温，使室温达到最适温度(10 ℃以上)。湿度控制在 50%～55%；应保持地面垫料或粪便干燥。光照强度以能看见吃食为准，每平方米用 5 W 白炽灯。白天利用自然光，早、晚加料时才开灯。

3. 密度 地面垫料饲养，4 周龄 7～8 只，5 周龄 6～7 只/m^2，6 周龄 5～6 只/m^2，7～8 周龄 4～5 只 m^2。具体视鸭群个体大小及季节而定。冬季密度可适当增加，夏季可减少。气温太高，可让鸭群在室外过夜。

4. 饲喂次数 白天 3 次，晚上 1 次。喂料量一般采用自由采食。

5. 饮水 自由饮水，不可缺水，应备有蓄水池。

(四)肉用仔鸭的育肥

肉用仔鸭的育肥方法有放牧育肥法、舍饲育肥法和人工填饲育肥法。

1. 放牧育肥法 南方水稻田地区采用较多。每年有 3 个放牧育肥期，即春花田时期、早稻田时期、晚稻田时期，后面两个时期是农作物收获季节，田地里有“落谷”；春花田时期，田地里有草及草籽、野生浮游生物，都是鸭很好的育肥饲料。可节省饲料，降低成本。放牧育肥法的季节性很强，仔鸭应在收稻前 2 个月育雏，50～60 日龄时，体重可达 1.1～1.2 kg，然后利用稻田茬田放牧育肥 15～20 d，体重达 2 kg 左右，即可屠宰或上市，如再结合补饲，还可提早出售。放牧时确保鸭群饮水，特别是晚稻田时期，放牧鸭群以 300～500 只为宜。

2. 舍饲育肥法　天然饲料较少或无放牧条件的地区采用较多。大型肉鸭和中型肉鸭都可采用。这种育肥方法不受季节的限制，一年四季均可采用，但需有鸭舍、水源及运动场。舍饲育肥需采用高能量、高蛋白全价饲料，以满足肉鸭快速生长的营养需要。鸭采食饲料越多，生长越快，饲料利用率越高，所以，肉鸭舍饲育肥一般自始至终让其自由采食，具体饲喂时可采取少给勤添的给料方法，早晚一定要让鸭吃饱喝足。鸭舍内应备有砂粒，供鸭采食，促进消化。饲养管理中限制活动和放水的时间，以减少能量的消耗。保持鸭舍的安静，为肉鸭创造一个良好的环境，有利于肉鸭的快速增重。

3. 人工填饲育肥法　人工填饲育肥是人为强迫肉鸭吞食大量富含碳水化合物的高能量饲料，促使其在短期内快速育肥，以争取较好的增重效果。大型肉鸭，特别是北京鸭多采用此法。经填肥的北京鸭用于制作风味独特的北京烤鸭。北京鸭养到 5～6 周龄，体重达 1.6～1.8 kg 时即可开始人工填饲，经过 8～12 d 填饲，体重达 2.7～3 kg 便可上市。

知识链接

网上快速养鸭技术

采用网上快速饲养方法，可大大缩短饲养周期，提高经济效益。传统饲养的方法一般养到活重 2.5 kg 的鸭需要 65 d 以上，而此法只需 45～55 d，而且饲料报酬高。用该法饲养北京鸭，每增重 1 kg 肉比北京填鸭少耗饲料 1.3 kg，饲料转化率为 2.69∶1，且瘦肉率提高 20%。同时采用网上平养技术，在室内饲养，不受季节、气候、生态环境的影响。主要技术措施如下。

一、饲养品种

饲养北京鸭、狄高鸭、樱桃谷鸭和芙蓉鸭等优良肉鸭品种。每批能养 1 000～2 000 只，1 年可养 6～8 批。

二、鸭舍的设置

鸭舍面积大小根据饲养规模决定。如养 1 000 只肉鸭，育雏室需 8 m^2，中、成鸭舍需 240 m^2。育雏室、中成鸭网床高 70 cm、宽 300～400 cm，长与普通鸭舍长度相等。网用木架和 2 cm 宽毛竹片铺钉。育雏网床的竹片间距 1 cm，中、成鸭的网床竹片间距 2 cm。网架外侧设高 50 cm 左右的鸭栅栏，栅栏的间距 5 cm。在栅栏内设置水槽和食槽。如有条件，网床也可用铁丝，但网眼要小。

三、雏鸭的饲养管理

雏鸭出壳后 24 h 内饮用 2‰高锰酸钾清肠消毒水，饮水后即可开始训练开口采食。然后按照育雏期的温度、湿度和光照等要求进行饲养管理。

1. 饮水　1～10 日龄喂水 8 次/d，11～28 日龄喂水 6 次/d。注意要先喂料后饮水。

2. 饲喂　饲喂 4～5 次/d，全价颗粒饲料，自由采食。

3. 防疫方法　网床上清粪 2 次/d。育雏室外每隔 7～10 d 用石灰消毒 1 次。

任务评价

模块任务评价表

<table>
<tr><td>班　级</td><td></td><td>学号</td><td></td><td>姓　名</td><td></td></tr>
<tr><td>企业(基地)名称</td><td></td><td>养殖场性质</td><td></td><td>岗位任务</td><td>网上肉鸭的饲养</td></tr>
<tr><td colspan="6">一、评分标准
说明:考核共 8 项,总分 100 分;分值越高表明该项能力或表现越佳,综合评分为各项评分的和。90 分及以上优秀,75≤分数<90 良好,60≤分数<75 合格,60 分以下不合格</td></tr>
<tr><td>考核项目</td><td>考核标准</td><td>得分</td><td>考核项目</td><td>考核标准</td><td>得分</td></tr>
<tr><td rowspan="2">专业知识
(15 分)</td><td rowspan="2">肉鸭开水和开食;育雏舍消毒和设备准备;雏鸭对温度、湿度和光照的要求;网上肉鸭饲喂和日粮要求;网上肉鸭饲养密度</td><td rowspan="2"></td><td colspan="3">专业技能(45 分)</td></tr>
<tr><td>网上肉鸭饲养
(20 分)</td><td>饲喂次数和饲喂量;温度、湿度和光照的调控;观察鸭群,识别病鸭,正确诊断和处理</td><td></td></tr>
<tr><td>工作表现
(15 分)</td><td>态度端正;团队协作精神强;质量安全意识强;记录填写规范正确;按时按质完成任务</td><td></td><td>育雏前准备
(15 分)</td><td>育雏舍和设备的检修;育雏舍的清扫、消毒;育雏舍温度、湿度调控;育雏药品、疫苗、饲料准备等</td><td></td></tr>
<tr><td>学生互评
(10 分)</td><td>根据小组代表发言、小组学生讨论发言、小组学生答辩及小组间互评打分情况而定</td><td></td><td>肉雏鸭的选择
(5 分)</td><td>肉用仔鸭品种的选择;健康优质肉鸭品质的选择</td><td></td></tr>
<tr><td>实施成果
(15 分)</td><td>网上肉鸭生长速度和成活率;网上肉鸭发病情况;网上肉鸭伤残率;网上肉鸭的羽毛清洁度</td><td></td><td>肉鸭免疫接种
(5 分)</td><td>疫苗的选择和保存;疫苗的正确接种;免疫后的管理</td><td></td></tr>
<tr><td colspan="6">综合分数:________分　　优秀(　　)　　良好(　　)　　合格(　　)　　不合格(　　)</td></tr>
<tr><td colspan="6">二、综合考核评语:

教师签字:
日　　期:</td></tr>
</table>

项目十三 鹅生产技术

一、鹅的生产特点

1. 耐粗饲，节约粮食　鹅属节粮型家禽，具有强健的肌胃和比身体长 10 倍的消化道，以及发达的盲肠。鹅的肌胃在收缩时产生的压力比鸡、鸭都大，能有效地裂解植物细胞壁，使细胞汁液流出。鹅的盲肠中含有较多的厌氧纤维分解菌，能将纤维发酵成脂肪酸，因此鹅具有利用大量青绿饲料和部分粗饲料的能力。

2. 生长快，饲养周期短　鹅的早期生长速度快，一般肉用仔鹅 9～10 周龄体重可达 3.5 kg 以上，即可上市出售。因此，养鹅生产具有投资少、收益快、获利多的优点。生产周期短，缩短了从投入至产出的时间，加快了资金的周转，从而提高了劳动生产率和经济效益。

3. 产品用途广　鹅的产品主要包括鹅肉、鹅肝及鹅绒三大类。鹅肉受到人们喜爱，是因为鹅肉营养价值高。鹅肥肝是一种高热能的食品，具有质地细嫩、营养丰富、风味独特等优点，成为西方国家食谱中的美味佳肴。鹅绒毛保暖性强，富有弹性，吸水率低，隔热性强，质地柔软，是高级衣、被的填充料。

二、鹅的生理特点与生活习性

（一）鹅的生理特点

1. 鹅的消化生理特点　鹅的消化道发达，喙扁而长，边缘呈锯齿状，能截断青饲料。食管膨大部较宽，富有弹性，肌胃肌肉厚实，肌胃收缩压力强。鹅食量大，每天每只成年鹅可采食青草 2 kg 左右。因此，鹅对青饲料的消化能力比其他禽类要强，纤维素利用率为 45%～50%。

2. 鹅的生殖生理特点

（1）季节性　鹅繁殖存在明显的季节性，主要产蛋期在冬春两季。

（2）就巢性　鹅具有很强的就巢性。在一个繁殖周期中，每产一窝蛋后就要停产抱窝。这也是鹅的产蛋量低的原因之一。

（3）择偶性　公母鹅有固定配偶交配的习惯。有的鹅群中有 40%的母鹅和 22%的公鹅是单配偶。这可能与家鹅是由单配偶的野雁驯化而来有关。

（4）繁殖时间长　母鹅的产蛋量在开产后的前 3 年逐年提高，到第 4 年开始下降。种母鹅的经济利用年限可长达 4～5 年之久，公鹅也可利用 3 年以上。因此，为了保证鹅群的高产、稳产，在选留种鹅时要保持适当的年龄结构。

(二)鹅的生活习性

鹅有很多生活习性与鸭相同，如喜水合群等。但还有一些独特的生活习性。

1. 食草性　鹅是体型较大的草食性水禽，觅食能力强，能摄入大量的青绿饲料。

2. 警觉性　鹅听觉灵敏，警惕性高，遇到陌生人或其他动物就会高声叫或用喙啄击，用翅扑击，国外有的地方用鹅看守家园。

3. 等级性　鹅有等级群序行为，饲养时应保持鹅群相对稳定，防止打斗而影响生产力的发挥。

4. 耐寒性　成年鹅耐寒性很强，在冬季仍能下水游泳，露天过冬。在 0 ℃左右的气温下，仍可保持较高的产蛋率。

三、肉用仔鹅饲养管理

(一)雏鹅的饲养管理

0～4 周龄的幼鹅称为雏鹅。

1. 雏鹅的生理特点

(1)发育未完全，适应能力差　初生雏鹅个体小，绒毛稀少，体温调节功能尚未完全建立，对外界温度变化等不良环境的适应能力较差，特别怕冷、怕热、怕潮湿、怕外界环境突然变化。

(2)新陈代谢旺盛，生长快　雏鹅的新陈代谢非常旺盛，生长速度很快，到 21 日龄时的体重可达初生体重的 10 倍。

2. 育雏前的准备

(1)房舍以及育雏设备的准备　育雏前，对育雏舍、育雏设备进行准备和检修。彻底灭鼠和防止兽害。接雏前一周，应对育雏舍进行彻底清扫、消毒、通风、干燥。应准备好育雏用的保温设备，包括竹筐、保温伞、红外线灯泡、纸箱、饲料、垫料以及水槽等。进雏前将雏舍温度调至 28～30 ℃，相对湿度调至 65%～75%，并做好各项安全检查。备好饲料、兽药、疫苗、照明用具。

(2)雏鹅的选择

①品种选择。应根据本地区的自然习惯、饲养条件、消费者要求，选择适合本地饲养的品种，或选择杂交鹅饲养。

②来源选择。必须来自健康无病、生产性能强的鹅群或正规孵化场。其亲本种鹅应有实施的防疫程序。

③品质选择。品质好的雏鹅应是正常孵化日期出壳。绒毛光亮，眼睛明亮有神，活泼，用手提起，挣扎有力，叫声响亮。腹部收缩良好，脐部收缩完全，周围无血斑和水肿。泄殖腔周围的绒毛无胎粪黏着的现象。趾和蹼伸展自如无弯曲。延迟出壳多为弱雏鹅。

(3)育雏方式选择　鹅的育雏分为地面垫料平养育雏和网上育雏。地面垫料平养育雏，要求选择保温性好，柔软，吸水性好，不宜霉变的垫料。常用的垫料有锯末、稻壳、稻草、麦秸等。

网上育雏，将雏鹅饲养在离地 50～60 cm 高的铁丝网或竹板网上（网眼 1.25～1.25 cm），雏鹅与粪便彻底隔离，减少疾病。此种饲养方式优于地面饲养，雏鹅的成活率较高。

3. 雏鹅饲养

（1）雏鹅的潮口与开食　雏鹅出壳后的第一次饮水俗称潮口，第一次吃料俗称开食。

雏鹅出壳 12～24 h，就可进行潮口。将雏鹅放入清洁的浅水中（以不淹到雏鹅的胫部为宜），让雏鹅自由活动和饮水 3～5 min。天气炎热、雏鹅数量多时，可人工喷水于雏鹅身上，让其互相吮吸绒毛上的水珠。

潮口后即可开食。开食料一般用黏性籼米或者“夹生饭”作为开食料，用清水淋过，使饭粒松散，吃时不粘嘴。再加少量的青饲料，青饲料要求新鲜，幼嫩多汁，以莴苣叶、苦荬菜为最佳。青料清洗干净后沥干，再切成细丝，拌料饲喂。第一次开食不要使雏鹅吃饱，吃到半饱即可。

（2）雏鹅的日粮配制与饲喂　雏鹅日粮包括精料和青料，一般混合精料占 30%～40%，青料占 60%～70%。喂料时注意供给充足饮水。雏鹅 3 日龄后，开始饲喂全价饲料，并饲喂青绿饲料。夜间喂料可促进生长发育，增重快，雏鹅开食后便可正常饲喂。详见表 13-1。

表 13-1　雏鹅饲喂次数及饲喂方法

项　目	日　龄			
	2～3	4～10	11～20	21～28
每日总次数	6～8	8～9	5～6	3～4
夜间次数	2～3	3～4	1～2	1
日粮中精料占比例	50%	30%	10%～20%	7%～8%

4. 雏鹅的管理

（1）保温　雏鹅自我调节温度能力差，饲养中必须保持均衡的温度。气温较低或者大群育雏，必须人工保温，如采用电热保温伞、红外线灯泡或煤炉加热保温。气温较高或养鹅数量较少时，育雏需注意加厚垫料保温。温度适宜时，雏鹅食欲旺盛，饮水正常，雏鹅分布均匀，安静无声，睡觉时间长。雏鹅一般保温 2～3 周。

（2）防湿　潮湿会影响雏鹅的生长发育，引起疾病的发生，在春季要特别注意。夏季高温高湿，雏鹅体热无法散发，垫料发霉，细菌滋生，引起中暑和拉稀等。育雏鹅舍内适宜的相对湿度为 60%～70%（表 13-2），垫料经常更换，喂水用具固定放置并防止水外溢，注意通风换气等。

表 13-2　鹅育雏适宜的温度、湿度

日　龄	育雏器温度/℃	相对湿度/%	舍温/℃
1～5	28～27	60～65	15～18
6～10	26～25	60～65	15～18
11～15	24～22	65～70	15
16～20	22～20	65～70	15
20 以后	18	65～70	15

(3)放牧、下水　1周龄以后可开始适当放牧、下水,气温低时可延迟到2周后进行。开始放牧时间不宜太长,距离不要太远。雏鹅放牧可促进新陈代谢,增强体质,提高抗病力和适应性。

(4)分群与防堆　雏鹅喜欢聚集成群,如果温度低时更是如此,易出现压伤、压死现象,所以饲养人员要注意及时赶堆分散,尤其在天气寒冷的夜晚更应注意,应适当提高育雏舍内温度。雏鹅阶段一般每群以100～120只为宜。分群时,要注意密度,一般雏鹅的饲养密度为:1～10日龄20～24只/m^2;11～20日龄15～18只/m^2;20日龄以上5～10只/m^2。

(5)光照　育雏期间,1～3日龄24 h光照,4～5日龄18 h光照,16日龄后逐渐减为自然光照,但晚上需开灯加喂饲料。光照强度0～7日龄每15 m^2用1只40 W灯泡,8～14日龄换用25 W灯泡。

(6)卫生防疫　加强鹅舍的卫生和环境消毒工作。要经常打扫卫生,勤换垫料。用具及周围环境保持清洁卫生,经常进行消毒。按时进行雏鹅的免疫接种和做好疾病的防治,生产中雏鹅易发生的疾病有小鹅瘟、鹅球虫病等。

(二)育肥期的饲养管理

二维码13-1　肉用仔鹅饲养管理(视频)

29日龄的鹅转入育肥阶段,经育肥后,作为商品肉鹅出售。育肥期饲养方式可采用多舍饲养、放牧饲养,放牧可充分利用青草资源,降低成本、经济效益好。现介绍如下。

1.放牧饲养

(1)放牧时间　春秋季雏鹅到1周龄左右,气温暖和,天气晴朗时可在中午放牧,刚开始时1 h左右,以后逐步延长,到3周龄可采用全天放牧,并尽量早出晚归。放牧时可结合放水时间,由15 min逐渐延长到0.5～1 h,每天2～3次,再过渡到自由戏水。

放牧时间原则是:尽量早出晚归,天冷时晚出早归,天热时早出晚归,中午防止烈日曝晒。

(2)放牧场地的选择　放牧场地,一般选择饲草资源丰富的草场、滩涂、河畔、湖畔和收割后的麦地、稻田。放牧场地附近应有湖泊、小河或池塘,给鹅有清洁的饮水和洗浴清洗羽毛的水源。放牧场地附近应有蔽荫休息的树林或其他蔽荫物(如搭临时荫棚)。农作物收割后的茬地也是极好的放牧场地。选择放牧场地时还应注意了解牧场附近的农田有无喷过农药,若使用过农药,一般要1周后才能在附近放牧。鹅群所走的道路应比较平坦。

(3)放牧方法　放牧群一般以250～300只为宜,由2人放牧,如放牧地开阔,牧草充足,可增到500只左右一群,由3～4人管理。放牧以固定相应的信号,使鹅群对出牧、休息、缓行、归牧建立条件反射,便于放牧管理。放牧时应注意观察采食情况,待大多数鹅吃到七八成饱时应将鹅群赶入池塘或河中,让其自由饮水、洗浴。避免在夏天炎热的中午、大暴雨等恶劣天气放牧。

2.放牧鹅的补饲　放牧鹅如能吃到丰富的牧草或收割的遗谷,一般可不补饲或少补饲,但放牧场地牧草较少,又不是在谷、麦收获季节,放牧的鹅群应进行补饲。补饲饲料包括精料和青料。每天补喂的饲料量及饲喂次数主要根据品种、日龄和放牧情况而定。精料可按50日龄以下每天补饲100～150 g,每昼夜喂3～4次,50日龄以上每天补饲150～300 g,每昼夜喂1～

2次。精料一般在放牧前和归牧后进行饲喂。

3.育肥方法　肉用仔鹅的育肥方法有放牧育肥、舍饲育肥和填饲育肥3种。

(1)放牧育肥　利用稻、麦收割后遗落的谷粒进行放牧，给以适当的补饲，一般育肥期为2～3周，采用这种方法可节省饲料，但必须充分掌握当地农作物的收割季节，计划育雏。具体方法见放牧饲养。

(2)舍饲育肥　又称关棚饲养，采用专用鹅舍，仔鹅60～70日龄时全部人工喂料，饲料以全价配合饲料为主。补以青绿饲料，每昼夜喂3～4次，采用自由采食，每次喂足后可放鹅下水活动适当时间。每平方米饲养4～6只，育肥期一般3周左右。舍饲育肥肉用仔鹅生长速度较快，但饲养成本较高。

(3)填饲育肥　又称强制育肥，分人工填饲和机器填饲两种。鹅经过3周左右强制填饲营养丰富的配合饲料，肉用仔鹅生长迅速，增重快，效果好。

四、种鹅的饲养管理

(一)种鹅的特点及产蛋规律

1.种鹅的特点　种鹅的行动迟缓，放牧时应选择路面平坦的草地，不宜强赶或急赶。鹅的自然交配在水上进行，种鹅应每天定时有规律地下水3～4次，以保证种蛋的受精率。母鹅有择窝产蛋的习惯，应让母鹅在固定的地方产蛋。母鹅有就巢行为，就巢时应及时隔离，采取积极措施，促使其醒巢。

2.种鹅的产蛋规律　鹅性成熟迟，开产日龄一般在6～8月龄。大型鹅开产较迟，小型鹅开产早。鹅产蛋较少，年产蛋量仅为30～100枚，小型鹅产蛋较多，有的品种鹅全年分2～3期产蛋，产7～14枚蛋即就巢孵化。蛋重一般为130～200 g，鹅的产蛋量随年龄增加。第2年比第1年增加15%～20%，第3年比第2年增加30%～45%。母鹅一般利用4～5年。母鹅产蛋时间多数在清晨4:00到上午9:00。

(二)种鹅的饲养管理

种鹅饲养管理分为3个阶段，即准备产蛋期、产蛋期和休产期。

1.准备产蛋期的饲养管理　开产前一个月开始补饲精料，逐步增加喂量，每天每只90～180 g，日喂2～3次，注意定时饲喂，使鹅群体质恢复，增加体重，在体内积累一定的营养。在此期间公母分开饲养，公鹅提早补饲精料，使其在母鹅开产前有充沛的精力和体质，以提高种蛋的受精率。在繁殖季节开始前2～3周组群，公母搭配。保证充足饮水，放牧应早出晚归。

2.产蛋期的饲养管理　产蛋期的母鹅以舍饲为主，放牧为辅，放牧晚出早归。放牧前检查鹅群，观察产蛋情况，有蛋者应留在舍内产蛋。舍饲饲料采用配合饲料。精料每天饲喂量：大型鹅为150～180 g，中型鹅为120～150 g，小型鹅为100～120 g，分3～4次喂给，同时每天保证青饲料的供应，青料可不定量，牧地青草丰富可少加青料，日粮中注意加适量贝壳粉。

为了提高种鹅的产蛋量和种蛋的受精率，种鹅的公母配比以1:(3～5)为合适，大型鹅配比应低些，小型鹅可高些，冬季配比应低些，春季可高些。鹅的自然交配在水中进行，每天早晨鹅群出栏后，让其在清洁水域中嬉戏、交配，然后再采食放牧，牧地选择近水处，放牧 2～3 h 后，应赶鹅群下水自由交配，需建立规律，鹅群每天下水 3～4 次。产蛋鹅每天光照时间应以 16 h 为好，如光照时间不足，每天补充人工光照 2～3 h。冬季做好防寒保暖工作。充分准备产蛋箱或产蛋窝，让母鹅在固定的地方产蛋。发现就巢母鹅要采取隔离、停料、供水，经 2～3 d 后，可促使其醒巢。

3. 休产期的饲养管理　种鹅每年产蛋时间只有 5～6 个月，一般是当年的 10 月份至翌年 3—4 月份，以后就自行停产。停产种鹅的日粮应由精到粗，转入放牧为主并逐步停止补饲。目的是促进母鹅消耗体内脂肪，促使羽毛干枯，容易脱落而迅速换羽，降低饲养成本。此期的喂料次数逐渐减少到每天喂 1 次或 2 d 喂 1 次，然后改为 3～4 d 喂 1 次，饲料由青粗料组成。每天延长放牧时间。

在停产时间内对鹅群进行一次淘汰选择，并按比例补充新的后备种鹅。母鹅可利用年限一般 4～5 年，在这些年限中的鹅尽量少淘汰，但对病、残、产蛋极少的应及时选出淘汰。种鹅应按一定的年龄比例组群，以提高种鹅的利用率和保证产蛋率，1 岁鹅占 30%～40%，2 岁鹅占 25%，3～4 岁鹅占 15%～20%，5 岁鹅占 5%～10%。新组成的鹅群必须按公母比例同时换放公鹅。

知识链接

溆浦鹅

溆浦鹅，湖南省溆浦县特产，我国国家地理标志产品。

溆浦鹅是优良的地方鹅品种，采用传统生态自然放牧模式，放牧时间一天长达 10 h 以上，采食野生天然牧草，具有生长速度快、产蛋率高、觅食力强、耐粗饲等优点，对自然环境具有很强的适应能力。另外，溆浦鹅产肝性能好，鹅肝体积大、胆固醇含量低，营养价值高，是我国肉用、肝用型综合性能最好的鹅种之一。溆浦鹅的羽毛可作为上等原料，成为我国国家羽毛球队最受欢迎的羽毛球制作材料。2014 年溆浦鹅被列入《国家级畜禽遗传资源保护名录》，原国家质检总局批准对“溆浦鹅”实施地理标志产品保护。

溆浦鹅是一个饲养年代悠久的著名地方品种，体大肝肥是其特点。成年鹅体重达 6 kg 以上，肥肝平均 572.9 g，最重达 1 001.2 g。据测定，91 日龄溆浦鹅体重可达 5 kg，经 24～28 d 填肥后，平均肝重 746 g，最大肝重达 1 330.5 g，且肝料比 1∶28，是我国肝料比最好的鹅种之一。鹅体重在我国排第二，产肥肝性能在全球排第二，仅次于英国。肉质细嫩，全净膛率为 80%，可煮可炒，是烹饪的上等食材。其肥肝胆固醇含量低，对老年心脑血管疾病有一定的预防效果。

任务评价

模块任务评价表

<table>
<tr><td>班　级</td><td></td><td>学号</td><td></td><td>姓　名</td><td></td></tr>
<tr><td>企业(基地)名称</td><td></td><td>养殖场性质</td><td></td><td>岗位任务</td><td>肉鹅的饲养管理</td></tr>
<tr><td colspan="6">一、评分标准
说明:考核共 8 项,总分 100 分;分值越高表明该项能力或表现越佳,综合评分为各项评分的和。90 分及以上优秀,75≤分数<90 良好,60≤分数<75 合格,60 分以下不合格</td></tr>
<tr><td>考核项目</td><td>考核标准</td><td>得　分</td><td>考核项目</td><td>考核标准</td><td>得　分</td></tr>
<tr><td rowspan="2">专业知识(15 分)</td><td rowspan="2">肉鹅潮口和开食;育雏舍消毒和卫生要求;肉鹅温度、湿度和光照的要求;肉鹅放牧、精料补饲;肉鹅育肥方法</td><td rowspan="2"></td><td colspan="3">专业技能(45 分)</td></tr>
<tr><td>肉鹅放牧(20 分)</td><td>放牧场地选择;放牧时间和次数;肉鹅分群、放牧驱赶</td><td></td></tr>
<tr><td>工作表现(15 分)</td><td>态度端正;团队协作精神强;质量安全意识强;记录填写规范正确;按时按质完成任务</td><td></td><td>肉鹅补饲(15 分)</td><td>精料日粮的配合与选择;肉鹅补饲,精料占青绿饲料的比例;肉鹅补饲次数和时间</td><td></td></tr>
<tr><td>学生互评(10 分)</td><td>根据小组代表发言、小组学生讨论发言、小组学生答辩及小组间互评打分情况而定</td><td></td><td>育雏前准备(5 分)</td><td>育雏舍的清扫、消毒;育雏舍温度、湿度调控;育雏药品、疫苗、饲料准备等</td><td></td></tr>
<tr><td>实施成果(15 分)</td><td>肉鹅成活率;肉鹅的生长速度;肉鹅羽毛清洁度;肉鹅的伤残比例</td><td></td><td>雏鹅免疫接种(5 分)</td><td>疫苗的选择和保存;疫苗的正确接种;免疫后的管理</td><td></td></tr>
<tr><td colspan="6">综合分数:________分　　优秀(　　)　　良好(　　)　　合格(　　)　　不合格(　　)</td></tr>
<tr><td colspan="6">二、综合考核评语

教师签字:
日　　期:</td></tr>
</table>

项目十四
水禽生产技能训练

技能一　肉鸭人工填饲技术

一、技能目标

了解肉鸭的人工填饲的目的，掌握肉鸭人工填饲技术的操作方法，能够选择适合肉鸭填饲的日龄、持续时间和饲喂量。

二、教学资源准备

学校教学实训牧场，学校动物房，大型规模化的养鸭公司，或具有一定规模的养鸭专业户。将全班学生分成4人一组，每组填饲5～10只肉鸭，利用1～2周时间对肉鸭的填饲过程进行全面的学习和了解，加深养殖观念，深化课堂理论知识，关注饲养细节，认真做好记录。

三、营养水平需要与日粮配合

填肥鸭的营养水平以代谢能12.14～12.56 MJ/kg、粗蛋白质14%～15%为宜，并要注意补饲矿物质，特别是钙和磷的含量及适当比例。

四、实训内容与方法步骤

(一)开填日龄与分群

1.开填的日龄和持续时间　通常填饲是从中雏鸭养到5～6周龄，体重在1.75 kg以上时开始，一般经10～15 d填饲后，可使体重达2.6 kg上市。

2.填饲的分群　开填前应将雏鸭进行选择，按照性别、体重大小、体质强弱进行分群，有利于填饲量的掌握和肥度掌握。同时剪去鸭爪，以免填饲期相互抓伤降低屠体美观和等级。

(二)填料的调制与填饲量

1.填料的调制　填饲料在填饲前3～4 h按照水与料1∶1拌成糊状，每天填饲3～4次，可分别安排在上午9:00、下午15:00、晚上21:00、清晨3:00各进行一次填饲。

2.填饲量　填饲时要根据日龄和体重逐渐增加填饲量。填饲量按照水食量计算，第1天每天 150～160 g，第 2、3 天每天 175 g，第 4、5 天每天 200 g，第 6、7 天每天 225 g，第 8、9 天每天 275 g，第 10、11 天每天 325 g，第 12、13 天每天 400 g，第 14、15 天每天 450 g。

(三)填饲方法

1.手工填饲　将鸭夹在填料人的两膝间，头朝上露出头颈，左手将鸭嘴掰开，右手抓食投入口内，并由上向下将填入的饲料往下捏挤，推向食管膨大部。如此反复多次填至距咽喉约 5 cm 为止。

2.机器填饲　填食时，填食者左手抓住鸭的头部，掌心握鸭的后脑，拇指和食指撑开上下喙，中指压住鸭舌，右手握住鸭的食管膨大部，将填饲胶管小心送入鸭的咽下部，同时用右手托住鸭的颈胸结合部，使鸭体与胶管在同一条轴线上，然后将饲料压入食管膨大部，随后放开鸭，填饲完成。采用填饲机填饲的要点是：使鸭体平，开嘴快，压舌准，撤鸭快。

五、实训报告

写出实训报告。

技能二　活拔羽绒技术

一、技能目标

了解活拔羽绒优点，熟悉活拔羽绒前的准备工作、操作方法与步骤，掌握活拔羽绒中出现的问题及处理方法，掌握活拔羽绒后鸭、鹅的饲养管理方法。

二、教学资源准备

学校教学实训牧场、大型规模化水禽公司(鹅场或鸭场)，或具有一定规模的养鹅(鸭)专业户，或者学校动物房。将全班学生分成 4～6 人一组，利用 3 d 时间对鹅、鸭的活拔羽绒过程进行全面的学习和了解，加深养殖观念，深化课堂理论知识，关注技术操作细节，认真做好记录。

三、实训内容与方法步骤

(一)活拔羽绒前的准备

1.活拔羽绒时期选择　在开始拔毛的前几天，应对鸭、鹅群进行抽样检查，如果绝大部分的羽毛毛根已经干枯，用手试拔羽绒容易脱落，说明羽毛已经成熟，正是拔毛时期，一般活拔羽绒后，鹅的新羽长齐需 40～45 d，鸭需 35～40 d。检查时，将体质瘦弱、发育不良、体型明显较小的弱鸭、鹅剔除。

2.活拔羽绒前鸭、鹅准备　拔毛前一天晚上要停止喂料和喂水，以便排空粪便，防止拔毛时粪便的污染，如果鸭群、鹅群羽毛很脏，可在清晨让鸭、鹅群下河洗澡，随即赶上岸让鸭、鹅沥干羽毛后再行拔毛。

3.活拔羽绒天气和场地选择　选择天气晴朗、温度适中的天气拔毛。拔毛场地要避风向阳，以免鸭、鹅绒随风飘失；地面打扫干净后，可铺上一层干净的塑料薄膜或旧报纸，以免羽绒污染。

4. 活拔羽绒设备准备　准备围栏及放鸭、鹅毛的容器，可以用硬的纸板箱或塑料桶。另外再准备好一些布口袋，把拔下的羽绒集中到口袋中贮存。另外，还要配备一些凳子、秤，消毒用的红药水、药棉。

（二）活拔羽绒的部位与操作方法

1. 活拔羽绒的部位　主要是在脖颈以下及胸、腹部、两肋、腿部、肩部背部等处，这些部位羽绒较多。

2. 鹅（鸭）的保定　拔羽者坐在矮凳上，使鹅（鸭）胸腹部朝上，头朝后，将鹅（鸭）胸部朝上平放在拔羽者的大腿部。再用两腿将鹅（鸭）的头颈和翅夹住。

3. 拔羽绒的顺序　先从胸上部开始拔，由胸到腹，从左到右。胸腹部拔完后，再拔体侧、腿侧、尾根和颈、背部的羽绒。在拔每一部位时都是先拔片羽，后拔绒羽。主、副翼羽和尾羽可不拔。拔羽时如发现毛根带血，说明羽毛未长成熟，应延迟拔羽时间，等羽根不带血时再拔。

4. 拔羽绒的操作　拔羽者用左手按压住鹅（鸭）的皮肤，右手的拇指和食指、中指拉着羽毛的根部，每次适量，顺着羽毛的尖端方向，用巧力迅速拔下，将片羽和绒羽分别装入袋中，也可以毛绒齐拔，装入袋中，混合出售。

（三）活拔羽绒中出现的问题及处理方法

拔羽绒时，如遇到大片的血管毛应尽可能避开不拔取，如果不能避开，应将其剪短。当鸭、鹅可能挣扎，要注意抓紧，以防挣扎时断翅或发生其他意外事故，但不能抓得过紧，压迫过猛，以免使鸭、鹅窒息过久而引起死亡。拔毛过程中，如误拔血管毛引起出血或小范围破皮，可擦些红药水，或用消毒棉蘸 0.2%高锰酸钾溶液涂擦。拔羽绒时，若有极少数会出现“脱肛”现象，一般不需要任何处理，如果发现肛门溃烂或水肿，可用 0.2%的高锰酸钾溶液涂抹患处数次，经 1～2 d 便可治愈。

（四）活拔羽绒的包装与贮存

活拔羽绒包装时，要尽量轻拿轻放，双层包装，包装后分层用绳子扎紧，羽绒要放在干燥、通风的室内贮存，注意防潮、防霉、防蛀、防热等，羽绒包装与贮存时要注意分类、分别标志，分区放置，以免混淆。

（五）活拔羽绒后的鸭、鹅的表现

鸭或鹅在第 1 或第 2 次拔羽绒后，有一部分出现精神委顿，暂时不食或少食，走路提腿，或者摇摇晃晃，或爱站不伏，也不睡不食等，个别鸭或鹅甚至会体温升高、脱肛等，这些均属正常现象，一般过 2～3 d 后会自然消失。

（六）活拔羽绒后饲养管理

为确保鸭群、鹅群的健康，3 d 内不在强烈阳光下放养，7 d 内不要让鸭、鹅下水和淋雨，也不要放养在潮湿地方，以防感染和感冒，铺以柔软干净的垫草。饲料中应增加蛋白质的含量，补充微量元素，适当补充精料。7 d以后，皮肤毛孔已经闭合，就可以让鸭、鹅下水游泳，多放牧，多食青草。种鸭或种鹅拔羽绒以后，公母应该分开饲养，停止交配。此外，若发现活拔羽绒后的鸭、鹅表现为病态，应及时诊治。

四、实训报告

写出实训报告。

复习思考题

一、选择题

1. 成年公鸭尾部一般有(　　)。

A. 镰羽　B. 梳羽　C. 蓑羽　D. 性指羽

2. 肥肝鹅填饲的是(　　)饲料。

A. 能量　B. 蛋白质　C. 碳水化合物　D. 维生素

3. 北京鸭属于(　　)。

A. 肉用型　B. 蛋用型　C. 兼用型　D. 观赏型

4. 绍鸭属于(　　)品种。

A. 肉用型　B. 蛋用型　C. 兼用型　D. 观赏型

5. 大型鹅种适宜的公母比例为(　　)。

A. 1∶(9～10)　B. 1∶(7～8)　C. 1∶(5～6)　D. 1∶(3～4)

6. 母鸭产蛋时间多集中在(　　)。

A. 清晨　B. 中午　C. 下午　D. 傍晚

7. 鸭的孵化期为(　　)。

A. 21 d　B. 25 d　C. 28 d　D. 31 d

8. 肥肝鹅填饲期一般为(　　)。

A. 1～2周　B. 3～4周　C. 4～5周　D. 5～6周

二、简答题

1. 鹅的生理特点和生活习性有哪些？
2. 肉鸭人工填饲的目的是什么？
3. 如何掌握肉鸭填饲的饲料用量？
4. 活拔羽绒的优点有哪些？
5. 活拔羽绒技术如何操作？

复习思考题参考答案

Module Five

Module Five

模块五

养禽场的经营管理

Module Five

Module Five

知识目标

1. 了解家禽生产成本中固定成本和可变成本的相关知识。

2. 熟悉生产成本的计算方法及家禽生产经济效益的分析方法。

3. 掌握禽场的场址选择、禽场的设计与布局、禽舍的设备与利用以及禽场的环境控制知识。

能力目标

1. 能合理编制禽群周转计划、产品生产计划、饲料供应计划、家禽孵化计划。

2. 能对养禽场生产进行科学管理，制定合理的操作规程、建立岗位责任制、确定劳动定额。

3. 能结合养禽场实际情况进行分析，适时调整，降低生产成本、提高养禽场经济效益。

4. 会选择禽场的场址、能合理设计禽场，规划布局禽场。

素质目标

1. 通过养禽规划与设计的讲解，培养学生信息化应用能力。

2. 通过养禽场生产计划的制定，培养学生综合分析问题和解决问题的能力。

3. 通过养禽场生产效益的分析，培养学生数据分析能力。

4. 培养学生工作提前规划的能力。

适合工种

禽场规划设计工、家禽饲养工、特禽饲养工。

项目十五
养禽场的规划与设计

任务一　选择场址

家禽养殖场场址的好坏直接关系到投产后场区小气候状况、经营管理及环境保护状况。现代化的家禽生产必须综合考虑占地规模、场区内外环境、市场与交通运输条件、区域基础设施、生产与饲养管理水平等因素。场址选择不当，可导致整个家禽养殖场在经营过程中得不到理想的经济效益，还可能因为对周围的大气、水、土壤等环境污染而遭到周边企业或城乡居民的反对。因此，场址选择是家禽养殖场建设可行性研究的主要内容和规划建设必须面对的首要问题，需要考虑以下因素。

二维码 15-1　禽场选址（视频）

一、地形地势

(1)地形整齐开阔，地势较高、干燥、平坦或有缓坡。

(2)面积充足（在实际生产中，场地面积可根据饲养规模因地制宜。大型鸡场，若采用笼养方式，场地面积一般为建筑面积的3～5倍）。

(3)背风向阳，周围有足够的农田、果园或鱼塘，以便能够充分利用鸡场的粪尿。

(4)养鸭(鹅)场选址应临近水源，最好略向水面倾斜，利于排水。

二、交通、电力状况

(1)禽场必须选在交通便利的地方。但不能过于靠近交通干道、居民点和公共场所，禽场应远离自然保护区、水源保护区、旅游规划区和工业污染区等。

(2)电力供应充足，最好有专用或多路电源，并能做到使用方便、经济等。如果供电无保证，禽场应自备1～2套发电机，以保证场区用电的稳定性和可靠性。

三、水源

禽场水源要求水量充足，水质良好，便于取用和进行卫生防护。水源水量必须能满足场内生活用水、饮用水及饲养管理用水（如清洗调制饲料、冲洗禽舍、清洗机具、用具等）的要求。最理想的水源是不经处理或稍加处理即可饮用，要求水中不含病原微生物，无异味，水质澄清。有条件的养鸡场最好进行水质分析，看其是否符合卫生要求（可参考人的饮水卫生标准）。

四、卫生防疫要求

（1）为防止家禽养殖场受到周围环境的污染，选址时应避开居民点的污水排出口，不能将场址选在化工厂、屠宰场、制革厂等容易产生环境污染企业的下风向处或附近。

（2）在城镇郊区建场，距离大城市 10 km，小城镇 2～5 km。距离铁路、高速公路、交通干线不小于 1 km，距离一般道路不小于 500 m，距离其他畜牧养殖场、兽医机构、畜禽屠宰场不小于 2 km，距离居民区不小于 3 km，且必须在城乡建设区常年主导风向的下风向。

（3）禁止在规定的自然保护区、生活饮用水水源保护区、风景旅游区，受洪水或山洪威胁及有泥石流、滑坡等自然灾害多发地带，自然环境污染严重的地区建场。

五、气象条件

详细调查了解建场地区的水文气象资料，作为养殖场建设与设计的参考。这些资料包括平均气温、光照条件、夏季最高温、冬季最低温度及持续天数等。

六、土地征用

遵循珍惜和合理利用土地的原则，不得占用基本农田，尽量利用荒地和劣地建场。大型家禽企业分期建设时，场址选择应一次完成，分期征地。近期工程应集中布置，征用土地满足本期工程所需面积。远期工程可顶留用地，随建随征。征用土地可按场区总平面设计图来计算实际占地面积（表 15-1）。

表 15-1　土地征用面积估算

场别	饲养规模	占地面积/(m^2/只)	备注
种鸡场	1 万～5 万只种鸡	0.6～1.0	按种鸡计
蛋鸡场	10 万～20 万只蛋鸡	0.5～0.8	按成年蛋鸡计
肉鸡场	年出栏 100 万只肉鸡	0.2～0.3	按年出栏量计

引自：黄炎坤，2010。

任务二　建造禽舍

一、养鸡场建造

（一）养鸡场的规划布局

养鸡场主要包括管理区、生产区和隔离区等，根据卫生防疫、工作方便需求，结合场地地势和当地全年主风向，从上风向到下风向顺序安排以上各区。管理区应设在全场的上风向和地势较高地段，依次为生产区、隔离区（图 15-1、图 15-2）。

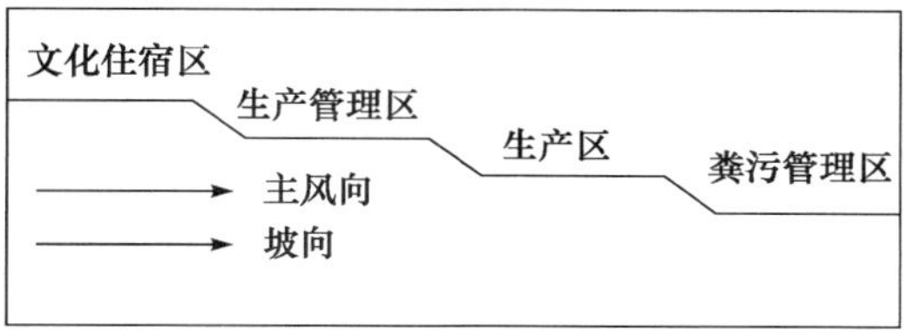

图 15-1　禽场布局按地势、风向的优先顺序

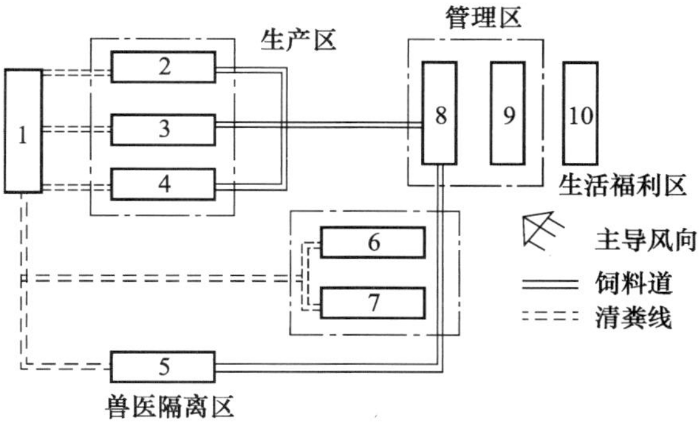

1.粪污处理区　2、3、4.产蛋鸡舍　5.兽医隔离区　6、7.育雏舍、育成舍
8.饲料加工车间　9.料库　10.办公生活区

图 15-2　某蛋鸡场区域规划示意图

1.管理区的功能与要求　管理区包括行政和技术办公室、饲料加工车间及料库、车库、杂品库、更衣消毒和洗澡间、配电房、水塔、职工宿舍、食堂、娱乐场所等，是担负禽场经营管理和对外联系的场区，应设在与外界联系方便的位置。

2.生产区的布局与要求

(1)生产区的布局　生产区包括各种禽舍，是禽场的核心。生产区可分成几个小区，它们之间的距离在 300 m 以上，每个小区内可以有若干栋鸡舍，综合考虑鸡舍间防疫、排污、防火和主导风向与鸡舍间的夹角等因素，鸡舍间距离为鸡舍高度的 3～5 倍。为保证防疫安全，无论是综合性养禽场还是专业性养禽场，禽舍的布局应根据主风向与地势，按孵化室、育雏舍、育成舍、成禽舍顺序设置。即孵化室在上风向，成禽舍在下风向。

(2)生产区的要求

①孵化室与场外联系较多，宜建在场前区入口处的附近。大型禽场可单设孵化场，设在整个养禽场专用道路的入口处；小型禽场也应在孵化室周围设围墙或隔离绿化带。

②育雏区或育雏分场与成禽区应隔一定的距离防止交叉感染。综合性禽场雏禽舍功能相同、设备相同时，可在同一区域内培育，做到全进全出。因种雏与商品雏培育目的不同，必须分群饲养，以保证禽群的质量。

③综合性禽场，种禽群和商品禽群应分区饲养，种禽区应放在防疫上的最优位置，而小区中的育雏育成禽舍又优于成年禽舍的位置，且育雏育成禽舍与成年禽舍的间距要大于本群禽舍的间距，并设沟、渠、墙或绿化带等隔离障。

④各小区内的运输车辆、设备和使用工具要标记，禁止交叉使用；饲养管理人员不允许互串饲养区。各小区间既要联系方便，又要有防疫隔离。一般情况下，育雏舍、育成舍和成禽舍

三者的建设面积比例为1∶2∶3。

3.隔离区的功能与要求 隔离区包括病死禽隔离、剖检、化验、处理等房舍和设施，粪便污水处理及贮存设施等，应设在全场的下风向和地势最低处，且隔离区与其他区的间距不小于50 m；病禽隔离舍及处理病死禽的尸坑或焚尸炉等设施，应距离禽舍300 m以上，周围应有天然的或人工的隔离屏障，设单独的通路与出入口，尽可能与外界隔绝；贮粪场要设在全场的最下风向处，对外出口附近的污道尽头，与禽舍间距不小于100 m，既便于禽粪由禽舍运出，又便于运到田间施用。

（二）鸡舍类型

鸡舍分类的方法很多，一般根据外界环境对鸡舍内部环境影响程度分为开放式鸡舍、半开放式鸡舍和密闭式鸡舍3种类型。

二维码15-2 鸡舍类型与结构（视频）

1.开放式鸡舍（图15-3、图15-4） 开放式鸡舍是指舍内与舍外直接相通，可利用光、热、风等自然能源的鸡舍，此种鸡舍建筑投资低，通风效果好，但易受外界不良气候的影响，防寒、防暑、防雨、防风效果差，需要投入较多的人力进行调节。主要用于育成鸡和成鸡的饲养，适用于热带或亚热带地区及我国北方夏季使用，但低温季节需做好保温防寒工作。我国大部分散养鸡、山林养鸡、放牧养鸡均采用此种禽舍。

图15-3 移动开放式鸡舍

图15-4 固定开放式鸡舍

2.半开放式鸡舍（图15-5、图15-6） 半开放式鸡舍是指鸡舍四周有较矮围墙，前墙和后墙上部敞开或安装窗户的鸡舍。敞开的面积取决于气候条件及鸡舍类型，一般敞开50%～60%的面积，敞开部分可安装窗户、卷帘、塑料布、草席等，高温季节打开窗户或拉起卷帘通风，低温季节关闭窗户或封闭卷帘保温。此鸡舍能够利用外界自然气候条件，对舍内小气候环境产生一定的控制能力。主要用于种鸡、育成鸡和成鸡的饲养，适用于气候条件变化不太大的地区。

图 15-5　半开放式鸡舍(外)

图 15-6　半开放式鸡舍(内)

3. 密闭式鸡舍(图 15-7、图 15-8)　密闭式鸡舍是指四周用保温隔热效果良好的墙壁密封,不设窗户,只设置可调通风口,与外界环境隔离。密闭式鸡舍要求屋顶与四壁保温隔热效果良好,通过环境控制设备的调控来调节鸡舍内小气候环境,自然环境对鸡群的影响非常小,能够减弱或消除不利的自然因素对鸡群的影响,使鸡群能在较为稳定的适宜的环境下充分发挥品种潜能,稳定高产。可以有效地控制和掌握育成鸡的性成熟,较为准确地监控营养和耗料情况,提高饲料的转化率。因几乎处于密闭的状态下,可以防止野禽与昆虫的侵袭,大大减少了污染的机会,从而减少了经自然媒介传播的疾病,有利于卫生防疫管理。使舍内小气候适于家禽生理特点的需要。该鸡舍的建筑和设备投资高,对电的依赖性大,饲养管理技术要求高,需要根据当地的气候条件和资金能力慎重选用。主要适用于规模化、机械化养殖企业和家禽育种公司。

图 15-7　密闭式鸡舍(外)

图 15-8　密闭式鸡舍(内)

(三)鸡舍设计

主要对鸡舍进行平面图设计。设计鸡舍的平面图要掌握的资料有:鸡的种类、饲养阶段、饲养规模、饲养方式、笼具规格和饲养密度。

1. 确定各类鸡舍的总饲养面积用逆算法进行推算　根据鸡的种类、饲养阶段、饲养规模、饲养方式和饲养密度先确定产蛋舍饲养面积,再根据各饲养阶段的成活率推算育成舍和育雏舍的饲养面积。

2. 设计鸡舍的宽度和长度　先确定笼具在舍内的排列方式和操作通道的宽度和走向,再确定鸡舍的宽度(跨度)和长度。以产蛋鸡舍为例计算公式如下。

鸡舍净宽度(m)=鸡笼宽度×鸡笼列数+通道宽度×通道数

平养鸡舍的长度(m)=鸡舍的总面积/鸡舍的净宽度

笼养鸡舍的长度(m)=每组笼长×每列笼组数+喂料机头尾长度+操作通道所需长度

鸡舍的宽度应为 10 m 左右,最大不应超过 13 m,太宽的鸡舍在夏季通风不足。鸡舍的高度一般要求落空 2.4 m 以上,炎热地区要求更高一些。鸡舍的长度根据设备的需要、饲养量、操作的方便性和占地限制而定。屋顶一般采用绝热层,并有较大的屋檐,以保持鸡舍内免遭雨淋,并起遮光作用。地基要坚实,地面要平整,门结实、宽阔以利于操作。

(四)鸡场饲养设备

1. 笼具设备

(1)鸡笼的组装

将单个鸡笼组装成为笼组,应根据鸡场的具体情况(鸡舍面积、饲养密度、机械化程度、管理情况、通风及光照情况),组装成不同的形式。

①全阶梯式鸡笼(图 15-9)　组装时上下两层笼体完全错开,常见的为 2～3 层。其优点是:鸡粪直接落于粪沟或粪坑;结构简单,停电或机械故障时可以人工操作;各层笼敞开面积大,通风与光照面大。缺点是:占地面积大,饲养密度低(10～12 只/m^2),设备投资较大,目前我国采用最多的是蛋鸡三层全阶梯式鸡笼和种鸡两层全阶梯人工授精笼。

②层叠式鸡笼(图 15-10)　鸡笼上下两层笼体完全重叠,常见的有 3～4 层,高的可达 8 层,饲养密度大大提高。其优点是:鸡舍面积利用率高,生产效率高。饲养密度 3 层为 16～18 只/m^2;四层为 18～20 只/m^2。缺点是:对鸡舍的建筑、通风设备、清粪设备要求较高。此外,不便于观察上层及下层笼的鸡群,给管理带来一定的困难。我国目前条件下,只有极少数鸡场使用。

图 15-9　全阶梯式鸡笼

图 15-10　层叠式鸡笼

③单层平列式　组装时一行行笼子的顶网在同一水平面上,笼组之间不留车道,无明显的笼组之分。管理与喂料等一切操作,都需要通过运行于笼顶的天车来完成。生产上一般不采用此种方法。

(2)鸡笼的大小

①育成鸡笼　一般采用 2～3 层重叠式。通常每平方米饲养 10 只左右,此种鸡笼的尺寸为 187.5 cm×44 cm×33 cm,一个单笼可饲养育成鸡 20 只,肉用仔鸡可适当增加。

②产蛋鸡笼　蛋鸡笼可分为深笼和浅笼,深笼的笼深为 50 cm,浅笼则为 30～35 cm。根据不同的规格可分为轻型、中型及重型产蛋鸡笼。蛋鸡笼一般每格可容纳 3～5 只鸡;一个单笼可饲养 20～30 只鸡。

③种鸡笼　种鸡笼有单层种鸡笼和两层个体人工授精鸡笼。单层种鸡笼的尺寸为 190 cm×88 cm×60 cm,为公母同笼自然交配,可饲养母鸡 20～22 只,公鸡 2 只。单体笼常用于进行人工授精的鸡场,原种鸡场进行纯系个体产蛋记录时也采用。

2. 饮水设备

饮水设备包括水泵、水塔、过滤器、限制阀、饮水器以及管道设施等,常用的饮水器类型如下。

(1)长形水槽　这是许多老禽场常用的一种饮水器,一般用镀锌、铁皮或塑料制成。此种饮水器的优点是结构简单,成本低,便于饮水免疫。缺点是耗水量大,易受污染,刷洗工作量大。

(2)真空饮水器(图 15-11)　由聚乙烯塑料筒和水盘组成,筒倒扣在盘上。水由壁上的小孔流入饮水盘,当水将小孔盖住时即停止流出,适用于雏鸡和平养鸡。优点是供水均衡,使用方便,但清洗工作量大,饮水量大时不宜使用。

(3)塔式饮水器(图 15-12)　主要由上部的阀门机构和下部的吊盘组成。阀门通过弹簧自动调节并保持吊盘内的水位。一般都用绳索或钢丝悬吊在空中,根据禽体高度调节饮水器高度,故适用于平养,一般可供 50 只家禽饮水用。优点为节约用水,清洗方便。

图 15-11　真空饮水器

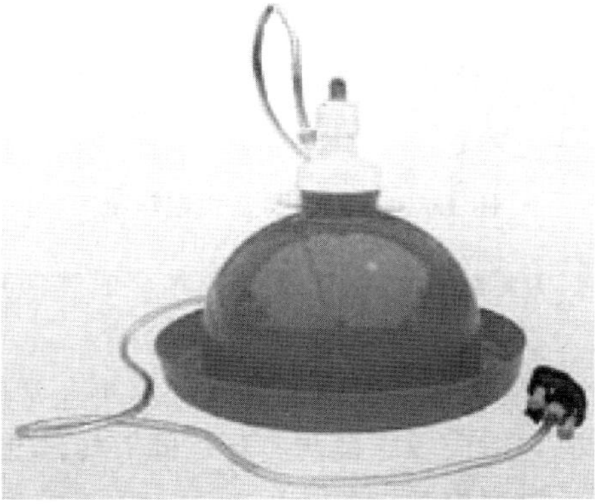

图 15-12　塔式饮水器

(4)乳头式饮水器(图 15-13)　为现代最理想的一种饮水器。它直接同水管相连,利用毛细管作用控制滴水,使阀杆底端经常保持挂着一滴水,饮水时水即流出,如此反复,既节约用水更有利于防疫,并且不需要清洗,经久耐用不需要经常更换。缺点:每层鸡笼均需设置减压水箱,不便进行饮水免疫,对材料和制造精度要求较高。

3. 饲料供给设备

常用的喂饲设备有螺旋弹簧式喂料机、轨道车式喂料机、料槽、料桶等。

图 15-13 乳头式饮水器

(1)螺旋弹簧式喂料机(图 15-14) 由料箱、内有螺旋弹簧的输料管以及盘筒形饲槽组,属于直线型喂料设备。工作时,饲料由舍外的贮料塔运入料箱,然后由螺旋弹簧将饲料沿着管道推送,依次向套接在输料管道出口下方的饲槽装料,当最后一个饲槽装满时,限位控制开关开启,使喂饲机的电动机停止转动,即完成一次喂饲。

(2)轨道车式喂料机(图 15-15) 用于多层笼养鸡舍,是一种骑跨在鸡笼上的喂料车。沿鸡笼上或旁边的轨道缓慢行走,将料箱中的饲料分送至各层食槽中。根据料箱的配置形式可分为顶料箱式和跨笼料箱式。顶料箱行车式喂料机只有一个料桶,料箱底部装有搅龙,当喂料机工作时搅龙随之运转,将饲料推出料箱沿溜管均匀流入食槽。跨笼料箱喂料机根据鸡笼形式配置,每列食槽上都跨设一个矩形小料箱,料箱下部锥形扁口通向食槽中,当沿鸡笼移动时,饲料便沿锥面下滑落入食槽中。

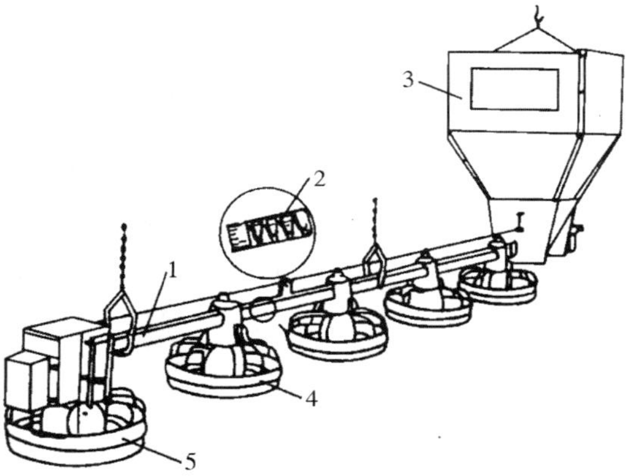

图 15-14 螺旋弹簧式喂料机

图 15-15 轨道车式喂料机

(3)喂料槽 喂料槽是平养育成鸡应用得较多,适用于干粉料、湿料和颗粒料的饲喂,根据鸡只大小而制成大、中、小长形食槽。

(4)喂料桶 喂料桶是现代养鸡业常用的喂料设备。由塑料制成的料桶,圆形料盘和连接调节机构组成。料桶与料盘之间有短链相接,留有一定的空隙。

4. 温度控制设备

(1)降温设备

①湿帘风机降温系统(图 15-16、图 15-17) 该系统由湿帘(或湿垫)、风机、循环水路与控制装置组成。具有设备简单,成本低廉,降温效果好,运行经济等特点,比较适合高温干燥地区。

在湿帘风机降温系统中关键的设备是湿帘。国内使用比较多的是纸质湿帘,采用特种高分子材料与木浆纤维空间交连,加入高吸水、强耐性材料胶结而成,具有耐腐蚀、使用寿命长、通风阻力小、蒸发降温效率高,能承受较高的过流风速、安装方便、便于维护等特点。湿帘风机降温系统是目前最成熟的降温系统。

湿帘的厚度以 100～200 mm 为宜，干燥地区应选择较厚的湿帘，潮湿地区所用湿帘不宜过厚。

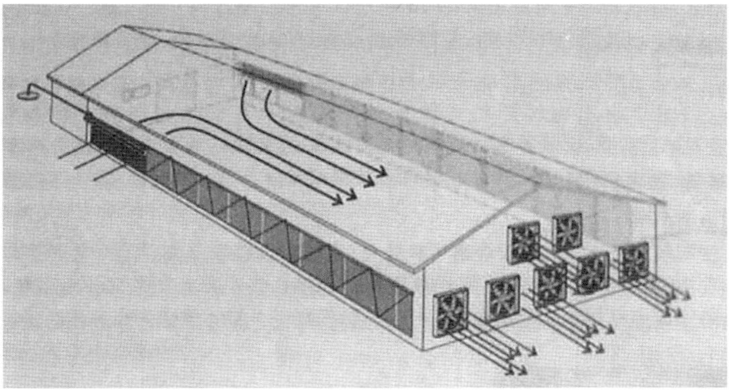

图 15-16　禽舍湿帘风机降温系统示意图

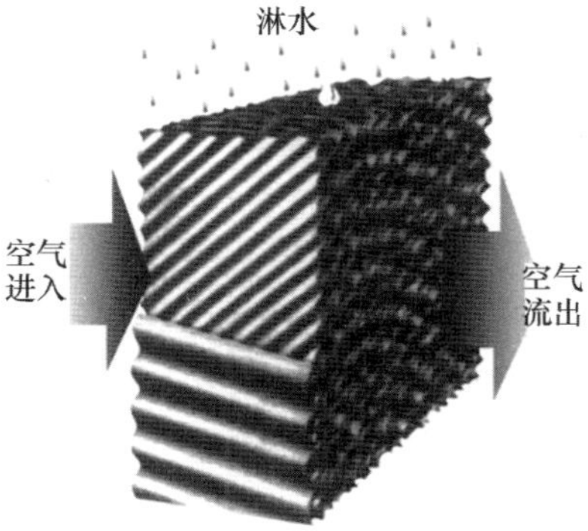

图 15-17　湿帘模式图

②喷雾降温系统(图 15-18)　用高压水泵通过喷头将水喷成直径小于 100 μm 雾滴，雾滴在空气中迅速汽化而吸收舍内热量使舍温降低。常用的喷雾降温系统主要由水箱、水泵、过滤器、喷头、管路及控制装置组成。该系统设备简单，效果显著，但易导致舍内湿度提高。若将喷雾装置设置在负压通风禽舍的进风口处。雾滴的喷出方向与进气气流相对，雾滴在下落时受气流的带动而降落缓慢，延长了雾滴的汽化时间，提高了降温效果。但鸡舍雾化不全时易淋湿羽毛影响生产性能。

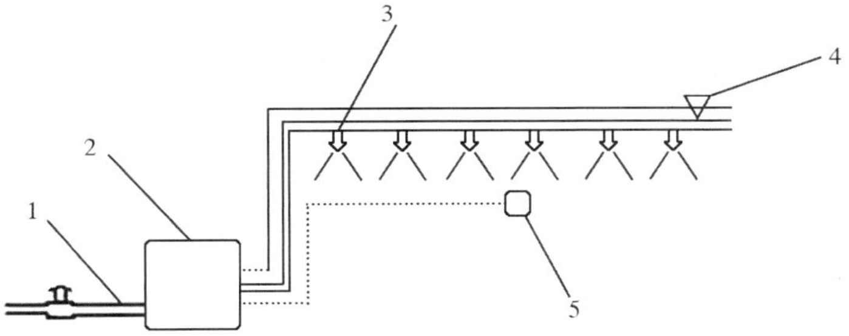

1. 供水源　2. 微雾机　3. 喷头　4. 排水电磁阀　5. 遥控器

图 15-18　喷雾降温系统示意图

(2)保温设备

①保温伞

保温伞适用于垫料地面育雏期和网上平养育雏期的供暖(图 15-19)。有电热式和燃气式两类。

电热式　热源主要为红外线灯泡和远红外板，伞内温度由电子控温器控制，可将伞下距地面 5 cm 处的温度控制在 26～35 ℃，温度调节方便。

燃气式　主要由辐射器和保温反射罩组成。可燃气体在辐射器处燃烧产生热量，通过保温反射罩内表面的红外线涂层向下反射远红外线，以达到提高伞下温度的目的。燃气式保温伞内的温度可通过改变悬挂高度来调节。

由于燃气式保温伞使用的是气体燃料（如天然气、液化石油气和沼气等），所以育雏室内应有良好的通风条件以防不完全燃烧产生的一氧化碳而使雏鸡中毒。

②热风炉（图 15-20） 热风炉供暖系统主要由热风炉送风风机、风机支架、电控箱、连接弯管、有孔风管等组成。热风炉有卧式和立式两种，是供暖系统中的主要设备。它以空气为介质，采用燃煤板式换热装置，送风升温快，热风出口温度为 80～120 ℃，热效率达 70%以上，比锅炉供热成本降低 50%左右，使用方便、安全，是目前推广使用的一种采暖设备。可根据鸡舍供热面积选用不同功率热风炉。立式热风炉顶部的水套还能利用烟气余热提供热水。

图 15-19 保温伞

图 15-20 水暖热风炉

5. 粪便处理系统

（1）牵引式刮粪（图 15-21） 牵引式刮粪一般由牵引机、刮粪板、框架、钢丝绳、转向滑轮、钢丝绳转动器等组成。一般在一侧都有贮粪沟。它是靠绳索牵引刮粪板，将粪便集中，刮粪板在清粪时自动落下，返回时，刮粪板自动抬起。主要用于鸡舍内同一个平面一条或多条粪沟的清粪，粪沟与相邻粪沟内的刮粪板由钢丝绳相连，可在一个回路中运转，一个刮粪板正向运行，另一个则逆向运行。也可楼上楼下联动同时清粪。钢丝绳牵引的刮粪机结构比较简单，维修方便，但钢丝绳易被鸡粪腐蚀而断裂。

（2）传送带清粪（图 15-22） 常用于高密度叠层式上下鸡笼间清粪，鸡的粪便可由底网空隙直接落于传送带上，可省去承粪板和粪沟。采用高床式饲养的鸡舍，鸡粪可直接落在深坑中，积粪经一年后再清理，非常省事。

图 15-21 牵引式刮粪

图 15-22 传送带清粪

传送带清粪装置由传送带、主动轮、从动轮、托轮等组成。传送带的材料要求较高，成本也昂贵。如制作和安装符合质量要求，则清粪效果好，否则系统易出现问题，会给日常管理工作带来许多麻烦。

二、水禽养殖舍的建造

(一)水禽场的布局

水禽场布局是否合理是养禽成败的关键条件之一。

1. 布局原则　便于卫生防疫、管理；充分考虑饲养流程；节约基建成本。

2. 分区　一般包括行政区、生活区和生产区；各区域之间应用绿化带或围墙严格分开，行政区、生活区要远离生产区；生产区四周要有防疫沟，要留两条通道：一是正常工作的清洁道，一是处理病死禽和粪便的污道；生产区内，育雏舍安置在上风向，然后依次是后备舍和成年舍；种禽舍要距离其他舍 300 m 以上。兽医室在禽舍的下风位置，污道的出口设在最下风处。

(二)水禽舍的建筑要求

水禽舍一般包括禽舍、陆上运动场和水上运动场 3 个部分，如图 15-23 所示，3 个部分的比例一般为 1∶(1.5～2)∶(1.5～2)。

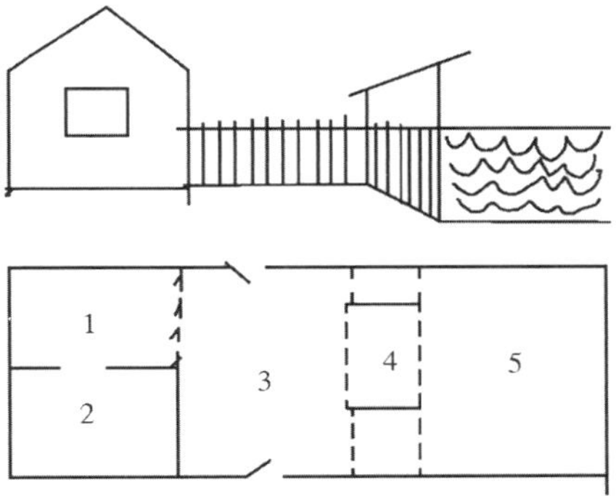

1. 禽舍　2. 产蛋间　3. 陆地运动场
4. 凉棚　5. 水面运动场

图 15-23　水禽舍侧面及平面图

1. 鸭舍　鸭舍普遍采用房屋式建筑，是鸭采食、饮水、产蛋和歇息的场所。可分为育雏舍、育成鸭舍、种鸭舍或产蛋鸭舍。

(1)育雏舍　育雏舍要求保温性能良好、干燥透气。房舍顶高 6 m，宽 10 m，长 20 m，房舍檐高 2～2.5 m，窗与地面面积之比一般为 1∶(8～10)。南窗离地面 60～70 cm，设置气窗，便于空气调节，北窗面积为南窗的 1/3～1/2，离地面 100 cm 左右。育雏地面最好用水泥或砖铺成，便于消毒。

(2)育成鸭舍　要求能遮挡风雨、夏季通风，冬季保暖，室内干燥。规模较大的鸭舍，育成舍可参照育雏舍建造。

(3)种鸭舍或产蛋鸭舍　分为舍内和运动场两部分，有单列式和双列式两种，其中以单列式最为多见。鸭舍檐高 2.6～2.8 m，窗与地面面积之比一般为 1∶8以上。南窗离地面 60～70 cm，北窗面积稍小，离地面 100～110 cm。舍内地面最好用水泥或砖铺成，并有适当坡度。周围设置产蛋箱，每 4 只产蛋鸭设置一个产蛋箱。

2. 鹅舍　鹅舍可分为育雏舍、肥育舍、种鹅舍等。一般来说，鹅舍采用南、南偏东或南偏西的朝向，东北地区以南向、南偏东向为宜。鹅舍的适宜温度应在 5～20 ℃，舍内要光线充足，干燥通风。

(1)育雏舍　雏鹅体温调节能力差，因此育雏舍要有良好的保温性能，舍内干燥，通风良好，最好安装天花板，便于隔热保温。舍内地面要保持干燥，并比舍外高 20～30 cm，以便于冲洗和消毒。

(2)育肥舍　肉鹅生长快，体质健壮，对环境适应能力增强，以放牧为主的育肥鹅可不必专设育肥舍，一般搭建能遮风雨的简易棚舍即可。

(3)种鹅舍　要求防寒隔热性能好，光线充足。舍檐高 1.8～2 m，窗面积与舍内底面积的比为 1∶(10～12)，舍内地面比舍外地面高 10～15 cm。种鹅舍外设立陆地运动场和水面运动场以满足种鹅休息、活动和戏水需要。

3.运动场　陆上运动场是鸭鹅休息和运动的场所，要求土质渗透性强，排水良好，其面积一般是禽舍的 1.5～2 倍，有适当的坡度；水上运动场是鸭鹅戏水、纳凉、采食水草和配种的场所，最好利用水质良好的天然沟塘、河流、湖泊，也可用人造池塘，周围可设置围网以控制禽群的活动范围。

(三)水禽场饲养设备与用具

水禽养殖所需的设备(如育雏设备)基本与养鸡所用设备相同，另外，由于水禽对环境适应能力强，活动范围广，各地可根据本地实际灵活配置和应用。

项目十六

制定养禽场生产计划

家禽场通过制定和执行计划来实现计划管理。计划按时限分为长期计划、年度计划和短期计划，其中年度生产计划是养禽场最基本的计划，它反映养禽场最基本的经营活动，是年度计划的中心。

一、禽群周转计划的编制

(一)养鸡场生产计划的制定

鸡群周转计划是根据鸡场的生产方向、鸡群构成和生产任务编制的。它是制定其他计划的基础，只有制定出鸡群周转计划，才能制定出孵化需求、产品生产、饲料供应等其他计划。

制定鸡群周转计划时必须考虑饲养日龄和平均饲养只数、入舍鸡数等因素。结合成活率、月淘汰死亡率，便可较准确地制定一个鸡场的鸡群周转计划。

1. 雏鸡育成鸡周转计划　专一性的雏鸡场，必须安排好本场的生产周期以及本场与孵化场鸡苗生产的同步性，一旦周转失灵，衔接不上，会打乱生产计划，造成经济损失。

雏鸡、育成鸡周转计划制定时应考虑各月次现有鸡只数、死淘鸡只数及转入成年鸡群只数，并推算育雏日期和育成数；考虑鸡场生产实际确定育雏、育成期的死淘率指标；考虑成鸡各月份需要补充的鸡只数；统计出全年总饲养只数和全年平均饲养只数。雏鸡、育成鸡周转计划见表 16-1。

表 16-1　雏鸡、育成鸡周转计划表

月份	0～42 日龄					43～132 日龄				
	期初只数	购入	转出	成活率	平均饲养只数	期初只数	购入	转出	成活率	平均饲养只数
		日期数量	日期数量				日期数量	日期数量		
合计										

2.商品蛋鸡群的周转计划　制定商品蛋鸡群的周转计划时应考虑的因素包括:鸡群的死淘率指标;各月各类鸡群淘汰数和补充数;鸡场年初、年末确定的各类鸡的饲养只数;最后统计出全年总饲养只数和全年平均饲养只数。商品蛋鸡周转计划见表16-2。

表16-2　商品蛋鸡周转计划表

月份	期初数	购入		死亡数	淘汰数	成活率	总饲养只数	平均饲养只数
		日期	数量					
合计								

此外,实际编制蛋鸡周转计划时还要考虑鸡群的生产周期,一般蛋鸡的生产周期是育雏期42 d(0～6周龄)、育成期98 d(7～20周龄)、产蛋期364 d(21～72周龄),而且每批鸡生产结束还要留一定时间的清洗、消毒。各阶段的饲养日不同,各种鸡舍的比例恰当才能保证生产工艺流程的正常运行。

3.肉种鸡群周转计划　肉种鸡场鸡群一般分为种公鸡、种母鸡、育成鸡(后备鸡)、雏鸡、肉仔鸡等。肉种鸡群的周转计划制定时要根据生产任务首先确定年初和年末饲养只数,然后根据鸡场实际情况确定鸡群年龄组成,再参考历年经验定出鸡群死淘率,最后再统计出全年总饲养只数。在确定种鸡数量时,要考虑以下问题。

(1)种公鸡的饲养与淘汰　种鸡群要按适当的配偶比例配备种鸡。由于生产配种过程中发生种公鸡的正常死亡、淘汰率,因而后备种公鸡要按正常需要多留20%。

(2)产蛋母鸡的淘汰和接替　一般鸡场在种鸡开产后利用一年即可淘汰,因此在淘汰前5个月开始育雏,培养后备鸡接替。肉种鸡群周转计划见表16-3。

表16-3　肉种鸡群周转计划表

组别	计划年初数	月份											
		1	2	3	4	5	6	7	8	9	10	11	12
0～4周龄雏鸡													
4～6周龄雏鸡													
6～14周龄后备母鸡													
14～22周龄后备母鸡													
6～22周龄后备公鸡													
种公鸡													
淘汰种公鸡													
产蛋种母鸡													
淘汰种母鸡													
肉用仔鸡													
总计													

(二)养鸭场生产计划的制定

现拟引进种鸭,制定年产3万只樱桃谷肉鸭的生产计划。

1.考虑因素　假设公母比为1∶5;种蛋合格率和受精率为90%以上;孵化率为80%～90%;每只母鸭年产蛋200枚以上;雏鸭成活率平均为90%。为留余地,以上数据均取下限值。

生产3万只雏鸭,以育成率为90%计算,最少要孵出的雏鸭数量为:

30 000÷90%=33 333(只)

需要受精种蛋数:33 333÷80%=41 666(枚)

全年需要种鸭生产合格种蛋数:41 666÷90%=46 296(枚)

全年需要种鸭产蛋量=46 296÷90%=51 440(枚)

全年需要饲养的种母鸭只数:51 440÷200=257(只)

考虑到饲养期间的存在一定死淘率,可适当扩大养殖数量如母鸭280只,公鸭60只(公母比为1∶5),共饲养种鸭340只。

2.具体安排

(1)孵化　当母鸭群进入产蛋旺季,产蛋率达70%以上时,280只母鸭每天可产蛋200枚,每7 d入孵一批,每批入孵数为1 400枚,孵化期为28 d,2 d为机动,以30 d计算,则在产蛋旺季,每月可入孵近5批,孵化种蛋最多可达7 000枚,养鸭场孵化设备应满足7 000枚的孵化任务。

(2)育雏　假设种蛋受精率为90%,孵化率为80%～90%,7 000枚种蛋最多可孵出5 670只雏鸭,平均一批约1 134只。育雏期20 d,所以,养鸭场的育雏舍、用具和饲料应能满足3批,约3 402只雏鸭的育雏任务。

(3)育肥　以成活率均为90%计算,每批孵出的雏鸭约1 134只,可得成鸭1 020只,鸭的育肥期为25 d,则养鸭场的育肥舍、器具等应能满足4批,约4 080只雏鸭的育雏任务。

通过以上计算,养鸭场要年产商品肉鸭3万只,每月孵化数最高时需要种蛋7 000枚,饲养数量最高时,包括种鸭、雏鸭、育肥鸭在内,共计7 822只,其中饲养种鸭340只,最大饲养雏鸭3 402只,育肥鸭4 080只。此外,还要考虑种鸭的更新,饲养一些后备种鸭。

根据以上数据制定雏鸭、育肥鸭的日粮定额、安排全年和月份饲料计划。

二、产品生产计划的编制

产品生产计划因经营方向的不同而有所不同。如肉鸡场主产品是肉仔鸡的数量或重量,副产品是鸡粪,而蛋鸡场的主产品是鸡蛋。制定产品生产计划时应以主产品为主。如肉鸡场产肉计划根据屠宰肉用仔鸡的只数和育肥鸡的平均活重编制,还应制定出合格率与一级品率,反映产品的质量水平。商品蛋鸡场的产肉计划比较简单,主要根据每月及全年的淘汰鸡数和重量来编制;产蛋计划则按每饲养日即每只鸡日产蛋克数估算出每日每月产蛋总重量,按产蛋重量制定出鸡蛋产量计划。产蛋指标必须根据饲养的商用品系生产标准,综合本场的具体饲养条件,同时参考上一年的产蛋量,产蛋计划见表16-4。

表 16-4 产蛋计划表

项目	月份											
	1	2	3	4	5	6	7	8	9	10	11	12
产蛋母鸡月初只数												
月平均饲养产蛋母鸡只数												
总产蛋率/%												
产蛋总数/枚												
总产量/kg												
种蛋数/枚												
食用蛋数/枚												
破损率/%												
破损蛋数/枚												

目前,我国鸭的生产经营多数比较分散,商品性生产和自给性生产并存,销售产品市场的需求影响很大。因此,发展养鸭生产时,要尽可能与当地有关部门或销售商签订购销合同,根据合同及自己掌握的资源、经营管理能力,合理地组织人力、物力、财力,制定出养鸭的生产计划,进行计划管理,以减少盲目性。

三、饲料供应计划的编制

饲料是发展养鸡生产的物质基础,必须根据鸡场规模及饲料消耗定额来制定饲料计划。每个禽场年初制定所需饲料的数量,防止饲料不足或比例不当而影响生产的正常进行,目的在于合理利用饲料。年度饲料计划见表 16-5。

表 16-5 年度饲料计划表

饲料原料	各原料每月用量/kg												全年总计/kg
	1	2	3	4	5	6	7	8	9	10	11	12	

不同品种和日龄的家禽所需饲料量是不同的,可参考全价配合饲料需要量。一般每只鸡全程需要的饲料量:蛋用型鸡育雏期(0～6 周龄)1 kg/只,蛋用型鸡育成期(7～20 周龄)7～8 kg/只,蛋用型鸡产蛋期(21～72 周龄)40～45 kg/只;肉用型种鸡 0～22 周龄(雏鸡、青年鸡阶段)10 kg/只,产蛋阶段 40～45 kg/只;肉用仔鸡 4～5 kg/只。据此可计算出,每天每周及每月鸡场饲料需要量,再根据饲料配方,计算出每月各饲料原料需要量。不同时期、不同类型的鸡只饲料计划见表 16-6、表 16-7。

表 16-6　雏鸡、育成鸡饲料计划表

雏鸡周龄	平均饲养只数	饲料总量/kg	各种料量/kg						添加剂
			玉米	豆粕	鱼粉	麸皮	骨粉	石粉	
1～6 7～14 15～20									
合计									

表 16-7　蛋鸡饲料计划表

月份	饲养只日数	饲料总量/kg	各种料量/kg						添加剂
			玉米	豆粕	鱼粉	麸皮	骨粉	石粉	
合计									

此外，编制饲料计划时还应考虑以下因素。

1. 饲料价格　饲料费用一般占生产总成本的 65%～75%，所以在制定饲料计划时要特别注意饲料价格，可根据当地饲料资源情况灵活掌握。例如有些地方花生饼、碎米、肉骨粉、草粉等资源比较丰富，价格相对比较便宜，则可调整配方，适当增加比例，并将所需原料列入年初计划。

2. 饲料来源　如果当地饲料供应充足及时，质量稳定，每次购进饲料一般不超过 3 d 量为宜。如禽场自行配料，还需按照上述禽的饲料需要量和饲料配方中各种原料所占比例折算出各原料用量，另外增加 10%～15%的保险量。饲料来源要保持稳定，禁止随意更换，以免引起禽群应激。

3. 饲料用量　不同品种、不同日龄的家禽饲料需要量各不相同。在确定禽的饲料消耗用量时，既要严格对照品种标准，同时也要结合本场生产实际，不能盲目照搬。

4. 饲养类别　采用分段饲养，编制饲料计划时还应注明饲料的类别，如雏鸡料、成鸡料、蛋鸡 1 号料、蛋鸡 2 号料等。

四、家禽孵化计划的编制

家禽孵化计划需根据养殖场需补充的后备鸡、外销的育肥鸡和出售的雏鸡数，再结合当年饲养品种的生产水平和孵化设备及技术条件等情况，并参照历年孵化成绩，制定全年孵化计划。制定孵化计划要依据孵化设备条件主要有孵化器数量、孵化率、家禽孵化期、种蛋预热及出雏后期的处理工作安排等具体情况，制定出周密的孵化计划，并填写孵化工作计划表（表 16-8）。同时对入孵工作也要有具体安排，包括入孵的批次、入孵日期、入孵数量、照蛋、落盘、出雏日期等，以便统筹安排生产和销售工作。

表 16-8 年度孵化计划表

批次	入孵日期	品种来源	入孵蛋数	受精蛋数	受精率/%	出雏总数	其中		孵化率/%	壮雏率/%	备注
							壮雏数	弱雏数			

制定孵化计划时，尽量把费时、费力的工作（如上蛋、照蛋、落盘、出雏等）错开。计划一旦制定，不要随意更改计划，以便使孵化工作顺利进行。

知识链接

生产计划制定的依据

制定生产计划通常依据下面几个因素。

1. 生产工艺流程　制定养禽生产计划，必须以生产流程为依据。生产流程因企业生产的产品不同而异。各鸡群的生产流程顺序，蛋鸡场为：种鸡（舍）—种蛋（室）—孵化（室）—育雏（舍）—育成（舍）—蛋鸡（舍）。肉鸡场的产品为肉用仔鸡，多为全进全出生产模式。一个综合性鸡场，从孵化开始，育雏、育成、蛋鸡以及种鸡的饲养，完全由本场解决。为了完成生产任务，一个综合性鸡场除了涉及鸡群的饲养环节外，还有饲料的贮存、运送，供电、供水、供暖，兽医防制，病死鸡的处理，粪便、污水的处理，成品贮存与运送，行政管理和为职工提供必备生活条件。一个养鸡场总体流程为饲料（库）—鸡群（舍）—产品（库）；另外一条流程为饲料（库）—鸡群（舍）—粪污（场）。

2. 经济技术指标　各项经济技术指标是制定计划的重要依据。制定计划时可参照饲养管理手册上提供的指标，并结合本场近年来实际生产达到的水平，特别是最近一两年来正常情况下场内达到的水平。

3. 生产条件　将当前生产条件与过去的条件对比，主要在房舍设备、家禽品种、饲料和人员等方面进行比较，看是否有所改进，酌情确定新计划增减的幅度。

4. 创新能力　采用新技术、新工艺或开源节流、挖掘潜力等可能增产的技术或设备。

5. 经济效益制度　效益指标常低于计划指标，以保证承包人有产可超。也可以两者相同，提高超产部分的提成或适当降低计划指标。

任务评价

模块任务评价表

<table>
<tr><td>班　级</td><td></td><td>学号</td><td></td><td>姓　名</td><td></td></tr>
<tr><td>企业(基地)名称</td><td></td><td>养殖场性质</td><td></td><td>岗位任务</td><td>生产计划的编制</td></tr>
<tr><td colspan="6">一、评分标准
说明:考核共 5 项,总分 100 分;分值越高表明该项能力或表现越佳,综合评分为各项评分的和。90 分及以上优秀,75≤分数<90 良好,60≤分数<75 合格,60 分以下不合格</td></tr>
<tr><td>考核项目</td><td>考核标准</td><td>得　分</td><td>考核项目</td><td>考核标准</td><td>得　分</td></tr>
<tr><td rowspan="2">专业知识(15 分)</td><td rowspan="2">掌握禽群周转计划、产品生产计划、饲料供应计划、家禽孵化计划编制的依据条件,了解和掌握编制步骤。</td><td rowspan="2"></td><td colspan="3">专业技能(45 分)</td></tr>
<tr><td>鸡群周转计划的编制(15 分)</td><td>结合鸡位、鸡位利用率、饲养日和平均饲养只数、入舍鸡数等因素,制定出的鸡群周转计划要准确可行。</td><td></td></tr>
<tr><td>工作表现(15 分)</td><td>态度端正;团队协作精神强;计划编制合理可行;按时按质完成任务。</td><td></td><td>产品生产计划的编制(15 分)</td><td>综合本场的具体饲养条件,同时参考上一年产量,产品计划切实可行,经过努力可以完成或超额完成。</td><td></td></tr>
<tr><td>学生互评(10 分)</td><td>根据小组代表发言、小组学生讨论发言、小组学生答辩及小组间互评打分情况而定。</td><td></td><td>饲料供应计划的编制(10 分)</td><td>根据鸡场规模及饲料消耗定额,禽场年初制定所需各种饲料的数量和比例,防止饲料不足或比例而影响生产的正常进行。</td><td></td></tr>
<tr><td>实施成果(15 分)</td><td>计划的编制合理可行,切合生产实际,能很好地检查进度,了解生产成效。</td><td></td><td>表格整体合理性(5 分)</td><td>所有表格逻辑性强,可行、合理。</td><td></td></tr>
<tr><td colspan="6">综合分数:______分　　优秀(　　)　　良好(　　)　　合格(　　)　　不合格(　　)</td></tr>
<tr><td colspan="6">二、综合考核评语
(该学生是否掌握了该岗位的专业知识、专业技能及掌握程度,能否通过该岗位技能考核)

教师签字:
日　　期:</td></tr>
</table>

项目十七
分析养禽场生产效益

一、生产成本的分析与估测

生产成本就是把养禽场为生产产品所发生的各项费用，按用途、产品进行汇总、分配，计算出产品的实际总成本和单位产品成本。

（一）家禽生产成本的构成

家禽生产成本按传统分为固定成本和可变成本两大类。

固定成本是在已经正常生产的禽场中，凡是不因生产的产品量多少而变动的成本费用，由养禽企业的房屋、禽舍、饲养设备、运输工具、动力机械、生活设施、研究设备等折旧费、土地税、基建贷款利息等组成，在会计账面上称为固定资金。固定成本使用期长，以完整的实物形态参加多次生产过程；并可以保持其固有物质形态。随着养禽生产的不断进行，其价值逐渐转到产品中，并以折旧费用方式支付。

可变成本是指随生产规模、产品产量大小而变化的成本费用，在生产和流通过程中使用的资金，也称为流动资金。可变成本包括饲料费、防疫费、燃料费用、能源费用、临时工工资等支出。其特点是仅参加一次养禽生产过程即被全部消耗，价值全部转移到家禽产品中。

家禽生产成本按国家新规定指直接材料、直接工资、制造费用、进货费用及业务支出等。

从生产成本构成中可以看出，要提高养禽企业的经营业绩，首先应降低固定资产折旧费，尽量提高饲料费用在总成本中所占比重，提高每只禽的产蛋量、活重，降低死亡率。

（二）生产成本的支出项目

根据家禽生产特点，禽产品成本支出项目的内容，具体项目如下。

1. 饲料费　指家禽生产过程中实际耗用的自产和外购的各种饲料原料、预混料、饲料添加剂和全价配合饲料等费用，占总成本的65%～75%。

2. 育成禽摊销费　指雏禽费加育成费之和，约占总成本的20%。

3. 防疫保健费　指用于禽病防治的疫苗、药品、消毒剂、检疫费、专家咨询费等，占总成本的2%～5%。

4. 人工费　指直接从事家禽生产人员的工资、津贴、奖金、福利等。

5. 固定资产折旧费　指禽舍和设备的折旧费。房屋等建筑物一般按10～15年折旧，禽场机械设备一般按5～8年折旧。

6.水、电、燃料　指直接用于家禽生产的燃料费、水电费，这些费用按实际支出的数额计算。

7.其他直接费用　设备维修、低值易耗品及与生产相关的杂支费用。

8.企业管理费　指养禽场用于管理的一切费用。

9.车间经费　综合性养禽场的共用设施及技术人员的费用等。

以上项目的费用，构成养禽场的生产成本。计算禽场成本就是按照成本项目进行的。产品成本项目可以反映企业产品成本的结构，通过分析考核找出降低成本的途径。

(三)生产成本的核算

生产成本的核算是以一定的产品为对象，归集、分配和计算各种物料的消耗及各种费用的过程。

1.生产成本核算对象　养鸡场生产成本的核算对象为每个种蛋、每只初生雏、每只育成禽、每只肉用禽和每千克禽蛋等。

2.生产成本核算方法

(1)种蛋生产成本的计算

每枚种蛋成本＝(种蛋生产费用－副产品价值)/入舍种禽出售种蛋数

种蛋生产费为每只入舍种鸡自入舍至淘汰期间的所有费用之和。种蛋生产费包括种禽育成费、饲料、人工、房舍与设备折旧、水电费、医药费、管理费、低值易耗品等。副产品价值包括期内淘汰鸡、期末淘汰鸡、鸡粪等收入。

(2)初生蛋雏生产成本的计算

每只初生蛋雏成本＝(种蛋费＋孵化生产费－副产品价值)/出售种雏数

孵化生产费用包括种蛋采购费、孵化房舍与设备折旧费、人工费、水电费、雌雄鉴别费、疫苗注射费、雏鸡运送费、销售费等，副产品价值主要是未受精蛋、毛蛋和公雏等收入。

(3)每只育成禽生产成本的计算

每只育成禽成本＝(期内全部饲养费－副产品价值)/期内饲养只日数

育成禽生产费用包括蛋雏采购费、饲料费、人工费、房舍与设备折旧费、水电费、管理费和低值易耗品费用等，副产品价值是指禽粪、淘汰禽等项收入。

(4)每只肉禽生产成本的计算

每只肉仔鸡成本＝(肉仔鸡生产费用－副产品价值)/出栏肉仔鸡只数

肉仔鸡生产费用包括入舍雏鸡鸡苗费与整个饲养期其他各项费用之和，副产品价值主要是鸡粪收入。

(5)每千克禽蛋生产成本的计算

每千克禽蛋成本＝(蛋禽生产费用－副产品价值)/入舍母鸡总产蛋重量(kg)

蛋禽生产费用包括蛋禽育成费用、饲料费、人工费、房舍与设备折旧费、水电费、医药费、管理费和低值易耗品费用等，副产品价值主要是蛋禽残值、鸡粪收入。

(四)总成本中各项费用的大致构成

1. 鸡蛋的成本构成　每枚鸡蛋的成本构成见表17-1。

表17-1　鸡蛋的成本构成

项　　目	每项费用占总成本的比例/%	项　　目	每项费用占总成本的比例/%
后备鸡摊销费	16.8	维修费	0.4
饲料费	70.1	低值易耗品费	0.4
工资福利费	2.1	其他直接费用	1.2
疫病防治费	1.2	期间费用	3.7
燃料水电费	1.3		
固定资产折旧费	2.8	合　　计	100

2. 育成鸡的成本构成　20周龄育成鸡总成本的构成见表17-2。

表17-2　育成鸡(达20周龄)总成本构成

项　　目	每项费用占总成本的比例/%	项　　目	每项费用占总成本的比例/%
雏鸡费	17.5	维修费	0.5
饲料费	65	低值易耗品费	0.3
工资福利费	6.8	其他直接费用	0.9
疫病防治费	2.5	期间费用	1.5
燃料水电费	2		
固定资产折旧费	3	合　　计	100

二、家禽生产的经济效益分析

养禽生产是以流动资金购入饲料、雏禽、医药、燃料等,在人的劳动作用下转化为禽蛋产品,其中每个生产经营环节都影响着养禽场的经济效益,而产品的产量、禽群工作质量、成本、利润、饲料消耗和职工劳动生产率的影响尤为重要。下面就以上因素对养禽场的经济效益进行分析。

(一)成本分析

产品成本直接影响着养禽场的经济效益。进行成本分析,可以理清各项成本项目的增减及其变化情况,找出引起变化的原因,寻求降低成本的最佳途径。成本分析时要确保数据的真实性,统一计算方法,以确保成本资料的准确性和可比性。

1. 成本结构分析　分析各生产成本构成项目占总成本的比例,并找出各阶段的成本结构。成本构成中饲料是一大项支出,而该项支出最直接地用于生产产品,它占生产成本比例的高低直接影响着养禽场的经济效益。

2. 成本项目增减及变化分析　根据实际生产报表资料,与本年计划指标或先进的禽场比较,检查总成本、单位产品成本的升降,分析构成成本的项目增减情况和各项目的变化情况,找出差距,查明原因。

(二)饲料消耗分析

饲料消耗分析应从饲料日粮、饲料消耗定额和饲料利用率 3 个方面进行。先根据生产报表统计各类禽群在一定时期内的实际耗料量，然后同各自的消耗定额对比，分析饲料在加工、运输、贮藏、保管、饲喂等环节上造成的浪费情况及原因。此外，还要分析在不同饲养阶段饲料的转化率。生产单位产品耗用的饲料越少，说明饲料报酬就越高，经济效益就越好。

(三)禽群工作质量分析

禽群工作质量是评价养禽场生产技术、饲养管理水平、职工劳动质量的重要依据。禽群工作质量分析主要通过家禽的生活力、产蛋力、繁殖力和饲料报酬等指标的计算、比较来进行。饲养人员的劳动成效通常也可通过家禽的工作状况表现出来。只有禽群工作质量处于好的状态下，才有可能获得较多的产品和经济效益。

(四)产品产量分析

1. 计划完成情况分析　通过产品的实际产量与计划产量的对比，对养禽场的生产经营状况做概括评价及原因分析。

2. 产品产量增长动态分析　通过对比历年历期产量增长动态，查明是否发挥自身优势，是否合理利用资源，进而找出增产增收的途径。

(五)劳动生产率分析

劳动生产率反映着劳动者的劳动成果与劳动消耗量之间的对比关系。劳动生产率分析包括以下 2 个方面。

1. 劳动力数量一定的条件下，分析劳动生产率的变动对劳动产量的影响。

2. 产量一定的条件下，分析劳动生产率的变动对劳动力数量的影响。

(六)利润分析

利润是经济效益的直接体现，任何一个企业只有获得利润，才能生存和发展。养禽场利润分析包括以下 2 个指标。

1. 利润总额　利润总额是指企业在生产经营过程中各种收入扣除各种耗费后的盈余，反映企业在报告期内实现的盈亏总额。利润总额是衡量企业经营业绩的十分重要的经济指标。

2. 利润率　由于各个养禽场生产规模、经营方向不同，利润额在不同禽场之间不具有可比性，只有反映利润水平的利润率，才具有可比性。利润率一般用产值利润率、成本利润率、资金利润率来表示。

知识链接

提高养禽场经济效益的措施

1. 科学决策　正确的经营决策可收到较高的经济效益，错误的经营决策能导致重大经济损失甚至破产。养禽场的正确决策包括经营的类型与方向、适度规模、合理布局、优化的设计、成熟的技术、安全生产、充分利用社会资源等方面。同时收集大量与养殖业有关的信息，如市场需求、产品价格、饲料价格、疫情、国家政策等方面的信息，做出正确的预测。只有这样才能保证决策的科学性、可行性，从而提高养禽场的经济效益。

2.提高产品产量　养禽场提高产品产量要做好以下几方面的工作：饲养优良禽种、提供优质的饲料、科学的饲养管理、适时更新禽群、重视防疫工作。养禽场必须制定科学的免疫程序，严格执行防疫制度，不断降低禽只死淘率，提高禽群的健康水平和产品质量才能获得好的经济效益。

3.降低生产成本、增加产出　降低生产成本是企业经营管理永恒的主题。养禽场要获取最佳经济效益，就必须在保证增产的前提下，尽可能减少消耗，节约费用，降低单位产品的成本。其主要途径有：降低饲料成本、减少燃料动力费、正确使用药物、降低更新禽的培育费、合理利用禽粪、提高设备利用率、提高全员劳动生产率。

4.搞好市场营销　养禽要获得较高的经济效益就必须研究市场、分析市场，搞好市场营销。首先以信息为导向，迅速抢占市场。企业必须及时准确地捕捉信息，迅速采取措施，适应市场变化，以需定产，有需必供。其次树立“品牌”意识，生产优质的产品，树立良好的商品形象，创造自己的名牌，提高产品的市场占有率。

任务评价

模块任务评价表

<table>
<tr><td>班　级</td><td></td><td>学号</td><td></td><td>姓　名</td><td></td></tr>
<tr><td>企业(基地)名称</td><td></td><td>养殖场性质</td><td></td><td>岗位任务</td><td>养禽场经济效益分析</td></tr>
<tr><td colspan="6">一、评分标准
说明：考核共8项，总分100分；分值越高表明该项能力或表现越佳，综合评分为各项评分的和。90分及以上优秀，75≤分数<90良好，60≤分数<75合格，60分以下不合格</td></tr>
<tr><td>考核项目</td><td>考核标准</td><td>得　分</td><td>考核项目</td><td>考核标准</td><td>得　分</td></tr>
<tr><td rowspan="2">专业知识(15分)</td><td rowspan="2">了解家禽生产成本中固定成本和可变成本各自组成状况，生产成本支出项目的内容；掌握生产成本的计算方法及家禽生产经济效益的分析方法。</td><td rowspan="2"></td><td colspan="3">专业技能(45分)</td></tr>
<tr><td>成本组成(10分)</td><td>固定成本和可变成本组成分析合理，比例科学。</td><td></td></tr>
<tr><td>工作表现(15分)</td><td>态度端正；团队协作精神强；质量安全意识强；记录填写规范正确；按时按质完成任务。</td><td></td><td>成本支出(10分)</td><td>成本支出项目全面；费用比例依据合理，符合生产实际。</td><td></td></tr>
<tr><td>学生互评(10分)</td><td>根据小组代表发言、小组学生讨论发言、小组学生答辩及小组间互评打分情况而定。</td><td></td><td>成本计算(20分)</td><td>成本计算方法正确，结果准确，数据真实可靠。</td><td></td></tr>
<tr><td>实施成果(15分)</td><td>生产成本计算方法得当，结果正确，效益分析科学合理。</td><td></td><td>生产效益分析(5分)</td><td>生产效益分析合情合理，能很好地指导生产。</td><td></td></tr>
<tr><td colspan="6">综合分数：______分　　优秀(　　)　　良好(　　)　　合格(　　)　　不合格(　　)</td></tr>
<tr><td colspan="6">二、综合考核评语
(该学生是否掌握了该岗位的专业知识、专业技能及掌握程度，能否通过该岗位技能考核)

教师签字：
日　　期：</td></tr>
</table>

项目十八
养禽场的经营管理技能训练

技能一　设计养禽场

一、技能目标

通过技能训练，使学生掌握如何根据鸡场的地形、地势，生产目标、养殖品种、数量，设计养禽场。

二、实训材料和用具

家禽饲养场的相关材料和数据。

三、实施环境

学校实训鸡场。

四、实训内容与方法步骤

初步了解养殖场的各种条件。

（一）蛋鸡场的规模和性质

以商品蛋鸡场为例，场内所产的鲜蛋全部作为商品蛋上市，成年鸡养至74周龄时一次全部淘汰。

（二）饲养模式和鸡舍配比

两段式饲养　育雏育成舍∶产蛋鸡舍为1∶3。

三段式饲养　育雏舍∶育成舍∶产蛋鸡舍为1∶2∶(6～7)。

为了有利于蛋鸡养殖的疫病防控，应建立专门育雏育成鸡场，推广专业化育雏育成，蛋鸡生产者可只饲养商品蛋鸡，实现蛋鸡的专业化生产。

（三）鸡舍建筑

蛋鸡舍类型主要有卷帘开放式、有窗开放式、封闭式3种。推荐采用密闭式鸡舍，水泥地面，墙面白水泥刷白。

(四)饲养管理方式

四列三层阶梯式饲养，采用自动饮水、通风、机械喂料和清粪等系统。

(五)舍内布局

开放式鸡舍宜两列三走道或三列四走道布局；封闭式鸡舍根据饲养规模，可三列四走道、四列五走道布局。

(六)规模化蛋鸡舍设计(以1.5万只为例)

鸡舍设计时，要注意不同设备厂商提供的同类型笼具的规格有所不同，鸡舍的长、宽应根据设备厂商提供的笼具规格进行计算。

以四列三层五个过道布局为例进行设计(图18-1)。

设计成年蛋鸡舍，应从计算鸡笼的数量入手。按每个单体笼4只鸡，每4个笼子连接成一组。本方案按每组笼子养16只鸡计，鸡笼安装在支架上，分3层，每层1组，两侧共6组鸡笼，即每个支架可养96只鸡。据此计算，全舍共需要156个支架。鸡舍按纵向设置4排安装，全舍176个支架，平均每排44个。这样，全舍实际容纳16 896只鸡，可以满足设计需要。

1.鸡舍的宽度　应根据支架的跨度和人行道宽度来决定。如每个支架的跨度为2.1 m，每条人行道的宽度为1 m，两侧纵墙的厚度各为0.25 m，则全舍总宽度为：人行道宽度×5+鸡笼支架跨度×4+两侧纵墙厚度=1×5+2.1×4+0.25×2=13.90(m)。

2.鸡舍的纵向长度　应根据鸡笼计算。如每排设44个支架，每架长1.9 m，前端留1.5 m走道，另设3 m饲料间和工具室；后端设1.5 m清粪走道，东、西墙一律为0.25 m，则总长度为：每架长×44个支架+东端走道+西端清粪走道+饲料间和工具室宽度+东、西墙厚度=1.9×44+1.5+1.5+3+0.25×2=90.1(m)。

3.地面、粪槽　鸡舍地坪高出地面0.3 m，粪槽起始端深0.25～0.35 m，粪沟3‰向后放坡。

4.鸡舍高　屋檐高度一般在2.6～3.2 m。屋脊的高度一般在屋檐高的基础上加1～1.2 m。

5.密闭式通风系统

(1)通风口　在侧墙上安装通风小窗(小窗大小为0.67 m×0.23 m左右)，小窗间距3 m，位于墙体圈梁以下。

(2)风机　在后山墙安装风机6个(风机尺寸1.4 m×1.4 m)，距离舍内地面高10 cm，侧墙每侧安装风机1个，距离后墙6 m，风机角度与后墙呈120°角。

6.密闭式光照系统　灯泡应高出顶层鸡笼50 cm，位于过道中间和两侧墙上。灯泡间距2.5～3.0 m，灯泡交错安装，两侧灯泡安装墙上。

7.水帘降温系统　水帘具体安装面积需要查找相关标准进行计算得出，此处不做详细介绍，通常300～350只蛋鸡需要1 m^2湿帘板。

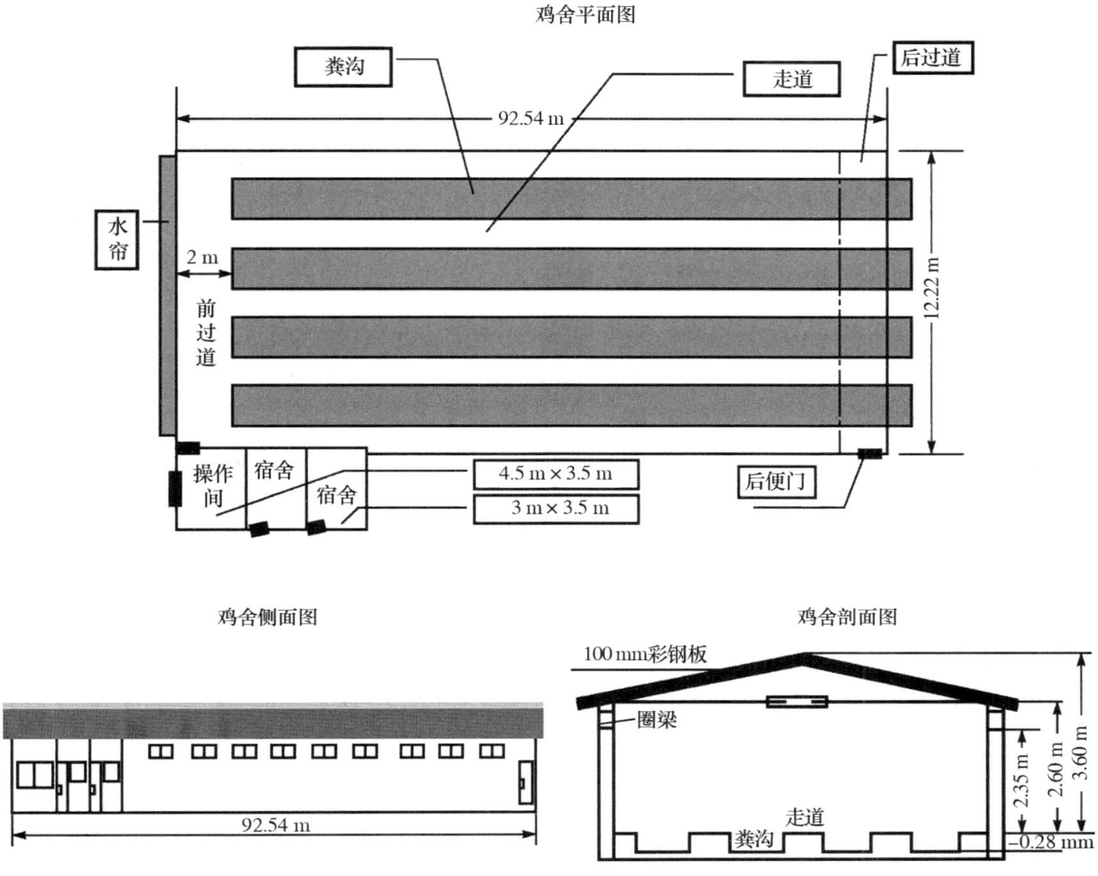

图 18-1　某蛋鸡场平面设计图

五、实训报告

写出实训报告。

技能二　编制养禽场年度生产计划

一、技能目标

通过技能训练，使学生根据家禽的品系、生长阶段、设计家禽饲养场的年度生产计划。

二、实训材料和用具

家禽饲养场的相关材料和数据。

三、实施环境

学校实训鸡场。

四、实训内容与方法步骤

养禽场年度生产计划一般内容包括：养禽场总生产计划、育雏计划、禽群周转计划、饲料计划、产品计划、物资供应计划、基建维修计划、劳动工资计划、财务成本和利润计划、防疫卫生计划。

以商品蛋鸡场为例，分别说明养鸡场总生产计划、育雏计划和鸡群周转计划编制的方法。

1. 制定总生产任务　根据本场的生产任务和指标，结合现有条件，确定鸡群的规模和产蛋任务等。

某商品蛋鸡场上年末饲养 10 000 只产蛋鸡，2021 年末母鸡存栏数计划达 12 000 只，春季育雏，一年利用制。预计初生雏鉴别准确率 90%，新母鸡(150 d)育成率 92%。产蛋鸡死亡淘汰率平均每月 1%。

2. 制定育雏、育成计划　根据年度任务要求，育雏开始日期 2 月底，新母鸡育成期 7 月底。应育成新母鸡 12 000×(1+0.01×5)=12 600(只)，所需初生鉴别母雏为 12 600÷90%÷92%=15 220(只)。

3. 编制鸡群周转计划　根据生产任务和指标(如育雏数、育成率、母鸡死亡淘汰率等资料)，按以下步骤编制鸡群周转计划。

(1)将上一年生产年度末产蛋鸡只数填入周转表格中。

(2)分别计算计划年度内各月各类鸡群的变动情况(转入、转出、死亡和淘汰只数)及月末存栏只数，并分别填入周转表相应的栏内。

(3)审查周转表中鸡群育成只数、淘汰只数及年末存栏只数是否完成计划任务。未完成则应重新调整育雏计划和淘汰计划，使其相符。具体计划如表 18-1 所示。

表 18-1　鸡群周转计划表

项目	上年末存栏数	计划年度月份(各月末存栏及死淘只数)												计划年度末存栏数
		1	2	3	4	5	6	7	8	9	10	11	12	
雏鸡			15 220①	14 946	13 455	12 876	12 738	12 600						
死亡母雏				274	274	274	138	138③						
死亡淘汰公雏					1 217	305②								
产蛋母鸡	10 000	9 900	9 800	9 700	9 600	9 500	9 400	0	12 480	12 360	12 240	12 120	12 000	12 000
死亡淘汰母鸡		100⑤	100	100	100	100	100	9 400④	120	120	120	120	120	

说明：①初育数应为 15 217.89 只，为方便计算用 15 220 只。

②死亡淘汰公雏数按初育数的 10%计，4 月份占 80%，5 月份占 20%。

③3—5 月份死亡母雏均按初育母雏的 2%计，6—7 月份按 1%计(共 1 098 只)。

④上年转来的产蛋母鸡，今年 7 月底全部淘汰。

⑤为方便计算，产蛋母鸡平均每月死亡淘汰率为 1%，按年末数大概推算。

此外，在实际编制鸡群周转计划时还应考虑鸡的生产周期。一般蛋鸡的生产周期为育雏期 42 d(0～6 周)、育成期 98 d(7～20 周)、产蛋期 364 d(21～72 周)，而且每批鸡生产结束后要留一定时间清洗、消毒、预热等。不同经济类型的鸡生产周期不同，在编制计划时，要根据各类鸡群的实际生产周期，确定合适的鸡舍类型比例，使各类鸡舍既能满足需要又能正常周转，以减少空舍时间，提高鸡舍利用率。

五、实训报告

写出实训报告。

复习思考题

简答题

1. 禽场的选址有哪些要求？
2. 鸡舍的建筑类型有哪些？
3. 简述养鸡场设备的类型。
4. 简述水禽场的基本结构。
5. 提高养禽场经济效益的措施有哪些？

复习思考题参考答案

Module Six

Module Six

模块六

家禽防疫员

Module Six

Module Six

知识目标

1. 了解家禽疫病的概念。

2. 熟悉家禽疫病的特征、发生条件、流行过程、流行形式与影响因素。

3. 掌握家禽生产过程中的防疫要点。

4. 掌握家禽各种传染病和寄生虫病的临床诊断和防治措施。

能力目标

1. 能根据家禽疫病的发生情况，制定消毒、驱虫与免疫接种计划，并实施具体操作。

2. 能根据家禽疫病的发生情况，进行禽病的诊断和治疗。

3. 能根据家禽疫病的发生情况，编制疫情报告，控制疫病。

素质目标

1. 通过家禽防疫员的介绍，培养学生遵纪守法、不谋私利的意识，提高社会责任感。

2. 通过家禽传染病和寄生虫病的诊断，培养学生独立思考、提出问题、分析题和解决问题的能力。

3. 通过家禽疫病预防的讲解，培养学生科学防疫的理念，提高学生食品安全和健康养殖意识。

4. 通过鸡免疫接种、鸡白痢检测等技术的操作，培养学生严谨的工作态度，规范、安全的操作素养。

5. 培养学生团结协作能力。

适合工种

家禽防疫员、动物检疫检验员、兽医化验员。

项目十九
家禽防疫员概述

家禽防疫就是采取各种措施，将疫病排除于未受感染的禽群。根据疫病发生、流行的特点采取消毒、免疫接种、药物预防、检疫、隔离、禽群淘汰及改善饲养管理和加强环境保护等一系列综合性措施，用以消除或减少疫病的病源，提高家禽的免疫力，控制传播媒介和带菌者，切断疫病的传播途径，不让传染源进入目前尚未发生该病的地区，或保障一定的禽群不受已存在于该地区的疫病传染。

任务一　家禽防疫员的岗位职责和素质要求

一、家禽防疫员的岗位职责

（1）坚持四项基本原则，掌握并严格遵守国家关于动物防疫的法律、法规、规章和政策。努力钻研业务技术，不断提高业务工作能力和业务水平，积极维护国家和养殖者的利益。

（2）宣传贯彻国家动物防疫方针、政策、法律和法规，指导养殖业生产。

（3）掌握家禽免疫程序和免疫操作规范，对辖区内家禽按照国家强制免疫的病种实施强制免疫，对责任区内的家禽严格按免疫程序实施计划免疫和免疫标识管理，确保家禽免疫密度。

（4）接种疫苗后，按照《动物免疫标识管理办法》的规定，填写免疫档案，发放免疫证明，佩戴免疫标识，实行一群一证。其免疫台账、资料要真实、全面、准确，不弄虚作假。

（5）按照规定购买、领用并妥善保管和贮藏疫苗、消毒药品、免疫器械和票证（包括家禽防疫证、章、标识等），不得伪造、涂改、转让和出售家禽防疫证、章等，不得转让、出售疫苗。

（6）掌握各种消毒药品的性质、特点和作用以及各种物理学消毒方法和消毒技术，并能完成疫情检测工作，及时掌握疫情动态，按规定及时报告疫情，不瞒报、谎报、迟报、错报和阻碍他人报告疫情。

（7）积极参加疫情控制和扑灭工作，对受威胁区域的家禽要尽早实施紧急预防接种。

二、家禽防疫员的素质要求

（1）爱岗敬业，勇于奉献。

（2）努力学习，不断提高业务素质。

（3）工作积极，热情主动。

（4）遵纪守法，不谋私利。

项目二十
家禽疫病发生及防治基本知识

任务一　家禽疫病的传染来源

一、家禽疫病发生的条件和因素

1. 病原体的致病力及毒力　病原体引起疾病的能力称为致病力，这是该病原体“种”的特性。如鸡的新城疫病毒引起鸡新城疫病，禽流感病毒引起禽流感。也有不少病原体如结核分枝杆菌、沙门菌等对多种动物均能感染。某一株微生物的致病力称为毒力，与其结构（如荚膜、所含透明质酸酶等）、代谢产物（如外毒素）等有关。毒力大小常用半数致死量（LD_{50}）或半数感染量（ID_{50}）等来表示。只有当具有较强毒力的病原体感染机体后，才能突破机体的防御屏障，在体内生长繁殖，引起传染过程，甚至导致传染病的发生。弱毒株或无毒株则不会引起疾病，因此人们可用来作为免疫菌（毒）苗。

2. 有一定数量的病原体　需要多少病原体才能引起传染病，这与其毒力有关。当病原体进入机体后，需经一定的生长适应阶段，只有当其生长繁殖达到一定的数量并造成一定损伤时，家禽才会逐渐表现出临床症状。

3. 适宜的侵入门户　病原体进入动物机体的途径，称为侵入“门户”。病原体侵入门户是否适宜，与能否发病也有很大关系。有些传染病的病原微生物侵入门户是比较固定的，如支原体只能通过呼吸道传染，破伤风杆菌必须经过深而窄的创伤感染。但也有很多病原体如鸡新城疫、巴氏杆菌病等可通过多种途径侵入。

4. 具有易感性的动物　动物对某一病原体没有免疫力，称之为有易感性，对病原微生物具有易感性的动物称为易感动物。不同动物对同一种病原体的易感性有很大差异。病原微生物只有侵入有易感性的动物机体才会引起传染病。同一毒力和数量的病原微生物侵入抵抗力不同的动物，可产生不同的后果，有的症状严重，有的症状轻微，有的不发病。即使同种动物对同一种病原体的易感性也有差异的，如小鹅瘟病毒只感染小鹅，成年鹅不感染。

动物对某一病原体的易感性，受先天（如遗传因素）和后天（如营养、免疫状态、年龄、性别等）多方面的影响。因此，在疫病预防时，要加强饲养管理和免疫接种工作，充分提高动物对疫病的抵抗力，降低易感性，从而起到预防疫病的目的。

5. 适宜的外部环境　外部环境因素主要指气候变化、环境卫生状况等。如气温过高过低、气候变化剧烈、阴雨潮湿等，会降低动物的抵抗力。气候寒冷，有利于病毒生存；气候炎热，对细菌生长繁殖有利，而且各种昆虫大肆繁殖，易于疫病传播。禽舍环境清洁卫生，无污水、粪便，则动物接触病原体的机会将大大减少；禽舍卫生状况差，污物堆积，蚊蝇滋生，老鼠、昆虫活跃，则动物接触病原微生物的机会增加，容易造成疫病传染。

在疫病发生过程中，病原体是疫病发生的条件，动物机体是变化的根据，病原体要通过机体而起作用。外界环境因素不仅对动物的抵抗力产生影响，而且也影响病原体的生存条件、繁殖能力和致病能力。了解疫病发生的条件以及这三者之间的相互关系，对于控制和消灭疫病具有重要的意义。

二、家禽疫病的特征

家禽疫病是病原体与动物机体相互作用的结果。大多数情况下，动物不适合于侵入的病原微生物生长繁殖，或动物机体能迅速动员自身防御力量将入侵的微生物消灭，从而不出现任何可见的病理变化和症状，这种情况称为抗感染免疫。换而言之，抗感染免疫就是机体对病原微生物的不同程度的抵抗力。动物机体对某一病原微生物没有免疫力或免疫力低时（即没有抵抗力）称为易感。病原微生物只有侵入有易感性的机体才能引起感染过程。

（一）家禽传染病的特征

家禽传染病的表现多种多样，但与非传染病相比较，具有以下共同特性。

1. 由特异病原微生物所引起　每一种动物传染病都有其特异的致病性微生物存在，如鸡新城疫是由新城疫病毒引起的，没有新城疫病毒就不会发生鸡新城疫。

2. 具有传染性和流行性　传染性是指从患传染病的患病动物体内排出的病原微生物，侵入另一有易感性的健禽体内，能引起同样症状的疾病特性。疾病从患病动物传染给健禽的现象，就是传染病与非传染病相区别的一个重要特征。流行性是指环境条件适宜时，在一定时间内，某一地区易感动物群中可能有许多动物被感染，致使传染病蔓延散播，形成流行的特性。

3. 被感染的动物机体发生特异性的免疫学反应　在传染病发展过程中由于病原微生物的抗原刺激作用，机体发生免疫生物学的改变，产生特异性抗体或变态反应等。这种改变可以用血清学方法等特异性反应检查出来。

4. 耐过家禽能获得特异性免疫　家禽耐过传染病后，在大多数情况下均能产生特异性免疫，使机体在一定时期内或终生不再患该种传染病。

5. 具有一定的临床表现和病理变化　大多数传染病都具有该病特征性的临床症状和病理变化，而且在一定时期或地区范围内呈现群发性疾病表现。

（二）家禽寄生虫病的特征

1. 寄生方式多样　一个生物生活在另一个生物的体内或体表，从另一种生物体内吸取营养，并对其造成毒害，这种生活方式称为寄生。营寄生生活的动物称为寄生虫，而被寄生虫寄生的动物称为宿主。寄生虫按营寄生生活的时间长短，可分为暂时性寄生虫和固定性寄生虫。按寄生部位，可分为外寄生虫和内寄生虫。

2. 生活史复杂　有些寄生虫在其生长发育过程中往往需转换多个宿主。寄生虫成虫期寄生的宿主称终末宿主，寄生虫能在其体内发育到性成熟阶段，并进行有性繁殖；寄生虫幼虫期寄生的宿主为中间宿主;有的幼虫期所需的第二个中间宿主称为补充宿主;寄生虫寄生于某些宿主体内,可以保持生命力和感染力,但不能继续发育,这种宿主称为贮藏宿主。

3. 对机体危害形式多样　寄生虫病对禽造成的危害是巨大的,虫体对宿主的损伤多种多样。

(1)机械性损伤　虫体通过吸盘、棘钩及移行,可直接造成组织损伤;虫体对器官组织的压迫或阻塞于管腔,可引起器官萎缩或梗死等。

(2)夺取营养　造成宿主营养不良、消瘦、维生素缺乏等。

(3)分泌毒素　如吸血的寄生虫分泌溶血物质和乙酰胆碱类物质,使宿主血液凝固缓慢。锥虫毒素可引起动物发热,血管损伤,红细胞溶解。有的分泌宿主消化酶的拮抗酶,影响消化功能。

三、家禽疫病的流行过程及基本环节

家禽防疫就是运用物理、化学、生物等措施和方法减少、杀灭病原微生物,预防、控制、扑灭动物疫病的过程。

家禽疫病包括传染病和寄生虫病。每一种家禽疫病都有特定的传染性病原。在畜牧生产中,以传染病的危害最大,造成损失最为严重,因此,预防、控制、扑灭动物传染病是动物防疫工作的重点和难点。

(一)流行过程

家禽传染病的一个基本特征是能在家禽之间直接接触传染或间接地通过媒介物(生物或非生物的传播媒介)互相传染,构成流行。家禽传染病的流程过程,就是从家禽个体感染发病发展到家禽群体发病的过程,也就是传染病在禽群中发生和发展的过程。这个过程一般需经3个阶段:病原体从已受感染的机体(传染源)排出,病原体在外界环境中停留,经过一定的传播途径,侵入新的易感动物而形成新的传染。如此连续不断地发生、发展就形成了流行过程。

传染病在禽群中的传播,必须具备传染源、传播途径和易感禽群3个基本环节,倘若缺少任何一个环节,新的传染就不可能发生,也不可能构成传染病在禽群中的流行。同样,当流行已经形成时,若切断任何一个环节,流行即终止。因此,了解传染病流行过程的特点,从中找出规律性的东西,以便采取相应的方法和措施,杜绝或中断流行过程的发生和发展,是兽医工作者的重要任务之一。

(二)流行的三个基本环节

1. 传染源　传染源是指某种传染病的病原体在其中寄居、生长、繁殖,并能排出体外的动物机体。具体地说传染源就是受到感染的病禽,包括传染病病禽和带菌(毒)家禽、死禽、野鸟、鼠类和其他动物。家禽在疾病急性暴发的过程中或在病情转剧期可排出大量病原体,故此时传染源的危害作用最大。

患病动物　病禽是重要的传染源。不同病期的病禽,其传染性大小也不同。病禽排出病原体的整个时期称为传染期。传染期的长短各病不一。

带菌(包括带病毒)动物　外表无临床症状的隐性感染动物,但体内有病原体存在,并能繁殖和排出病原体,因此往往不容易引起人们的注意。

2. 传播过程和传播途径

传播过程　病原体一般只有在被感染的动物体内才能获得最好的生存条件。但机体被病原体寄生后，或产生免疫或得病死亡，使病原体在某一机体内不能无限期地栖居繁殖下去，所以病原体只有在不断更换新宿主的条件下，才能保持种的延续；这种宿主机体间的交换，就是病原体的传播过程。

传播途径　病原体由传染源排出后，经一定的方式侵入其他易感动物所经过的途径称为传播途径。研究传染病传播途径的目的在于切断病原体继续传播的途径，防止易感动物受传染，这是防治动物传染病的重要环节之一。传播途径可分两大类：一是水平传播，即传染病在群体之间或个体之间以水平形式横向平行传播；二是垂直传播，即从亲代到其后代之间的传播。

(1)水平传播　水平传播在传播方式上可分为直接接触传播和间接接触传播两种：①直接接触传播，病原体通过被感染的动物(传染源)与易感动物直接接触(交配、舐咬等)而引起的传播方式。直接接触而传播的传染病，在流行病学上通常具有明显的流行线索。这种方式使疾病的传播受到限制，一般不易造成广泛的流行。②间接接触传播，病原体通过传播媒介使易感动物发生传染的方式，称为间接接触传播。从传染源将病原体传播给易感动物的各种外界环境因素称为传播媒介。传播媒介可能是生物(媒介者)，也可能是非生物(媒介物或污染物)。

间接接触一般通过如下几种途径而传播。

经空气(飞沫、飞沫核、尘埃)传播　经空气而散播的传染主要是通过飞沫、飞沫核或尘埃为媒介而传播的。

通过飞散于空气中带有病原体的微细泡沫而散播的传染称为飞沫传染。呼吸道传染病主要是通过飞沫而传播的，如传染性喉气管炎等。一般来说，干燥、光照和通风良好的环境，飞沫飘浮的时间较短，其中的病原体(特别是病毒)死亡较快不利于疾病传播；相反，动物群密度大、潮湿、阴暗、低温和通风不良，则有利于疾病传播。

从传染源排出的分泌物、排泄物和处理不当的尸体散布在外界环境的病原体附着物，经干燥后，由于空气流动冲击，带有病原体的尘埃在空气中飘扬，被易感动物吸入而感染，称为尘埃传染。能借尘埃传播的传染病有结核病、炭疽、痘等。

经污染的饲料和饮水传播　以消化道为主要侵入门户的传染病如传染性法氏囊病、沙门菌病等，其传播媒介主要是污染的饲料和饮水。传染源的分泌物、排出物和患病动物尸体污染了饲料、牧草、饲槽、水池，或由某些污染的管理用具、车船、畜舍等辗转污染了饲料、饮水而传给易感动物。因此，在防疫上应特别注意做好相应的防疫消毒卫生管理，防止饲料和饮水的污染。

经污染的土壤传播　随患病动物排泄物、分泌物或其尸体一起落入土壤而能在其中生存很久的病原微生物称为土壤性病原微生物。

经活的媒介物而传播　非本种动物和人类也可能作为传播媒介传播动物传染病。主要有以下几种。

节肢动物　节肢动物中作为动物传染病的媒介者主要是虻类、螯蝇、蚊、蠓、家蝇和蜱等。传播主要是机械性的，它们通过在患病和健康动物间的刺螫吸血而散播病原体。也有少数是生物性传播，某些病原体(如立克次氏体)在感染动物前，必须先在一定种类的节肢动物(如某种蜱)体内通过一定的发育阶段，才能致病。

野生动物　野生动物的传播可以分为两大类：一类是本身对病原体具有易感性，在受感染后再传染给其他动物；另一类是本身对该病原体无易感性，但可机械的传播疾病，如乌鸦在啄食炭疽患病动物的尸体后从粪内排出炭疽杆菌的芽孢。

人类　饲养人员和兽医师在工作中如不注意遵守防疫卫生制度，消毒不严时，容易传播病原体。体温计、注射针头以及其他器械如消毒不严就可能成为传播媒介。有些人兽共患的疾病，人也可能作为传染源，因此结核病的患者不允许管理动物。

(2)垂直传播　垂直传播从广义上讲属于间接接触传播，家禽主要的传播方式是经卵传播。

由携带有病原体的卵细胞发育而使胚胎受感染，称为经卵传播，如鸡白痢沙门菌等。

动物传染病的传播途径比较复杂，每种传染病都有其特定的传播途径，有的可能只有一种途径，有的有多种途径传播。掌握病原体的传播方式及各传播途径所表现出来的流行特征，将有助于对现实的传播途径进行分析和判断。

3.易感禽群　易感性是抵抗力的反面，指家禽对于某种传染病病原体感受性的大小。该地区动物群中易感个体所占的百分率，直接影响到传染病是否能造成流行以及传染病的严重程度。动物易感性的高低虽与病原体的种类和毒力强弱有关，但主要还是由动物体的遗传特征等内在因素、特异免疫状态决定的。外界环境条件如气候、饲料、饲养管理、卫生条件等因素都可能直接影响到动物群的易感性和病原体的传播。

四、家禽疫病流行过程的表现形式

在动物传染病的流行过程中，根据一定时间内发病率的高低和传染范围大小(即流行强度)可将动物群体中疾病流行过程的表现分为4种形式。

(一)流行的四种表现形式

1.散发性　疾病发生无规律性，随机发生，局部地区病例零星地散在发生，各病例在发病时间与发病地点上没有明显的关系时，称为散发。传染病出现这种散发形式的原因可能是动物群对某病的免疫水平较高；某病的隐性感染比例较大；某病的传播需要一定的条件等。

2.地方流行性　在一定的地区和动物群中，带有局限性传播特征的，并且是比较小规模流行的动物传染病，可称为地方流行性。地方流行的含义包括两个方面的内容：一方面表示某一地区内动物群中的发病比例比散发略高，总是以相对稳定的频率发生；另一方面表示一个相对的数量外，还包含地区性的意义。

3.流行性　发生流行是指在一定时间内一定动物群出现比寻常多的病例，它没有一个病例的绝对数界限，而仅仅是指疾病发生频率较高的一个相对名词。因此任何一种病当其称为流行时，各地各动物群所见的病例数是很不一致的。流行性疾病的传播范围广、发病率高，如不加防治常可传播到几个乡、县甚至省。这些疾病往往是病原的毒力较强，能以多种方式传播，动物群的易感性较高，如新城疫等重要传染病可能表现为流行性。

一般认为，某种传染病在一个动物群单位或一定地区范围内，在短期间(该病的最长潜伏期内)突然出现很多病例时，称为暴发。

4.大流行　大流行是一种规模非常大的流行，流行范围可扩大至全国，甚至可涉及几个国家或整个大陆。如禽流感等都曾出现过大流行。

上述几种流行形式之间的界限是相对的，并且不是固定不变的，在一定条件下可以改变。

(二)影响流行过程的因素

家禽疫病的流行过程是一种复杂的社会生物现象，受社会因素和自然因素等多方面的影响。这些影响主要通过流行过程的各个环节而发生作用，决定了传染病流行过程的发生、蔓延和终止。

1. 社会因素　影响流行过程的社会因素包括社会制度、生产力和社会经济、文化、科学技术水平及兽医防疫法规的制定与执行情况等。重视动物疫病的防治工作，建立完善的防疫法律法规，切实采取综合性防疫措施，就可以有效地控制或消灭动物疫病，保障养禽业发展和人类健康。

2. 自然因素　影响流行过程的自然因素很多，如气候、气温、湿度、阳光、雨量、地形、地理环境等，但常以地理环境、气候的作用最突出。

掌握疫病流行过程的基本条件及影响因素，从而采取有效的防疫措施，控制传染病的发生或流行，是家禽防疫工作的重要任务。

任务二　家禽传染病防治原则

现代养禽业发展的特点就是集约化饲养，越来越集中扩大饲养规模，这样对禽病预防，特别是对传染病的免疫防治就显得更为重要。否则一旦引起禽病的发生与流行，将给饲养者造成极大的经济损失。家禽的传染病传播速度快，死亡率高，病初症状难发现，且即使发现，也缺少特效的治疗药物，所以常造成禽群大量死亡，是禽类养殖的大敌。从发病季节来看，暴发的禽类传染病一般发生在初冬或初春，控制这些传染病最有效的方法就是提前预防。能否预防好传染性疾病的发生，是家禽饲养成败的关键。

禽病的免疫防治是一项复杂的综合性工程，其目的是要采取各种措施和方法，保证家禽免遭疾病侵害，尤其是传染病的感染。涉及禽场建设、环境净化、饲养管理、卫生保健等各个环节。家禽疾病(传染病)的基本特点是家禽之间直接接触传染或间接地通过媒介物相互传染；即传染病发生与流行的 3 个基本环节以及与疾病防治的关系。所以根据传染病发生与流行的特点，掌握流行的基本条件和影响因素，针对禽病采取综合免疫防治措施，可以有效地控制禽病的发生和流行。

一、防疫工作的基本原则和内容

(一)防疫的基本原则

建立健全防疫机构和疫病防治制度。树立“预防为主、养防结合、防重于治”的意识。搞好饲养管理、卫生防疫、预防接种、检疫、隔离、防毒等综合防治措施，以达到提高家禽的健康水平和抗病能力的目的，杜绝和控制传染病的传播和蔓延。只有做好平时的预防工作，禽病防治处于主动，才能保证养禽发展。

(二)防治措施的基本内容

在制定免疫防治措施中,要根据每个禽病的特点,对各个不同的流行环节,分别轻重缓急,找出重点采取措施,以达到在短期内用最少的人力、财力控制传染病的流行。例如,对鸡新城疫等应以预防免疫接种为重点措施,而对传染性鼻炎则以控制病禽和带菌禽为重点措施。但是任何一项单独措施是不够的,必须采取包括"养、防、检、治"四项基本环节的综合性措施。即分为平时的预防措施和发生疫病时的扑灭措施。

1. 平时的预防措施　加强饲养管理,搞好卫生消毒工作,增强家禽机体的抗病能力,如做好"三定(定饲养员、定时、定量)"和"四净(饲料、饮水、禽舍、器具洁净)"。贯彻自繁自养原则、减少疫病传播;拟订和实施定期的预防接种计划,保证健康水平,提高抗病力;定期杀虫、灭鼠,消除传染源隐患。

2. 发生疫病时的扑灭措施　及时发现疫病,尽快做出准确的诊断。迅速隔离病禽,对污染场舍进行紧急消毒;及时用疫苗(或抗血清)实行紧急接种,对病禽及时进行合理的处理和治疗;对病亡禽和淘汰病禽进行合理处理。

以上预防措施和扑灭措施是不能截然分开的,而是相互联系、互相配合和互为补充的。

二、科学的饲养管理

重视家禽饲养管理的各个环节,这对于培育健康家禽,增强家禽的抗病能力作用很大。

1. 合理配制日粮,保持良好的营养状况　根据家禽生长发育和生产性能合理配制日粮,确保家禽获得全面、充足的营养。健康、体壮的禽群直接影响家禽的生长发育,也是对疫苗接种产生良好免疫反应的基础。疫苗接种后要产生高水平的抗体,不仅要注意饲料各营养成分、品种、生产阶段、季节需要量等发生改变,更要注意补充维生素(如维生素 A、维生素 E、维生素 D 等)与微量元素(如硒),因为它们与禽体的免疫系统发育及疫苗的应答关系最密切,同时也要防止饲料中毒素(如黄曲霉、药物、毒物)的存在。确保家禽日粮营养全价,保证家禽机体对疫苗的免疫应答能力,提高机体免疫功能。

2. 加强管理,创造良好的环境　理想的禽舍环境是减少疾病,培育健康禽群,提高生产性能最有效的办法之一,而现代养禽生产中各种环境因素引起的应激,与禽病防治关系越来越密切。引起应激的环境因素常分两大类:一类静态环境因子的变化,包括营养、温度、湿度、密度、光照、空气成分、饮水成分不合格,也包括有害兽、昆虫、疾病的侵袭;另一类是生产管理措施,如转群、断喙、接种疫苗、选种、检疫、运输、更换饲料、维修设备等。

三、及时检查和诊断

当家禽突然死亡或怀疑发生传染病时,应立即通知并配合兽医人员,根据疫病的特点和具体情况,及时做出正确的诊断。及时而正确的诊断是防疫工作的重要环节,它关系到能否有效地组织防疫措施。

同时,为了控制传染源,防止健康家禽继续受到传染,将疫情控制在最小范围内予以就地扑灭,应用前述各种诊断方法,对家禽进行疫病检查,并采取相应的措施。

当暴发某些重要传染病时,除严格隔离外,还必须遵循"早、快、严、小"的原则,采取划区封锁措施以防止疫病向安全区扩散。

值得一提的是，对患传染病病禽，采用特异性高免血清治疗和抗生素治疗结束后，还应隔离一段时间观察疗效，同时对隔离场所再进行一次彻底清扫、消毒。

四、检疫

检疫是指用各种诊断方法对禽类及其产品进行疫病检查，及时发现病禽，采取相应措施，防止疫病的发生和传播。作为禽场，检疫的主要任务是杜绝病禽入场，对本场禽群进行监测，及早发现疫病，及时采取控制措施。

1. 引进禽群和种蛋的检疫　从外面引进雏禽或种蛋时，必须了解该种禽场或孵化场的疫情和饲养管理情况，要求无垂直传播的疾病如白痢、霉形体病等。有条件的进行严格的血清学检查，以免将病带入场内。进场后严格隔离观察，一旦发现疫情，立即进行处理。只有通过检疫和消毒，隔离饲养 20～30 d 确认无病才准进入场舍。

2. 平时定期的检疫与监测　对危害较大的疫病，根据本场情况应定期进行监测。如常见的鸡新城疫、减蛋综合征（EDS-76）可采用血凝抑制试验检测鸡群的抗体水平；马立克病、传染性法氏囊病、禽霍乱采用琼脂扩散试验检测；鸡白痢可采用平板凝集法和试管凝集法进行检测。种禽群的检疫更为重要，是禽群净化的一个重要步骤，如对鸡白痢的定期检疫，发现阳性鸡只立即淘汰，逐步建立无白痢的种鸡群。除采血进行监测之外，有实验室条件的，还可定期对网上粪便，墙壁灰尘抽样进行微生物培养，检查病原微生物的存在与否。

3. 有条件的，可对饲料、水质和舍内空气进行监测　每批购进的饲料，除对饲料能量、蛋白质等营养成分进行检测外，还应对其含沙门菌、大肠杆菌、链球菌、葡萄球菌、霉菌及其有毒成分进行检测；对水中含细菌指数的测定；对禽舍空气中含氨气、硫化氢和二氧化碳等有害气体浓度的测定等。

五、药物预防

群体化学预防和治疗是防疫的一个较新途径，某些疫病在具有一定条件时采用此种方法可以收到显著的效果。所谓群体是指包括没有症状的动物在内的禽群单位。群体防治采用安全而价廉的化学药物，也是综合防治措施的内容。

六、免疫预防

制定科学的免疫程序，定期接种疫（菌）苗，增强动物机体产生特异性抵抗力，这也是综合性防治措施的一部分。

（一）常用疫（菌）苗的性状、运输、保管和使用

疫苗和菌苗使用时必须注意以下几方面。

（1）使用时要详细了解疫（菌）苗运输和保管时的条件，要注意保存期间的温度和有效期之间的关系，不能使用过期疫苗和菌苗。

（2）使用时对疫苗瓶破裂、长霉、无标或无检验号码的疫苗和菌苗均不能使用。

（3）使用液体菌苗时，用前要用力摇匀，使用冻干苗时，用前要按说明书用规定的稀释液按

规定倍数稀释，并充分摇匀。

（4）疫苗使用途径和剂量应遵照说明书上的规定。

（5）在预防注射之前，必须了解当地禽群的健康状况，在传染病流行期间，除特殊情况外，一般不能进行预防接种。

（6）严格消毒，所用注射器及针头均应事先经煮沸 10 min 以上，注射部位要用碘酊和酒精棉球消毒。

（7）每次用注射器吸取疫（菌）苗之前，必须将疫（菌）苗充分摇匀。疫苗必须现配现用。剩余的疫苗及用过的注射器和针头，必须进行煮沸消毒。

（8）注射方法及注射剂量必须严格按说明书规定实行。

（二）免疫接种的途径和方法

二维码 20-1　家禽免疫接种方法（视频）

家禽免疫接种的途径和方法比较多，不同种类的疫苗都有各自的方法，使用时应严格遵从疫苗说明书。应根据疫苗的种类、禽群的规模、饲养管理状况、防疫条件以及使用时操作方便、经济等情况选用。现将常用的免疫接种方法介绍如下。

1. 滴鼻、点眼法　将疫苗通过眼、鼻腔、口腔、咽、喉和气管黏膜等的接触而进入体内的接种方式。该法是将稀释好的疫苗，用滴管或点眼瓶吸取疫苗，准确定量地滴入鼻孔或眼结膜内。

该法适用于鸡新城疫Ⅱ、Ⅲ、Ⅳ系苗及传支、传喉、传染性法氏囊病疫苗等的免疫接种。

2. 刺种法　用特制刺种针蘸取稀释的疫苗，在禽翅内侧无血管部位上刺种。一般 20 日龄以内的雏鸡不能应用，1 月龄以上刺两下；接种后 14～21 d 产生免疫力，该法使用时，要保证有足够疫苗量进入皮内。

3. 皮下注射法　该法适用于马立克病疫苗等的接种。即是将稀释好的疫苗注入皮下疏松组织，雏禽常在颈背皮下部，而育成或成年禽一般在股内侧皮下部。另外，禽霍乱弱毒苗、新城疫油佐剂疫苗、禽病毒性关节炎疫苗等也适用该方法接种。

4. 肌内注射法　该法对鸡新城疫Ⅰ系苗、禽霍乱弱毒苗最常用，也适用于鸭瘟弱毒苗、传染性法氏囊疫苗等。方法是在禽的胸肌或外侧腿部肌内注射。该法剂量准、作用快，抗体水平均匀且较高，适合于小群或需要有坚强免疫力的种禽群。胸部肌内注射接种时应注意，进针时针头斜向前刺入，以免刺伤心脏。

5. 饮水免疫法　适用于新城疫疫苗（Ⅱ系、Ⅲ系和Ⅳ系苗）、传支以及传染性法氏囊病弱毒苗等。适合于大群免疫，省工、省力、方便，引起禽群的应激较轻，但免疫效果不佳，免疫水平不齐。尽管如此，该法仍为一种被广泛使用的免疫方法。在使用饮水免疫法时应注意。

（1）大群免疫时，因该法引起的免疫水平参差不平，抗体水平不高，维持时间不长，必须在饮水免疫后紧接着再重复饮水免疫一次，以达到禽群均匀免疫的目的。

（2）用于饮水免疫的疫苗必须是高价的，使用疫苗的剂量，应为滴鼻、点眼的倍量以上。饮水免疫只有当疫苗进入鼻腔与口腔黏膜、扁桃体、咽喉周围上呼吸道黏膜接触并停留一段时间，才能进入体内刺激机体产生免疫应答。

(3)稀释疫苗最好用凉开水，忌用漂白粉消毒的自来水。有条件的最好用蒸馏水或去离子水。饮水中若加入0.2%脱脂奶粉或山梨醇作为稳定剂，则免疫效果更加理想。

(4)饮水时间最好在中午或下午，免疫前应停止供水2～4 h，这应视气候、季节和饲料因素决定。

(5)饮水免疫用具必须干净并保证足够的数量。一般不能用铁皮等制成的容器作饮水用具，以免影响疫苗病毒，降低效价。至于饮水器的数量，以保证全群70%～80%及以上雏禽一次同时能饮上疫苗稀释水为准。疫苗水饮完后1～2 h再正常供水。

(6)稀释疫苗用水的混合量须考虑的因素有：日龄、气候、种类(如肉鸡、蛋鸡)等，可根据禽群平时的饮水量来推算，建议能在2 h内饮完为宜。

6.气雾免疫法　气雾免疫适用于一些对呼吸道有亲嗜性的疫苗接种，如新城疫Ⅲ系、Ⅳ系弱毒疫苗、传染性支气管炎弱毒苗等，适合于密集饲养的禽场。方法是将稀释后的疫苗通过一种专用的气雾喷射枪，距离所需免疫禽群1～1.5 m对准喷射，形成直径为10～20 μm的雾化粒子，均匀地悬浮在空气中，使禽群能将雾化的疫苗吸入呼吸道深部，达到免疫目的。在使用气雾法时应注意。

(1)用作气雾免疫的疫苗应是高效价的，剂量应较其他免疫法加倍。

(2)疫苗稀释时，应用注射用水、蒸馏水或去离子水，稀释液中不应含有任何盐类。为了保护疫苗病毒，稀释液中可加0.2%的脱脂奶粉或明胶作稳定剂。

(3)雾粒大小应合适，太大易被鼻黏膜所阻不能进入呼吸道深部；太小，则吸收的雾粒又易随呼吸排出体外，建议育成鸡和成年鸡雾粒直径为10～20 μm大小。雏禽用大雾滴，雾粒直径为100 μm。

(4)实施气雾免疫前，应关闭门窗、排风设备及通风口等；喷雾时，喷枪头应略高于鸡头，喷枪口要向鸡群并稍向上斜；喷完后，须待15～20 min，即可打开门窗及通风设备。

(5)气雾免疫前，可适当增加禽群的密度。

(6)气雾免疫时，为防止雾粒进入呼吸道深部，激发呼吸道感染与反应，也可在疫苗中混入适量的链霉素。同时，在饲料中拌些抗应激添加剂。

(三)免疫接种注意事项

免疫接种前应结合当地的实际情况制定出适合本地、本禽场疾病防疫的免疫程序，接种时应做好记录，项目包括接种对象、时间、抗体水平、使用的疫苗名称、生产厂家、生产批号、失效期等，以便查询。

接种前要检查疫苗的质量，严格把关并做好详细的记录，若遇以下情形之一者，应弃之不用：①没有标签，无头份和有效期或不清者；②疫苗瓶破裂或瓶塞松动者；③生物药品质量与说明书不符，如色泽、沉淀发生变化，瓶内有异物或已发霉者；④过了有效期者；⑤未按产品说明和规定进行保存者。

1.疫苗的运输和保存　疫苗的运输和保存均在冷冻低温下进行，在运输过程中忌热、忌阳光照射，应尽量缩短运输时间，并要求有冷藏设备，即便是短途，也应将疫苗放在有冰的广口保温瓶中。

2.疫苗稀释　疫苗稀释应注意按说明用规定或相应稀释液进行稀释，注意水的质量要求，稀释时应反复冲洗以防疫苗损失，并注意操作时，避免疫苗菌液漏失。

3. 器械消毒　疫苗接种用注射器、针头、镊子、滴管、稀释用的瓶子要事先清洗，并用沸水煮 15～30 min 消毒，切不可用消毒药消毒。一个注射器和针头注射一定数量禽只后，一定要换用新的，如果有疫情发生，宜一只禽只用一个针头。

4. 禽群的健康状况　预先对禽群进行健康状况检查，对有病或不健康禽群不宜接种，在恶劣气候条件下也不应该接种疫苗。

5. 接种后的免疫效果检查　接种后应定期对禽群进行检查，如接种新城疫疫苗后，应在 10 d 及 20 d 进行免疫后的抗体效价监测；如禽病中禽痘的免疫效果检查，除采用血清学监测方法之外，也可在刺种后 3～4 d，抽查 10%左右的禽只做样本，检查刺种部位，如果样本中有 80%的禽只在刺种部位出现红肿痂块，说明刺种成功，否则应查原因，重新刺种。

6. 免疫接种前后，加强饲养管理　接种前后，通过加强饲养管理，添加抗应激添加剂、减少应激因素、改善营养条件，配合增加其免疫效果。同时，还必须加强卫生保健管理，如消毒、清洁、隔离等措施。

（四）影响免疫效果及免疫失败的因素

造成免疫失败的原因很复杂，是多种多样的，主要包括机体自身对免疫的反应、免疫时机体自身状态以及非自身以外的各种因素。

1. 禽群的遗传因素　动物机体对疫苗接种的免疫反应在一定程度上是受到遗传控制的，故不同品种的家禽对疾病的易感性、抵抗力和对疫苗免疫的反应能力均有差异。即使同一品种不同个体之间对同一种疫苗的免疫接种，其免疫应答反应也不同。

2. 环境因素　包括禽舍的温度、湿度、通风状况以及环境的洁净状况、消毒等。由于家禽机体的免疫功能在一定程度上受到神经、体液、内分泌的调节，因此，禽只处在应激环境状态（过热、过冷等）时，会影响其免疫应答能力，甚至出现暂时性免疫抑制。

环境的清洁、消毒对免疫接种效果至关重要。一是通过消毒可消灭环境中的病原微生物，减少或杜绝强毒感染的机会；二是可提高疫苗免疫接种效果，使禽群安全度过接种后产生免疫效力之前的潜伏期。

3. 禽群的营养状况　饲料营养的全价性，直接影响禽群的体质。体质强其免疫应答能力也强；反之，营养成分的不足或缺乏，会导致禽体的免疫应答能力下降，从而使免疫效果不佳或完全无效。如免疫期间蛋白质饲料供应不足，则会直接影响抗体的形成，而降低免疫效果。

4. 非机体自身以外的因素

（1）疫苗的选择　这是直接关系到免疫成功的关键因素之一。保证疫苗的质量，应该选择可靠的厂商购买与本地区、本禽场流行疾病相适应的高质量的疫苗；注意疫苗的性状；认真检查确认为有效使用期限保存期的疫苗。

（2）疫苗的运输和保存　各类疫苗均有相应运输贮藏温度和保存条件。若运输或保存不当，常常会导致疫苗的效能降低，甚至失效。弱毒冻干苗应放置在 0 ℃以下保存；油佐剂灭活苗、组织灭活苗、铝佐剂苗可放置在 2～8 ℃保存，切忌反复冻融等。

（3）疫苗的使用　雏禽从母体获得的免疫力或者免疫接种后所获得的免疫力都有一定的期限（免疫期），当抗体效价降低到一定程度时，则失去保护力，此时必须适时通过再次进行免疫接种，获得免疫力。临床上科学而有效的方法是定期对鸡群进行抗体监测，根据抗体消长情况及其效价水平，制定合理的免疫程序。

接种方法：根据疫苗种类、家禽日龄等选择相适应的接种方法，如 3 周龄以内的雏鸡，一般首免时多采用滴鼻、点眼、饮水或气雾等接种方法。

免疫接种操作注意事项：①混合疫苗受到日光的直接照射，会影响到疫苗的效价。②高温下注射疫苗，30 ℃以上的高温会影响疫苗的效力。③病弱鸡的接种，因其免疫系统较弱，对疫苗的耐受力较差，不但不能激发它产生抗体去抵抗疫病的侵袭，反而会导致引起本应预防的疾病。④饮水免疫用疫苗的开启，应于即混合的水中开启，因为疫苗通常是真空密闭包装，否则如在空气中开启，会导致污染空气进入。⑤容器的选择。接种疫苗时应尽量避免使用金属容器。因金属表面的铁锈和其他氧化反应都会影响疫苗的效价。建议使用塑胶或玻璃容器为宜。⑥抗生素和消毒剂。疫苗接种时，应注意避免水中含有任何消毒剂，而接种细菌性疫苗时，接种前后 3～7 d 内应暂停用抗生素。⑦饮水或气雾疫苗的稀释用水，应使用清洁、不含氯和铁、铜等危害疫苗物质的自来水或深井水，含有沉淀物质的水则不能使用。此外，错误地用热开水或温水稀释疫苗，同样可能导致免疫失败。⑧接种的剂量。剂量不足，不能刺激机体产生足够的抗体获得坚强免疫力。但并非越多越好，若剂量过大，反而出现免疫麻痹，抑制免疫应答。⑨疫苗的稀释。疫苗稀释过度或用水过少都可能造成免疫失败。稀释过度同接种剂量不足一样，若稀释用水过少，特别是饮水法免疫的，会因禽只饮水不匀造成免疫参差不齐，甚至出现免疫空白。⑩饮水免疫前应限制给水和足够的饮水设备。

其他：接种疫苗前摇匀疫苗，接种过程中仍须不时摇动；疫苗开启后应当 2 h 用完，未用完的疫苗液应废弃并做消毒处理等。

(4)免疫抑制因素的存在　①免疫缺陷病。免疫系统的缺陷直接影响疫苗接种的免疫效果，甚至造成免疫失败。②大量使用抗生素或遭受一些毒素(如黄霉菌毒素)引起对免疫细胞的毒性损伤，均可导致免疫抑制。③传染病。在禽群接种前后感染了某些传染病，导致禽机体发生免疫抑制而干扰免疫效果，甚至造成免疫失败。这些传染病包括马立克病毒、传染性法氏囊病毒、传染性贫血病毒病、淋巴白血病、球虫病等。如传染性法氏囊病毒，主要侵害法氏囊，可使法氏囊内淋巴细胞(主要是 B 细胞)发生溶解、坏死，导致抗体的合成受阻，使得免疫失败。

(5)病原微生物的抗原变异性和血清型　由于病原微生物的抗原变异及病原微生物的多血清型，所以使用单一血清型疫苗常常很难获得理想的免疫效果，同时，一些病原的疫苗与流行毒株的抗原性不同，同样无法达到免疫效果。

七、集约化饲养场综合防治措施

近年来由于集约化、规模化养禽业的迅速发展，越来越趋向采用自动化控制和机械化大型集中饲养管理方式。由于饲养密度的增大，增加了疫病发生的可能性。在这种条件下，强调搞好卫生防疫工作，制定严格的卫生防疫制度，是有力保证养禽业发展的关键。

1. 场址的选择　场址应选择地势高、供电、通信和交通方便、水源丰富、水质好，但要远离居民点、医院、铁路线；同时还要周围无污染源，防止有害气体和城市工厂污水的侵害以及传染性疾病的感染。养禽场生产区和生活区要严格分开。

2. 养禽场卫生管理制度　养禽场周围不得养畜、养鸟，搞好环境卫生，防鼠防虫，杜绝各种传播媒介；养禽场建成后四周用铁丝网或围墙围起，并进行一次全面消毒；饲养管理人员和车辆进出口应设有消毒池，人员出入处设有消毒更衣室；兽医室、病死鸡处理场、粪便处理池应设在整个禽场的下风向；场内外车辆和工具应严格分开、划区专用；禽舍内保持适当的温度、湿度和光照；禽群的更新采用“全进全出”制，整批出售后，禽舍要彻底消毒，间隔一段时间后方可再进。

3. 养禽场卫生防疫措施　建立完善的检疫制度；对禽舍及其周围环境定期进行消毒（消毒剂的选择和消毒方法见下节）；定期及时清除鸡粪；日粮中添加一些保健添加剂（抗菌药物），防止病原微生物感染；及时合理对病禽和尸体进行处理等。

八、做好消毒工作

（一）消毒的分类和方法

消毒的作用是消灭致病微生物，其目的是消灭被传染源散播于外界环境中的病原体，以切断传播途径，阻止疫病的发生和蔓延。

1. 依据消毒的目的和时间不同将消毒分为 3 类

（1）预防性消毒　结合平时的饲养管理，对禽舍、场地、用具和饮水等进行定期消毒，以达到预防一般传染病的目的。

（2）临时消毒　在发生传染病时，为了及时消灭刚从病禽体内排出的病原而采取的消毒措施，消毒的对象包括病禽所在的禽舍、隔离场地以及被病禽分泌物、排泄物污染或可能污染的一切场所、用具和物品。病禽隔离期间，其禽舍应每天随时进行消毒。

（3）终末消毒　在病禽解除隔离、痊愈或死亡后，或者在疫区解除隔离封锁前，为了消灭疫区内可能残留的病原体而进行全面彻底的大消毒。

2. 消毒方法

（1）机械性清除　用机械的方法如清扫、洗刷、通风等清除病原体，是最普通、常用的方法。先搬出棚舍内的设备，然后彻底清除舍中所有粪便、垫草、饲料残渣并运至远离棚舍的安全区，然后还要对棚舍进行铲刮、冲洗、除净积聚的污垢。例如，对鸡舍在清除鸡粪后，用 40 kg/cm^2 的高压水冲洗墙壁、房梁、鸡笼等。利用窗户或气窗换气、机械通风等，根据温差大小决定通风时间，一般不少于 30 min，使舍内空气交换，减少有害气体和病原体的数量。

机械性清除不能达到彻底消毒目的，必须配合其他消毒方法进行；清扫出来的污物，根据病原体的性质，进行堆沤发酵、掩埋、焚烧或其他药物处理；清扫后的禽舍地面还需喷洒化学消毒药或结合其他方法，才能将残留病原体消灭。

（2）物理消毒法

①日晒法　阳光是天然的消毒剂，其光谱中的紫外线有较强的杀菌能力，同时，阳光的灼烧和蒸发水分引起的干燥也有杀菌作用。一般病毒和病原菌，在直射阳光下几分钟至几小时可被杀死。曝晒的物品应铺开，并不时翻动。如将用具、蛋箱等清洁以后放在太阳下曝晒，能达到较好消毒效果。

②高温法　a. 火焰消毒：常用于处理病禽相关的废弃物和病死禽，直接用火焰焚烧。有时也可用火焰喷烧污染的禽舍、地面、笼具等。b. 煮沸消毒：一种常用的简单、有效消毒方法。大部分非芽孢病原微生物在 100 ℃沸水中迅速死亡，大多数芽孢在煮沸后 15～30 min 内也能致死。煮沸 1～2 h 几乎消灭所有病原体。临床实践常用于对各种小金属、木质、玻璃用具、衣服等的消毒。在水中加入少量的化学药品（如 1%～2%的苏打）可增强杀菌力。c. 蒸汽消毒：利用相对湿度在 80%～100%的热空气能携带热量，遇被消毒物品凝结成水、释放大量热能而达到消毒目的。该法可用于消毒棉织物品和不怕受热受潮的物品，如注射器、针头等。

(3)化学消毒法　该法在实际工作中作用广泛、效果也理想。主要是用化学消毒剂进行，所谓化学消毒剂，指一种能够破坏生长性的有害微生物的化学制剂。在使用化学消毒剂消毒时应注意以下几点：①尽可能将消毒剂配成溶液，使药物与病原体直接接触。②消毒剂的用量和浓度要符合规定，高浓度的杀菌速度比低浓度的要快。③达到完全消毒所需要的时间，与被污染物质的性质和污染的性质有关。④注意温度、湿度对消毒效果的影响。

(二)消毒剂的选择

市面上销售的消毒剂种类繁多，且各具优缺点，消毒前对常用消毒剂及其使用方法有较详细了解，有针对性地进行选择。

任务评价

模块任务评价表

<table>
<tr><td>班　级</td><td></td><td>学号</td><td></td><td>姓　名</td><td></td></tr>
<tr><td>企业(基地)名称</td><td></td><td>养殖场性质</td><td></td><td>岗位任务</td><td>制定防治方案</td></tr>
<tr><td colspan="6">一、评分标准
说明：考核共 8 项，总分 100 分；分值越高表明该项能力或表现越佳，综合评分为各项评分的和。90 分及以上优秀，75≤分数<90 良好，60≤分数<75 合格，60 分以下不合格</td></tr>
<tr><td>考核项目</td><td>考核标准</td><td>得　分</td><td>考核项目</td><td>考核标准</td><td>得　分</td></tr>
<tr><td rowspan="2">专业知识(15 分)</td><td rowspan="2">动物传染病的传染和流行过程的相关名词概念；传染病的特征、动物传染病流行过程的特征与影响因素</td><td rowspan="2"></td><td colspan="3">专业技能(45 分)</td></tr>
<tr><td>免疫检测(15 分)</td><td>根据实际情况对家禽的免疫情况进行检测</td><td></td></tr>
<tr><td>工作表现(15 分)</td><td>态度端正；团队协作精神强；质量安全意识强；记录填写规范正确；按时按质完成任务</td><td></td><td>免疫方法(10 分)</td><td>说出常见的免疫方法，并能根据不同的疫苗选择不同的方式进行免疫</td><td></td></tr>
<tr><td>学生互评(10 分)</td><td>根据小组代表发言、小组学生讨论发言、小组学生答辩及小组间互评打分情况而定</td><td></td><td>疫苗的选择(10 分)</td><td>根据家禽的情况选择合适的疫苗进行免疫</td><td></td></tr>
<tr><td>实施成果(15 分)</td><td>能熟练地说出基本概念，并制定综合的疫病防治方案</td><td></td><td>消毒(10 分)</td><td>消毒剂的选择，消毒的方法，消毒的时间及注意事项</td><td></td></tr>
<tr><td colspan="6">综合分数：＿＿＿＿分　　优秀(　　)　　良好(　　)　　合格(　　)　　不合格(　　)</td></tr>
<tr><td colspan="6">二、综合考核评语

教师签字：
日　　期：</td></tr>
</table>

复习思考题

简答题

1. 家禽传染病、寄生虫病的基本特征有哪些?
2. 家禽疫病发生有哪些基本条件?
3. 传染病流行的三个基本环节是什么?
4. 如何加强平时的疫病预防工作?

复习思考题参考答案

项目二十一
家禽传染病的防治

任务一　新城疫(ND)

新城疫(ND)又称亚洲鸡瘟或伪鸡瘟,是由新城疫病毒引起的一种禽类急性、高度接触性传染病。常呈败血症经过,临床以呼吸困难、下痢、神经紊乱、产蛋量及蛋壳品质下降、黏膜和浆膜出血为主要特征。本病 1926 年首次发现于印度尼西亚,同年发生于英国新城,故名新城疫。

一、病原

新城疫病毒(NDV)属于副黏病毒科腮腺炎病毒属,是禽Ⅰ型副黏病毒的代表种。病毒粒子一般呈球形,为单股 RNA。有囊膜。NDV 可凝集鸡、火鸡、鸭、鹅及某些哺乳动物的红细胞,这种血凝现象能被抗 NDV 的抗体所抑制,因此可用血凝试验(HA)和血凝抑制试验(HI)来鉴定病毒和进行流行病学调查。

NDV 能在鸡胚及多种细胞培养物上生长。NDV 存在于病鸡的所有组织和器官内,以脑、脾和肺含毒量最高,骨髓含毒时间最长。

NDV 对高温、日光及消毒剂抵抗力不强。一般在 100 ℃经 1 min、55 ℃经 45 min 死亡。真空冻干病毒在 30 ℃可存活 30 d。病毒在直射阳光下 30 min 死亡。在冷冻尸体内可存活 6 个月以上。NDV 对乙醚、氯仿敏感。常用的消毒药如 2%氢氧化钠、5%漂白粉、70%酒精等,20 min 即可将其杀死。对酸碱抗性较强,pH 3～10 不被破坏。

二、流行病学

1. 易感动物　鸡、火鸡、珠鸡及野鸭对本病均有易感性,鸡最易感。水禽(鸭、鹅)对本病有抵抗力。哺乳动物对本病有很强的抵抗力,但人可感染,表现为结膜炎或类似流感症状。

2. 传染源及传播途径　病鸡及在流行间歇期的带毒鸡为主要传染源。受感染的鸡在出现临床症状前 24 h 即可通过口、鼻分泌物及粪便排出病毒,经呼吸道和消化道传播,其次是眼结膜,创伤及交配也可引起传染。非易感的野禽、外寄生虫、人畜均可机械地传播病原。

3. 流行特点　本病一年四季均可发生,但以冬春两季常发。

三、临床症状及病理变化

自然感染的潜伏期一般为 3～5 d，根据临床表现和病程长短，可分为最急性、急性、亚急性或慢性 3 种类型。

1. 最急性型　多见于流行初期。突然发病，常无特征症状而迅速死亡。雏鸡和青年鸡多见。

2. 急性型　病初体温升高达 43～44 ℃，食欲减少或废绝，有渴感，精神沉郁，不愿走动，翅膀下垂，闭目缩颈，呈昏睡状，鸡冠及肉髯呈暗红色或暗紫色。母鸡产蛋率和蛋壳品质下降。随着病程的发展，病鸡咳嗽，呼吸困难，张口呼吸，常发出“咯咯”的怪叫声。嗉囊内充满液体内容物，倒提时常有大量酸臭液体从口腔流出。粪便稀薄，呈黄绿色、草绿色或黄白色，有时混有少量血液，后期排出蛋清样的排泄物。发病后期，有的病鸡出现神经症状，如翅、腿麻痹、扭头、转圈、前冲或后退等，不久在昏迷中死亡(图 21-1、图 21-2)。

3. 亚急性型或慢性型　多发生于流行后期的成年鸡，初期临床症状与急性型相似，但症状较轻。同时出现神经症状，病鸡翅、腿麻痹，跛行或站立不稳，头颈向后或向一侧扭转，常伏地旋转，运动失调，反复发作，最终瘫痪或半瘫痪，一般经 10～20 d 死亡。

火鸡感染新城疫时，临床表现大体与鸡相似，但成年火鸡临床症状不明显或无临床症状；鸽感染新城疫表现为下痢、神经症状、呼吸道症状；鹌鹑感染新城疫时，幼龄鹌鹑主要表现为神经症状，产蛋鹌鹑出现产蛋量及蛋壳品质下降。

本病的主要病理变化是全身黏膜和浆膜出血，淋巴系统肿胀、出血和坏死，尤以消化道和呼吸道最为明显。嗉囊充满酸臭味的稀薄液体和气体。食管与腺胃交界处、腺胃乳头、腺胃与肌胃交界处有明显的出血点，或有溃疡和坏死，这是新城疫的特征性病变。肌胃角质膜下有出血；从小肠到盲肠和直肠黏膜有大小不等的出血点，肠黏膜上有纤维素性坏死性变化，有的形成假膜，假膜脱落后即成“枣核状”溃疡。盲肠扁桃体肿大、出血和坏死。气管出血或坏死，周围组织水肿。产蛋母鸡卵泡和输卵管充血明显，卵泡膜极易破裂以致卵黄流入腹腔引起卵黄性腹膜炎。

鸽新城疫的主要病变在消化道，多处呈出血性变化。颈部皮下广泛出血。

鹅感染新城疫病变主要以消化道、脾、胰等广泛性渗出和坏死为特征。

图 21-1　神经症状

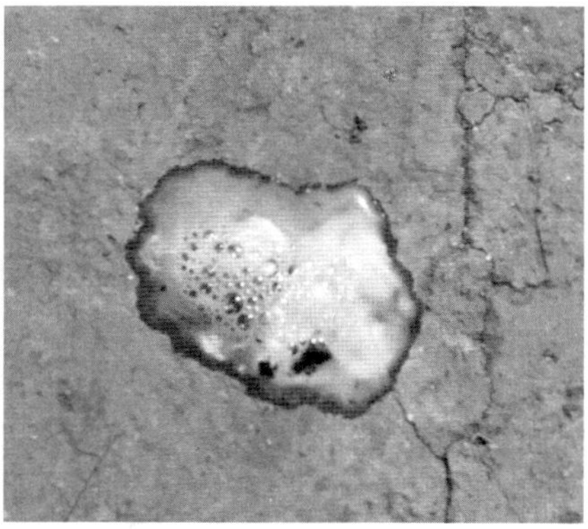

图 21-2　黄绿色稀粪

四、诊断

根据本病的流行特点、典型性症状和特征性病理变化，可做出初步诊断。确诊需进行实验室检查。

1. 病毒分离　无菌采取病死鸡的脑、脾或骨髓，经常规处理后制成 1∶4悬浮液，离心后取上清液。每毫升上清液加入青霉素、链霉素各 1 000～2 000 IU，置 37 ℃温箱中作用 30～60 min 或置冰箱中作用 4～8 h。取上清液 0.1～0.2 mL 经尿囊腔接种 9～11 日龄鸡胚。强毒株一般在接种后 30～60 h 即可致死鸡胚，弱毒株在接种后 3～6 d 可致鸡胚死亡。收获死亡鸡胚的尿囊液做病毒的鉴定。

2. 病毒的鉴定　将上述收获的尿囊液做血凝和血凝抑制试验对病毒进行鉴定。所分离的 NDV 为强毒株、中毒株还是弱毒株，还需进行毒力测定。

3. 血清学试验　主要方法是血凝试验和血凝抑制试验，其他方法还包括病毒中和试验、荧光抗体技术、ELISA、免疫双向扩散试验以及免疫组化技术等。

4. 鉴别诊断　本病与禽霍乱、传染性支气管炎、禽流感、传染性喉气管炎等疾病容易混淆，临床上应注意区分。

五、防治

1. 一般措施　建立严格的卫生防疫制度，防止一切带毒动物和污染物品进入鸡群；对用具、运输工具、鸡舍等进行严格消毒；饲料、种蛋和鸡苗应从非疫区购进；新购进的鸡只必须接种新城疫疫苗，并隔离观察 2 周以上，证明健康者方可混群。

2. 免疫接种　合理做好预防接种，可以提高鸡群免疫力，降低其易感性，减少新城疫造成的损失。目前，我国生产和使用的新城疫疫苗有两大类：一类是活疫苗，如Ⅰ系苗、Ⅱ系苗(B1 株)、Ⅲ系苗(F 株)、Ⅳ系苗及克隆化疫苗等。其中Ⅰ系苗属中等毒力疫苗，适用于农村养鸡场，或该病严重流行区和受威胁区的鸡只使用。Ⅱ、Ⅲ、Ⅳ系苗均为弱毒疫苗，大、小鸡均可使用。Ⅲ系苗可用于雏鸡免疫。Ⅳ系苗多用于 B_1 株或 F 株初免后的加强免疫。另一类是灭活苗，如油乳剂灭活苗。在新城疫流行严重的地区，常将两类疫苗同时使用，以提高预防效果。

3. 扑灭措施　发生新城疫后，应对场地、物品、用具、鸡舍等进行严格消毒，并将死禽深埋或焚烧。新疫区应将同群禽进行全群扑杀，对周围禽群进行疫苗紧急接种。对发病禽群也可注射抗新城疫高免血清。

任务二　禽流感(AI)

禽流感(AI)又称真性鸡瘟或欧洲鸡瘟，是禽流行性感冒的简称，它是由 A 型流感病毒引起的人和多种禽类的一种急性、热性、高度接触性传染性疾病。禽类感染后，可表现为无症状带毒、亚临床症状、轻度呼吸系统疾病、产蛋下降或急性全身致死性疾病等。

一、病原

流感病毒分为A、B、C三型，分别属于正黏病毒科下设的A型流感病毒属、B型流感病毒属和C型流感病毒属，禽流感病毒属于A型流感病毒。典型的病毒粒子呈球形，有囊膜。

病毒可以在鸡胚肾、牛胚肾、猴胚肾和人胚肾细胞内增殖，但以9～10日龄的鸡胚的增殖效果最好。

流感病毒对外界环境的抵抗力不强。对热也敏感，56 ℃ 30 min或60 ℃ 20 min可使病毒灭活。对乙醚、丙酮等有机溶剂敏感。一般消毒剂对病毒均有作用。流感病毒对干燥和低温的抵抗力强，在−70 ℃稳定，冻干可保存数年。

二、流行病学

1. 易感动物　禽流感主要以鸡、鸭和火鸡最易感，珍珠鸡、鹌鹑、雉鸡、鹧鸪、八哥、孔雀、鸭、鹅及各种候鸟都可感染发病。

2. 传染源及传播途径　病禽是主要的传染源，其次是康复或隐性带毒禽。本病一般只能水平传播，传播途径主要是呼吸道，动物通过咳嗽、打喷嚏等排出病毒，经飞沫感染其他易感动物。禽类感染还可随粪便排出病原，通过消化道传播。流感病毒也可进行直接接触传播。

3. 流行特点　本病多发生于天气骤变的晚秋、早春以及寒冷的冬季，常呈地方性流行或大流行。外界环境的改变、营养不良和内外寄生虫侵袭等可促进本病的发生和流行。

三、临床症状及病理变化

根据临床症状可分为高致病性禽流感和低致病性禽流感。

1. 高致病性禽流感　也叫鸡瘟，多见于鸡和火鸡。高致病力毒株感染时，病鸡体温迅速升高(达41.5 ℃以上)，食欲废绝，病鸡很快陷入昏睡状态。产蛋鸡产蛋量大幅度下降或产蛋停止。呼吸高度困难，不断吞咽、甩头，口流黏液，叫声嘶哑。头颈部水肿，无毛处皮肤和鸡冠、肉髯等发绀，流泪。拉黄白、黄绿或绿色稀粪。后期两腿瘫痪，伏卧于地。致死率最高可达100%。

高致病性禽流感病变表现为皮下、浆膜下、黏膜、肌肉及各内脏器官广泛性出血(图21-3、图21-4)，尤其是腺胃黏膜有点状出血。腺胃与食管交界处、腺胃与肌胃交界处有出血带或溃疡。喉头、气管有不同程度的出血，管腔内有大量黏液或干酪样分泌物。整个肠道从浆膜层看到肠壁有大量黄豆至蚕豆大出血斑或坏死灶。盲肠及盲肠扁桃体肿胀、出血、坏死。卵巢和卵子充血、出血，输卵管内有多量黏性或干酪样物。胰脏明显出血或坏死。肾肿大。法氏囊肿大，内有黏液。肝、脾出血、肿大。腿部可见充血、出血，脚趾肿胀，伴有淤斑性变色。鸡冠、肉髯极度肿胀并伴有眶周水肿。

2. 低致病性禽流感　可表现为不同程度的呼吸症状、消化道症状、产蛋量下降或隐性感染等。

低致病性禽流感主要表现为呼吸道及生殖道内有较多黏液或干酪样物，输卵管和子宫质地柔软易碎。个别病例可见呼吸道、消化道黏膜出血。

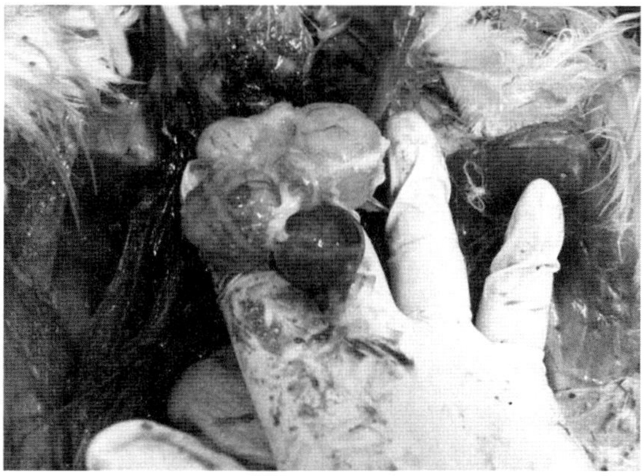

图 21-3　产蛋鸡腹腔卵黄囊出血、破裂(雷梦良　摄)

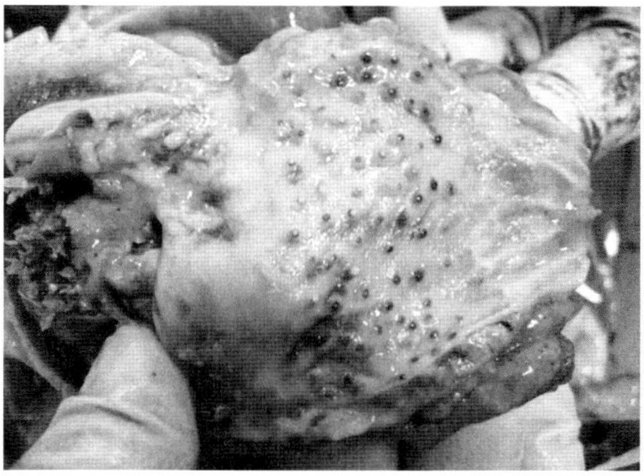

图 21-4　腺胃乳头肿胀、出血(雷梦良　摄)

四、诊断

根据本病的流行特点、临床表现和病理变化可做出初步诊断,确诊有赖于实验室诊断。

1. 病毒的分离和鉴定　无菌采取鼻咽部分泌物或者将病变的组织研磨后经无菌处理制成 1∶10 悬液,离心沉淀除去组织碎屑,每份病料以各 0.2～0.3 mL 剂量接种于 9～11 d 的鸡胚尿囊腔内,37 ℃培养,收获 24 h 以后死亡鸡胚及培养 4 d 仍存活的鸡胚尿囊液并测其血凝效价。

2. 血清学试验　在确定胚液有 HA 活性后,首先要排除新城疫病毒,取 1 滴 1∶10 稀释的正常鸡血清(最好是 SPF 鸡血清)和 1 滴新城疫抗血清,置于一块玻璃板上,将有 HA 活性的鸡胚液各 1 滴分别与上述血清混合,再各加上 1 滴 5%鸡红细胞悬液。如果这两滴血清中都出现 HA 活性,即证明没有新城疫病毒的存在。如果新城疫抗血清抑制了 HA 活性,即证明有新城疫病毒的存在。

琼脂扩散试验也可用于检测禽类血清中的抗体,效果较好,但不能分辨病毒的亚型。此外,病毒的中和试验、反转录聚合酶链式反应、神经氨酸酶抑制试验、ELISA 等也可以用于诊断。

3. 鉴别诊断　本病易与新城疫、传染性喉气管炎、减蛋综合征及传染性支气管炎等相混淆,应注意鉴别诊断。

五、防治

1. 综合措施　采取全进全出的饲养模式,加强饲养管理,搞好环境卫生,定期消毒,严格检疫,杜绝病原的传入。

2. 免疫接种　临床应用的疫苗有灭活苗、H5N1 重组禽流感病毒灭活苗、禽流感 H8 和 H9 的二联疫苗、H5 亚型禽流感-鸡新城疫重组活疫苗等。

3. 发病后处理措施　发生高致病性禽流感后,应及时对病禽进行隔离、诊断,并上报疫情。对疫区进行封锁,扑杀疫点、疫区内所有禽类。关闭禽类产品交易市场,禁止易感活禽进出和易感禽类产品运出。对禽类排泄物、被污染饲料、垫料、污水等按有关规定进行无害化处理。对被污染的物品、交通工具、用具、禽舍和场地进行严格彻底消毒。对受威胁区所有易感禽类进行紧急强制免疫接种,非疫区也要做好各项防疫工作。

任务三　传染性支气管炎(IB)

鸡传染性支气管炎(IB)是由鸡传染性支气管炎病毒引起的一种急性、高度接触性呼吸道传染病。临床以病鸡咳嗽、喷嚏和气管发生啰音为特征，在雏鸡还可出现流鼻涕，蛋鸡产蛋量减少和质量低劣，肾型病鸡肾肿大，有尿酸盐沉积。

一、病原

鸡传染性支气管炎病毒(IBV)属于冠状病毒科、冠状病毒属，为单股正链 RNA 病毒。该病毒具有多形性，但多数呈圆形，有囊膜。IBV 本身无血凝特性，但经胰酶、卵磷脂酶等处理后可具有血凝特性。该病毒在鸡胚中生长良好，也可在气管组织培养物中增殖。

多数病毒株在 56 ℃ 15 min 或 45 ℃ 90 min 即被灭活，但对低温的抵抗力很强，在 −30 ℃时可存活 24 年。对乙醚及一般消毒剂敏感，如 1%来苏尔、1%石炭酸、0.01%高锰酸钾、1%福尔马林及 70%酒精等均能在 3～5 min 内将其杀死。对酸碱有较强的耐受性。

二、流行病学

1. 易感动物　仅发生于鸡，其他家禽均不感染。各种年龄的鸡均可发病，但雏鸡最为严重，尤以 40 日龄以内的鸡多发。

2. 传染源及传播途径　传染源主要是病鸡和康复后带毒鸡，病鸡主要经呼吸道和泄殖腔等途径向外排毒。本病主要经呼吸道传播，也可通过被污染的饲料、饮水及饲养用具经消化道感染。

3. 流行特点　一年四季均可发生，但以冬春季节多发。过热，严寒，拥挤，通风不良，维生素、矿物质和其他营养缺乏，以及疫苗接种等均可促进本病的发生。

三、临床症状及病理变化

由于病毒的血清型不同，本身变异快，鸡感染后可出现比较复杂的临床症状及病理变化。

1. 呼吸型　不同日龄的鸡都可发病，常突然发病。病鸡突然出现呼吸道症状，并迅速波及全群。4 周龄以下病鸡表现为伸颈、张口呼吸、喷嚏、咳嗽、啰音，病鸡全身衰弱，精神不振，食欲减少，羽毛松乱，昏睡、翅下垂。2 周龄以内的病雏鸡，还常见鼻窦肿胀、流黏性鼻液、流泪等症状，病鸡常甩头。严重时可死亡，康复鸡发育不良。6 月龄以上育成鸡与幼鸡症状相同，但通常无鼻涕。产蛋鸡感染后呼吸道症状较轻，但产蛋量下降 25%～50%，可持续 4～8 周，同时产软壳蛋、畸形蛋或砂壳蛋，蛋黄变小，蛋白稀薄如水，蛋黄与蛋白分离以及蛋白黏壳等。康复后的蛋鸡产蛋量很难恢复到患病前的水平。2 周龄内的雏鸡感染后可导致输卵管永久性损伤，虽然外观发育良好，却不能产蛋，成为“假性产蛋鸡”。

主要病变是气管、支气管、鼻腔和窦内有浆液性、卡他性和干酪样渗出物。气管黏膜充血、肿胀、出血，气囊浑浊并含有黄白色干酪样渗出物(图 21-5)。在大支气管的周围可见到局灶性肺炎。幼鸡感染，有的见输卵管萎缩、变形。产蛋鸡卵巢萎缩，卵泡充血、出血、变形，甚至破裂。

2. 肾型　多见于 20～40 日龄的鸡，10 日龄以下、70 日龄以上较少见。病初呼吸道症状轻微，一般持续 2～4 d。呼吸症状消失后，病鸡沉郁，排白色或水样稀粪，粪便中含有大量尿酸盐。病鸡迅速消瘦、饮水量明显增加。

肾型病变主要表现为肾肿大、苍白、小叶突出，肾小管和输尿管因尿酸盐沉积而扩张，外形呈白色网状，俗称“花斑肾”（图 21-6）。严重病例可见其他组织器官表面也有白色尿酸盐沉积。

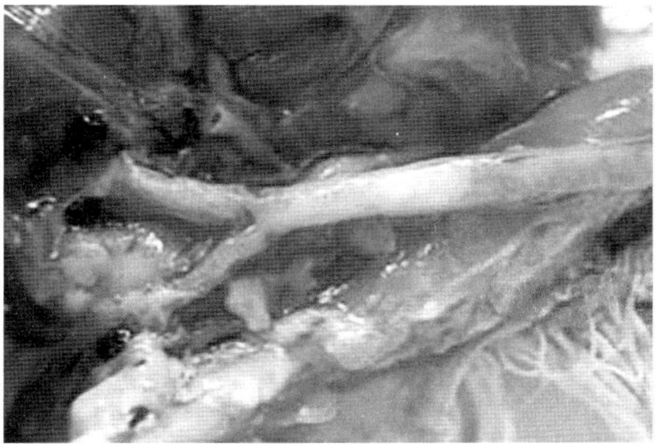

图 21-5　呼吸型：气管有黄白色栓塞物（雷梦良　摄）

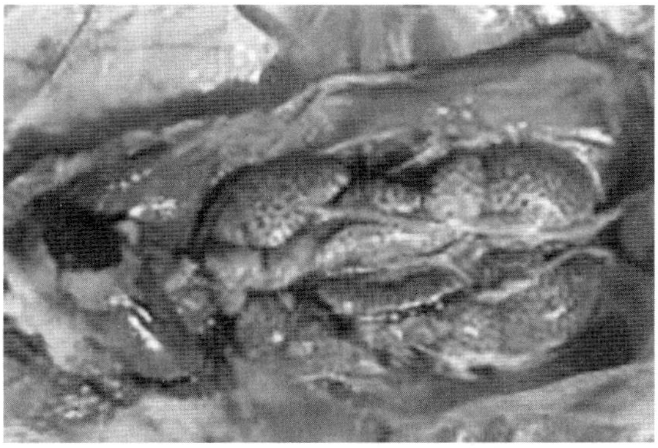

图 21-6　肾型：花斑肾（雷梦良　摄）

四、诊断

根据流行特点、临床症状和病理变化，可做出初步诊断。进一步确诊则有赖于病毒分离鉴定及血清学试验。

1. 病毒的分离鉴定　取急性期病鸡的气管分泌物（其他病型可相应采取肾脏、腺胃等）研磨离心后取上清液，无菌处理后经尿囊腔接种于 9～11 日龄鸡胚，37 ℃培养，经几次继代后可致死鸡胚。收获尿囊液用鸡传染性支气管炎抗血清进行中和试验或琼脂扩散试验予以鉴定。

2. 血清学试验　分别采集发病初期和发病后 2～3 周的双份血清，检测血清中 IBV 抗体滴度。若第二次血清样抗体滴度比第一次的高出 4 倍，即可确诊为本病。琼脂扩散试验、血凝抑制试验、中和试验、ELISA 及免疫荧光试验等均可用于本病的诊断。

3. 鉴别诊断　本病应注意与鸡新城疫、鸡传染性喉气管炎、传染性鼻炎、禽流感、慢性呼吸道疾病、减蛋综合征、禽痛风等疾病相区别。

五、防治

1. 综合措施　加强饲养管理，降低饲养密度，防止过挤，鸡舍要注意通风换气，注意保温，补充维生素和矿物质，增强鸡体抗病力。

2. 预防接种　目前常用的疫苗有活苗和灭活苗两种。我国广泛应用的活苗有 H52、H120 和 Ma5，H120 株疫苗毒力弱，常用于雏鸡和其他日龄的鸡；H52 毒力较强，可用于 4 周龄以上鸡的免疫；Ma5 用于肾型 IB。灭活苗各种日龄均可使用。

3. 发病后处理措施　发病后及时隔离患病鸡群，并对鸡舍、污染的环境及饲养工具进行严格消毒。改善饲养管理条件，降低鸡群密度。本病目前尚无特异性治疗方法，饲料或饮水中添加抗生素可防止继发感染。肾型 IB，发病后应降低饲料中蛋白含量，并注意补充 K^+ 和 Na^+，使用能够减轻肾脏负担、提高肾功能的药物；呼吸型 IB 可加入止咳平喘药。对假定健康群用传染性支气管油佐剂灭活苗进行紧急接种。

任务四 传染性喉气管炎(ILT)

鸡传染性喉气管炎(ILT)是由传染性喉气管炎病毒引起的一种急性、接触性呼吸道传染病。其特征是呼吸困难、咳嗽和咳出含有血液的渗出物，喉头和气管黏膜上皮细胞肿胀，甚至黏膜糜烂、坏死和大面积出血。

一、病原

传染性喉气管炎病毒(ILTV)属于疱疹病毒科、α-疱疹病毒亚科、传染性喉气管炎病毒属的禽疱疹病毒Ⅰ型。病毒粒子呈球形，为二十面体立体对称，有囊膜。该病毒只有一个血清型，但有强毒株和弱毒株之分。

该病毒可在感染鸡胚的尿囊膜上增殖形成典型的痘斑，也可在鸡胚肝细胞、鸡胚肾细胞、鸡胚肺细胞等细胞培养物上生长繁殖，还可用鸭胚肾细胞培养。

对热敏感，55 ℃只能存活 10～15 min，37 ℃存活 22～24 h，在 13～23 ℃中能存活 10 d，但在 20～60 ℃较稳定。对一般消毒剂都敏感，如 3%来苏尔或 1%苛性钠溶液 1 min 即可将其杀死。在乙醚中 24 h 后丧失感染性。

二、流行病学

1. 易感动物　自然条件下，主要侵害鸡，不同年龄的鸡均易感，但以成年鸡的症状最为典型。野鸡、鹌鹑、孔雀和幼火鸡也可感染。

2. 传染源及传播途径　病鸡和康复后的带毒鸡是主要传染源。病毒存在于气管和上呼吸道分泌液中，通过咳出血液和黏液而经上呼吸道传播。污染的饲料、饮水、垫料和工具，也可成为传播媒介。人及野生动物的活动也可机械传播本病。

3. 流行特点　本病一年四季都能发生，但以冬春季节多见。鸡群拥挤，通风不良，饲养管理不善，维生素 A 缺乏，寄生虫感染等，均可促进本病的发生。

三、临床症状及病理变化

自然感染的潜伏期为 6～12 d，人工气管内接种为 2～4 d。由于病毒的毒力不同、侵害部位不同，传染性喉气管炎在临床上可分为喉气管型和结膜型。

1. 喉气管型(急性型)　本型是由高致病性毒株引起的，主要发生于成年鸡，传播迅速，短期内可造成全群感染。病鸡精神沉郁，食欲减少或废绝，有时排绿色稀粪。特征性症状是鼻孔有分泌物和呼吸时发出湿性啰音，继而咳嗽和喘气，呼吸时抬头伸颈，有时蹲伏，身体随着一呼一吸而呈波浪式的起伏。严重病例，呈现明显的呼吸困难，咳出血痰和带有血液的黏性分泌物，有时还能咳出干酪样的分泌物。检查口腔时，可见喉部黏膜上有泡沫状液体或淡黄色凝固物附着，不易擦去，喉头出血。病鸡迅速消瘦，鸡冠发紫，衰竭死亡。病程一般为 10～14 d。

喉气管型典型的病变为喉和气管黏膜肿胀、充血和出血，甚至坏死，喉和气管腔内有血凝块或纤维素性干酪样渗出物或气管栓塞。鼻腔和眶下窦黏膜也发生卡他性或纤维素性炎。产蛋鸡卵巢异常，卵泡变软、变形、出血。

2.结膜型（温和型）　本型是由低致病性毒株引起的，多表现为生长迟缓、产蛋减少、流泪、结膜炎，死亡率较低。

结膜型病例一般只出现眼结膜和眶下窦上皮水肿和充血，有时角膜混浊，眶下窦肿胀有干酪样物质。有些病鸡的眼睑，特别是下眼睑发生水肿，有的则发生纤维素性结膜炎，角膜溃疡。有的则与喉、气管病变合并发生。

四、诊断

根据上述临床症状及病理变化可做出初步诊断，确诊需进行实验室检查。

1.病原分离　采取急性期病鸡或病死鸡的气管、肺组织及气管的分泌物，无菌处理后接种鸡肺细胞、鸡肝细胞或经尿囊腔接种敏感鸡胚，分离物可通过中和试验、荧光抗体染色等方法进行鉴定。

2.动物接种　采取病鸡的气管渗出物或组织悬液等，对易感鸡、耐过鸡和免疫鸡分别接种，接种后易感鸡在 2～4 d 后发生传染性喉气管炎的典型症状，而免疫鸡和耐过鸡不发病。

3.鉴别诊断　本病易与传染性支气管炎、败血支原体病、新城疫等相混淆，应注意鉴别。

五、防治

1.预防　平时加强饲养管理、改善鸡舍通风，注意环境卫生，不引进病鸡，并严格执行消毒卫生措施。新购进的鸡必须用少量的易感鸡与其做接触感染试验，隔离观察 2 周，易感鸡不发病，证明不带毒，此时方可合群。

在本病流行的地区接种弱毒疫苗，经点眼、滴鼻免疫。

2.发病后的处理措施　本病尚无有效治疗方法，鸡群一旦发病，应及时隔离淘汰。病鸡群每天用高效消毒药进行至少一次带鸡消毒，同时投服泰乐菌素、红霉素、阿莫西林等抗菌药物，防止细菌继发感染。配合化痰止咳的中药，可缓解症状、减少死亡。

任务五　马立克病（MD）

马立克病（MD）是由马立克病病毒引起的一种淋巴组织增生性疾病，以外周神经、性腺、虹膜、各种脏器肌肉和皮肤的单核性细胞浸润和形成肿瘤性病灶为特征。

一、病原

马立克病病毒（MDV）属于疱疹病毒科、α-疱疹病毒亚科的马立克病病毒属禽疱疹病毒 2 型。双股 DNA，属于细胞结合性疱疹病毒 B 群。病毒存在形式有两种：一种是细胞结合病毒，称为不完全病毒（裸体病毒），呈六角形，有严格的细胞结合性；另一种是有囊膜病毒，又称为完全病毒，主要见于羽毛囊角化层中，多数是有囊膜的完整病毒粒子，非细胞结合性，可脱离细胞而存在。

MDV 对理化因素，如热、酸、有机溶剂及消毒药的抵抗力均不强。5%福尔马林、3%来苏尔、2%火碱等常用消毒剂均可在 10 min 内杀死病毒。

二、流行病学

1. 易感动物　鸡是最重要的自然宿主，致病力强的毒株可对火鸡造成严重损害。不同品种或品系的鸡均可感染。年龄越小越易感，特别是出雏和育雏室的早期感染可导致很高的发病率和死亡率。母鸡比公鸡更易感。

2. 传染源及传播途径　病鸡和带毒鸡是主要的传染源，病鸡和带毒鸡的排泄物、分泌物及鸡舍内垫草均具有很强的传染性。很多外表健康的鸡可长期持续带毒、排毒，使鸡舍内的灰尘长期保持传染性。鸡群个体的相互接触是主要传播方式，主要通过呼吸道感染，也可经消化道和吸血昆虫叮咬感染。

3. 流行特点　本病的发生与饲养管理条件有密切关系。饲养密度越大，感染机会越多，发病率和死亡率越高。鸡群中存在法氏囊病毒、鸡传染性贫血病毒、呼肠孤病毒、球虫等感染均可促进本病的发生。

三、临床症状及病理变化

马立克病在临诊上可分为 4 种类型：神经型、内脏型、眼型和皮肤型，有时呈混合感染。

1. 神经型　常侵害外周神经，以坐骨神经和臂神经最易受侵害。当坐骨神经受损时病鸡一侧腿发生不完全或完全麻痹，站立不稳，两腿前后伸展，呈“劈叉”姿势，为典型症状。当臂神经受损时，翅膀下垂；支配颈部肌肉的神经受损时病鸡低头或斜颈。迷走神经受损鸡嗉囊麻痹或膨大，食物不能下行。一般病鸡精神尚好，并有食欲，但往往由于饮不到水而脱水，吃不到饲料而衰竭，或被其他鸡只践踏，最后均以死亡而告终，多数情况下病鸡被淘汰。

病变表现为受损害神经（常见于腰荐神经、坐骨神经）的横纹消失，变成灰色或黄色，或增粗、水肿，比正常的大 2～3 倍，有时更大。多侵害一侧神经，有时双侧神经均受侵害。

2. 内脏型　常见于 50～70 日龄的鸡，病鸡精神委顿，食欲减退，羽毛松乱，鸡冠苍白、皱缩，有的鸡冠呈黑紫色，黄白色或黄绿色下痢，迅速消瘦，胸骨似刀锋，触诊腹部能摸到硬块（图 21-7）。病鸡脱水、昏迷，最后死亡。

内脏型病变主要表现为内脏多种器官如肝脏、脾脏、性腺、肾脏、心脏、肺脏、腺胃、肌胃等出现肿瘤，肿瘤多呈结节性，圆形或近似圆形，数量不一，大小不等，灰白色，切面呈脂肪样。有的病例肝脏上不具有结节性肿瘤，但肝脏异常肿大，比正常大 5～6 倍，正常肝小叶结构消失，表面呈粗糙或颗粒性外观（图 21-8）。性腺肿瘤比较常见，甚至整个卵巢被肿瘤组织代替，呈花菜样肿大。腺胃外观有的变长，有的变圆，胃壁明显增厚或薄厚不均，切开后腺乳头消失，黏膜出血、坏死。

3. 眼型　在病鸡群中很少见到，一旦出现则病鸡表现瞳孔缩小，严重时仅有针尖大小；虹膜边缘不整齐，呈环状或斑点状，颜色由正常的橘红色变为弥漫性的灰白色，呈“鱼眼状”。轻者表现对光线强度的反应迟钝，重者对光线失去调节能力，最终失明。

4. 皮肤型　较少见，往往在禽类加工厂屠宰鸡只时褪毛后才发现，主要表现为毛囊肿大或皮肤出现结节。

图 21-7　病鸡极度消瘦(雷梦良　摄)

图 21-8　病鸡肝脏上有弥漫性大小不一的白色肿瘤(雷梦良　摄)

四、诊断

MDV 具有高度接触传染性,在鸡群中广泛存在,但在感染鸡中仅有一小部分发生马立克病。此外,接种疫苗的鸡虽能得到保护不发生马立克病,但仍能感染 MDV 强毒。因此,是否感染 MDV 不能作为诊断马立克病的标准,必须根据疾病特异的流行病学、临床症状、病理变化和实验室检查等做出诊断。

1. 琼脂凝胶沉淀试验　以马立克病标准阳性血清检测羽根或羽囊浸出物,或以马立克病阳性抗原检测鸡的血清,若出现白色沉淀线,则说明检测鸡感染过马立克病或有马立克病抗体存在。

2. 中和试验　从感染鸡的皮肤或羽毛囊、羽毛尖获得脱离细胞病毒,然后 1 份被检血清加 4 份病毒悬液,该混合物在 37 ℃培育 30 min 后,将其接种在鸡胚或细胞培养物上,观察是否出现病变。

五、防治

1. 综合措施　加强饲养管理,改善鸡群生活条件,增强鸡体抵抗力。坚持自繁自养,执行全进全出、网上饲养或笼养的饲养模式,避免不同日龄鸡混养。减少鸡只与羽毛、粪便接触。加强检疫,及时淘汰病鸡和阳性鸡。严格卫生消毒制度,消除各种应激因素。

2. 免疫接种　疫苗接种是预防本病的关键。用于制造疫苗的病毒有 3 种:第一种是人工致弱的 1 型 MDV,如荷兰 Rispens 氏等的 CV1988、美国 witter 氏的 MD11/75/R2、国内哈尔滨兽医研究所的 K 株(814)等;第二种是自然不致瘤的 2 型 MDV,如美国的 SB1、301B/1 和国内的 Z4;第三种是 3 型 MDV(HVT),如全世界广泛使用的 FC 126。养鸡生产中所使用的疫苗主要是利用以上三种血清型的疫苗株制成单价苗或多价苗。在进行疫苗接种的同时,鸡群要封闭饲养,尤其是育雏期间应搞好封闭隔离,可减少本病的发病率。

3. 发病后采取的措施　鸡群中发现疑似 MD 病鸡应立即隔离,确诊后扑杀深埋,并增加带鸡消毒的次数,对未出现症状的鸡采用大剂量 MD 疫苗进行紧急接种,以干扰病毒传播,使未感染鸡产生免疫抗体,抵御 MDV 强毒侵袭。

任务六　禽传染性法氏囊病(IBD)

禽传染性法氏囊病(IBD)是由传染性法氏囊病病毒引起幼鸡的一种急性、高度接触性传染病。本病发病突然，病程短，发病率高，有不同程度的死亡，主要以腹泻、颤抖、极度衰弱，法氏囊水肿、出血、有干酪样渗出物，肾脏肿大并有尿酸盐沉积，胸肌和腿肌出血为特征。

一、病原

传染性法氏囊病病毒(IBDV)属于双 RNA 病毒科、禽双 RNA 病毒属。病毒是单层衣壳，无囊膜，无红细胞凝集特性。

IBDV 在宿主体内主要分布于法氏囊和脾脏，其次是肾脏。病毒可在无母源抗体的鸡胚上生长繁殖，最佳接种途径是绒毛尿囊膜，卵黄囊和尿囊腔接种效果较差。

病毒在外界环境中极为稳定，在鸡舍内可存活 2～4 个月。病毒特别耐热，56 ℃ 3 h 病毒效价不受影响，60 ℃ 90 min 病毒不被灭活，70 ℃ 30 min 可灭活病毒。病毒对乙醚和氯仿不敏感。耐酸不耐碱。对来苏尔、过氧乙酸、福尔马林消毒液敏感。

二、流行病学

1. 易感动物　IBDV 的自然宿主是鸡和火鸡，但只有鸡感染后发病。各种品种的鸡都能感染。3～6 周龄的鸡最易感，成年鸡一般呈隐性经过。

2. 传染源和传播途径　病鸡是主要传染源，其粪便中含有大量病毒，可经直接接触传播，也可经污染了的饲料、饮水、垫料、尘埃、用具、车辆、人员、衣物等间接传播。感染途径包括消化道、呼吸道和眼结膜等。

3. 流行特点　本病的发生无明显的季节性和周期性，只要有易感鸡群存在并暴露于污染环境中，均可发病。

三、临床症状及病理变化

本病潜伏期为 2～3 d，根据临床表现可分为典型感染和非典型感染。

1. 典型感染　多见于新疫区和高度易感鸡群，有典型症状和固定病程。最初发现有些鸡啄自己的泄殖腔。病鸡精神委顿、采食减少或不食，羽毛蓬松，畏寒，扎堆。随即出现腹泻，排白色黏稠或水样稀粪。严重者病鸡垂头、伏地，严重脱水，极度虚弱，对外界刺激反应迟钝或消失。后期体温低于正常，常在发病后 1～2 d 死亡。死亡率一般在 30%左右，严重者可达 60%以上。

2. 非典型感染　主要见于老疫区或具有一定免疫力的鸡群，以及感染低毒力毒株的鸡群。该病型感染率高，发病率低，症状不典型。少数鸡表现精神不振，食欲减退，轻度腹泻，死亡率一般在 3%以下。该病型主要造成免疫抑制。

感染 IBDV 后，病死鸡表现脱水，腿部和胸部肌肉有不同程度的条纹状或斑块状出血(图 21-9)。法氏囊内黏液增多，法氏囊水肿、出血，体积增大，重量增加，比正常重 2 倍(图 21-10)。严重病例可见法氏囊严重出血，呈紫黑色，如紫葡萄状。5 d 后法氏囊开始萎缩，切开后黏膜皱褶多混浊不清，黏膜表面有点状出血或弥漫性出血，法氏囊内有干酪样渗出物。肾脏有不同程度的肿胀且常有尿酸盐沉积，输卵管有大量的尿酸盐而扩张。腺胃和肌胃交界处见有条状出血点。盲肠扁桃体肿大、出血。有时可见肝、脾、肺等器官出血、坏死。

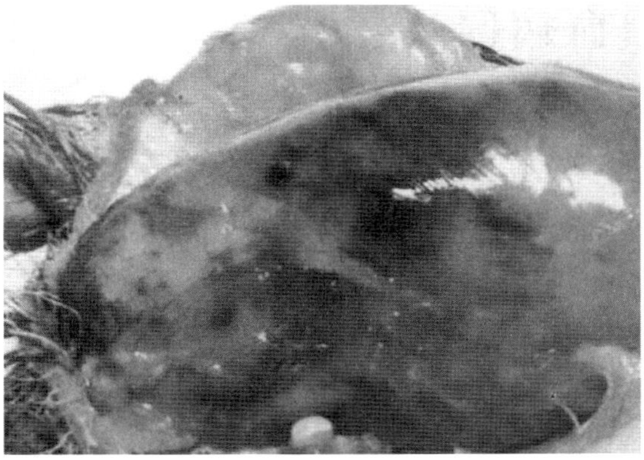

图 21-9　病鸡胸肌出血（雷梦良　摄）

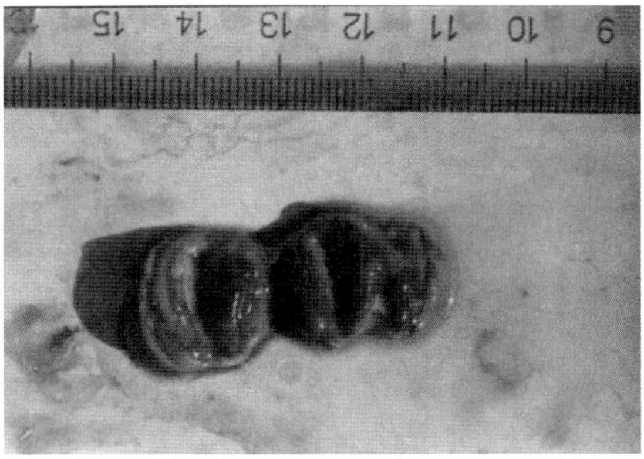

图 21-10　病鸡法氏囊肿大

四、诊断

根据本病的流行特点、临床症状和剖检变化，可做出诊断。进一步确诊或对非典型病例诊断时需进行实验室检查。

1. 病原的分离鉴定　病料可选取具有典型病变的法氏囊及脾脏，经常规处理后经绒毛尿囊膜接种 9～11 日龄 SPF 鸡胚或不带母源抗体的鸡胚，被接种鸡胚常在 3～5 d 死亡，鸡胚水肿，出血。对分离出的病毒可经中和试验进行鉴定。

2. 血清学试验　通常用病死鸡的腔上囊悬液作为被检抗原，与标准阳性血清进行琼扩反应，也可用已知抗原与被检血清反应，检查特异性抗体。

其他实验室诊断方法如荧光抗体技术、中和试验、免疫组化、ELISA、对流免疫电泳等均可用于本病的诊断。

3. 鉴别诊断　传染性法氏囊病的特征病变在法氏囊，但非典型性新城疫、肾型鸡传染性支气管炎、鸡马立克病、磺胺类药物中毒及鸡的大肠杆菌病等也有法氏囊的病变发生，应注意鉴别。

五、防治

1. 严格执行卫生防疫措施　平时加强饲养管理，搞好环境卫生，严格消毒，注意切断各种传播途径。采用全进全出饲养，不同年龄的鸡尽可能分开饲养。提高育雏舍温度，减少应激。

2. 免疫接种　种鸡的母源抗体能保护雏鸡至 2～3 周龄，可应用油乳剂灭活苗对 18～20 周龄种鸡进行第一次免疫，于 40～42 周龄时第二次免疫。因为母源抗体对雏鸡的保护只能维持至 2～3 周龄，因此可通过琼脂扩散试验测定雏鸡母源抗体的消长情况以确定雏鸡的首免时间。

3. 发病后处理措施　鸡群发病后，必须立即清除患病鸡、病死鸡，深埋或焚烧。对鸡舍、鸡体表、周围环境进行彻底消毒。病雏早期用高免血清或卵黄抗体治疗可获得较好疗效。与病鸡的同群鸡可使用双倍剂量中等毒力的活疫苗进行紧急接种。投服抗生素防止继发感染。同时，应加强饲养管理，降低饲料中的蛋白含量，提高维生素含量。供应充足的饮水，或在饮水中加入口服补盐液，以减少对肾脏的损害。

任务七 禽白血病(AL)

禽白血病又称禽白细胞增生病(AL)，是由禽白血病病毒引起的禽类多种肿瘤性疾病的总称。临床上主要表现为淋巴细胞性白血病、成红细胞白血病、成髓细胞性白血病、骨髓细胞瘤、内皮瘤、肾母细胞瘤、结缔组织瘤、血管瘤、骨硬化病等。

一、病原

禽白血病病原是白血病病毒(ALV)群中的病毒，在分类上属反转录病毒科、肿瘤病毒亚科的禽C型肿瘤病毒群。病毒粒子呈球状，有囊膜，外部有纤突，单股RNA。

该病毒可在鸡胚中生长，能在鸡胚成纤维细胞上生长增殖，但大多数不产生细胞病变，只有少数毒株能使细胞变圆。

禽白血病病毒对脂溶剂和去污剂敏感。对热的抵抗力弱，如肉瘤病毒的半衰期50 ℃时是8.5 min，60 ℃时是42 s。病毒材料需保存在－60 ℃以下，在－20 ℃很快失活。本群病毒在pH 5～9时稳定。对紫外线照射有较强的抵抗力。

二、流行病学

1. 易感动物　自然情况下只有鸡易感，尤其是肉鸡最易感。此外野鸡、珍珠鸡、鸽、鹌鹑、火鸡和鹧鸪也可感染发病并引起肿瘤。母鸡的易感性比公鸡高。日龄越小越易发。通常以18周龄以上的鸡多发。

2. 传染源及传播途径　传染源为病鸡和带毒鸡。本病主要以垂直传播方式进行传播。有病毒血症的母鸡，其整个生殖系统都有病毒繁殖，以输卵管的病毒浓度最高，因此其产出的鸡蛋常带毒，孵出的雏鸡也带毒，它再与健康雏鸡密切接触时就有可能扩大传播。公鸡是病毒的携带者，可通过接触及交配进行传播。另外，水平传播也是重要的传播方式，污染的粪便、飞沫、脱落的皮肤等都可通过消化道使易感鸡感染。

3. 流行特点　本病一般为散发。饲料中维生素缺乏、内分泌失调等因素可促进本病的发生。

三、临床症状及病理变化

该病毒群引起的肿瘤种类很多，其中对养禽业危害较大、流行较广的白血病类型包括淋巴细胞性白血病、成红细胞性白血病、成髓细胞性白血病、骨髓细胞瘤、血管瘤、肾瘤和肾胚细胞瘤、肝癌、骨石化病、结缔组织瘤等。各病型的表现虽有差异，但总体来看，禽白血病病鸡无特异的临床症状，有的甚至可能完全没有症状。部分病鸡表现消瘦，头部苍白，并由于肝部肿大而使患鸡腹部增大，俗称"大肝病"。产蛋鸡产蛋量下降，种蛋受精率和孵化率下降，肉鸡表现为生长性能下降，料耗上升。

剖检可见肝、法氏囊和脾肿瘤。病鸡肝脏比正常增大几倍，这是本病的主要特征。脾脏体积增大，呈灰黄色或灰棕色，表面和切面可见许多灰白色肿瘤病灶，偶有凸出于表面的结节。法氏囊肿大，剖面皱襞上有白色隆起或结节增生。肾、肺、性腺、心、骨髓和肠系膜也常受到侵害，肿瘤大小不一，可为结节型、颗粒型或弥漫型。

四、诊断

根据流行特点、临床症状和病理变化可做出初步诊断。确诊本病需要进行实验室诊断，主要包括病毒分离鉴定和血清特异抗体检测两种方法。这两种方法在日常诊断中应用较少，但对于建立无白血病健康鸡群意义重大。分离病毒可将患鸡的血浆、血清或肿瘤组织经适当处理后接种于易感雏鸡或鸡胚成纤维细胞培养。因大多数 ALV 在细胞培养物上不产生病变，故常用补体结合试验、荧光抗体试验来证明病毒的存在。检测血清中特异性抗体最敏感的方法是中和试验，样本一般为血清或卵黄。

本病病状常与马立克病相似，应注意区别。马立克病传染性与死亡率均很高，有的伴有神经症状；“灰眼”与不对称的坐骨神经肿大是马立克病的特异性症状。

五、防治

由于本病主要为垂直传播，水平传播仅占次要地位，所以疫苗免疫对防治的意义不大，目前也没有可用的疫苗。减少种鸡群的感染率和建立无白血病的种鸡群是控制本病的最有效措施。也可通过选育对禽白血病有抵抗力的鸡种，结合其他综合性防疫措施来实现。目前通常是通过 ELISA 检测并淘汰带毒母鸡以减少感染，彻底清洗和消毒孵化器、出雏器、育雏室，在多数情况下均能奏效。

任务八　减蛋综合征(EDS)

鸡减蛋综合征(EDS)是由Ⅲ型群禽腺病毒引起鸡的一种急性病毒性传染病。其主要特征是产蛋量突然下降、蛋壳异常、蛋体畸形、蛋质低劣和褐色蛋蛋壳颜色变淡。

一、病原

减蛋综合征病毒(EDSV)属于禽腺病毒科、腺病毒属Ⅲ群的病毒。病毒颗粒呈二十面立体对称，双股 DNA，无囊膜。

该病毒能凝集鸡、鸭、鹅、鸽子的红细胞，不凝集牛、羊、猪等哺乳动物的红细胞。

该病毒在 7～10 日龄鸭胚中生长良好，并可致死鸭胚，其尿囊液具有很高的血凝滴度。在雏鸡肝细胞、鸡胚成纤维细胞、火鸡细胞上生长不良，在哺乳动物细胞中不能生长。

该病毒对乙醚、氯仿不敏感。在 pH 3～10 的环境中均能存活。加热到 56 ℃可存活 3 h，60 ℃加热 30 min 丧失致病力，70 ℃加热 20 min 则完全灭活。在室温条件下至少存活 6 个月以上。0.3%福尔马林 24 h、0.1%福尔马林 48 h 可使病毒完全灭活。

二、流行病学

1. 易感动物　本病除鸡易感外，自然宿主为鸭、鹅和野鸭。不同品系的鸡对 EDS-76 病毒的易感性有差异，产褐壳蛋的肉用种鸡和种母鸡最易感，产白壳蛋的母鸡患病率较低。该病毒主要侵害 26～32 周龄鸡，35 周龄以上的鸡较少发病。鸭感染后虽不发病，但长期带毒，带毒率可达 85%以上。

2. 传染源及传播途径　病鸡、带毒鸡和带毒鸭是本病的传染源。本病主要为垂直传播，被感染鸡可通过种蛋和种公鸡的精液进行传播。水平传播也不可忽视，鸡的输卵管、泄殖腔、粪便、肠内容物等可分离到病毒，病毒可通过这些途径向外排毒，从而污染饲料、饮水、用具、种蛋等，经水平传播造成其他鸡感染。

3. 流行特点　病毒侵入鸡体后，在性成熟前不表现致病性。产蛋初期的应激反应，可使病毒活化从而使产蛋鸡发病。

三、临床症状及病理变化

感染鸡群无明显临床症状，通常是 26～36 周龄产蛋鸡突然出现群体性产蛋量下降，产蛋率比正常下降 20%～30%，甚至达 50%。产出软壳蛋、薄壳蛋、无壳蛋、小蛋，蛋体畸形，蛋壳表面粗糙，蛋白水样，蛋黄色淡，蛋白中混有血液、异物等。褐壳蛋颜色变浅。异常蛋可达 15%以上，蛋的破损率可达 40%。种蛋受精率及孵化率降低。病程一般为 4～10 周，以后逐渐恢复，但难以达到正常水平。

本病一般不发生死亡，无明显病理变化，重症死亡的病例常因腹膜炎或输卵管炎引起，剖检可发现输卵管各段黏膜发炎、水肿、萎缩；卵巢萎缩变小，或有出血；子宫黏膜发炎。有的肠道出现卡他性炎症。组织学检查，子宫输卵管腺体水肿，单核细胞浸润，黏膜上皮细胞变性、坏死，输卵管上皮细胞核内有包涵体。

四、诊断

根据产蛋鸡产蛋量突然下降，出现无壳软蛋、薄壳蛋、蛋壳色变淡，结合发病特点、症状、病理变化可做出初步诊断。确诊需进行病原分离和鉴定及血清学试验。

1. 病原分离和鉴定分离　取发病 15 d 以内的软壳蛋或薄壳蛋，也可取可疑病鸡的输卵管、泄殖腔、肠内容物和粪便作为病料，无菌处理后经鸭胚尿囊腔接种，收获鸭胚尿囊液做血凝并应用特异性抗血清做血凝抑制试验。

2. 血清学实验　方法有琼脂扩散试验、血凝抑制试验、中和试验、ELISA 和荧光抗体技术等。

五、防治

1. 加强管理　严格执行卫生防疫措施，加强鸡场和孵化厅消毒工作。粪便无害化处理。防止饲养管理用具混用和人员串走，以防止水平传播。在日粮配合中，注意氨基酸、维生素和微量元素的平衡。禁止从疫区引种，引进种鸡群要严格隔离饲养，产蛋后经 HI 试验监测，HI 阴性者才能留作种用。产蛋下降期的种蛋不能留作种用。

2. 免疫预防　免疫接种是预防本病的主要措施。可用疫苗有减蛋综合征油乳剂灭活苗或新城疫-减蛋综合征二联油乳剂灭活苗或新城疫-传染性支气管炎-减蛋综合征三联油乳剂灭活苗，一般于开产前 2～4 周肌内注射 0.5 mL/只，可收到较好的预防效果。

3. 发病后处理措施　本病尚无有效的治疗方法。发病后应加强环境消毒和带鸡消毒。对发病鸡群可适当应用抗生素以防继发感染，或者在发病鸡群中投放禽用白细胞干扰素、补充电解多维等，可促进病鸡康复。

任务九　包涵体肝炎(IBH)

包涵体肝炎又叫出血性贫血综合征或贫血综合征，是由Ⅰ型群禽腺病毒中的鸡腺病毒引起鸡的一种急性传染性疾病。其特征是幼鸡突然发病死亡，临床表现为贫血、黄疸，肝肿大坏死，肝细胞变性，肝细胞内形成核内包涵体。

一、病原

鸡腺病毒属于腺病毒科Ⅰ型群禽腺病毒，病毒粒子呈球形，无囊膜，双股DNA。病毒在核内复制，产生嗜碱性包涵体。病毒的血清型较多，已认定的有12种，各血清型的病毒粒子均能侵害肝脏。多数血清型毒株无血凝性，个别血清型的毒株能凝集大鼠红细胞。禽腺病毒可在鸡胚肾、鸡胚肝细胞及鸡肾细胞内增殖。

该病毒对乙醚、氯仿、胰蛋白酶、5%乙醇有抵抗力。可耐受pH 3～9的环境。对热有抵抗力，56 ℃ 2 h、60 ℃ 40 min不能致死病毒，有的毒株70 ℃ 30 min仍可存活，室温下可保持致病力6个月。对福尔马林、次氯酸钠和碘制剂较敏感。

二、流行病学

1. 易感动物　鸡对本病最易感，特别是3～7周龄的肉用仔鸡。

2. 传染源及传播途径　病鸡、带毒鸡为主要传染源。病毒可通过粪便、气管和鼻排出，经呼吸道、消化道及眼结膜感染，也可通过种蛋传播给下一代。

3. 流行特点　本病以春夏两季发生较多，一般为散发，也可呈地方流行性。饲养密度过大、通风不良、感染其他疾病，特别是发生传染性法氏囊病和鸡传染性贫血时更易促发本病。

三、临床症状及病理变化

潜伏期较短，一般1～2 d。病鸡突然精神沉郁，嗜睡，食欲减少，羽毛蓬乱，腹泻，贫血，黄疸，个别鸡只在发病后1～2 d死亡，并在3～5 d后出现死亡高峰，经1～2周后，死亡逐渐减少，趋于好转。但有些鸡群在2～3 d即可自然恢复。若继发或混合感染传染性支气管炎、慢性呼吸道病、大肠杆菌病、沙门菌病等疾病，则病程延长，死亡率增加。产蛋鸡群除产蛋量减少10%左右外，多无其他表现。

该病的主要病变为贫血、黄疸，肝肿大、质脆，表面有不同程度的出血斑或出血点，并有凸起的黄白色或块状坏死灶，肝褪色呈淡褐色或黄色。病程长者则肝萎缩，并有肝周炎，表面覆有一层纤维蛋白性被膜。肾肿胀、苍白，有出血点。脾有白色斑点状或环状坏死灶。骨髓呈灰白色或黄色。皮下脂肪、肌肉组织及肠黏膜出血、黄染。特征性的组织学变化是在肝细胞中可见核内包涵体。

四、诊断

根据流行特点、临床特征及病理变化可做出初步诊断，确诊则有赖于实验室诊断。无菌采取病变肝脏、法氏囊、肾以及粪便等，将其制成 1∶(5～10)悬液(粪便做适当处理)，常规处理后接种鸡胚肾细胞或鸡胚肝细胞，或 5～7 日龄鸡胚卵黄囊，然后观察细胞或鸡胚病变。并用中和试验、双向免疫扩散试验、荧光抗体技术或电镜技术等对病毒做出鉴定。

五、防治

目前，尚无有效疫苗和特殊的药物，防治本病须采取综合的防疫措施：加强饲养管理，做好消毒工作；谨防从有病鸡场或孵化场引进病鸡、带毒鸡和种蛋；及时淘汰病鸡；传染性法氏囊病病毒和传染性贫血病毒可以增加本病毒的致病性，因此应加强这两种病的免疫，或从环境中消除这些病毒；发病后可适当补充多种维生素及微量元素，并使用抗生素类药物以防止继发感染。

任务十　禽　痘(FP)

禽痘是由禽痘病毒引起禽类的一种高度接触性传染病。其特征是在无毛或少毛的皮肤上发生痘疹，或在口腔、咽喉部黏膜形成纤维素性坏死性假膜，又名禽白喉。

一、病原

禽痘病毒属痘病毒科禽痘病毒属。病毒粒子呈砖形或长方形，有囊膜，病毒核酸为 DNA。

禽痘病毒能在 10～12 日龄鸡胚成纤维细胞上生长繁殖，并产生特异性病变，细胞先变圆，继而变性和坏死。

病毒对干燥有强大的抵抗力。上皮细胞屑中的病毒，经干燥和阳光照射数周仍保持活力。加热 60 ℃需 3 h 才能将其杀死。－15 ℃保持多年仍有致病性。1%氢氧化钠、1%醋酸或 0.1%升汞可在 5 min 内杀灭病毒。在腐败环境中病毒迅速死亡。

二、流行病学

1. 易感动物　鸡最易感，不分年龄、性别和品种均可感染；其次是火鸡和野鸡(雉)，鸽、鹌鹑也时有发生；鸭、鹅等水禽虽也有发生，但无严重症状。

2. 传染源和传播途径　病鸡和带毒鸡是主要传染源。健禽与病禽接触可传播本病，脱落和碎散的带毒痘痂是散毒的主要方式。主要经损伤的皮肤和黏膜感染。带毒的蚊子和体表寄生虫的叮咬也能传播本病。

3. 流行特点　一年四季均可发生，但以春秋两季蚊虫活跃季节最易流行。拥挤、通风不良、阴暗、潮湿、体表寄生虫、维生素缺乏和饲养管理不当等都可促进本病的发生。

三、临床症状和病理变化

根据侵害部位不同可分皮肤型、黏膜型、混合型。

1. 皮肤型　又称痘疹型，最常见，多见于身体无毛或少毛处，特别是鸡冠、肉髯、口角、眼眶、耳叶、翅内侧、腿内侧及泄殖腔周围的皮肤上。初期可见局部有灰色麸皮状覆盖物，迅速长出结节，初呈灰色，后呈黄灰色，逐渐增大如豌豆，表面凹凸不平，呈干硬结节，内含有黄脂状糊块。有时结节数目较多，多个结节互相融合可产生大块的厚痂。眼部痘疹可使眼睛闭合、失明（图 21-11）。一般常无明显的全身症状，病重的小鸡则有精神萎靡、食欲消失、体重减轻等全身症状，甚至引起死亡。产蛋鸡可引起产蛋量减少或停产。

2. 黏膜型　又称白喉型，多发生于幼鸡和成年鸡。病死率高，雏鸡可达 50% 以上。病初表现鼻炎症状，流浆液性或黏脓性分泌物。2～3 d 后在口腔、咽喉和气管黏膜上发生痘疹，初为圆形黄色斑点，之后扩大融合形成一层黄白色假膜覆盖黏膜。随着病情发展，假膜增大增厚形成灰白色结节，不易剥离，强行剥离局部可形成易出血的溃疡面。假膜如伸入喉部，可引起病鸡呼吸和吞咽困难，喙无法闭合，严重者可窒息而死（图 21-12）。如蔓延至眶下窦和眼结膜，则出现眼睑肿胀，结膜充满脓性或纤维蛋白性渗出物。严重的可引起角膜炎，导致失明。

3. 混合型　皮肤和黏膜同时侵害，病情较严重，死亡率高。

该病的剖检变化主要限于上述所见的皮肤和黏膜，但有时口腔黏膜的病变可蔓延到气管、食管和肠。肝、脾、肾常肿大。心肌有时呈实质性变性。组织学病变是在病变部位的上皮细胞胞浆内发现有大型的嗜酸性包涵体。

火鸡发病时，与鸡的症状和病变基本相似。鸽痘的痘症一般发生在腿、爪、眼睑和靠近喙角的基部，也可出现口疮。金丝雀患痘，全身症状严重，常引起死亡，剖检可见黏膜下出血，肺水肿和心包炎。头部、上眼睑的边缘、趾和腿上也可出现痘疹。

图 21-11　病鸡的眼皮无毛处有痘

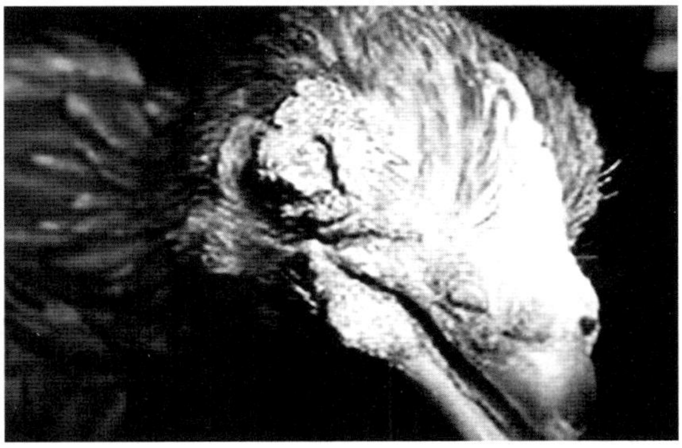

图 21-12　病鸡的嘴角、喙有痘

四、诊断

皮肤型和混合型根据临床症状和病变很容易确诊。黏膜型易与传染性鼻炎等疾病相混淆，因此可采用病料接种或人工感染易感雏禽进行鉴别诊断。具体方法是采取痘痂或假膜制成悬液，通过划破禽冠或肉髯、皮下注射等途径接种易感雏禽，如病料中有痘病毒存在，则在接种后 5～7 d 可出现典型的皮肤痘疹。也可采用血凝试验、中和试验、琼脂扩散试验或 ELISA 等方法进行实验室诊断。

五、防治

1. 综合措施　加强饲养管理，搞好禽场及周围环境卫生。定期消毒。加强环境中的灭蚊工作，尽量减少蚊虫叮咬。对禽舍门窗、通风排气孔安装纱窗门帘，并喷洒杀虫剂杀灭吸血昆虫。加强鸡笼的整修，避免皮肤和黏膜损伤。新引进的禽应隔离观察，证实无病后方可混群饲养。

2. 预防接种　有计划地进行预防接种。我国目前使用的疫苗有鸡痘鹌鹑化弱毒疫苗和鸡痘鹌鹑化细胞苗。一般分两次免疫，初次免疫多在10～20日龄进行，二次免疫在开产前进行。

3. 发生禽痘时的措施　一旦发生本病，应隔离病鸡，轻者治疗，重者淘汰，死者深埋或焚烧，健康家禽应进行紧急预防接种，禽舍、运动场和一切用具进行严格消毒。皮肤上的痘疹一般不需治疗，如治疗时可先用1%高锰酸钾液冲洗痘痂，而后用镊子小心剥离，伤口用碘酊或龙胆紫消毒。黏膜型可先用镊子剥去假膜，用0.1%高锰酸钾液冲洗，再涂甘油，或撒上冰硼散。

任务十一　禽传染性脑脊髓炎(AE)

禽传染性脑脊髓炎(AE)又名流行性震颤，是由禽脑脊髓炎病毒引起鸡的一种急性、高度接触性传染病。典型症状是共济失调、头颈部震颤，主要病变为非化脓性脑炎。

一、病原

禽脑脊髓炎病毒(AEV)属小RNA病毒科、肠道病毒属的成员，病毒粒子具有六边形轮廓，无囊膜。

该病毒只有一个血清型，但不同分离株的毒力及对器官组织的嗜性有差异。根据病理表现可将其分为两类：一类是以自然野毒株为主的嗜肠型；另一类是以胚适应毒株为主的嗜神经型。

AEV能在无母源抗体的鸡胚卵黄囊、尿囊腔和羊膜腔中增殖，受感染的细胞可出现肌肉萎缩、神经变性和脑水肿现象。该病毒还可在鸡胚肾细胞和鸡胚成纤维细胞中增殖，并呈现细胞变圆、固缩和细胞浆变性等细胞病变。

AEV抵抗力较强，对乙醚、氯仿、酸、胰蛋白酶、胃蛋白酶和DNA酶等有抵抗力。在二价镁离子保护下可抵抗热效应，56 ℃ 1 h稳定。

二、流行病学

1. 易感动物　自然感染见于鸡、雉、火鸡、鹌鹑、珍珠鸡等，鸡对本病最易感。各种日龄均可感染，但雏禽易感，尤其12～21 d雏鸡最易感。1月龄以上的鸡感染后不表现临床症状，产蛋鸡有一过性产蛋下降。

2. 传染源及传播途径　此病具有很强的传染性，既可通过直接接触或间接接触进行水平传播，也可垂直传播。患鸡可通过粪便排毒，病毒可在粪便中存活4周以上，当易感鸡接触被污染的饲料、垫料、饮水时可发生感染。垂直传播是造成本病流行的主要因素，产蛋种鸡感染后，一般无明显临床症状，但在3周内所产的蛋均带有病毒，这些蛋在孵化过程中一部分死亡，另一部分孵出病雏，病雏又可导致同群鸡发病。种鸡感染后可逐渐产生循环抗体，一般在感染后4周，种蛋就含有高滴度的母源抗体，既可保护雏鸡在出壳后不再发病，同时种鸡的带毒和排毒也减轻。

3. 流行特点 本病一年四季均可发生，以冬春季节稍多。发病率及死亡率因鸡群的易感鸡多少、病原的毒力高低和发病的日龄大小而有所不同。雏鸡发病率一般为 40%～60%，死亡率 10%～25%，甚至更高。

三、临床症状及病理变化

本病主要见于 3 周龄以内的雏鸡。病初病雏目光呆滞，行为迟钝，头颈部可见阵发性震颤。继而出现共济失调，两腿无力，不愿走动而蹲坐在自身的跗关节上，强行驱赶时可勉强走动，但步态不稳。一侧腿麻痹时，走路跛行；双侧腿麻痹则完全不能站立，双腿呈一前一后的劈叉姿势，或双腿倒向一侧。病鸡受惊扰如给水、加料、倒提时震颤更为明显，尤其是头颈部出现明显的阵发性震颤，并经不规则的间歇后再发。除共济失调和震颤之外，部分雏鸡可见一侧或两侧眼的晶状体混浊或浅蓝色褪色，眼球增大及失明。

1 月龄以上的鸡感染后，除血清学出现阳性反应外，无明显的临床症状和病理变化。产蛋鸡感染除血清学反应阳性外，还可能发生暂时性的产蛋率下降，下降幅度大多为 10%～20%。

病鸡唯一肉眼可见的病变是腺胃的肌层有细小的灰白区，必须细心观察才能发现。个别雏鸡可出现小脑水肿。

组织学变化主要表现在中枢神经系统和某些内脏器官。中枢神经系统的病变为散在的非化脓性脑脊髓炎和背根神经节炎，脊髓根中的神经元周围有时聚集大量淋巴细胞；内脏组织学变化是内脏器官出现淋巴细胞积聚。

四、诊断

根据疾病仅发生于 3 周龄以下的雏鸡，无明显肉眼变化，偶见脑水肿，临床以头颈震颤、共济失调和麻痹为主要症状，药物防治无效，种鸡曾出现一过性产蛋下降等，即可做出初步诊断。确诊需要进行病原分离鉴定或荧光抗体试验、琼脂扩散试验及酶联免疫吸附试验等。

1. 病原分离与鉴定 取病雏鸡脑组织制成悬液，通过脑内接种 1 日龄易感雏鸡，在接种后 1～4 周内出现典型症状和病变。也可将脑组织悬液经卵黄囊接种于 6 日龄 SPF 鸡胚，继续孵化至 18 日龄收集病毒，连续传几代至鸡胚出现明显病变。对分离到的病毒可进一步进行鉴定。

2. 血清学试验 常用的方法有琼脂扩散和 ELISA。此外，也可用荧光抗体染色进行组织病料的抗原检测。

五、防治

1. 综合措施 加强饲养管理，防止从疫区引进种蛋与种鸡。加强孵化与育雏阶段的消毒工作。

2. 免疫接种 目前有两类疫苗可供选择：一种是活毒疫苗，鸡接种疫苗后 1～2 周排出的粪便中能分离出脊髓炎病毒，这种疫苗可通过自然扩散感染，因此该疫苗仅限于在 14～18 周龄经饮水或滴鼻点眼方式免疫。AE 活苗常与鸡痘弱毒疫苗制成二联苗，一般于 10 周龄以上至开产前 4 周之间进行翼膜刺种；另一种是灭活疫苗，一般在开产前经肌内注射接种。

3. 发病后处理措施 本病尚无有效的治疗方法。一般来说，应将发病鸡群扑杀并做无害化处理。如有特殊需要，也可将病鸡隔离，给予舒适的环境，提供充足的饮水和饲料，饲料和饮水中添加维生素 E、维生素 B_1。避免尚能走动的鸡践踏病鸡等，可降低死亡率。

任务十二　鸡安卡拉病

鸡安卡拉病又称为心包积水-肝炎症，是在巴基斯坦发现的一种鸡病，主要危害 3～6 周龄肉鸡，而后备母鸡和蛋鸡仅偶尔发生。该病早在 1985 年就已见有散发病例，1987 年 3 月在卡拉奇附近的安卡拉地区一个肉鸡场发生暴发性流行，安卡拉病就由此而得名。

一、病原

本病经实验室检测证实为腺病毒感染。该病毒与包涵体肝炎同源，只是血清型上有所变化，安卡拉病腺病毒属于禽腺病毒Ⅰ群血清 4 型。

二、流行病学

本病主要发生于 1～3 周龄的肉鸡、817 小型肉鸡、麻鸡，也可见于肉种鸡和蛋鸡，发病鸡群多于 3 周龄开始死亡，4～5 周龄达高峰，高峰持续期 4～8 d，5～6 周龄死亡减少。病程 8～15 d，死亡率达 20%～80%，一般在 30%左右。本病可垂直传播，也可水平传播。鸡感染后可成为终身带毒者，并可间歇性排毒。

三、临床症状及病理变化

鸡安卡拉病主要侵害的是肝、脾、肾，潜伏期短、发病快。病鸡临床症状是无明显先兆而突然倒地，沉郁，羽毛成束，出现呼吸道症状，甩鼻、呼吸加快，部分有啰音，排黄色稀粪，有神经症状，两腿划空，数分钟内死亡。

解剖病变：病鸡心肌柔软，多数鸡的心包积液十分明显，心包积有淡黄色透明的渗出液。肝脏肿胀、充血、边缘钝圆、质地变脆，色泽变黄，并出现坏死。肾肿大、苍白或暗黄色。肺淤血水肿、外观发黑，部分有气囊炎，脾脏轻微肿大，肌肉淡白，可视黏膜变浅，肠道变化不明显。

四、诊断

根据其发病症状和病理变化即可做出初步诊断，肝脏切片中见到嗜碱性核内包涵体可诊断，确认需做鸡胚肝细胞培养进行病毒分离。

五、防治

引发鸡安卡拉病的原因很多，除了病原性因素外，还与饲料质量、饲养管理条件等有关，目前尚无有效的防治方法。主要的防疫措施有：①注射安卡卵黄抗体效果好，剂量以 0.7～0.75 mL/只较好。②加强通风换气，环境消毒，同时用抗菌、抗病毒药物防治继发感染。③在饲料中添加多维和微量元素，在饮水中加入 0.07%～0.1%的碘液。④将病鸡隔离饲养。⑤减少应激，防止过度惊吓导致心跳加快而浅，供氧不足，心包积液会导致心脏压塞征。

任务十三　鸡病毒性关节炎(VA)

鸡病毒性关节炎是一种由呼肠孤病毒引起的鸡的重要传染病之一。病毒主要侵害关节滑膜、腱鞘和心肌,引起足部关节肿胀,腱鞘发炎,继而使腓肠腱断裂。病鸡关节肿胀、发炎,行动不便,跛行或不愿走动,采食困难,生长停滞。

一、病原

鸡病毒性关节炎的病原为禽呼肠孤病毒。禽呼肠孤病毒对热有一定的抵抗能力,能耐受60 ℃达8～10 h。对乙醚不敏感。对过氧化氢、磷化氢、2%来苏尔、3%福尔马林等均有抵抗力。

用70%乙醇和0.5%有机碘可以灭活病毒。呼肠孤病毒可通过卵黄囊和绒毛尿囊膜(CAM)接种而在鸡胚中生长繁殖。通过卵黄囊接种,一般在接种后3～5 d鸡胚死亡;通过CAM接种,通常在接种后7～8 d鸡胚死亡。除鸡胚之外,Reov还可在原代鸡胚成纤维细胞、肝细胞、睾丸细胞,以及Vero、BHK-21等传代细胞中生长。鸡呼肠孤病毒除引起鸡关节炎以外,还能引起一些其他的疾病和病变,如吸收不良综合征、传染性腺胃炎、心包炎、心包积水、心肌炎、肠炎、肝炎、法氏囊及胸腺萎缩、骨骼异常,以及某些呼吸道症状。

二、流行病学

鸡呼肠孤病毒广泛存在于自然界,可从许多种鸟类体内分离到。但是鸡和火鸡是目前已知唯一可被Reov引起关节炎的动物。病毒在鸡中的水平传播是该病的主要传染途径。病毒感染鸡之后,首先在呼吸道和消化道复制后进入血液,24～48 h后出现病毒血症,随后即向体内各组织器官扩散,但以关节腱鞘及消化道的含毒较高。排毒途径主要是经过消化道。试验表明,由口腔感染SPF成年鸡,4 d后可从呼吸道、消化道、生殖道和股关节分离到病毒,14～15 d后含毒量明显降低。感染后的Reov在股关节内存在3周,14～16周后,仍能从感染鸡的泄殖腔发现病毒。因此,带毒鸡是重要的传染源。

鸡病毒性关节炎的感染率和发病率因鸡的年龄不同而有差异。自然感染发病多见于4～7周龄鸡,鸡年龄越大,敏感性越低,10周龄之后明显降低。一般认为,雏鸡的易感性可能与雏鸡的免疫系统尚未发育完全有关。

三、临床症状及病理变化

在急性感染的情况下,鸡表现跛行,部分鸡生长受阻;慢性感染期的跛行更加明显,少数病鸡跗关节不能运动。病鸡食欲和活力减退,不愿走动,喜坐在关节上,驱赶时或勉强移动,但步态不稳,继而出现跛行或单脚跳跃。病鸡因得不到足够的水分和饲料而日渐消瘦,贫血,发育迟滞,少数逐渐衰竭而死。检查病鸡可见单侧或双侧蹠部、跗关节肿胀。在日龄较大的肉鸡中可见腓肠腱断裂导致顽固性跛行。种鸡群或蛋鸡群受感染后,产蛋量可下降10%～15%。

患鸡跗关节上下周围肿胀,切开皮肤可见到关节上部腓肠腱水肿,滑膜内经常有充血或点状出血,关节腔内含有淡黄色或血样渗出物,少数病例的渗出物为脓性,与传染性滑膜炎病变相似，这可能与某些细菌的继发感染有关。慢性病例的关节腔内渗出物较少，腱鞘硬化和粘连，在跗关节远端关节软骨上出现凹陷的点状溃烂，然后变大、融合，延伸到下方的骨质，关节表面纤维软骨膜过度增生。有的在切面可见到肌和腱交接部发生的不全断裂和周围组织粘连，关节腔有脓样、干酪样渗出物。在急性期出现水肿、凝固性坏死，异嗜细胞集聚血管周围浸润，网状细胞增生，最后引起腱鞘壁层明显增厚，滑膜腔充满异嗜细胞和脱落的滑膜细胞，随着破骨细胞增生而形成骨膜炎。在慢性期，滑膜形成绒毛样突起，并有淋巴样结节，炎症出现一段时间之后，大量纤维组织增生，明显见到网状细胞、淋巴细胞、巨噬细胞和浆细胞的浸润或增生。红细胞总数、血细胞容积和白细胞总数一般在正常范围内，异嗜细胞百分比稍有增加，但淋巴细胞百分比下降。

四、诊断

根据病鸡跛行、跗关节肿胀、心肌纤维之间有异噬细胞浸润等症状和病变进行初步诊断，确诊需要进行病毒分离鉴定、荧光抗体试验、琼脂扩散试验或酶联免疫吸附试验等。

1. 病毒分离与鉴定　病毒的分离鉴定是最确切的诊断方法。可从肿胀的腱鞘、跗关节的关节液、气管和支气管、肠内容物及脾脏等取病料进行病毒分离。从病变部分分离病毒时，要注意取病料的时间，感染后 2 周之内较易分离到病毒。分离到病毒之后，可通过病毒理化特性测定、电镜观察、病毒核酸电泳、血清学检验等进行鉴定。

2. 血清学试验　常用的方法有琼脂扩散试验和酶联免疫吸附试验。

五、防治

对该病目前尚无有效的治疗方法，所以预防是控制本病的唯一方法。因此，预防接种是目前条件下防止鸡病毒性关节炎的最有效方法。加强卫生管理及鸡舍的定期消毒。采用“全进全出”的饲养方式，对鸡舍彻底清洗和消毒，可以防止由上批感染鸡留下病毒的感染。由于患病鸡长时间不断向外排毒，是重要的感染源，因此，对患病鸡要坚决淘汰。

任务十四　鸭瘟(DVE)和鸭病毒性肝炎(DVH)

一、鸭瘟

鸭瘟又称为鸭病毒性肠炎(DVE)，是由鸭瘟病毒引起鸭、鹅、天鹅等雁形目禽类的一种急性、败血性及高度致死性传染病。临床以体温升高，两腿麻痹，下痢，流泪，部分病鸭头颈肿大为主要特征。病变主要是血管损伤、组织出血、消化道黏膜丘疹性变化、淋巴器官损伤和实质器官变性。

(一)病原

鸭瘟病毒属于疱疹病毒科、疱疹病毒属的成员。病毒粒子呈球形或椭圆形，有囊膜，病毒核酸型为 DNA。病毒在病鸭体内分散于各种内脏器官、血液、分泌物和排泄物中，其中以肝、肺、脑含毒量最高。

病毒能在9～12胚龄的鸭胚绒毛尿囊膜上生长，初次分离时，多数鸭胚在接种后5～9 d死亡，死亡的鸭胚全身呈现水肿、出血、绒毛尿囊膜有灰白色坏死点，肝有坏死灶。此病毒也能在鹅胚中生长，但不能直接在鸡胚中生长。只有在鸭胚或鹅胚中继代后，再转入鸡胚中，才能生长繁殖，并致死鸡胚。此外，病毒还能在鸭胚、鹅胚和鸡胚成纤维单层细胞上生长，并可引起细胞病变。

病毒对外界抵抗力不强，温热和一般消毒剂能很快将其杀死。病毒在56 ℃经10 min、80 ℃经5 min即可死亡。夏季在阳光直射下，9 h毒力消失。在污染禽舍内(4～20 ℃)可存活5 d。对低温抵抗力较强，−7～−5 ℃经3个月毒力不减弱；−20～−10 ℃经1年仍有致病力。病毒对乙醚和氯仿敏感，5%生石灰作用30 min也可灭活。胰脂酶可消除病毒上的脂类，使病毒失活。

(二)流行病学

1. 易感动物　在自然条件下，本病主要发生于鸭，对不同年龄、性别和品种的鸭都有易感性。以番鸭、麻鸭易感性最高，北京鸭次之。在人工感染时小鸭较大鸭易感，自然感染则多见于大鸭，尤其是产蛋的母鸭，1个月以下雏鸭发病较少。鹅也能感染发病，但很少形成流行。2周龄内雏鸡可人工感染致病。野鸭和雁也会感染发病。

2. 传染源及传播途径　病鸭、带毒鸭及潜伏期的感染鸭是本病主要传染源，其次是其他带毒的水禽、飞鸟之类。鸭瘟可通过病禽与易感禽的接触而直接传染，也可通过与污染环境的接触而间接传染，病鸭和带毒鸭的排泄物可污染饲料、饮水、用具和运输工具等。主要经消化道感染，也可通过交配、眼结膜及呼吸道感染。某些吸血昆虫也可能是传播媒介。

3. 流行特点　本病一年四季都可发生，但一般以春夏之际和秋季流行最为严重。

(三)临床症状及病理变化

病初体温升高(42 ℃以上)，高热稽留。病鸭精神委顿，离群呆立，羽毛松乱无光泽，两翅下垂；食欲减少或废绝，渴欲增加；两脚麻痹无力，走动困难，严重的伏卧于地。强行驱赶时常以双翅扑地行走，走几步即行倒地，病鸭不愿下水，驱赶入水后也很快挣扎回岸。

流泪和眼睑水肿是鸭瘟的一个特征性症状。病初流出浆液性分泌物，以后变黏性或脓性分泌物，往往将眼睑粘连而不能张开。严重者眼睑水肿或翻出于眼眶外，眼结膜充血或有点状出血，甚至形成小溃疡。头和颈部发生不同程度的肿胀，触之有波动感，俗称“大头瘟”。此外，病鸭从鼻腔流出稀薄和黏稠的分泌物，呼吸困难，个别病鸭见有频频咳嗽。病鸭腹泻，排绿色或灰白色稀粪，肛门周围的羽毛被污染并结块。泄殖腔黏膜充血、出血、水肿，严重者黏膜外翻。

病程一般为2～5 d，慢性可拖至1周以上，生长发育不良。

剖检呈败血症变化，皮肤黏膜和浆膜出血，头颈皮下胶样浸润。口腔黏膜，特别是舌根、咽部和上腭黏膜表面有淡黄色的假膜覆盖，刮落后露出鲜红色出血性溃疡。特征性病变是食管黏膜有纵行排列的灰黄色假膜覆盖或小出血斑点，假膜易剥离，剥离后食管黏膜留有溃疡斑痕；肠黏膜出血、充血，以十二指肠和直肠最为严重；泄殖腔黏膜坏死，结痂，不易剥离，黏膜上有出血斑点和水肿。产蛋鸭卵泡增大、充血和出血。心外膜和心内膜上有出血斑点，心腔里充满凝固不良的暗红色血液。肝不肿大，表面和切面有大小不等的灰黄色或灰白色的坏死点。胆囊肿大，充满浓稠墨绿色胆汁。肾肿大、有小点出血。胸、腹腔的黏膜均有黄色胶样浸润液。有些病例脾有坏死点。

（四）诊断

根据流行病学、临床症状和病理变化进行综合分析，一般即可做出诊断。确诊需做病毒分离鉴定、中和试验和血清学实验。

本病应注意与鸭巴氏杆菌病、鸭病毒性肝炎、小鹅瘟等相区别。

（五）防治

1. 综合措施　加强饲养管理，坚持自繁自养。避免从疫区引进鸭，如必须引进，一定要经过严格检疫，并隔离饲养 2 周以上，证明健康后才能合群饲养。定期对禽场和工具进行消毒。禁止到鸭瘟流行区域和野水禽出没的水域放牧。

2. 预防接种　病愈和人工免疫的鸭均可获得坚强免疫力，目前使用的疫苗有鸭瘟鸭胚化弱毒苗和鸭瘟鸡胚化弱毒苗。雏鸭 20 日龄首免，4～5 个月后加强免疫一次即可。

3. 发病后处理措施　发生鸭瘟时应立即采取隔离和消毒措施，对鸭群用疫苗进行紧急预防接种，必要时剂量加倍，可降低发病率和死亡率。禁止病鸭外调和出售，停止放牧，防止扩散病毒。

早期治疗可选用抗鸭瘟高免血清，每只鸭肌内注射 0.5 mL，有一定疗效。还可选用聚肌胞，每只成鸭肌内注射 1 mL，3 d 1 次，连用 2～3 次，也可取得一定疗效。磺胺类药物和抗生素对鸭瘟无效果。

二、鸭病毒性肝炎

鸭病毒性肝炎（DVH）简称鸭肝炎，是由鸭肝炎病毒引起雏鸭的一种传播迅速和高度致死性传染病。其特征性变化是肝脏肿大、出血和坏死，并具有神经症状。

（一）病原

鸭肝炎病毒（DHV）属于小 RNA 病毒科、肠道病毒属，病毒粒子呈球形或类球形，无囊膜。可在鸭、鸡、鹅胚尿囊腔增殖。不能凝集鸡及哺乳动物红细胞。

本病毒有 3 个血清型，即Ⅰ、Ⅱ、Ⅲ型。目前，Ⅰ型呈世界性分布，Ⅱ型和Ⅲ型鸭病毒性肝炎分别局限于英国和美国。我国流行的鸭肝炎病毒血清型为Ⅰ型。三型病毒在血清学上有着明显的差异，无交叉免疫性。

该病毒抵抗力强，在自然环境中可较长时间存活。在 56 ℃加热 60 min 仍可存活，但加热至 62 ℃经 30 min 即被灭活。对氯仿、乙醚、胰蛋白酶和 pH 3.0 有抵抗力。在 1%福尔马林或 2%氢氧化钠中 2 h（15～20 ℃）、在 2%漂白粉溶液中 3 h 或在 0.25% β-丙内酯 37 ℃经 30 min 均可灭活。

(二)流行病学

1. 易感动物　本病在自然条件下主要感染鸭，不感染鸡、鹅。不同品种、性别的鸭均可感染，雏鸭的发病率和病死率较高，1 周龄以内的雏鸭病死率可高达 95%，而 1 月龄以上的鸭则很少发病死亡。

2. 传染源及传播途径　病鸭和带毒鸭是主要传染源。健康鸭通过接触被患病毒性肝炎鸭和带毒鸭污染的饲料、水、垫草、车辆等而感染发病，也可通过消化道和呼吸道感染。在野外和舍饲条件下，本病可迅速传播给鸭群中的全部易感小鸭。鸭舍内的鼠类有可能造成病毒传播。野生水禽可能成为带毒者，成年鸭感染不发病，但可成为传染源。

3. 流行特点　本病一年四季均可发生，但主要在孵化季节，疾病的发生与育雏时间和雏鸭的免疫状态有关。饲养管理不良，鸭舍潮湿、拥挤，卫生条件差，维生素和矿物质缺乏等都能促使本病的发生。

(三)临床症状及病理变化

潜伏期 1～4 d，突然发病，病程短促。病初精神萎靡，不食，行动呆滞，缩颈，眼半闭呈昏迷状态，有的出现腹泻。发病半天到 1 d 即出现神经症状，不安，运动失调，翅下垂，全身性抽搐，身体倒向一侧，两脚发生痉挛，有时在地上旋转。出现抽搐后，约十几分钟即死亡。死前头向后弯，呈角弓反张姿势。喙端和爪尖淤血呈暗紫色，少数病鸭死前排黄白色或绿色稀粪。本病的死亡率因年龄而有差异，1 周龄以内的雏鸭可高达 95%，1～3 周龄的雏鸭不到 50%；4～5 周龄的幼鸭基本上不死亡。

主要病变在肝，肝肿大，质脆，呈黄红色或花斑状，表面有出血点和出血斑，胆囊肿大呈长卵圆形，充满褐色、淡茶色或淡绿色胆汁。脾有时肿大，外观也出现类似肝的花斑。多数肾脏充血、肿胀。心肌如煮熟状。有些病例有心包炎，气囊中有微黄色渗出液和纤维素絮片。

(四)诊断

根据本病的流行病学特征，结合肝脏肿大和出血可初步诊断为本病。更可靠的诊断方法是进行动物接种试验：将病料处理后分别接种于 1～7 日龄的无母源抗体雏鸭和同一日龄的具有母源抗体的雏鸭。无母源抗体的雏鸭 80%～100%死亡，并具有本病的典型症状和病变。具有母源抗体的雏鸭，有 80%以上受到保护，同时结合实验室诊断即可确诊。

临床诊断上还应注意与鸭疫里默氏杆菌病、雏鸭副伤寒、禽霍乱、曲霉菌病等做鉴别诊断。

(五)防治

严格的防疫和消毒制度是预防本病的首要措施；坚持自繁自养和全进全出的饲养管理制度，可防止本病的进入和扩散。

对于无母源抗体的雏鸭，1～3 日龄时可用鸭病毒性肝炎Ⅰ型弱毒疫苗进行免疫接种，能有效防止本病的发生。种鸭开产前间隔 15 d 左右接种两次鸡胚化鸭肝炎弱毒疫苗，之后隔 3～4 个月加强免疫一次，其后代可获得较高母源抗体，从而得到有效保护。但在一些卫生条件差，常发肝炎的疫场，则雏鸭在 10～14 日龄时仍需进行一次疫苗免疫。

发病鸭群可紧急注射鸭病毒性肝炎高免卵黄或血清来控制病情。

任务十五 鸭坦布苏病毒病(DTMUVD)

2010 年 4 月,我国江苏、浙江和福建等省蛋鸭和种鸭发生一种以产蛋下降甚至停止、采食量急剧下降、卵巢出血为特征的传染病,并迅速蔓延至我国各主要养鸭省市,后经诊断确定为鸭坦布苏病毒病(又称为鸭黄病毒病)。发病率最高可达 100%,发病鸭群产蛋率从 80%~90%下降至 10%~20%,导致鸭场遭受巨大的经济损失。

(一)病原

病毒的分离鉴定表明,引起鸭坦布苏病的病原为黄病毒科,黄病毒属,恩塔亚病毒群的坦布苏病毒。该病毒具有典型的黄病毒形态特征,病毒粒子呈小球形,直径大小为 40~50 nm,单股正链 RNA 病毒。有囊膜。病毒对氯仿、乙醚、去氧胆酸钠敏感,对酸、热敏感,在 pH 1.0~1.5 条件下不稳定,于 56 ℃加热 15 min 即可灭活。该病毒可以在鸭胚、鸭胚成纤维细胞及部分传代细胞系中繁殖。经尿囊腔接种鸭胚后 3~5 d 可使鸭胚致死。

(二)流行病学

鸭坦布苏病毒病主要危害产蛋鸭,包括绍兴鸭、山麻鸭、金定鸭、康贝尔鸭等,也包括樱桃谷鸭、北京鸭等肉种鸭。该病发病突然,传播速度快。发病率高,最高可达 100%,死淘率 5%~30%,鸭坦布苏病毒为蚊传虫媒病毒,带毒蚊子和麻雀可导致病原在不同鸭场间的传播。该病毒可经卵垂直感染。病毒经粪便污染场地、饲料、饮水、器具、运输工具等易造成大范围和快速传播。经呼吸道感染是本病的重要传播途径。

(三)临床症状及病理变化

鸭坦布苏病临床上主要表现为产蛋鸭突发采食量和产蛋量急剧下降,发病严重时食欲废绝。鸭群发病后通常在 1~2 周内,采食量下降 30%以上,产蛋率由 90%降至 10%~20%,严重时甚至停产。部分病鸭发热,精神欠佳,站立不稳,腹泻,粪便稀薄,呈绿色水样。

感染鸭最显著的病变主要见于卵巢,表现为卵巢发育不良,卵泡萎缩变形、充血、出血,蛋黄破裂,子宫及输卵管萎缩。网状细胞和淋巴细胞浸润,呈典型的出血性卵巢炎。公鸭可见睾丸体积缩小,重量减轻,输精管萎缩。部分病鸭可见脾肿大,肝呈间质性肝炎,肝脏淋巴细胞渗出和增生。

(四)诊断

根据本病流行病学、临床症状、病理变化可以做出初步诊断,可用于该病确诊的分子生物学检测方法有 RT-PCR、套式 RT-PCR、荧光定量 RT-PCR、RT-LAMP 等。针对病毒 *E* 基因片段设计特异性引物,建立 RT-PCR 直接检测感染鸭组织中的病毒,特异性强、敏感性好,是目前快速诊断本病的主要手段之一。

(五)防治

本病为病毒性传染病,目前尚无有效疫苗和药物防治,因此应侧重预防和加强生物安全措施。建立健全卫生消毒制度,定期消毒,消灭鸭场中的蚊蝇,注重对用具和设备、运输车辆、种蛋的消毒及病死鸭的焚烧或生物处理。疫病流行期间,做好封栋、封场工作,搞好饲养人员的生活安排,管理人员与生产人员必须隔离。病死鸭及时隔离、治疗,污染场所、器具、运输工具等及时消毒。加强管理,避免肉鸭应激。做好蚊虫、野鸟的防控。灭蚊、驱赶野鸟或加防鸟网。发病鸭群可适当添加多维和清温败毒散、黄芪多糖、双黄连等中药对症治疗,同时适当使用阿莫西林抗生素防止继发感染,连用 4～5 d。未发病的鸭群可使用上述药物预防。

任务十六　小鹅瘟(GP)和雏鹅新型病毒性肠炎(NGVE)

一、小鹅瘟

小鹅瘟又称鹅细小病毒感染,是由鹅细小病毒引起雏鹅和雏番鸭的一种急性或亚急性的败血性传染病。临床以传播快、高发病率与高病死率、严重下痢、渗出性肠炎、肠道内形成腊肠样栓子为主要特征。

(一)病原

鹅细小病毒(GPV)是细小病毒科、细小病毒属的成员。病毒粒子呈球形或六角形,无囊膜。核酸为单链 DNA。本病毒无血凝活性,但可凝集黄牛精子。国内外分离到的毒株抗原性基本相同,仅有一种血清型。病鹅的内脏、脑、肠道及血液中均含有病毒。

本病毒对环境的抵抗力强,65 ℃加热 30 min、56 ℃加热 3 h 其毒力无明显变化。对乙醚、氯仿不敏感,对胰酶和 pH 3.0 的环境比较稳定。

(二)流行病学

1. 易感动物　自然条件下,只有雏鹅和雏番鸭具有易感性,其他禽类和哺乳动物均不易感。雏鹅发病率及病死率可随年龄的增长而减弱。1 周龄以内的雏鹅死亡率可达 100%,10 日龄以上者死亡率一般不超过 60%,20 日龄以上的发病率低、病死率也低,1 月龄以上则很少发病。

2. 传染源及传播途径　病鹅和带毒鹅为主要传染源。带毒鹅、康复鹅以及隐性感染的鹅可通过排泄物、分泌物向外排毒,从而污染水源、环境、用具、草场等,易感鹅通过消化道感染,很快波及全群。

3. 流行特点　本病一年四季均可发生,由于我国南方和北方饲养鹅的季节和饲养方式不同,发生本病的季节也有所差异,南方多在春夏两季,北方多在夏季和早秋发病。本病的暴发与流行具有一定的周期性,一般在大流行以后,当年余下的鹅群往往获得了主动免疫,次年的雏鹅因具有天然被动免疫而很少发病或不发病。若饲养管理水平低、育雏温度低、鹅舍地面潮湿、卫生环境差、鹅只日龄小等，则发病率较高。此外饲料中蛋白质含量过低、维生素和微量元素缺乏、并发症的存在等均能诱发和加剧本病。

(三)临床症状及病理变化

本病的病程及症状可随雏鹅发病的日龄不同而有所不同，临床上一般表现为最急性型、急性型和亚急性型 3 种类型。

1. 最急性型　常见于 1 周龄以内的雏鹅和雏番鸭。往往无前驱症状，雏禽表现精神沉郁，数小时内即出现衰弱、倒地乱划并迅速死亡。发病率 100%，病死率高达 95%以上。

剖检病变不明显，仅见十二指肠黏膜肿胀充血，偶有出血。胆囊胀大、充满胆汁。其他脏器的病变不明显。

2. 急性型　常见于 1～12 周龄内的雏鹅。病鹅表现全身委顿、畏食，渴欲增强，喜蹲伏；鼻和眼睛周围有大量分泌物；严重下痢，排灰白色或青绿色稀粪，粪便中带有纤维碎片或未消化的食物，临死前多表现神经症状，扭颈、抽搐、瘫痪。病程 2 d 左右。

急性型常有典型肉眼可见病变，肠道的病变具有特征性。小肠的中段和后段显著膨大，呈淡灰白色，形如腊肠，手触腊肠状处质地坚实，剪开肠管后可见肠黏膜坏死脱落，与凝固的纤维素性渗出物形成长短不一的栓子，或包裹在肠内容物上堵塞肠道。心脏变圆、心肌松软，肝肿大、淤血，胰腺充血，脾淤血或充血。

3. 亚急性型　多发于 2 周龄以上的雏鹅，常见于流行后期。以精神委顿、行动迟缓、拉稀和消瘦为主要症状，少数幸存者在一段时间内生长不良，成为“僵鹅”。

亚急性型剖检病变与急性型基本相似。

(四)诊断

根据本病的流行病学、临床症状和病理变化可做出初步诊断。确诊需要进行病毒分离鉴定或特异性抗体检查。

1. 病原分离　可取病雏的肝、脾或胰等进行研磨，制成 10%～20%的悬液，经无菌处理接种 12～15 日龄鹅胚后分离病毒。

2. 动物接种　取病料悬液或鹅胚含毒尿囊液接种易感雏鹅，如雏鹅临床特征、病变与自然感染相同，即可确诊。

3. 血清学试验　常用的方法有病毒中和试验、琼脂扩散试验、ELISA 试验、精子凝集及凝集抑制试验、免疫荧光技术等。

(五)防治

1. 预防　孵房中的一切用具和种蛋进行彻底消毒，刚出壳的雏鹅不要与新引进的种蛋和成年鹅接触。对未免疫种鹅所产种蛋孵出的雏鹅于出壳后 1 日龄注射小鹅瘟弱毒疫苗，并隔离饲养至 7 日龄。免疫种鹅所产种蛋孵出的雏禽于 7～10 日龄注射小鹅瘟高免血清或高免蛋黄。

2. 发病后采取的措施　病死鹅一律深埋。将鹅舍彻底打扫干净，进行彻底消毒。同时加强饲养管理，搞好环境卫生，保持室内通风、干燥。未发病的雏鹅皮下注射高效价抗血清 0.5～0.8 mL 或精制卵黄抗体 1 mL；对患病雏鹅皮下注射高效价抗血清 1 mL 或精制卵黄抗体 1.5 mL。同时，饮水中加入电解多维、抗菌药物，混匀后让病鹅自由饮用，以防应激与继发感染。

二、雏鹅新型病毒性肠炎

雏鹅新型病毒性肠炎（NGVE）又称雏鹅腺病毒性肠炎，是由腺病毒引起 3～30 日龄雏鹅的一种急性传染病。临床以卡他性、出血性、纤维素性和坏死性肠炎为特征。其病理学特征为小肠黏膜出血和形成凝固性栓塞物阻塞肠腔。

（一）病原

雏鹅新型病毒性肠炎的病原初步确定为一种新的雏鹅腺病毒。目前分离的血清型只有 1 种。病毒粒子呈球形或椭圆形，无囊膜。该病毒感染成年鹅和雏鹅后均不产生琼扩抗体。

该病毒对氯仿不敏感。耐低温，－15 ℃可保存 36 个月，0 ℃保存 20 个月。对热不敏感，37 ℃经 45 d、45 ℃经 48 h、56 ℃经 5 h、60 ℃经 1 h 不影响病毒致病性。80 ℃ 经 5 min 和煮沸 10 s 可使病毒失活。pH 1.0 和 pH 10.0 处理 1 h 可使病毒失活。pH 2.0 和 pH 9.0 可使病毒滴度有所下降，pH 3.0～8.0 对病毒的感染性没有影响。

（二）流行病学

本病主要感染雏鹅，种蛋孵出的小鹅自 3 日龄以后开始发病，5 日龄开始死亡，10～18 日龄达到高峰期，30 日龄以后基本不发生死亡，死亡率 25％～75％，甚至 100％。

（三）临床症状及病理变化

该病自然感染潜伏期 3～5 d，人工感染潜伏期大多为 2～3 d，少数 4～5 d。自然感染病例通常可分为最急性型、急性型和慢性型。

1. 最急性型　多发生在 3～7 日龄的雏鹅，常无前驱症状，一旦出现症状即极度衰弱，昏睡而死或临死前倒地乱划，迅速死亡，病程几小时至 1 d。

2. 急性型　多发生在 8～15 日龄雏鹅，表现为精神沉郁，食欲减退。随群采食时往往将所啄之草丢弃。随着病程的发展，病鹅掉群，行动迟缓，嗜睡不采食。腹泻，排淡黄绿色或灰白色或蛋清样的稀粪，常混有气泡，恶臭。病鹅呼吸乏力，鼻孔流出少量浆液性分泌物，喙端及边缘色泽变暗。临死前两腿麻痹不能站立，以喙触地，昏睡而死，或出现抽搐后死亡，病程 3～5 d。

3. 慢性型　多发生于 15 日龄以后的雏鹅，临床主要表现为精神委顿、消瘦、间歇性腹泻，最后因消瘦、营养不良和衰竭而死。部分病例能够幸存，但生长发育不良。

本病的特征性病变是在小肠中含有凝固性的栓塞物，这是由纤维素性渗出物、炎性细胞及坏死脱落的肠黏膜上皮混合而成。与此同时，可见局部肠黏膜出血。

（四）诊断

雏鹅新型病毒性肠炎的临床症状、病理变化甚至组织学变化与小鹅瘟非常相似，难以区别，确诊需依赖于实验室诊断。

1. 中和试验　用该病毒制成的疫苗免疫兔子制备高免血清，血清琼扩效价大于等于 1∶32 时可用作血清中和试验。中和试验也可用易感雏鹅进行。

2. 雏鹅血清保护试验　将1～3日龄易感雏鹅20只随机分成两组，每组10只，第1组和第2组每只雏鹅分别口服1万倍LD_{50}的雏鹅病毒性肠炎病毒，经12 h，第1组每只皮下注射高免血清1 mL作为试验组，第2组每只皮下注射0.5 mL生理盐水作为对照。试验组全部存活而对照组全部死亡即可确诊。

3. 鉴别诊断　雏鹅球虫病在小肠形成的栓子极易与本病混淆，应注意鉴别。在光学显微镜下，雏鹅球虫病的肠内容物涂片中可发现大量的球虫卵囊，且使用抗球虫药物效果良好。

(五)防治

目前，对雏鹅新型病毒性肠炎尚无有效的治疗药物，平时应注意不从疫区引进种蛋、雏鹅和成年种鹅。有该病的地区主要是使用疫苗进行免疫，发病时可用高免血清进行治疗。在治疗过程中，肠道往往发生其他细菌感染，故在使用血清进行治疗时，可适当配合使用其他广谱抗生素、电解质、维生素C、维生素K_3等药物，以辅助治疗，可获得良好效果。

任务十七　鹅副黏病毒病

鹅副黏病毒病是鹅的一种以消化道病理变化为特征的急性传染病。对鹅的危害较大，常引起大批死亡，雏鹅死亡率可达90%以上，给养鹅业造成严重的经济损失。

(一)病原

鹅副黏病毒病的病原为鹅黏病毒，属副黏病毒科副黏病毒属。病毒广泛存在于病鹅的内脏器官内(脾、肝、肠管等)。在电子显微镜下观察，病毒颗粒大小不一(平均直径为120 nm)，形态不正，表面有密集纤突结构，病毒内部由囊膜包裹着螺旋对称核衣壳。分离的毒株接种10日龄发育鸡胚后能迅速繁殖，鸡胚在接种后2～3 d死亡。鹅黏病毒能凝集鸡的红细胞，人工感染鸡可引起死亡。

(二)流行病学

1. 易感动物　各种年龄的鹅对鹅副黏病毒病都具有较强的易感性，日龄越小发病率、死亡率越高，10日龄以内的雏鹅发病率和死亡率可达100%，10～15日龄雏鹅发病率和死亡率可达90%以上。随着日龄的增长，发病率和死亡率也下降。疫区内的鸡也可以感染发病死亡。

2. 传染源和传播途径　患病鹅和病愈后带毒者为传染源。常通过消化道、呼吸道水平传播。

3. 流行特点　本病无季节性，一年四季均可发生，常呈地方性流行。

(三)临床症状及病理变化

鹅副黏病毒病的潜伏期为3～5 d，人工感染雏鹅和青年鹅2～3 d发病，病程1～4 d。病鹅精神委顿，缩头垂翅，食欲不振或拒食，饮水量增加，行动缓慢，不愿下水，下水后浮在水面随水流漂游。病鹅拉黄白色稀粪便或水样便，有时带血呈暗红色。成年鹅将头插于翅下，严重者常见口腔流出水样液体，并有扭颈、转圈、仰头等神经症状，特别是饮水后病鹅有甩头、咳嗽、呼吸困难等现象。成年鹅病程稍长，产蛋量下降，康复鹅生长发育受阻。病死鹅机体脱水，眼球下陷，脚蹼干燥，皮肤淤血，皮下干燥；肝肿大，淤血，有芝麻或绿豆大的坏死灶；胰腺肿大，有灰白色坏死灶；心肌变性；下段食管黏膜有散在的灰白色或淡黄色芝麻大小溃疡结痂，剥离后留有斑痕及溃疡面；腺胃和肌胃黏膜充血，有出血斑点；肠道黏膜有不同程度的出血，空肠和回肠黏膜上常有散在的淡黄色豆大小坏死性假膜，剥离后呈溃疡面；盲肠扁桃体肿大，出血。有的病死鹅脑充血、淤血。

(四)诊断

根据流行特点、临床症状和病理变化，可以做出初步诊断。确诊则需要进行病原诊断。该病毒能引起 10 日龄鸡胚死亡，并在鸡胚尿囊液中具有较高血凝效价的病毒，并能被该病康复鹅血清特异性抑制。用传代毒株接种鹅胚，可在 48 h 将其致死，但病毒不能致死鸭胚。用传代毒株鸡胚尿囊液感染易感鹅可致发病与死亡，具有与自然病例相同的症状和病理变化，并能从病料中回收到病毒；人工感染鸡可引起发病与死亡，也能从病料中回收到病毒；人工感染鸭不能引起临床症状和肉眼可见的病理变化。

(五)防治

该病尚无特效药物治疗，应以预防为主。做到不从疫区引进种鹅和雏鹅；制定切实可行的卫生、消毒制度，做好病鹅和健康鹅的隔离工作；不能把鹅与其他禽类混养；制定免疫计划，并认真搞好免疫接种。

任务十八　番鸭细小病毒病(MPV)

番鸭细小病毒病俗称“三周病”，是由番鸭细小病毒(MPV)引起 3 周龄内雏番鸭的以喘气、腹泻及胰脏坏死和出血为主要特征的传染病，发病率和死亡率可达 40%～50%及以上，是目前番鸭饲养业中危害最严重的传染病之一。

一、病原

番鸭细小病毒(MPV)属细小病毒科、细小病毒属的成员。番鸭细小病毒为单链 DNA 病毒，有 VP1、VP2、VP3 三种结构蛋白，其中 VP3 为主要结构蛋白。病毒粒子呈圆形或六边形，无囊膜。

该病毒可以在番鸭胚和鹅胚中繁殖，并引起胚胎死亡；也可在番鸭胚成纤维细胞上繁殖并引起细胞病变，在细胞核内复制。

该病毒对乙醚、胰蛋白酶、酸和热等有很强的抵抗力，但对紫外线照射很敏感。

二、流行病学

1. 易感动物　雏番鸭是唯一自然感染发病的动物，发病率和死亡率与日龄关系密切，日龄越小发病率和死亡率越高。

2. 传染源及传播途径　病鸭是主要传染源。病鸭通过分泌物和排泄物，特别是通过粪便排出大量病毒，污染饲料、饮水、用具、人员和周围环境造成传播。如果病鸭的排泄物污染种蛋外壳，则可使出壳的雏番鸭成批发病。

3. 流行特点　本病发生无明显季节性，但是由于冬春气温低，育雏室空气流通不畅，空气中氨气和二氧化碳浓度较高，故发病率和死亡率也较高。

三、临床症状及病理变化

本病的潜伏期 4～9 d，病程 2～7 d，病程长短与发病日龄密切相关。根据病程长短可分为最急性型、急性型和亚急性型 3 种类型。

1. 最急性型　多发生于 6 日龄左右的雏鸭。病势凶猛，病程很短，仅数小时。往往不见先兆症状而突然死亡。临死时有神经症状，头颈向一侧扭曲，两脚乱划。剖检病变不明显，仅出现急性卡他性肠炎或肠黏膜出血。

2. 急性型　主要见于 7～14 日龄雏番鸭，主要表现为精神委顿，羽毛蓬松，两翅下垂，尾端向下弯曲，两脚无力，懒于走动，畏食，离群；有不同程度腹泻，排灰白或淡绿色稀粪，粪中有脓性物，并黏附于肛门周围；呼吸困难，喙端发绀，后期常蹲伏，张口呼吸。病程一般为 2～4 d，濒死前两肢麻痹，倒地，衰竭死亡。

剖检全身各个器官组织都有出血现象。部分病例的小肠有 1～2 段膨大的肠节，犹如"腊肠样"，剖开肠管可见一层由纤维素性渗出物和脱落的肠黏膜组成的灰白色假膜把粪便包裹起来，其他的肠黏膜也出现水肿和充血。心脏变圆，心肌松弛。肝、脾、肾、胰稍肿大，表面散布针尖大灰白色病灶。

3. 亚急性型　比较少见，往往是急性病例不愈转化而来。主要表现为精神委顿，喜蹲伏，两脚无力，行走缓慢，排黄绿色或灰白色稀粪，并黏附于肛门周围。病程 5～7 d，病死率低，大部分病愈鸭颈部、尾部脱毛，嘴变短，生长发育受阻，成为僵鸭。

四、诊断

根据流行病学、临床症状和病理变化可做出初步诊断。确诊必须依靠病原学和血清学方法。

1. 病毒的分离与鉴定　无菌采集病死鸭的肝、脾、肾以及肠道等内脏器官，经研磨、冻融处理后制成悬液，双抗作用后尿囊腔接种 10～12 日龄的非免疫鸭胚或鹅胚，置 37 ℃孵化 5～10 d。弃去 24 h 内死亡的鸭胎，收获接种后 3～10 d 死亡的胚胎尿囊液作为病毒传代以及血清学检验用。

2. 动物接种　将处理好的病料上清液或含毒尿囊液经皮下或肌肉接种 5～10 日龄的雏番鸭，观察 10 d。如死亡雏鸭与自然感染病例临床症状及病理变化相同，即可确诊。

3. 鸭体中和试验　病料上清液或含毒尿囊液分成两组：一组加入 4 倍量的抗番鸭细小病毒阳性血清，另一组加入 4 倍量的无菌生理盐水作为对照，混匀后置 37 ℃作用 1 h，然后分别接种雏鸭。隔离观察 10 d，血清组的健活而对照组的发病死亡，其临床症状与病变同自然病例相同，即可确诊为雏番鸭细小病毒感染。

4. 鸭(鹅)胚中和试验　有固定病毒稀释血清和固定血清稀释病毒两种方法。前者用于检测待检血清的中和效价，后者用于测定待检病毒的中和指数。

五、防治

1. 一般性防治措施　对种蛋、孵房和育雏室严格消毒。加强育雏期的管理，保持鸭舍干燥、通风良好、温度适宜、密度适中，勤换垫料。出壳后 4 周内雏番鸭要隔离饲养。刚引进的雏鸭及时供水，适量添加复合维生素和葡萄糖，以增强体质。

2. 预防接种　国内已研制出 DPV 弱毒活疫苗供雏番鸭和种鸭免疫预防用。也可使用灭活疫苗，国外有供种鸭用的 GPV 和 DPV 二联灭活疫苗，而雏番鸭则联合使用灭活的水剂 DPV 疫苗和弱毒 GPV 活疫苗。

3. 治疗　目前对本病无特异性治疗方法，一旦暴发本病，立即将病雏隔离，场地进行彻底消毒，每羽肌内注射高免蛋黄抗体 1 mL，治愈率 80%以上。为防止和减少继发细菌和霉菌感染，可适当加入氨苄西林或庆大霉素等抗菌药物。

任务十九　禽霍乱(FC)

禽霍乱又称禽巴氏杆菌病、禽出血性败血症，是由多杀性巴氏杆菌引起的鸡、火鸡、鸭、鹅等多种禽类的传染病。急性型以下痢、败血症和炎性出血为特征，慢性型则表现为鸡冠、肉髯水肿及关节炎。

一、病原

多杀性巴氏杆菌呈椭圆形，多单个存在。革兰氏染色阴性。无鞭毛，不形成芽孢，新分离的强毒菌株具有荚膜。在组织、血液和新分离培养物中菌体染色时呈明显的两极染色。

本菌为需氧及兼性厌氧菌，可在普通培养基上生长，在添加血液或血清的琼脂培养基中生长良好，菌落为灰白色、光滑、湿润、隆起、边缘整齐的中等大小菌落，并有荧光性，不溶血。肉汤培养时，初期均匀混浊，24 h 后上清液清亮，管底有灰白色絮状沉淀，轻摇时呈絮状上升，表面形成菌环。

巴氏杆菌对外界抵抗力不强。加热 56 ℃ 15 min、60 ℃ 10 min 即被杀死。在干燥空气中 2～3 d 死亡。直射阳光下数分钟死亡。在血液、排泄物和分泌物中能存活 6～10 d。常用消毒药如 5%～10%生石灰水、1%～2%漂白粉溶液、3%～5%石炭酸、1%火碱等在短时间内都可将其杀灭。但 10%克辽林在 1 h 内尚不能杀死此菌。

本菌对大多数抗生素、磺胺类药物及其他抗菌药物敏感。

二、流行病学

1. 易感动物　各种家禽和野禽都易感，以鸡、火鸡和鸭最易感。3～4 月龄的鸡和成年鸡易感，雏鸡很少发生。

2. 传染源和传播途径　患病禽和带菌禽是主要的传染源。病禽通过排泄物、分泌物、咳出物排出大量病原菌，常污染周围环境，经消化道、呼吸道和损伤的皮肤、黏膜感染。

3. 流行特点　一年四季均可发生，但以冷热交替、气候骤变、闷热、潮湿、多雨时节发生较多。饲养管理不当、营养不良、寄生虫感染、饲料和环境的突然变换及长途运输等都可诱发本病。

三、临床症状及病理变化

潜伏期为2～5 d。根据病程长短可分为最急性型、急性型和慢性型。

1.最急性型　常见于流行初期，多发于肥壮、高产的家禽，常呈最急性经过。病禽常无前驱症状，突然表现不安，痉挛抽搐，倒地挣扎，翅膀扑动几下即死亡。常有午夜猝死现象，早晨喂食时发现鸡死在笼内。

剖检无特异性病变，有时仅见心冠脂肪有少量针尖大出血点，肝表面有数个针尖大、灰黄色或灰白色坏死点。

2.急性型　最为常见。病鸡体温升高到43～44 ℃，全身症状明显。常有腹泻，排灰黄色或绿色稀粪；减食或不食，渴欲增加；呼吸困难，口、鼻分泌物增加；鸡冠和肉髯发绀，呈青紫色，有的病鸡肉髯肿胀，有热痛感；产蛋鸡停止产蛋。最后衰竭、昏迷而死亡。

剖检以败血症为主要变化。皮下组织、腹部脂肪和肠系膜常见大小不等的出血点；心包变厚，心包积有淡黄色液体并混有纤维素，心外膜、心冠脂肪有出血点；肝肿大、质脆，棕红色或棕黄色或紫红色，表面广泛分布针尖大小、灰白色或灰黄色、边缘整齐、大小一致的坏死点（图21-13）；肠道黏膜红肿，暗红色，有弥漫性出血或溃疡，肠内容物含有血液。

3.慢性型　多见于流行后期。病鸡精神不振，食欲减少，鼻孔流出少量黏液。鸡冠及肉髯苍白，一侧或两侧肉髯肿大（图21-14）。关节肿胀跛行，甚至不能走动。常腹泻，病禽逐渐消瘦。并伴有慢性肺炎症状。

病变因侵害部位不同而有差异，一般可见鼻腔、气管和支气管内有多量黏性分泌物；肺硬化；关节肿大变形，有炎性渗出物和干酪样坏死；公鸡的肉髯肿大，内有干酪样的渗出物；母鸡的卵巢出血，卵泡破裂，有时在卵巢周围有一种坚实、黄色的干酪样物质。

成年鹅的症状与鸭相似，仔鹅发病和死亡较严重，常以急性为主。

鸭、鹅患巴氏杆菌病的病理变化与鸡相似。

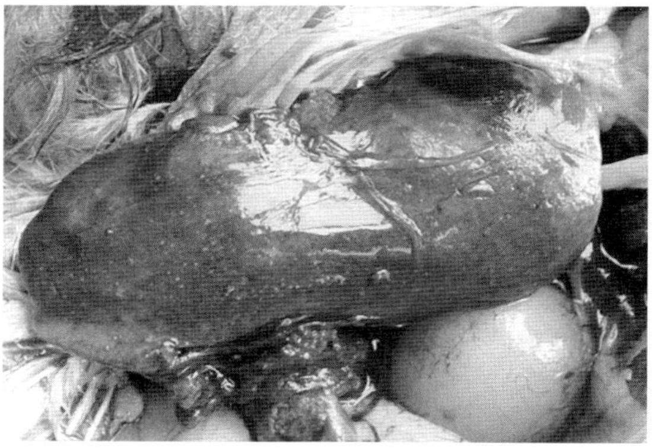

图21-13　病鸡肝肿大，表面有针尖状灰白色坏死点（雷梦良　摄）

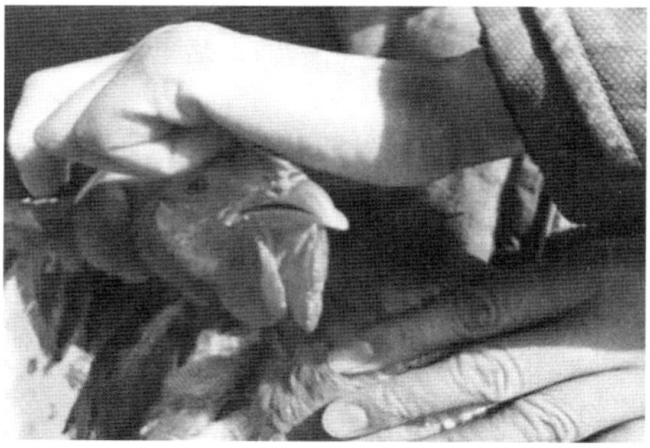

图21-14　病鸡肉髯肿大

四、诊断

根据流行病学、临床症状及病理变化可以做出初步诊断，确诊需进行实验室诊断。

1.涂片镜检　取急性病例的心、肝、脾或体腔渗出物以及其他病型的病变部位、渗出物、脓汁等病料涂片，瑞氏或亚甲蓝染色后镜检，可见两极着色的小杆菌。

2.细菌培养　将病料接种于鲜血琼脂、血清琼脂、普通肉汤等培养基上，置 37 ℃培养 24 h，观察结果。在鲜血琼脂培养基上，可长出圆形、湿润、表面光滑、边缘整齐的露滴状小菌落，不溶血。普通肉汤中呈均匀混浊，放置后有黏稠沉淀，摇动时沉淀物呈絮状上升。必要时可进一步做生化反应。

3.动物试验　取病料研磨，用生理盐水做成 1∶10 悬液，取上清液(或 24 h 肉汤纯培养物)0.2 mL 接种小鼠、鸽或鸡，接种动物在 1～2 d 后发病，呈败血症死亡，再取病料涂片染色镜检，或做血液琼脂培养，即可确诊。

4.鉴别诊断　注意与鸡新城疫、败血性大肠杆菌病、鸡白痢及禽副伤寒相区别。

五、防治

1.一般性防治措施　尽量做到自繁自养，引进种禽时，必须从无病禽场引进。加强饲养管理，注意通风换气和防暑防寒冷，合理设置饲养密度。定期对禽场和禽舍，进行消毒消除诱因。坚持全进全出的饲养管理制度。

2.免疫接种　在常发地区可考虑注射禽霍乱氢氧化铝菌苗、禽霍乱油乳剂灭活苗及禽霍乱蜂胶灭活苗。必要时可制作自家灭活苗以提高防治效果。

3.治疗　发病后应及时隔离患禽，病死禽全部烧毁或深埋。对禽舍、饲养环境和饲管用具进行严格消毒，及时清理粪便并堆积发酵沤熟后利用。对患禽可选用青霉素、链霉素、金霉素、土霉素、四环素、大观霉素、卡那霉素、磺胺类、喹诺酮类等药物进行治疗。也可使用高免血清或康复动物的抗血清进行治疗。

任务二十　鸭传染性浆膜炎

鸭传染性浆膜炎又名鸭疫巴氏杆菌病、新鸭病或鸭败血病，是由鸭疫巴氏杆菌引起的侵害雏鸭的一种慢性或急性败血性传染病。其特征是引起雏鸭纤维素心包炎、肝周炎、气囊炎和关节炎。该病广泛分布于世界各地，引起死亡、体重减轻和淘汰，给养鸭业造成巨大的经济损失。

一、病原

鸭疫巴氏杆菌是革兰氏阴性小杆菌，无芽孢，不能运动，纯培养菌落涂片可见到菌体呈单个，成对或呈丝状，菌体大小不一，瑞氏染色菌体两端浓染，墨汁负染见有荚膜。最适合的培养基是巧克力琼脂平板培养基、琼脂平板、胰酶化酪蛋白大豆琼脂培养基等。该菌根据琼脂扩散试验分为 8 个血清型，彼此间无交叉免疫保护性。室温下，大多数菌株在固体培养基上存活 3～4 d；4 ℃时，肉汤培养物可存活 2～3 周；55 ℃作用 12～16 h 细菌全部失活。

二、流行病学

该病主要感染鸭，火鸡、鸡、鹅及某些野禽也可感染。在自然情况下，2～8 周龄雏鸭易感，其中以 2～3 周龄鸭最易感。1 周龄内和 8 周龄以上不易感染发病。在污染鸭群中，感染率很高，可达90%以上，死亡率在5%～80%。育雏舍鸭群密度过大，空气不流通，地面潮湿，卫生条件不好，饲料中蛋白质水平过低，维生素和微量元素缺乏以及其他应激因素等均可促使该病的发生和流行。

该病主要经呼吸道或皮肤伤口感染，被细菌污染的空气是重要的传播途径，经蛋传递可能是远距离传播的主要原因。该病无明显季节性，一年四季均可发生，春冬季节较为多发。

三、临床症状及病理变化

最急性病例常无任何症状突然死亡。急性病例的临床表现有精神沉郁，缩颈、嗜睡、嘴拱地，腿软，不愿走动，行动迟缓，共济失调，食欲减退或不思饮食。眼有浆液性或黏液性分泌物，常使两眼周围羽毛粘连脱落。鼻孔中也有分泌物，粪便稀薄，呈绿色或黄绿色，部分雏鸭腹胀。死前有痉挛、摇头、背脖和伸腿呈角弓反张，抽搐而死。病程一般为1～2 d。而4～7周龄的雏鸭，病程可达1周以上，呈急性或慢性经过，主要表现精神沉郁，食欲减少，肢软卧地，不愿走动，常呈犬坐姿势，进而出现共济失调，痉挛性点头或摇头摆尾，前仰后翻，呈仰卧姿态，有的可见头颈歪斜，转圈，后退行走，病鸭消瘦，呼吸困难，最后衰竭死亡。

特征性病理变化是浆膜面上有纤维素性炎性渗出物，以心包膜、肝被膜和气囊壁的炎症为主。心包膜被覆着淡黄色或干酪样纤维素性渗出物，心包囊内充满黄色絮状物和淡黄色渗出液。肝脏表面覆盖一层灰白色或灰黄色纤维素性膜。气囊混浊增厚，气囊壁上附有纤维素性渗出物。脾脏肿大或肿大不明显，表面附有纤维素性薄膜。脑膜及脑实质血管扩张、淤血。慢性病例常见胫跖关节及跗关节肿胀，切开见关节液增多。少数输卵管内有干酪样渗出物。

四、诊断

根据流行病学特点、临床病理特征可以对该病做出初步诊断，确诊时还必须进行实验诊断。

1. 涂片镜检　取脑、心包液或肝脏等病料涂片，瑞氏染色后镜检，可见两极着色的小杆菌。

2. 细菌分离鉴定　将病料接种于鲜血琼脂、麦康凯琼脂、巧克力琼脂等培养基上，置37 ℃培养24 h，观察结果。取纯培养物进行生化试验，通过玻片凝集或琼扩反应进行血清型的鉴定。

3. 荧光抗体法检查　取肝或脑组织触片，火焰固定，用鸭疫巴氏杆菌特异的荧光抗体染色，在荧光显微镜下检查，鸭疫巴氏杆菌呈黄绿色环状结构，多为单个散在。其他细菌不着染。

五、防治

1. 加强饲养管理　注意鸭舍的通风、环境干燥、清洁卫生，经常消毒，采用全进全出的饲养制度。

2. 疫苗接种　我国已研制出油佐剂灭活苗和氢氧化铝灭活苗，3～10日龄注射1次即可。由于该菌血清型较多，所以制苗时最好针对流行菌株的血清型制成自家灭活菌苗。

3. 药物防治　可在饮水或饲料中添加如氟苯尼考、氨苄西林、头孢噻呋、林可霉素、磺胺二甲嘧啶等药物进行防治，能有效控制病鸭的发病与死亡。为防止产生耐药性，药前应进行药敏试验和交替用药。

任务二十一　禽大肠杆菌病(PED)

禽大肠杆菌病是由致病性大肠杆菌引起禽类的急性或慢性的细菌性传染病，临床表现为急性败血症、肉芽肿、输卵管炎、脐炎、滑膜炎、气囊炎、眼炎、卵黄性腹膜炎等多种病型，是禽类胚胎和雏鸡死亡的重要病因之一。

一、病原

大肠杆菌病的病原属于大肠杆菌科埃希菌属的致病性大肠杆菌，大肠埃希菌(简称大肠杆菌)是该属的代表种。大肠杆菌为革兰氏阴性、中等大小的粗短杆菌，无芽孢，多数无荚膜，有鞭毛。

大肠杆菌的抗原结构较复杂，由菌体抗原(O 抗原)、荚膜抗原(K 抗原)和鞭毛抗原(H 抗原)组成。目前已知 O 抗原 173 个，K 抗原 74 个，H 抗原 53 个。按 3 种抗原构造不同，可将大肠杆菌分为许多血清型。

本菌为需氧或微厌氧，在普通培养基上容易生长。在麦康凯琼脂培养基可形成红色菌落，在伊红-亚甲蓝琼脂培养基上则形成黑色带金属光泽的菌落，可与肠杆菌科其他菌初步鉴别。

大肠杆菌对外界环境抵抗力中等，对物理化学因素较敏感。常用的消毒剂在短时间内即可将其杀灭，但黏液和粪便可降低这些消毒剂的效果。大肠杆菌一般对庆大霉素、新霉素、丁胺卡那、环丙沙星敏感，但易产生耐药性。

二、流行病学

1. 易感动物　各种禽类都可感染，以鸡、火鸡和鸭最为常见。幼龄家禽，尤其是雏禽的发病率和死亡率较高。发病较早的为 4 日龄、7 日龄和 9～10 日龄，通常 1 月龄前后的幼雏发病较多。

2. 传染源及传播途径　病禽、带菌禽是本病的主要传染源。病菌随病禽或带菌禽的分泌物、排泄物排出后，污染饲料、饮水、用具和空气，经消化道和呼吸道感染。本病也可经交配传播。种蛋带菌，孵化后可造成垂直传播，并引起禽胚和雏禽的早期死亡。

3. 流行特点　本病一年四季都可发生，以冬春气温多变季节多发。饲养管理不当、鸡舍通风不良、饲养密度过大、营养不良、消毒不彻底以及其他疾病等均可成为诱发本病的因素。

三、临床症状及病理变化

因年龄和感染途径不同，在临床上可表现为多种病型。

1. 急性败血型　此型比较多见，有的病鸡无明显症状而突然死亡；部分病鸡表现精神沉郁、羽毛松乱，食欲减退或废绝，排黄白、灰白、黄绿色稀粪，粪便腥臭。该型病禽的发病率和病死率都较高。

剖检可见纤维素性肝周炎、纤维素性心包炎和纤维素性腹膜炎。肝周炎主要表现为肝肿大，表面有不同程度纤维素性渗出物，或者整个肝被一层纤维素性薄膜所包裹(图 21-15)；心包炎主要表现为心包积液，心包膜混浊、增厚，严重的内有纤维素性渗出物与心肌粘连(图 21-16)；腹膜炎表现为腹腔有数量不等的腹水，混有纤维素性渗出物，或纤维素性渗出物充斥于腹腔肠道和脏器间。肾肿大，呈紫红。胆囊肿大，胆汁外渗。小肠臌气，肠黏膜充血、出血。

2.卵黄性腹膜炎　多见于产蛋中后期。病鸡的输卵管常因感染大肠杆菌而产生炎症，导致输卵管伞部粘连，漏斗部的喇叭口在排卵时不能打开，因此卵泡不能进入输卵管而跌入腹腔引发本病。病鸡腹部膨胀、重坠，剖检可见腹腔积有大量卵黄，肠道或脏器间相互粘连。

3.生殖器官感染　患病母鸡卵泡膜充血，卵泡变形，局部或整个卵泡呈红褐色或黑褐色，有的硬化，有的卵黄变稀，有的卵泡破裂。输卵管感染时剖检输卵管充血、出血，内有多样渗出物、黄色絮状或块状的干酪样物。公鸡表现为睾丸充血，交媾器充血、肿胀。

4.关节炎或足垫肿　多发于雏鸡和育成鸡。一般呈慢性经过，病鸡消瘦，生长发育受阻，指关节和跗关节肿大，跛行。

5.肉芽肿　部分成鸡感染后常在肠道等处产生大肠杆菌性肉芽肿，主要见于十二指肠、盲肠、肝和脾脏。病变可从较小的结节至大块的凝固性组织坏死。该型较少见，但病死率较高。

6.卵黄囊炎和脐炎　指幼鸡的卵黄囊、脐部及周围组织的炎症。主要发生于孵化后期的胚胎及1～2周龄的雏鸡，死亡率为3%～10%，有时高达40%。临床表现为卵黄吸收不良、脐部闭合不全、腹部胀大下垂等。

7.眼球炎　病鸡眼睛呈灰白色，角膜混浊，眼前房积脓，常因全眼球炎而失明。多数病鸡减食、衰竭、死亡。

8.大肠杆菌性脑病　大肠杆菌突破鸡的血脑屏障进入脑部，引起病鸡昏睡、神经症状和下痢，食欲减退或废绝，多以死亡告终。

9.肿头综合征　多发于30～100日龄的鸡，初期多从一侧或两侧眼眶周围肿胀，继而发展至整个面部，并波及下颌及皮下组织和肉髯，也有从肉髯开始肿胀。

剖检可见头部、眼部、下颌及颈部皮下有胶冻样水肿液、出血点、出血斑。肠黏膜及浆膜出血，鼻有黏液。

鸭的大肠杆菌病主要表现为败血症和生殖道感染等，鹅则主要为生殖器官感染和卵黄性腹膜炎等，其他禽类多表现败血症。

图 21-15　纤维素渗出性肝周炎

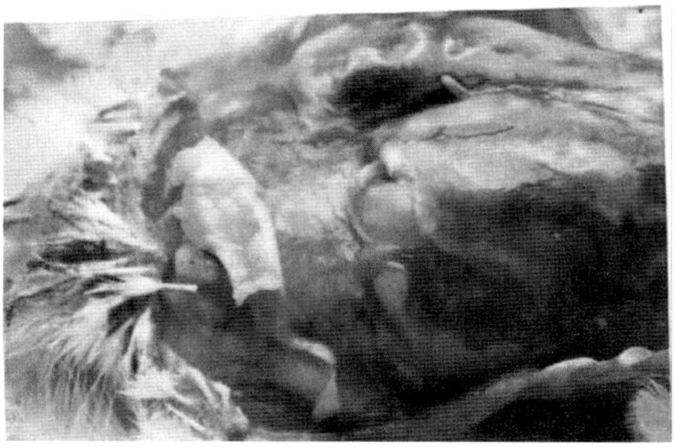

图 21-16　纤维素渗出性心包炎

四、诊断

根据流行特点、临床症状和病理变化可做出初步诊断，要确诊此病需要做细菌分离、致病性试验及血清鉴定。

1.细菌学诊断　病料采取部位一般是：败血型为血液、内脏组织；肠毒血型为小肠前段黏膜；肠炎型为发炎肠黏膜。取病料涂片，革兰氏染色后镜检，发现单在的革兰氏阴性、中等大小的杆菌，可怀疑为本菌。或将病料接种于麦康凯琼脂培养，如形成红色菌落，可进一步进行生化鉴定、血清学鉴定和动物致病性试验。

2.鉴别诊断　本病在诊断中应注意与沙门菌病、球虫病等相区别。鸭大肠杆菌病还应注意与鸭疫巴氏杆菌病相区别。

五、防治

1.一般防治措施　搞好环境卫生，加强饲养管理是预防本病的关键。严格控制饲料、饮水的卫生和消毒；禽舍及用具经常清洁和消毒；注意育雏期保温及饲养密度；避免种蛋粘连粪便，凡是被污染的一律不能作种蛋孵化，严格消毒种蛋；做好各种疫病的免疫工作；定期进行带鸡消毒工作。此外，定期对鸡群投喂乳酸菌等生物制剂对预防大肠杆菌有很好作用。

2.免疫接种　用本场分离的致病性大肠杆菌制成油乳剂灭活苗免疫本场鸡群对预防大肠杆菌病有一定作用。需进行两次免疫，第 1 次为 4 周龄，第 2 次为 18 周龄。也可用于雏鸡的免疫。

3.治疗　大肠杆菌对多种抗生素、磺胺类和呋喃类药物都敏感，由于大肠杆菌容易对药物产生抗药性，发生本病后最好对分离到的大肠杆菌进行药物敏感试验，选用敏感药物进行治疗。无条件进行药敏试验的鸡场，在治疗时可选用诺氟沙星、四环素类药物、敌菌净、庆大霉素或链霉素等。

任务二十二　沙门菌病

禽沙门菌病是由沙门菌属中的一种或多种沙门菌引起的禽类的急性或慢性疾病的总称。禽沙门菌病依病原体的抗原结构不同可分为 3 种：由鸡白痢沙门菌引起的称为鸡白痢，由鸡伤寒沙门菌引起的称为禽伤寒，由其他有鞭毛、能运动的沙门菌引起的禽类疾病则统称为禽副伤寒。

一、病原

禽沙门菌属肠杆菌科、沙门菌属。细菌菌体为两端钝圆、中等大小的直杆菌。革兰氏染色阴性。不形成芽孢和荚膜，除鸡白痢沙门菌和禽伤寒沙门菌外，都具有周鞭毛，绝大多数具有菌毛。

本菌为需氧、兼性厌氧菌。鸡白痢沙门菌和鸡伤寒沙门菌在普通营养琼脂平板上形成灰色、湿润、圆形、边缘整齐的细小菌落。禽伤寒沙门菌在各种培养基上生长良好。在麦康凯、SS 琼脂上，形成淡粉色或无色透明的菌落，在伊红-亚甲蓝琼脂上形成淡蓝色菌落。

鸡白痢沙门菌和鸡伤寒沙门菌具有很高的交叉凝集特性，可使用同一种抗原检测出另一种病的带菌者。

本属细菌对干燥、腐败、日光等环境因素有较强的抵抗力，在水中可存活 2～3 周，在粪便中能存活 1～2 个月，在冰冻土壤中可存活过冬，在温暖潮湿处只能存活 4～5 周，但在干燥处可保持 8～20 周的活力。对热抵抗力不强，在 70 ℃经 10～20 min 死亡。对于各种化学消毒剂抵抗力不强，5%石炭酸、2%氢氧化钠、0.1%升汞液等于数分钟内即可使本菌灭活。对广谱抗生素、磺胺类化学合成药敏感，易产生耐药性。

二、流行病学

1. 易感动物　鸡白痢：主要侵害鸡和火鸡，鸡对本病最易感，各种品种和年龄的鸡都易感，但以 2 周龄以内的雏鸡最易感。

禽伤寒：鸡和火鸡最易感，雉、珠鸡、鹌鹑、孔雀等也有自然感染的报道，鸽子、野鸡和鹅则有抵抗力。鸡伤寒沙门菌主要感染成年鸡和青年鸡，雏鸡也可感染，较少见。

禽副伤寒：主要危害雏鸡和火鸡。

2. 传染源及传播途径　病鸡和带菌鸡是主要传染源，细菌可随鸡的粪便排出。病原排出后，可污染饲料、饮水和用具以及周围环境经消化道感染。本病可垂直传播，带菌蛋孵化可出现死胚、死雏和弱雏公鸡，带菌交配或人工授精也可造成垂直传播。被污染而消毒不彻底的孵化室、用具、蛋盘等是垂直传播和水平传播的重要媒介。染病的苍蝇、鸟类也可成为传播媒介。

3. 流行特点　本病的发生没有明显的季节性，一年四季均可发生。

三、临床症状及病理变化

1. 鸡白痢　鸡白痢是由鸡白痢沙门菌引起的各种年龄鸡都可发生的一种传染病。不同日龄的鸡发生该病的临床表现差异较大。

(1)雏鸡　带菌蛋孵出的小鸡，一般不表现临床症状而死亡，也可能呈现昏睡和食欲消失等症状，不久便死亡。以后病鸡逐渐增加，2～3 周龄时达到发病和死亡高峰。病雏怕冷、扎堆，特别喜在热源周围。精神委顿，眼半闭，嗜睡，不食或少食。两翅下垂，绒毛松乱。常排白色、糨糊状的稀粪，肛门周围绒毛被粪便污染，有的因粪便干结封住肛门周围，影响排便(图 21-17)。由于肛门周围炎症引起疼痛，故病雏排便时常发生尖锐叫声。最后因呼吸困难及心力衰竭而死。有的病雏出现眼盲，或肢关节肿胀，呈跛行症状。死亡率最高可达 80%以上，病程持续 3 周以上，症状消退的鸡也多羽毛缺损，生长发育不良，而成为带菌鸡。

死于鸡白痢的雏鸡，如日龄短，发病后很快死亡，则病变不明显。病期延长者，肝肿大、充血，有时可见大小不等的坏死点；卵黄吸收不良，内容物呈奶油状或干酪样；有呼吸道症状的雏鸡肺脏可见有坏死或灰白色结节；心包增厚，心脏可见有坏死和结节；脾肿大或见坏死点；肾肿大、充血或出血，输尿管充满尿酸盐；肠道呈卡他性炎症，盲肠内充满灰白色干酪样物。

(2)青年鸡　主要表现腹泻，排出颜色不一的粪便，个别鸡有死亡。剖检病变为肝明显肿大，淤血呈暗红色或暗黄色，质脆易碎，表面有灰白色或灰黄色坏死点，有的肝被膜破裂，腹腔内见有凝血块。脾肿大。心包增厚，心肌可见有数量不一黄色坏死灶，严重的心变形、变圆，在肌胃上也可见到类似的病变。肠道呈卡他性炎。

(3)成年鸡　成年鸡不表现明显症状，成为隐性带菌者或慢性经过。极少数病鸡腹泻，产卵停止。有的因卵黄囊炎引起腹膜炎，腹膜增生而呈“垂腹”现象，有时成年鸡可呈急性发病。

成年母鸡最常见的病变为卵子变形、变色，呈囊状，有腹膜炎。有些卵自输卵管逆行而坠入腹腔，引起广泛的腹膜炎及腹腔脏器粘连。成年公鸡的病变，常局限于睾丸及输精管，睾丸极度萎缩，有小脓肿，输精管管腔增大，充满浓稠渗出液。

2. 禽伤寒　潜伏期一般为 4～5 d。急性经过者突然停食，精神委顿，排黄绿色稀粪，羽毛松乱，冠和肉髯苍白而皱缩，体温上升 1～3 ℃。病鸡可迅速死亡，一般病程 4～10 d。病死率在雏鸡与成年鸡上有差异，一般为 10%～50%或更高些。雏鸡和雏鸭发病时，其症状与鸡白痢相似。

死于禽伤寒的雏鸡(鸭)的肺、心脏和肌肉可见灰白色病灶。雏鸭可见心包膜出血，脾轻度肿大，肺及肠呈卡他性炎症。成年鸡，最急性者眼观病变轻微或不明显，急性者常见肝、脾、肾充血肿大；亚急性和慢性病例，特征病变是肝肿大呈青铜色或绿褐色(图 21-18)，肝和心肌有灰白色粟粒大坏死灶，卵子及腹腔病变与鸡白痢相同。公鸡发生睾丸炎并有病灶。

3. 禽副伤寒　经带菌卵感染或出壳雏禽在孵化器感染病菌，常呈败血症经过，往往不显任何症状迅速死亡。年龄较大的幼禽则常呈现亚急性经过，表现为嗜睡呆立、垂头闭眼、两翅下垂、羽毛松乱、显著畏食、饮水增加、水样下痢、肛门粘有粪便，怕冷而靠近热源处或相互拥挤。病程 1～4 d，1 月龄以上幼禽一般很少死亡。雏鸭感染本病常见颤抖、喘息及眼睑肿胀等症状，常猝然倒地而死，故有"猝倒病"之称。

死于鸡副伤寒的雏鸡，最急性者无可见病变；病期稍长的，病死鸡消瘦、脱水、卵黄凝固；肝、脾充血，有条纹状或针尖状出血和坏死灶；肺及肾出血；心包炎并常有粘连；常有出血性肠炎。成年鸡，肝、脾、肾充血肿胀；有出血性或坏死性肠炎、心包炎及腹膜炎；产卵鸡的输卵管坏死、增生，卵巢坏死、化脓。

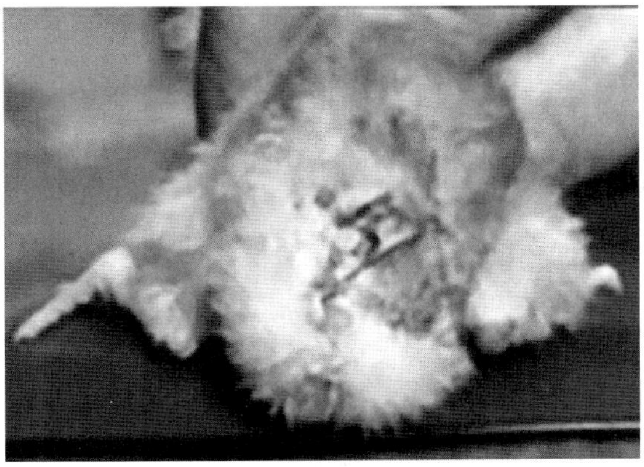

图 21-17　鸡白痢病鸡白色稀粪，肛门周围被粪便沾污

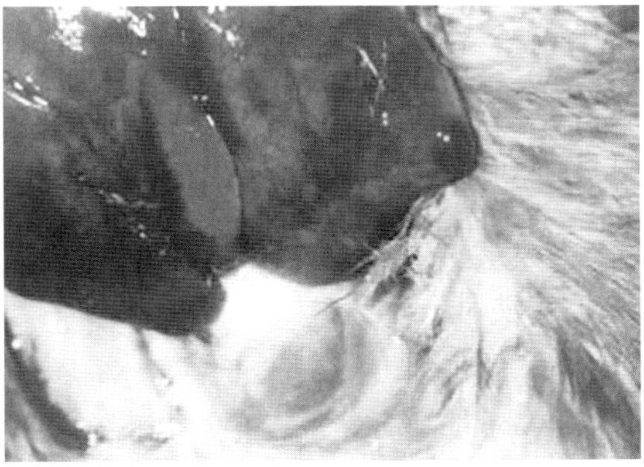

图 21-18　鸡伤寒肝脏肿大，颜色发绿呈古铜色

四、诊断

根据流行病学、临床症状和病理变化可做出初步诊断，确诊应进行实验室检验。通常采取患病禽只的血液、内脏器官、粪便、肝、脾为病料，做沙门菌的分离，必要时可进一步进行生化试验和血清学分型试验以鉴定分离菌株。对鸡白痢可采取鸡的血液或血清用鸡白痢标准抗原做平板凝集试验，鸡白痢标准抗原也可用于禽伤寒的检疫。

五、防治

1. 预防　慎重从外地引种，建立和培育无鸡白痢的种鸡群。对种鸡群以全血平板凝集试验进行检疫，发现阳性鸡及时淘汰，直至鸡群阳性率不超过0.5%为止。孵化前后对孵化室、各种用具及种蛋进行严格消毒。同时，育雏舍的温度、湿度、密度和光照要适宜，料槽、饮水器数量要充足，经常保持干净卫生。

2. 治疗　发现病禽时可选用庆大霉素、土霉素、磺胺类等药物进行治疗，但治愈的家禽可能长期带菌，不能作种用。

任务二十三　传染性鼻炎

鸡传染性鼻炎是由副鸡嗜血杆菌所引起的鸡的一种急性呼吸系统疾病。主要症状为鼻腔与鼻窦发炎，流鼻涕，单侧或双侧脸部肿胀和打喷嚏，并伴随结膜炎的发生。

一、病原

副鸡嗜血杆菌属巴氏杆菌科、嗜血杆菌属。本菌两端钝圆，不形成芽孢，无荚膜，无鞭毛。在鼻分泌物涂片中呈两极着色。

本菌为兼性厌氧菌，在含5%～10% CO_2的条件下生长较好。对营养的需求较高，多数菌株需要在培养基中加入V因子，即烟酰胺腺嘌呤二核苷酸(NAD)。葡萄球菌在生长过程中可合成V因子，若将两者交叉划线于琼脂平板上进行培养，可在葡萄球菌菌落周围形成副鸡嗜血杆菌菌落，这是嗜血杆菌属成员的特有现象，称为“卫星现象”。在鲜血琼脂培养基上经24 h培养后可形成灰白色、半透明、圆形、凸起、边缘整齐的光滑菌落，不溶血。

本菌的抵抗力不强，对一般消毒剂敏感。培养基上的细菌在4 ℃时能存活2周，在自然环境中数小时即死亡。对热也很敏感，在45 ℃存活不超过6 min，在真空冻干条件下可以保存10年。

二、流行病学

1. 易感动物　本病可发生于各种年龄的鸡，并随年龄的增加易感性增强。以育成鸡及产蛋鸡群易感，尤其是产蛋鸡。商品肉鸡发病也比较多见，雉鸡、珠鸡、鹌鹑偶然也能发病。

2. 传染源及传播途径　病鸡及隐性带菌鸡是传染源，而慢性病鸡及隐性带菌鸡是鸡群中发生本病的重要原因。本病可通过飞沫及尘埃经呼吸道传染，也可通过污染的饲料和饮水经消化道传染。

3. 流行特点　本病一年四季均可发生，但最常发于秋冬两季。寒冷、潮湿、鸡群拥挤、不同年龄的鸡混群饲养、通风不良、鸡舍内闷热、气温骤变、寄生虫、维生素缺乏等都能诱发发病。鸡群接种禽痘疫苗引起的全身反应，也常常是传染性鼻炎的诱因。

三、临床症状及病理变化

临床症状主要表现为鼻腔和鼻窦炎症，鼻腔有浆液性或黏液性分泌物，有时打喷嚏，眼部肿胀、结膜发炎。食欲及饮水减少，或有下痢，体重减轻。仔鸡生长不良；成年母鸡产卵减少甚至停止；公鸡肉髯常见肿大。如炎症蔓延至下呼吸道，则呼吸困难并有啰音，病鸡常摇头欲将呼吸道内的黏液排出，最后常窒息而死。

主要病变在鼻腔、鼻窦和眼睛。鼻腔和窦黏膜呈急性卡他性炎，黏膜充血肿胀，表面覆有大量黏液，窦内有渗出物凝块，后成为干酪样坏死物。结膜充血肿胀，脸部及肉髯皮下水肿，或有干酪样物。严重时可见气管黏膜炎症，偶有肺炎及气囊炎。

四、诊断

根据流行病学、临床症状、病理变化可以做出初步诊断。通过实验室检查确诊。

1. 镜检 取病鸡眶下窦或鼻窦渗出物，涂片，染色，镜检，可见大量革兰氏阴性的球杆菌。

2. 病原的分离与鉴定 用病鸡鼻窦深部采取的病料，直接在血琼脂平板上画直线，然后再用葡萄球菌在平板上画横线，置于厌氧培养箱中，37 ℃培养 24～48 h 后，在葡萄球菌菌落边沿可长出一种细小的卫星菌落，而其他部位很少见细菌生长。

3. 动物接种试验 取病鸡的鼻窦分泌物或培养物，按种于 2～3 只健康鸡鼻窦内，可在 24～48 h 后出现传染性鼻炎症状。

4. 鉴别诊断 本病与慢性禽霍乱、禽流感、鸡传染性支气管炎、鸡传染性喉气管炎、鸡眼型葡萄球菌病在临床表现上有相似之处，应予以鉴别。

五、防治

1. 预防 加强饲养管理、改善鸡舍通风条件、避免过密饲养、带鸡消毒等措施可减轻发病。有条件者可安装供暖设备和自动控制通风装置，以保证舍内温度和降低舍内有害气体。不从疾病情况不明的鸡场购进种公鸡或生长鸡。用传染性鼻炎油乳剂多价灭活苗于 30～42 日龄和开产前 4～5 周分两次接种，可取得满意的预防效果。

2. 治疗 发病鸡群用传染性鼻炎油乳剂多价灭活苗做紧急接种，对饮水和鸡舍带鸡消毒，可以较快地控制本病。

副鸡嗜血杆菌对磺胺类药物非常敏感，是治疗本病的首选药物。本菌对链霉素、土霉素、大观霉素、强力霉素等抗生素较敏感，发病后也可通过药敏试验筛选出高敏药物进行治疗。

任务二十四 支原体感染(MG)

鸡毒支原体感染是由鸡毒支原体引起的一种慢性呼吸道传染病，该病又称为鸡败血霉形体感染或慢性呼吸道病，临床以咳嗽、流鼻液、呼吸道啰音、气喘、窦部肿胀为主要特征。

一、病原

鸡毒支原体，呈细小球杆状，用吉姆萨染色着色良好，革兰氏染色弱阴性。需氧和兼性厌氧。在液体培养基中培养 5～7 d，可分解葡萄糖产酸。在固体培养基上，生长缓慢。

鸡毒支原体对外界抵抗力不强，离开禽体即失去活力。对干热敏感，45 ℃ 1 h 或 50 ℃ 20 min 即被杀死，冻干后保存于 4 ℃冰箱可存活 7 年。对紫外线抵抗力极差，在阳光照射下很快失去活力。一般消毒药可很快将其杀死。对链霉素、氯霉素、红霉素、泰乐菌素敏感，但抗新霉素和磺胺类药物。

二、流行病学

1. 易感动物　主要感染鸡和火鸡。各种年龄的鸡和火鸡都能感染本病，4～8 周龄鸡和火鸡最敏感，成年鸡多为隐性感染。纯种鸡比杂种鸡易感。

2. 传染源及传播途径　病鸡和隐性感染鸡是本病的传染源。本病可通过水平传播和垂直传播。病鸡通过咳嗽、喷嚏或排泄物污染空气、饮水、饲料、用具等，经呼吸道或消化道传播。本病也可经交配传播。隐性感染或慢性感染的种鸡所产的带菌蛋，可使 14～21 日龄的胚胎死亡或孵出弱雏，这种弱雏因携带病原体又可引起水平传播。

3. 流行特点　本病一年四季均可发生，以寒冷季节流行严重。成年鸡则多呈散发。鸡舍卫生不良、氨气含量高、鸡群过度拥挤、营养缺乏、气候突变等均可促使或加剧本病的发生和流行。带有本病病原体的幼雏，用气雾或滴鼻等途径免疫时，能诱发本病。新城疫、传染性支气管炎等呼吸道病毒感染及大肠杆菌混合感染可使呼吸道病症明显加重。

三、临床症状及病理变化

幼龄鸡发病，症状较典型，表现为流浆液性或黏液性鼻液，使鼻孔堵塞影响呼吸，病鸡频频摇头、喷嚏、咳嗽，还见有窦炎、结膜炎和气囊炎。当炎症蔓延下呼吸道时，则喘气和咳嗽更为显著，有呼吸道啰音。病鸡食欲不振，生长停滞。后期可因鼻腔和眶下窦中蓄积渗出物而引起眼睑肿胀。成年鸡很少死亡，幼鸡如无并发症，病死率也低。产蛋鸡感染后，只表现产蛋量下降和孵化率低，孵出的雏鸡活力降低。

剖检病死鸡，病鸡尸体明显消瘦，鼻道、气管、支气管和气囊内含有混浊的黏稠渗出物；气囊壁变厚和混浊，严重者有干酪样渗出物。

四、诊断

根据本病的流行情况、临床症状和病理变化可做出初步诊断。确诊须进行病原分离鉴定和血清学检查。做病原分离时，可取气管或气囊的渗出物制成悬液，直接接种支原体肉汤或琼脂培养基；血清学方法主要以血清平板凝集试验(SPA)最常用，其他还有 HI 和 ELISA。

禽毒支原体病与鸡传染性支气管炎、传染性喉气管炎、传染性鼻炎、新城疫等呼吸道传染病极易混淆，应注意鉴别诊断。

五、防治

1. 预防　加强饲养管理，消除引起鸡抵抗力下降的一切因素；采取措施建立无支原体病的种鸡群；在引种时，必须从无本病鸡场购买；进行免疫接种对于控制该病的感染有一定的效果。

2. 治疗　对发病鸡群，可选择喹诺酮类药物、泰乐菌素、泰妙霉素、北里霉素、林可霉素和红霉素等进行治疗。抗生素治疗时，停药后往往复发，因此应考虑几种药物轮换使用。

任务二十五　葡萄球菌病

鸡葡萄球菌病是由金黄色葡萄球菌引起禽的一种急性败血性或慢性传染病，主要引起鸡的腱鞘炎、化脓性关节炎、脐炎、眼炎、细菌性心内膜炎和脑脊髓炎等。

一、病原

金黄色葡萄球菌属微球菌科、葡萄球菌属。菌体呈圆形或卵圆形，直径 0.7～1.0 μm。革兰氏阳性菌，无鞭毛，不形成芽孢和荚膜。需氧或兼性厌氧菌，在普通培养基上生长良好。在固体培养基上形成圆形、光滑的菌落，直径 1～3 mm，镜检呈葡萄串状排列。在液体培养基中可能呈短链状。培养物超过 24 h，革兰氏染色可能呈阴性。在 5%的血液培养基上容易生长，18～24 h 生长旺盛。

本菌对外界环境的抵抗力较强。在尘埃、干燥的脓血中能存活几个月，加热 80 ℃ 30 min 才能将其杀死。对龙胆紫、青霉素、红霉素、庆大霉素、氟喹诺酮类等药物敏感，但易产生耐药菌株。

二、流行病学

1. 易感动物　各种家禽不分品种、年龄、性别均可感染，但以 30～70 日龄的鸡多发。笼养鸡比平养鸡多发，肉鸡比蛋鸡易感。

2. 传染源及传播途径　葡萄球菌广泛分布于自然界和健康家禽的羽毛、皮肤、眼睑、结膜、肠道等，也是饲养场、孵化车间和加工车间的常在微生物。病鸡的分泌物、排泄物增加了环境中的病原浓度。各种途径均可感染，破裂和损伤的皮肤黏膜是主要的入侵门户。也可通过直接接触和空气传播。

3. 流行特点　该病一年四季均可发生，以潮湿季节发生较多。鸡群管理不当，如通风不良、饲料营养不全面或种蛋及孵化器消毒不严时都可诱发本病。凡是能够造成鸡只皮肤、黏膜完整性破坏的因素均可成为发病的诱因。

三、临床症状及病理变化

由于病因、病原种类、毒力、鸡的日龄、侵害部位及鸡体状态不同，临床可表现为急性败血症、关节炎、脐炎、眼炎和肺炎等多种类型。

1. 急性败血症型　多发于 40～60 日龄的雏禽。病鸡体温升高，精神沉郁，常呆立一处或蹲伏，双翅下垂，眼半闭呈嗜睡状。食欲减少或废绝。特征性症状是在翼下皮下组织出现水肿，进而扩展到胸、腹及股内，呈泛发性水肿；外观呈紫黑色，内含血样渗出液、皮肤脱毛坏死，有时出现破溃，流出污秽血水，并带有恶臭味。有的病禽在体表发生大小不一的出血灶和炎性坏死，形成黑紫色结痂。死亡率较高，病程多在 2～5 d，快者 1～2 d。

剖检可见肝、脾肿大、出血，病程稍长者，肝上还可见数量不等的白色坏死点。有的病死鸡心包扩张，积有黄白色心包液，心冠脂肪和心外膜偶见出血点。肺充血，肾淤血肿胀。

2. 关节炎型　多发于成年鸡和肉用鸡的育成阶段。多发于跗关节和趾关节，表现为受害关节肿大，呈黑紫色，内含血样浆液性或干酪样物，有热痛感。病鸡站立困难，以胸骨着地，行走不便，跛行，喜卧。有的出现趾底肿胀，溃疡结痂。病鸡常因运动、采食障碍，导致衰竭或继发其他疾病而死亡。

剖检关节肿胀处皮下水肿，关节液增多，关节腔内有淡黄色干酪样渗出物，关节周围结缔组织增生及关节变形。

3. 脐炎型　多发于新生雏禽。俗称"大肚脐"，是因为新生雏禽脐环闭合不全，葡萄球菌感染后脐部肿大发炎所致。主要表现为雏禽脐孔发炎肿大，有时脐部有暗红色或黄色液体，病程稍长则变成干的坏死物。主要病变为脐部肿大，呈紫红色或紫黑色，有暗红色或黄红色液体。卵黄吸收不良，呈黄红色或黑灰色，并混有絮状物。

4. 眼炎型　表现为头部肿大，眼睑肿胀，闭眼，有炎性分泌物。结膜充血、出血等，眼内有多量分泌物，并具有肉芽肿。时间久者，眼球下陷、失明。最后多因饥饿、被踩踏、衰竭死亡。

5. 肺型　主要表现为全身症状及呼吸障碍。剖检可见肺部淤血、水肿和肺实质病变，甚至见到黑紫色坏疽样病变。

四、诊断

根据流行病学特点、临床症状及病理变化，可做出初步诊断，但确诊需要进行实验室诊断。

1. 病原检查　采取化脓灶的脓汁或败血症病例的血液、肝、脾等，将无污染的病料(如血液等)接种于血琼脂平板，对已污染的病料同时接种于7.5%氯化钠甘露醇琼脂平板，置37 ℃培养48 h后，在室温下48 h。致病性金黄色葡萄球菌的主要特点是产生金黄色素，有溶血性，发酵甘露醇，产生血浆凝固酶。挑取金黄色、溶血或甘露醇阳性菌落，革兰氏染色、镜检，可见革兰氏阳性、呈葡萄串状排列的菌体，即可确诊。

2. 动物接种　将分离到的葡萄球菌培养物经肌肉(胸肌)接种于40～50日龄健康鸡，经20 h可见注射部位出现炎性肿胀，破溃后流出大量渗出液。24 h后开始死亡。症状和病变与自然病例相似。

五、防治

1. 预防　加强饲养管理；防止皮肤外伤，圈舍、笼具和运动场地应经常打扫，注意清除带有锋利尖锐的物品。夏秋季做好蚊虫的消灭工作对于预防该病的发生有重要意义。

2. 治疗　发病鸡群可使用青霉素、链霉素、红霉素、庆大霉素、硫酸卡那霉素及磺胺类等药物治疗，同时应对环境及鸡群进行全面消毒。金黄色葡萄球菌对药物极易产生抗药性，选用抗生素进行治疗前最好进行药物敏感试验，选择敏感药物。

知识链接

辨症识病——腹泻

一、腹泻——黄白色稀便

1. 雏鸡白痢　多发生于2周龄以内的雏鸡，小鸡蜷缩如球、肛门黏白糊状粪便，肛门周围羽毛被粪便黏结。剖检卵黄吸收不全，肝脏表面有白色坏死小点。

2. 副伤寒　除拉稀外，鸡站立不稳定、不食，剖检见肝脏铜绿色，表面有针尖大小的白色坏死点，肠道有出血。

3. 急性禽霍病　除拉稀外，临床上出现口流黏液，呼吸困难。剖检见全身黏膜出血，肝肿大，白色坏死点，心脏表面脂肪出血。

4. 传染性法氏囊病　粪便如水恶臭，鸡群不愿动，蹲伏常啄肛门。剖检见法氏囊肿大、出血、严重者如紫色葡萄样。

5. 尿酸盐沉积　除拉水样便外，鸡饮水量加大，腿关节肿胀，剖检见内脏表面有白色尿酸盐沉积。询问病史时有饲喂高蛋白质饲料的情况，据此可以推测为尿酸盐沉积。

二、腹泻——绿色稀粪便

1. 急性鸡瘟　除拉绿色稀便外，临床上出现嗉囊倒流出黏液，鸡站立不稳、蹲伏、不愿走动。剖检见腺胃黏腺与肌胃交界处、腺胃乳头出血。十二指肠淋巴结肿胀、出血、坏死。

2. 传染性喉支气管炎　除拉绿色稀便外，鸡咳嗽时带有血液的黏液、鸡出现伸颈张口吸气。剖检可见到喉、气管黏膜出血性黏液。

3. 急性伤寒　拉绿色或白色稀便，鸡不愿活动，呈直立企鹅样姿势。剖检见肝肿大、发红。

4. 传染性滑膜炎　拉绿色稀便，还见鸡出现渐渐性消瘦，生长发育不良，行走困难。跗关节肿胀呈条状，不愿活动。剖检见胶冻样渗出物。

三、腹泻——水样稀便

1. 肾型传染性支气管炎　鸡精神不振，持续排白色或水样粪便，饮水量明显增加。最早出现在 8 日龄，主要集中于 20～35 日龄的雏鸡，60～90 日龄育成鸡死亡率较低。剖检出现大花肾，肿大，其他内脏无典型变化。

2. 食盐中毒　拉稀的同时伴有饮水量增加，口流黏液，严重者出现转圈，抽搐，死亡很快，成堆死亡。

3. 副伤寒　开始为稀粥样，后呈水样，肛门有粪便污染。剖检见肝、脾淤血肿大，盲肠有干酪样物质堵塞，小肠出血。

四、腹泻——拉稀便带血

1. 盲肠球虫　主要常发生于有地面垫料饲养的鸡群，鸡拉血便前曾有过地面垫料潮湿、饮水器漏水现象。鸡逐渐消瘦，生长发育不良。剖检盲肠肿胀，含血便是本病特征的症状。

2. 黄曲霉中毒　拉血便前有饲喂发霉饲料的历史，鸡采食量下降，严重发育不良，后期出现腹水，剖检见肝发黄而且有出血斑。

3. 黑头病　除拉血便外，鸡有饲养在潮湿地面的历史。与盲肠球虫的区别在于具盲肠和肝脏的病变有特异性，又称为“盲肠肝炎”。盲肠肿大，内有同心圆样内容物堵塞，肝脏肿大表面有纽扣状坏死灶。

4. 混合型球虫病　其粪便初期为糖浆样稀便，伴随鸡渐行性消瘦。剖检时见到十二指肠，小肠壁有小圆点样出血，其他脏器无特征变化。

五、腹泻——拉带有饲料的稀便

1. 热应激　与天气炎热密切相关，鸡通过大量饮水来降低体温，伴发有张口呼气的症状。

2. 换料应激　出现病症前有更换饲料的历史，而且先换料的鸡舍先发病，没有换料的拉稀较少，但死亡并没有增加。

3. 鸡群抗生素滥用　见于在治疗疾病时，同时服用几种抗生素，服用时间过长，死亡虽然减少。但鸡群采食量明显下降，增重速度下降，拉稀增多。

任务评价

模块任务评价表

<table>
<tr><td>班　级</td><td></td><td>学号</td><td></td><td>姓　名</td><td></td></tr>
<tr><td>企业(基地)名称</td><td></td><td>养殖场性质</td><td></td><td>岗位任务</td><td>家禽传染病的诊断及防治</td></tr>
<tr><td colspan="6">一、评分标准
说明：考核共 7 项，总分 100 分；分值越高表明该项能力或表现越佳，综合评分为各项评分的和。90 分及以上优秀，75≤分数＜90 良好，60≤分数＜75 合格，60 分以下不合格</td></tr>
<tr><td>考核项目</td><td>考核标准</td><td>得分</td><td>考核项目</td><td>考核标准</td><td>得分</td></tr>
<tr><td rowspan="2">专业知识
(15 分)</td><td rowspan="2">各类传染病的临床症状及病理变化；传染病的实验室诊断技术；传染病的防治要点</td><td rowspan="2"></td><td colspan="3">专业技能(45 分)</td></tr>
<tr><td>家禽传染病的预防
(15 分)</td><td>制定科学的家禽传染病免疫预防程序和药物预防程序(免疫程序的制定；疫苗及药物的选择、使用；免疫效果评价)</td><td></td></tr>
<tr><td>工作表现
(15 分)</td><td>态度端正，积极认真；勤于观察，善于发现问题；生物安全意识强</td><td></td><td>家禽传染病的诊断
(15 分)</td><td>家禽传染病的临床鉴别诊断及实验室诊断(根据疾病的流行特点、临床特征及病理变化可对疾病做出初步诊断；制定合适的实验室诊断方案)</td><td></td></tr>
<tr><td>学生互评
(10 分)</td><td>根据小组代表发言、小组学生讨论发言、小组学生答辩及小组间互评打分情况而定</td><td></td><td rowspan="2">家禽传染病确诊后的处理
(15 分)</td><td rowspan="2">制定快速、科学扑灭传染源的防治方案，以减少经济损失</td><td rowspan="2"></td></tr>
<tr><td>实施成果
(15 分)</td><td>能够科学对家禽常发传染病进行预防；能够快速对各类传染病进行诊断；对发病后的家禽能够采取科学、合理的处理方案</td><td></td></tr>
<tr><td colspan="6">综合分数：________分　　优秀(　　)　　良好(　　)　　合格(　　)　　不合格(　　)</td></tr>
<tr><td colspan="6">二、综合考核评语

教师签字：
日　　期：</td></tr>
</table>

复习思考题

一、选择题

1. 禽大肠杆菌病的主要特征不包括以下哪种(　　)。

A. 纤维素性肠炎　B. 纤维素性肝周炎　C. 纤维素性气囊炎　D. 纤维素性心包炎

2. 下列属于鸡禽流感典型症状的是(　　)。

A. 盲肠扁桃体出血　B. 腺胃乳头出血　C. 鸡爪有出血点　D. 两翼下垂

3. 病鸡呼吸困难,张口喘气,咳出带血的黏液,多见于(　　)。

A. 传染性支气管炎　B. 传染性喉气管炎　C. 新城疫　D. 马立克病

4. 形成肿瘤的禽病是(　　)。

A. 传染性支气管炎　B. 小鹅瘟　C. 禽法氏囊　D. 马立克病

5. 良好的鸡群在育成末期均匀度应达到(　　)以上。

A. 60%　B. 70%　C. 80%　D. 90%

6. 鸭病毒性肝炎的特征性姿势是(　　)。

A. 腿劈叉姿势　B. 角弓反张　C. 运动失调　D. 跛行

7. 鸡接种马立克病疫苗的日龄是(　　)。

A. 1 日龄　B. 1 周龄　C. 1 月龄　D. 2～3 周龄

8. 下列病毒中,属于双股 RNA 病毒的是(　　)。

A. 传染性法氏囊病毒　B. 新城疫病毒

C. 传染性支气管炎病毒　D. 马立克病病毒

二、简答题

1. 简述鸡传染性法氏囊病的流行病学、临床症状、病理变化和防制要点。

2. 简述鸭瘟的流行病学、临床症状、病理变化和防制要点。

3. 简述鸡大肠杆菌的流行病学、临床症状、病理变化和防制要点。

复习思考题参考答案

项目二十二
家禽寄生虫病的防治

家禽寄生虫病是由于寄生虫暂时或永久性寄生于家禽的体表或体内所引起的疾病的总称。寄生于家禽的寄生虫种类众多，分布广泛，常引起家禽的慢性、消耗性疾病，不仅影响家禽的生长、发育和繁殖，降低产蛋数量和质量，甚至造成大批死亡，严重影响养禽业的发展。因此，为了保障禽只健康，促进养禽业的迅速稳定发展，提高养禽业的经济效益和社会效益，必须做好寄生虫的防治工作。

任务一　吸　虫

一、前殖吸虫病

前殖吸虫病是由前殖科前殖属前殖吸虫寄生于家禽及鸟类的输卵管、法氏囊（腔上囊）、泄殖腔及直肠所引起的疾病。常引起输卵管炎，病禽产畸形蛋，有的继发腹膜炎。该病呈世界性分布，在我国的许多省（自治区、直辖市）均有报道，主要分布于华东、华南地区。

前殖吸虫种类较多，但以卵圆前殖吸虫和透明前殖吸虫分布较广。

（一）病原

1. 卵圆前殖吸虫　虫体前端狭，后端钝圆，呈梨形，体表有小刺。大小为(3～6) mm×(1～2) mm。口吸盘小，呈椭圆形，位于虫体前端，腹吸盘位于虫体前1/3处。睾丸不分叶呈椭圆形，并列于虫体中部。卵巢分叶，位于腹吸盘的背面。子宫盘曲于睾丸和腹吸盘前后。卵黄腺在虫体中部两侧。生殖孔开口于口吸盘的左前方。虫卵呈棕褐色椭圆形，大小为(22～24) μm×(13～16) μm，一端有卵盖，另一端有小刺，内含卵细胞。

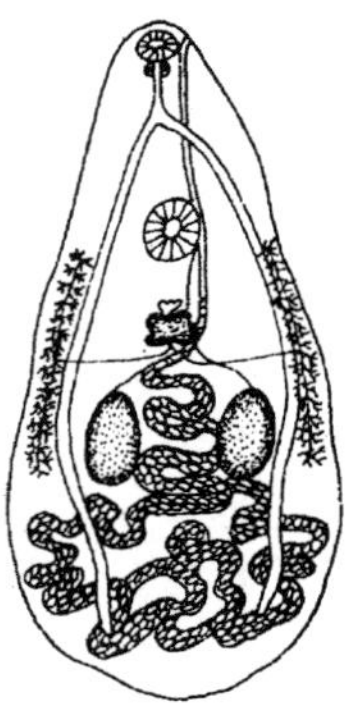

图 22-1　透明前殖吸虫

2. 透明前殖吸虫　前端稍尖，后端钝圆，体表前半部有小棘。大小为(6.5～8.2) mm×(2.5～4.2) mm。口吸盘近圆形，位于虫体前端，腹吸盘呈圆形，位于虫体前1/3处，口吸盘等于或略小于腹吸盘。睾丸卵圆形，并列于虫体中央两侧。卵巢多分叶，位于腹吸盘与睾丸之间。卵黄腺起于腹吸盘后缘，终于睾丸之后。生殖孔开口于口吸盘的左前方（图 22-1）。虫卵与卵圆前殖吸虫卵基本相似，大小为(26～32) μm×

(10～15) μm。

3.其他　还有楔形前殖吸虫、鲁氏前殖吸虫和家鸭前殖吸虫。

(二)生活史

1.中间宿主　为淡水螺类。

2.补充宿主　蜻蜓及其稚虫。

3.终末宿主　家鸡、鸭、鹅、野鸭及其他鸟类。

4.发育过程　前殖吸虫的发育均需两个中间宿主，第一中间宿主为淡水螺类，第二中间宿主为各种蜻蜓及其稚虫。成虫在终末宿主的寄生部位产卵，虫卵随终末宿主粪便和排泄物排出体外，虫卵被第一中间宿主吞食(或遇水孵出毛蚴)发育为毛蚴，毛蚴在螺体内发育为胞蚴和尾蚴，无雷蚴阶段。尾蚴成熟后逸出螺体，游于水中，遇到第二中间宿主蜻蜓或稚虫时，由其肛孔进入肌肉形成囊蚴。当蜻蜓稚虫越冬或变为成虫时，囊蚴在其体内仍保持生命力。

家禽由于啄食了含有囊蚴的蜻蜓稚虫或成虫而遭到感染。在消化道内囊蚴壁被消化，幼虫逸出后经肠进入泄殖腔，再转入输卵管或法氏囊发育为成虫(图 22-2)。

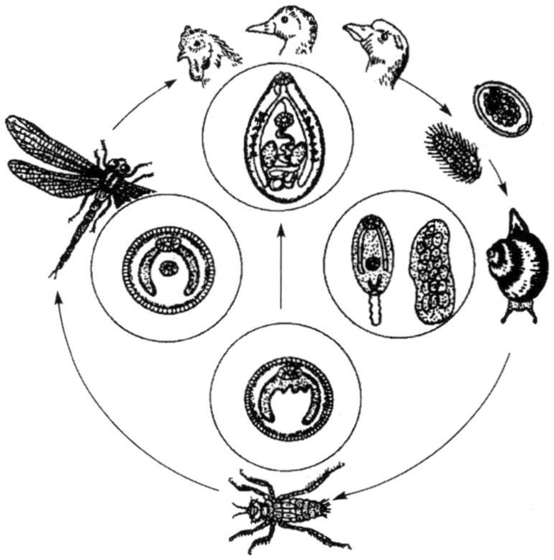

图 22-2　前殖吸虫生活史

5.发育时间　侵入蜻蜓稚虫的尾蚴发育为囊蚴约需 70 d；进入鸡体内的囊蚴发育为成虫需 1～2 周，在鸭体内约需 3 周。

6.成虫寿命　在鸡体内 3～6 周，在鸭体内 18 周。

(三)流行病学

1.感染源　患病或带虫鸡、鸭、鹅等，虫卵存在于患病或带虫动物的粪便和排泄物中。

2.感染途径　终末宿主经口感染。

3.易感动物　家鸡、鸭、鹅、野鸭和其他鸟类。

4.流行特点　前殖吸虫病多呈地方性流行，流行季节与蜻蜓的出现季节一致。家禽的感染多因到水池岸边放牧，捕食蜻蜓所引起。

(四)临床症状

本病主要危害鸡，特别是产蛋鸡，对鸭的致病性不强。初期患鸡症状不明显，食欲、产蛋和活动均正常，有时产薄壳蛋且易破，随后产蛋率下降，逐渐产畸形蛋或流出石灰样的液体。随着病情发展，病鸡食欲减退，消瘦，羽毛蓬乱、脱落，腹部膨大，下垂，产蛋停止，后期体温升高，渴欲增加，全身乏力，腹部压痛，泄殖腔突出，肛门潮红，腹部及肛周围羽毛脱落，严重者可致死。

(五)病理变化

主要病变是输卵管炎,输卵管黏膜充血,极度增厚,在黏膜上可找到虫体。腹膜炎时腹腔内有大量黄色浑浊的液体,腹腔器官粘连。脏器被干酪样凝物黏着在一起,肠管间可见到浓缩的卵黄,浆膜呈现明显的充血和出血。有时出现干性腹膜炎。

(六)诊断

根据临床症状和剖检所见病变,并发现虫卵或用水洗沉淀法检查粪便发现虫卵,便可确诊。

(七)防治

1. 预防　定期驱虫,在流行区根据该病的季节动态进行有计划的驱虫,消灭第一中间宿主,驱出的虫体以及排出的粪便应堆积发酵处理后再利用;避免在蜻蜓出现的时间(早、晚和雨后)或到其稚虫栖息的池塘岸边放牧,以防感染。

2. 治疗

(1)四氯化碳　吸取药液 2～3 mL,胃管投入或嗉囊注射。

(2)丙硫咪唑　按每千克体重 120 mg,一次性口服。

(3)吡喹酮　按每千克体重 60 mg,一次性口服。

(4)氯硝柳胺　按每千克体重 100～200 mg,一次性口服。

二、棘口吸虫病

棘口吸虫病是由棘口科、棘口属的吸虫寄生于鸡、鸭、鹅等禽类,以及鸟类直肠和盲肠内引起的。

(一)病原

1. 卷棘口吸虫　虫体呈淡红色,长叶状,体表有小刺。虫体大小为(7.6～12.6) mm×(1.26～1.6) mm。头发达,具有头棘。口吸盘位于虫体前端。两个椭圆形睾丸前后排列于体中部后方,生殖孔位于肠管分叉后方、腹吸盘前方。虫卵呈金黄色、椭圆形,大小为(114～126) μm×(64～72) μm,一端有卵盖,内含一个胚细胞和很多卵黄细胞。

2. 宫川棘口吸虫　大小为(8.6～18.4) mm×(1.62～2.48) mm,两个睾丸呈椭圆形,分叶。除禽类、鸟类外,也可寄生于哺乳动物和人。其他形态结构与卷棘口吸虫相似。

(二)生活史

棘口吸虫的发育需要两个中间宿主,第一中间宿主为折叠萝卜螺、小土蜗和凸旋螺,第二中间宿主除上述 3 种螺外,尚有半球多脉扁螺、尖口圆扁螺和蝌蚪。

成虫在禽的直肠或盲肠内产卵,虫卵随粪便排到外界,落入水中的卵在 31～32 ℃条件下仅需 10 d 即孵出毛蚴;毛蚴进入第一中间宿主后,约经 32 d 后形成胞蚴、雷蚴、尾蚴;尾蚴离开螺体,游于水中,遇第二中间宿主即钻入其体内形成囊蚴。终末宿主禽类吃入含囊蚴的螺蛳或蝌蚪后而遭感染。囊蚴进入消化道后,囊壁被消化,童虫逸出,吸附在肠壁上,经 16～22 d 即发育成成虫。

(三)流行病学

棘口吸虫病在我国各地普遍流行,对雏禽的危害较为严重。家禽感染主要是采食浮萍或水草饲料,因为螺与蝌蚪多与水生植物一起滋生。

(四)临床症状

轻度感染仅引起轻度肠炎和腹泻。严重感染时引起下痢,贫血,消瘦,生长发育受阻,甚至发生死亡。

(五)病理变化

剖检可见出血性肠炎,肠黏膜上附着有大量虫体,黏膜损伤和出血。

(六)诊断

生前检查粪便发现虫卵并结合症状可确诊;死后剖检在肠道内发现虫体可确诊。

(七)防治

1.预防　勤清除粪便,堆积发酵,杀灭虫卵;对患禽群定期驱虫;用化学药物消灭中间宿主。

2.治疗　驱虫可用下列药物。

(1)氯硝柳胺　每千克体重 100～200 mg,一次性内服。

(2)硫氯酚(别丁)　每千克体重 150～200 mg,一次性内服。

(3)槟榔煎剂　槟榔粉 50 g,加水 1 000 mL,煮沸至 750 mL 槟榔液,鸡每千克体重 10～15 mL,鸭、鹅每千克体重 7～12 mL,用细胶管插入食管内灌服或嗉囊内注射。

三、背孔吸虫病

背孔吸虫病是由背孔科、背孔属的吸虫寄生于鸭、鹅、鸡等禽类盲肠和直肠内引起的。虫体种类很多,常见的为细背孔吸虫,在我国各地普遍存在。

(一)病原

细背孔吸虫呈淡红色,体细长,两端钝圆,大小为(2～5) mm×(0.65～1.4) mm。只有口吸盘。腹面有 3 行呈椭圆形或长椭圆形的腹腺。两个分叶状睾丸,左右排列于虫体后部。卵巢分叶,位于两睾丸之间。生殖孔开口于肠分叉后方。虫卵大小为(15～21) μm×12 μm,两端各有一条卵丝,长约 0.26 mm。

(二)生活史

成虫在宿主肠腔内产卵,卵随粪便排到外界,在适宜的条件下,经 3～4 d 孵出毛蚴。遇到中间宿主圆扁螺后毛蚴钻入其体内,发育为胞蚴、雷蚴和尾蚴。成熟尾蚴在同一螺体内或离开螺体,附着于水生植物上形成囊蚴。禽类因啄食含囊蚴的螺蛳或水生植物而遭感染,童虫附着在盲肠或直肠壁上,约经 3 周发育为成虫。

(三)临床症状及病理变化

由于虫体的机械性刺激和毒素作用，导致肠黏膜损伤、发炎，患禽精神沉郁，贫血，消瘦，下痢，生长发育受阻，严重者可引起死亡。

(四)诊断

根据症状，结合粪便检查发现虫卵及剖检死禽发现虫体，即可确诊。

(五)防治

可参考棘口吸虫病。

四、后睾吸虫病

后睾吸虫病是由后睾科、对体属、次睾属和后睾属的吸虫寄生于鸭、鸡、鹅等禽类的胆管和胆囊内引起的。1 月龄以上的雏鸭感染率最高。

(一)病原

1. 鸭对体吸虫　多寄生于鸭胆管内。虫体窄长，后端尖细，背腹扁平，大小为(14～24) mm×(0.88～1.12) mm，口吸盘大于腹吸盘。两个睾丸前后排列于虫体后部。卵巢分叶，位于睾丸之前。生殖孔在腹吸盘前缘。虫卵呈卵圆形，一端有卵盖，另一端有个小突起，大小为 26 μm×16 μm。

2. 台湾次睾吸虫　寄生于鸭胆管和胆囊内。虫体细小狭长，前端有小刺。大小为(2.3～3.0) mm×(0.35～0.48) mm。口吸盘与腹吸盘近于等大。卵巢呈圆形或椭圆形；受精囊发达。虫卵呈椭圆形。其他与鸭对体吸虫相似。

3. 东方次睾吸虫　寄生于鸭、鸡、野鸭胆管和胆囊内。虫体呈叶状，体表有小刺。大小为(2.35～4.64) mm×(0.53～1.20) mm。睾丸大而分叶；卵巢呈卵圆形。虫卵大小为(29～32) μm×(15～17) μm。其他与台湾次睾吸虫相似。

4. 鸭后睾吸虫　寄生于鹅、鸭等水禽肝胆管内。虫体较长，两端较细，大小为(7～23) mm×(1.0～1.5) mm。口吸盘大于腹吸盘。体表平滑，缺雄茎囊。卵巢分为很多小叶，受精囊小，子宫发达。虫卵大小为(28～29) μm×(26～18) μm。

(二)生活史

成虫在胆管和胆囊内产卵，卵随胆汁进入肠腔随粪便排出，落入水中，孵出毛蚴；毛蚴钻入第一中间宿主纹沼螺体内，发育为胞蚴、雷蚴和尾蚴；成熟尾蚴离开螺体，进入第二中间宿主麦穗鱼或爬虎鱼体内，在其肌肉或皮层内形成囊蚴；鸭、鹅等吃入含囊蚴的鱼而感染。其他食鱼水禽和鸟类也可感染。

(三)临床症状

虫体的机械性刺激和毒素作用导致患禽表现贫血，消瘦等全身症状，严重者常引起死亡。

(四)病理变化

剖检可见胆囊肿大,囊壁增厚,胆汁变质或停止分泌;胆管发炎,管腔狭窄甚至堵塞。肝表现间质性肝炎,血管内可见吸虫幼虫。

(五)诊断

生前检查粪便发现虫卵,或死后剖检在胆管、胆囊内查到虫体,即可确诊。

(六)防治

1. 预防　禽粪堆积发酵,杀灭虫卵,以免环境污染;消灭螺蛳,切断传播途径;流行区家禽避免到水边放牧,以防止感染;及时治疗患禽,防止病原散播。

2. 治疗

(1)硫氯酚　每千克体重 150～200 mg,一次性内服。

(2)吡喹酮　每千克体重 15 mg,一次性内服。

(3)丙硫咪唑　每千克体重 75～100 mg,一次性内服。

任务二　绦　虫

寄生于家禽肠道中的绦虫,种类多达 40 余种,其中最常见的是戴文科、赖利属和戴文属及膜壳科、剑带属的多种绦虫,均寄生于禽类的小肠,主要是十二指肠。大量虫体感染时,常引起贫血、消瘦、下痢、产蛋减少甚至停止。

一、病原学

1. 棘盘赖利绦虫　成虫寄生于鸡、火鸡和雉的小肠内,体长 25 cm。头节顶突上有两列小钩,共 200～240 个;4 个圆形吸盘,上有 8～15 圈小钩。每个成节内有一组生殖器官,生殖孔开口于一侧或不规则地开口于两侧;睾丸 20～40 个。孕节子宫崩解为许多卵袋,每个卵袋内含 6～12 个虫卵;成熟孕节常沿中央纵轴线收缩而呈哑铃形,并在孕节与孕节之间形成小孔。中间宿主为蚂蚁。

2. 四角赖利绦虫　成虫体长 25 cm。头节顶突上有 1～3 列小钩,共 90～130 个;4 个卵圆形吸盘,上有 8～10 列小钩;吸盘和顶突上的小钩均易脱落。颈节细长,每个成节内有一组生殖器官,生殖孔开口于同侧;睾丸 18～35 个,孕节呈方形,孕节中子宫分为很多卵袋,每个卵袋内含 6～12 个虫卵。成虫寄生于鸡、火鸡、孔雀和鸽的小肠内。中间宿主为蚂蚁和家蝇。

3. 有轮赖利绦虫　成虫寄生于鸡、火鸡、雉和珠鸡的小肠内,体长 12 cm。顶突大而宽扁,形似车轮状突出于前端,其基部有 2 列小钩,共 300～500 个;4 个圆形吸盘,无钩。每个成节内有一组生殖器官,生殖孔不规则地开口于虫体两侧;睾丸 15～30 个。孕节呈近圆形,似鼓;孕节子宫崩解为很多卵袋,每个卵袋内仅含一个虫卵。中间宿主为蝇类和步行虫科、金龟子科和伪步行虫科的甲虫。

4. 节片戴文绦虫　成虫寄生于鸡、鸽和鹑类的十二指肠内,体长 0.5～4.0 mm,由 3～

9 个节片组成，整体似舌形，由前向后逐渐增宽。顶突上有 60～100 个小钩，吸盘上有 3～6 列小钩。生殖孔规则地交互开口于节片侧缘前角；睾丸 12～21 个，在节片后部排成两行；雄茎囊发达，横列于节片前部，其长度占节片宽度一半以上。孕节内子宫分为许多卵袋，每个卵袋内含一个虫卵。中间宿主为蛞蝓。

5. 矛形剑带绦虫　成虫寄生于鹅、鸭等水禽的小肠内，体长 3～13 cm，呈矛形，顶突上有 8 个小钩。颈短，节片 20～40 个。数个椭圆形睾丸，横列于卵巢内的生殖孔一侧；生殖孔开口于同侧节片侧缘前角。中间宿主为剑水蚤。

二、生活史

成虫寄生于家禽的小肠内，成熟的孕卵节片自动脱落，随粪便排到外界，被适宜的中间宿主吞食后，在其体内经 2～3 周时间发育为具感染能力的似囊尾蚴，禽吃了这种带有似囊尾蚴的中间宿主而受感染，在禽小肠内经 2～3 周时间即发育为成虫。成熟孕节经常不断地自动脱落并随粪便排到外界。

三、流行病学

家禽的绦虫病分布十分广泛，危害面广且大。感染多发生在中间宿主活跃的 4—9 月份。各种年龄的家禽均可感染，但以雏禽的易感性最强，25～40 日龄的雏禽发病率和死亡率最高，成年禽多为带虫者。饲养管理条件差、营养不良的禽群，本病易发生和流行。

四、临床症状

患鸡消化不良，下痢，粪便稀薄或混有血样黏液，渴欲增加，精神沉郁，双翅下垂，羽毛逆立，消瘦，生长缓慢。严重者出现贫血，黏膜和冠髯苍白，最后衰弱死亡。产蛋鸡产蛋减少甚至停止。

五、病理变化

小肠内黏液增多、恶臭，黏膜增厚，有出血点，严重感染时，虫体可阻塞肠道。棘盘赖利绦虫感染时，肠壁上可见中央凹陷的结节，结节内含黄褐色干酪样物。

六、诊断

在粪便中可找到白色米粒样的孕卵节片，在夏季气温高时，可见节片向粪便周围蠕动，取此类孕节镜检，可发现大量虫卵。对部分重病鸡可做剖检诊断。

七、防治

1. 预防　改善环境卫生，加强粪便管理，随时注意感染情况，及时进行药物驱虫。

2. 治疗　驱虫可用下列药物。

(1)丙硫咪唑　每千克体重 20～30 mg，一次性内服。

(2)硫氯酚　每千克体重 150～200 mg，内服，隔 4 d 同剂量再服一次。

(3)氯硝柳胺(灭绦灵)　每千克体重 100～150 mg，一次性内服。

任务三　线　虫

线虫种类繁杂，已发现50万种以上，大部分是淡水、土壤和海洋中的自立生活的线虫，大部分寄生于无脊椎动物和植物，小部分寄生于人和动物。与动物有关的线形动物门分为尾感器纲和无尾感器纲。

一、鸡蛔虫病

鸡蛔虫病是由禽蛔科、禽蛔属的鸡蛔虫寄生于鸡小肠内引起的疾病。主要特征为引起小肠黏膜发炎、下痢、生长缓慢和产蛋率下降。

(一)病原

鸡蛔虫是鸡体的一种大型线虫，呈黄白色，头端有3个唇片。雄虫长2.7～7.0 cm，尾端有明显的尾翼和尾乳突，有一个圆形或椭圆形的肛前吸盘，交合刺近于等长。雌虫长6.5～11.0 cm，阴门开口于虫体中部(图22-3)。

虫卵椭圆形，壳厚而光滑，深灰色，内含单个胚细胞。虫卵大小为(70～90) μm×(47～51) μm。

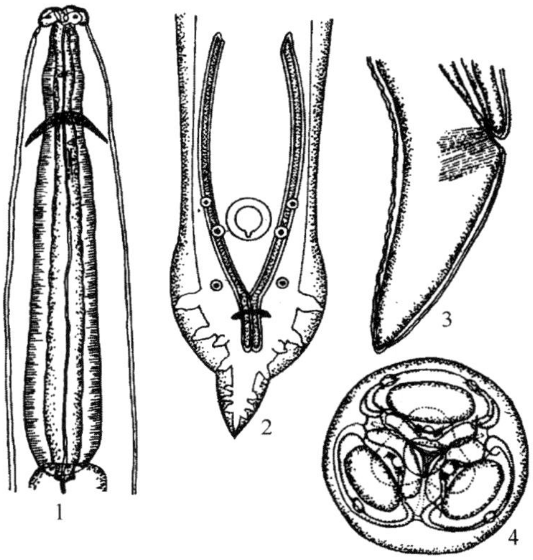

1.成虫前部　2.雄虫后部　3.雌虫尾部
4.成虫头端顶面观

图22-3　鸡蛔虫

(二)生活史

1.发育过程　鸡蛔虫卵随鸡粪便排至外界，在空气充足及适宜的温度和湿度条件下，发育为感染性虫卵。鸡吞食感染性虫卵而感染，幼虫在肌胃和腺胃逸出，钻进肠黏膜发育一段时期后，重返肠腔发育为成虫。

2.发育时间　虫卵在外界发育为感染性虫卵需17～18 d；感染性虫卵发育为成虫需35～50 d。

(三)流行病学

虫卵对外界的环境因素和消毒药有较强的抵抗力，在阴暗潮湿环境中可长期生存，但对于干燥和高温(50 ℃以上)敏感，特别是阳光直射、沸水处理和粪便堆沤时，虫卵可迅速死亡。

蚯蚓是鸡蛔虫的贮藏宿主，虫卵在蚯蚓体内可长期保持其生命力和感染力，并依靠蚯蚓可避免干燥和日光直射的不良影响。

3～4月龄以内的雏鸡易感性强，病情严重，1岁以上多为带虫者。饲养管理条件与感染鸡蛔虫有极大关系，饲料中含丰富蛋白质、维生素A和B族维生素时，可使鸡有较强的抵抗力。

(四)临床症状

鸡蛔虫对雏鸡危害严重,由于虫体机械性刺激和毒素作用并夺取大量营养物质,雏鸡表现为生长发育不良,精神萎靡,行动迟缓,常呆立不动,翅膀下垂,羽毛松乱,鸡冠苍白,黏膜贫血,消化功能障碍,鸡群相互啄肛;最后病鸡逐渐衰弱而死亡。成虫寄生数量多时常引起肠阻塞,甚至肠破裂。成鸡症状不明显。

(五)病理变化

幼虫破坏肠黏膜、肠绒毛和肠腺,造成出血和发炎,并易导致病原菌继发感染,此时在肠壁上常见颗粒状化脓灶或结节。

(六)诊断

粪便检查发现大量虫卵及剖检发现虫体可确诊。粪便检查用漂浮法。

(七)防治

1.预防　在蛔虫病流行的鸡场,每年进行 2～3 次定期驱虫。雏鸡在 2 月龄左右进行第 1 次驱虫,第 2 次在冬季;成年鸡第 1 次在 10—11 月份,第 2 次在春季产蛋前 1 个月进行。

成年鸡和雏鸡应分群饲养;鸡舍和运动场上的粪便逐日清除,集中发酵处理;饲槽和用具定期消毒;加强饲养管理,增强雏鸡抵抗力。

2.治疗

(1)丙氧咪唑　按每千克体重 40 mg,一次性口服。

(2)左旋咪唑　按每千克体重 30 mg,一次性口服。

(3)哌嗪　按每千克体重 200～300 mg,一次性口服。

(4)丙硫咪唑　按每千克体重 10～20 mg,一次性口服。

(5)甲苯咪唑　按每千克体重 30 mg,一次性口服。

二、异刺线虫病

异刺线虫病又称盲肠虫病,是由异刺科、异刺属的异刺线虫寄生于鸡、火鸡、鸭、鹅、鸟类的盲肠内引起的一种线虫病。本病在鸡群中普遍存在。

(一)病原

异刺线虫细小,呈白色,头端略向背面弯曲,食管末端有一膨大的食道球。雄虫长 7～13 mm,尾直,末端尖细;两根交合刺不等长、不同形;有一个圆形泄殖腔前吸盘。雌虫长 10～15 mm,尾细长,阴门位于虫体中部稍后方。虫卵呈灰褐色,椭圆形,大小为(65～80) μm×(35～46) μm,卵壳厚,内含一个胚细胞,卵的一端较明亮,可区别于鸡蛔虫卵。

(二)生活史与流行病学

成熟雌虫在盲肠内产卵,卵随粪便排于外界,在适宜的温度和湿度条件下,约经 2 周发育成含幼虫的感染性虫卵,家禽吞食了被感染性虫卵污染的饲料和饮水或带有感染性虫卵的蚯蛔而感染，幼虫在小肠内脱掉卵壳并移行到盲肠而发育为成虫。从感染性虫卵被吃入，到在盲肠内发育为成虫需 24～30 d。此外，异刺线虫还是鸡盲肠肝炎(火鸡组织滴虫病)病原体的传播者，当一只鸡体内同时有异刺线虫和火鸡组织滴虫寄生时，组织滴虫可进入异刺线虫卵内，并随虫卵排到体外，当鸡吞食了这种虫卵时，便可同时感染这两种寄生虫。

(三)临床症状

患禽消化功能障碍，食欲不振或废绝，下痢，贫血，雏禽发育停滞，消瘦甚至死亡。成禽产蛋量下降或停止。

(四)病理变化

尸体消瘦，盲肠肿大，肠壁发炎和增厚，有时出现溃疡灶。盲肠内可发现虫体，尤以盲肠尖部虫体最多。

(五)诊断

检查粪便发现虫卵，或剖检在盲肠内查到虫体均可确诊，但应注意与蛔虫卵相区别。

(六)防治

参考鸡蛔虫病。

三、禽胃线虫病

禽胃线虫病是由华首科华首属和四棱科四棱属的线虫寄生于禽类的食管、腺胃、肌胃和小肠内引起的。

(一)病原

1. 斧钩华首线虫　虫体前部有 4 条饰带，两两并列，呈不整齐的波浪形，由前向后延伸，几乎达到虫体后部不折回，也不相互吻合。雄虫长 9～14 mm，雌虫长 16～19 mm。虫卵呈淡黄色，椭圆形，卵壳较厚，内含一个“U”形幼虫，虫卵大小为(40～45) μm×(24～27) μm。寄生于鸡和火鸡的肌胃角质膜下。中间宿主为蚱蜢、象鼻虫和赤拟谷盗。

2. 旋形华首线虫　虫体常卷曲呈螺旋状，前部的 4 条饰带呈波浪形，由前向后，在食管中部折回，但不吻合。雄虫长 7.0～8.3 mm，雌虫长 9.0～10.2 mm。虫卵形态结构同斧钩华首线虫卵，大小为(33～40) μm×(18～25) μm。寄生于鸡、火鸡、鸽和鸭的腺胃和食管，偶尔可寄生于小肠。中间宿主为鼠妇虫，俗称“潮湿虫”。

3. 美洲四棱线虫　虫体无饰带，雄虫和雌虫形态各异。雄虫纤细，长 5.0～5.5 mm。雌虫血红色，长 3.5～4.0 mm，宽 3 mm，呈亚球形，并在纵线部位形成 4 条纵沟，前、后端自球体部伸出，形似圆锥状附属物。虫卵大小为(42～50) μm×24 μm，内含一幼虫。寄生于鸡、火鸡、鸽和鸭的腺胃内。中间宿主为蚱蜢和“德国”小蜚蠊。

(二)生活史

成熟雌虫在寄生部位产卵，卵随粪便排到外界，被中间宿主吃入后，在其体内经 20～40 d

发育成感染性幼虫，家禽因吃入带有感染性幼虫的中间宿主而感染。在禽胃内，中间宿主被消化而释放出幼虫，并移行到寄生部位，经 27～35 d 发育为成虫。

（三）临床症状

虫体寄生量小时症状不明显，但大量虫体寄生时，患禽消化不良，食欲不振，精神沉郁，翅膀下垂，羽毛蓬乱，消瘦，贫血，下痢。雏禽生长发育缓慢，成年禽产蛋量下降。严重者可因胃溃疡或胃穿孔导致死亡。

（四）诊断

检查粪便查到虫卵，或剖检发现胃壁发炎、增厚，有溃疡灶，并在腺胃腔内或肌胃角质层下查到虫体，即可确诊。

（五）防治

1. 预防　加强饲料和饮水卫生；勤清除粪便，堆积发酵；消灭中间宿主，可用 0.005%敌杀死或 0.006 7%杀灭菊酯水悬液喷洒禽舍四周墙角、地面和运动场；满 1 月龄的雏禽可做 1 次预防性驱虫。

2. 治疗　左旋咪唑按每千克体重 20～30 mg，混入饲料中喂给，或配成 5%水溶液嗉囊内注射；或用噻苯达唑按每千克体重 300～500 mg，一次内服。

四、禽毛细线虫病

禽毛细线虫病是由毛首科毛细线虫属的多种线虫寄生于禽类消化道引起的。我国各地均有发生。严重感染时，可引起家禽死亡。

（一）病原

虫体细小，呈毛发状。前部细，为食管部；后部粗，内含肠管和生殖器官。雄虫有一根交合刺，雌虫阴门位于粗细交界处。虫卵呈棕黄色，腰鼓形，卵壳厚，两端有卵塞，卵内含一椭圆形胚细胞。

1. 有轮毛细线虫　前端有一球状角皮膨大。雄虫长 15～25 mm，雌虫长 25～60 mm。寄生于鸡的嗉囊和食道。中间宿主为蚯蚓。

2. 鸽毛细线虫　雄虫长 8.6～10.0 mm，雌虫长 10～12 mm。寄生于鸽、鸡、火鸡的小肠。直接型发育史，不需中间宿主。

3. 膨尾毛细线虫　雄虫长 9～14 mm，尾部两侧各有一个大而明显的伞膜；雌虫长 14～26 mm。寄生于鸡、火鸡、鸭、鹅和鸽的小肠。中间宿主为蚯蚓。

4. 鹅毛细线虫　雄虫长 10.0～13.5 mm，雌虫长16.0～26.4 mm。寄生于鹅小肠及盲肠。

5. 鸭毛细线虫　雄虫长 6.7～13.1 mm，雌虫长 8.1～18.3 mm。寄生于鸭、鹅、火鸡盲肠。直接型发育史，不需中间宿主。

6. 捻转毛细线虫　雄虫长 8～17 mm，一根交合刺细而透明；雌虫长 15～60 mm，阴门呈圆形，突出。寄生于火鸡、鸭等的食管和嗉囊。直接型发育史，不需中间宿主。

(二)生活史

成熟雌虫在寄生部位产卵，虫卵随禽粪便排到外界，直接型发育史的毛细线虫卵在外界环境中发育成感染性虫卵，其被禽类宿主吃入后，幼虫逸出，进入寄生部位黏膜内，约经1个月发育为成虫。间接型发育史的毛细线虫卵被中间宿主蚯蚓吃入后，在其体内发育为感染性幼虫，禽啄食了带有感染性幼虫的蚯蚓后，蚯蚓被消化，幼虫释出并移行到寄生部位黏膜内，经19～26 d发育为成虫。

(三)临床症状

患禽精神萎靡，头下垂；食欲不振，常做吞咽动作，消瘦，下痢，严重者各种年龄的禽均可发生死亡。

(四)病理变化

虫体寄生部位黏膜发炎，增厚，黏膜表面覆盖有絮状渗出物或黏液脓性分泌物，黏膜溶解、脱落甚至坏死。病变程度的轻重因虫体寄生的多少而不同。

(五)防治

1. 预防　搞好环境卫生；勤清除粪便并做发酵处理；消灭禽舍中的蚯蚓；对禽群定期进行预防性驱虫。

2. 治疗　下列药物均有良好疗效。

(1)左旋咪唑　按每千克体重20～30 mg，一次性内服。

(2)甲苯达唑　按每千克体重20～30 mg，一次性内服。

(3)甲氧嘧啶　按每千克体重200 mg，用灭菌蒸馏水配成10%溶液，皮下注射。

五、比翼线虫病

比翼线虫病，又称交合虫病、开嘴虫病、张口线虫病，是由比翼科比翼属的线虫寄生于鸡、火鸡、雉、珠鸡和鹅等禽类气管内引起的。本病对幼禽危害严重，死亡率极高，成年禽很少发病和死亡。

(一)病原

虫体因吸血而呈红色。头端大，呈球形；口囊宽阔呈杯状，其底部有三角形小齿。雌虫大于雄虫，阴门位于体前部。雄虫以交合伞附着于雌虫阴门部，呈交配状态。

1. 斯里亚平比翼线虫　雄虫长2～4 mm，雌虫长9～25 mm，口囊底部有6个齿。虫卵椭圆形，大小为90 μm×49 μm，两端有厚卵盖。

2. 气管比翼线虫　雄虫长2～4 mm，雌虫长7～20 mm，口囊底部有6～10个齿。虫卵大小为(78～110) μm×(43～46) μm，两端有厚卵盖，卵内含16个卵细胞。

(二)生活史

雌虫在气管内产卵，卵随气管黏液到口腔，或被咳出，或被咽入消化道，随粪便排到外界，在适宜温度(27 ℃左右)和湿度条件下,虫卵约经 3 d 发育为感染性虫卵或孵化为外被囊鞘的感染性幼虫;感染性虫卵或幼虫被蚯蚓、蛞蝓、蜗牛、蝇类及其他节肢动物等延续宿主吃入后,在其肌肉内形成包囊,虫体不发育但保持着对禽类宿主的感染能力。禽类宿主因吞食了感染性虫卵或幼虫,或带有感染性幼虫的延续宿主而感染,幼虫钻入肠壁,经血流移行到肺泡、细支气管、支气管和气管,于感染后 18～20 d 发育为成虫并产卵。

(三)临床症状

病禽伸颈,张嘴呼吸,头部左右摇甩,以排出黏性分泌物,有时可见虫体。病初食欲减退甚至废绝,精神不振,消瘦,口内充满泡沫性唾液。最后因呼吸困难,窒息死亡。本病主要侵害幼禽,死亡率几乎达 100%;成年禽症状轻微或不显症状,极少死亡。

(四)病理变化

幼虫移经肺脏,可见肺淤血,水肿和肺炎病变。成虫期可见气管黏膜上有虫体附着及出血性卡他性炎症,气管黏膜潮红,表面有带血黏液覆盖。

(五)诊断

根据症状,结合粪便或口腔黏液检查见有虫卵,或剖检病鸡在气管或喉头附近发现虫体,即可确诊。

(六)防治

1. 预防　勤清除粪便,发酵消毒;保持禽舍和运动场卫生、干燥,杀灭蛞蝓、蜗牛等中间宿主,流行区对禽群体进行定期预防性驱虫;发现病禽及时隔离并用药治疗。

2. 治疗　丙硫咪唑按每千克体重 30～50 mg,或噻苯达唑按每千克体重 500 mg,一次性内服,均有较好治疗效果。将噻苯达唑按 0.05%～0.1%比例混入饲料中喂服,也有良效。

任务四　棘头虫

由棘头虫动物门原棘头虫纲的寄生虫所引起的一类蠕虫病。分布广泛,危害严重,往往呈地方性流行。大多形棘头虫和小多形棘头虫,主要寄生于鸭,也寄生于鹅和多种野生水禽的小肠。

蛭形巨吻棘头虫雄虫长 7～15 cm,逗点状。雌虫大,有 30～63 cm 长,与猪蛔虫相似。虫体前端稍粗,后端较窄,为长圆柱状,淡红色或灰白色,表皮较厚,有明显的环状横纹。头端有一可伸缩的吻突,上有 6 列向后弯曲的钩。体腔内有排泄系统,由一对胚肾组成;有神经系统,而无消化系统,靠体表吸收营养物质。虫卵椭圆形,内含成形的棘头蚴。中间宿主为各种甲虫和金龟子。虫卵被中间宿主吞食后,在后者的肠管内孵化。棘头蚴穿过肠壁进入体腔发育,在甲虫和金龟子的蛹期、幼虫期或成虫期一直保持生活能力和感染性。幼虫在中间宿主体内的发育期限因外界温度而异,可存活 2～3 年之久。猪吞食含有棘头虫的中间宿主而遭感染。放牧猪的感染率高于舍饲猪。在猪体内的寄生时间为 10～23 个月。雌虫每天可产卵 26 万个。

虫卵对外界的寒冷和干燥有较强的抵抗力，在土壤深层可存活9个月之久。

大多形棘头虫雌虫和雄虫体形相似，呈纺锤形。吻突上具有不同大小和形状的钩，排成16～18纵列，每列8枚。虫卵呈长纺锤形，内含棘头蚴。小多形棘头虫虫体较小，吻突卵圆形，上有16纵列的钩，每列7～10枚。中间宿主为钩虾，含棘头蚴的虫卵在其体内发育成棘头体，鸭吞食这种中间宿主而遭感染，在小肠内发育为成虫。

棘头虫以其吻突上的钩固着于肠黏膜深部，可造成机械性损伤；有的造成肠穿孔，使动物死于腹膜炎。严重感染的动物食欲减退、下痢、便血、发育受阻、消瘦、肌肉战栗、腹部肌肉搐搦。尸体剖检可见黏膜苍白，在虫体寄生处的小肠黏膜上有许多灰黄色或暗红色豌豆大的结节，周围有红色充血带。根据症状和流行病学特点可做出初步诊断，确诊须在粪便中找到虫卵或在剖检体内发现虫体。消灭中间宿主，舍饲、轮牧、粪便堆肥发酵处理等是预防本病的主要措施。

一、病原

(一)多形科的特点

虫体体表有刺，吻突为卵圆形，吻囊壁双层，黏液腺一般为管状。多形属的虫体主要有：

1. 大多形棘头虫　虫体橘红色，呈前端大、后端狭细的纺锤形，吻突小。雄虫长9.2～11.0 mm，交合伞呈钟形，内有小的阴茎。雌虫长12.4～14.7 mm。卵呈长纺锤形，虫卵大小为(113～129) μm×(17～22) μm。

2. 小多形棘头虫　新鲜虫体橘红色，呈纺锤形。雄虫长约3 mm，雌虫长约10 mm。吻部卵圆形，吻囊发达(图22-4)。虫卵细长，具有3层卵膜，大小为(107～111) μm×18 μm。

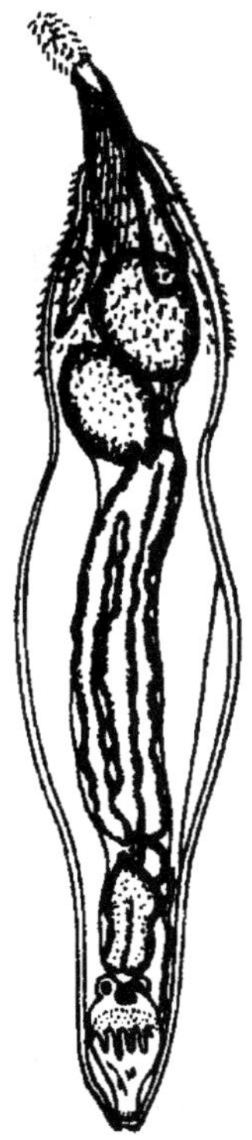

图22-4　小多形棘头虫

3. 腊肠状多形棘头虫　虫体纺锤形，吻突球状。雄虫长13.0～14.6 mm。雌虫长15.4～16.0 mm。虫卵呈长椭圆形，有3层同心圆的外壳，大小(71～83) μm×30 μm。

4. 四川多形棘头虫　虫体短钝圆柱形，吻突类球形。雄虫长7.0～9.6 mm。雌虫长8.8～14.0 mm。虫卵呈椭圆形，内含幼虫。虫卵大小为(78～86) μm×(24～32) μm。

(二)细颈科虫体的特点

虫体颈细长，黏液腺梨状、肾状或管状。细颈属的主要虫种有鸭细颈棘头虫。呈纺锤形，前部有小刺，吻突上吻钩细小，体壁薄而呈膜状。雄虫白色，长4～6 mm，吻突椭圆形。雌虫黄白色，长10～25 mm，吻突膨大呈球形。虫卵呈卵圆形，卵膜3层，棘头蚴全身有小棘。虫卵大小为(62～75) μm×(20～25) μm。

二、生活史

1. 中间宿主　大多形棘头虫的中间宿主为湖沼钩虾；小多形棘头虫为蚤形钩虾、河虾和罗氏钩虾；腊肠状多形棘头虫为岸蟹；鸭细颈棘头虫为栉水蚤。

2.发育过程　虫卵随终末宿主粪便排出，被中间宿主吞食后发育为具有感染性的棘头囊，鸭吞食含有棘头囊的中间宿主感染，棘头囊在鸭的消化道中脱囊，通过吻突附着于肠壁上发育为成虫。

3.发育时间　被吞食的虫卵在中间宿主体内发育为棘头囊需 54～60 d；棘头囊在鸭体内发育为成虫需 27～30 d。

三、流行病学

1.感染来源　主要为患病或带虫鸭，虫卵存在于粪便中。

2.传播途径　经口感染。

3.易感动物　鸭易感，鹅、天鹅、游禽和鸡也可成为其宿主。

4.流行特点　不同种鸭棘头虫的地理分布不同，多为地方性流行。春夏季节流行，部分感染性幼虫可在钩虾体内越冬。

四、临床症状

主要表现为肠炎，下痢、消瘦、生长发育受阻。当继发细菌感染时，出现化脓性肠炎，雏鸭表现明显，严重感染者可引起死亡。

五、病理变化

棘头虫以吻突牢固地附着在肠黏膜上，引起卡他性肠炎，肠壁浆膜可见肉芽组织增生的结节，黏膜面上可见虫体和不同程度的创伤。有时吻突深入黏膜下层，甚至穿透肠壁，造成出血、溃疡，严重者可导致肠穿孔。

六、诊断

根据流行病学、临床症状、粪便检查发现虫卵或剖检发现虫体即可确诊。

七、防治

1.预防　对流行区的鸭进行预防性驱虫；雏鸭与成年鸭分开饲养；选择未受污染或没有中间宿主的水域放养；加强饲养管理，饲喂全价饲料以增强抗病力。

2.治疗　病鸭可用四氯化碳驱虫，用量为每千克体重 0.5 mg，具有较好的疗效。

任务五　原　虫

原虫病是由原生动物（原虫）引起的寄生虫病。原生动物是单细胞动物，其细胞结构主要由细胞核和细胞质两部分组成，并且具有与多细胞动物相似的各种生理活动，如代谢、生殖、运动、感觉反应及各种适应性等。原虫的种类很多，形态各异，大小差别也很大，寄生性原虫都是比较小的，肉眼看不到，有的只有 1～2 μm，有的大于 100 μm，平均都在 50 μm 以下。寄生性原虫病都是专性寄生虫，对宿主有一定的选择性。原虫病包括球虫病、弓形虫病、住肉孢子虫病、血变原虫病、住白细胞虫病、疟原虫病、组织滴虫病、毛滴虫病、鞭虫病和锥虫病等。但在临床实践中，最常见的是球虫病、住白细胞虫病、组织滴虫病和弓形虫病。

一、球虫病

(一)鸡球虫病

鸡球虫病是由艾美耳科，艾美耳属的球虫寄生于鸡的肠上皮细胞内所引起的一种原虫病。本病在我国普遍发生，特别是从国外引进的品种鸡。年龄在 10～40 日龄的雏鸡最容易感染，受害严重，死亡率可达 80%。病愈的雏鸡，生长发育受阻，长期不易复原。成年鸡多为带虫者，但增重和产卵能力降低。

1.病原　寄生于鸡的艾美耳球虫，全世界报道的有 14 种，但为世界公认的有 9 种。这 9 种在我国均已见报道，分别是：柔嫩艾美耳球虫、巨型艾美耳球虫、堆型艾美耳球虫、和缓艾美耳球虫、早熟艾美耳球虫、毒害艾美耳球虫、布氏艾美耳球虫、哈氏艾美耳球虫和变位艾美耳球虫。其中以柔嫩艾美耳球虫和毒害艾美耳球虫致病性最强(病原形态见图 22-5 和表 22-1)。

2.生活史　鸡球虫只需要一个宿主就可完成其生活史。在发育过程中均经历外生性发育(孢子生殖)与内生性发育(裂体生殖和有性生殖)两个阶段。鸡食入感染性卵囊(孢子化卵囊)后，囊壁被消化液所溶解，子孢子逸出，钻入肠上皮细胞，发育为圆形的裂殖体，裂殖体经过裂殖生殖形成许多裂殖子，裂殖子随上皮细胞破裂而逸出，又重新侵入新的未感染的上皮细胞，再次进行裂殖生殖，如此反复，使肠上皮细胞遭受严重破坏，引起疾病发作。鸡球虫可以在肠上皮细胞中进行多达 4 次裂殖生殖，不同虫种裂体生殖代数不同，经过一定代数裂殖生殖后产生的裂殖子进入上皮细胞后不再发育为裂殖体，而发育为配子体进行有性生殖，先形成大配子体和小配子体，继而再形成大配子和小配子。小配子为雄性细胞，大配子为雌性细胞，大、小配子发生接合，融合为合子，合子迅速形成一层被膜，即成为平常粪检时见到的卵囊。卵囊排入外界环境中，在适宜的温度、湿度和有充足氧气条件下，卵囊内形成 4 个孢子囊，每个孢子囊内有 2 个子孢子，即成为感染性卵囊(孢子化卵囊)。

3.流行病学

(1)鸡感染球虫的途径和方式是食入孢子化卵囊。凡被病鸡或带虫鸡粪便污染过的饲料、饮水、土壤、用具等都有孢子化卵囊存在。其他鸟类、家畜、昆虫以及饲养管理人员均可机械性地传播卵囊。

(2)发病与品种年龄的关系。各种鸡均可感染，但引入品种鸡比土种鸡更为易感，多发生于 15～50 日龄，3 月龄以上鸡较少发病。成年鸡几乎不发病。

(3)本病多发生于温暖潮湿的季节。但在规模化饲养条件下全年都可发生。

(4)卵囊对外界不良环境及常用消毒药抵抗力强大。在土壤中可生存 4～9 个月，在有树荫的运动场可生存 15～18 个月。卵囊对高温、低温冰冻及干燥抵抗力较小，55 ℃或冰冻可以很快杀死卵囊。常用消毒药物均不能杀灭卵囊。

(5)饲养管理不良时促进本病的发生。当鸡舍潮湿、拥挤、饲养管理不当或卫生条件恶劣，最易发病往往波及全群。

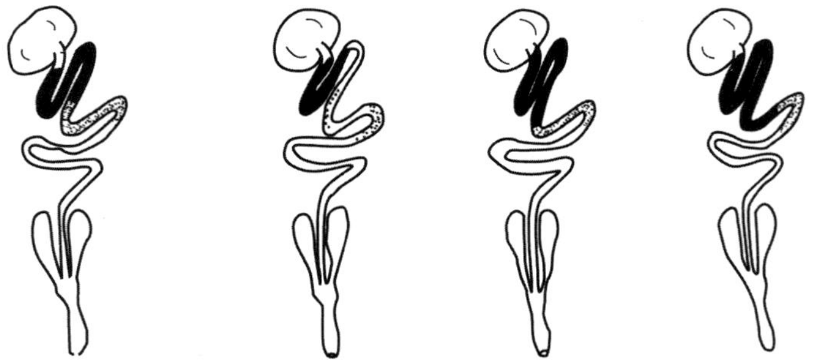

种的特征病变区				
虫种	堆型艾美耳球虫	哈氏艾美耳球虫	早熟艾美耳球虫	变位艾美耳球虫
主要寄生部位	小肠前半段	小肠前半段	小肠前1/3段	小肠前1/3段（早期）：盲肠颈部和直肠（后期）
眼观病变	淤点，白色条带，肠壁轻度增厚，水泄	严重的点状出血，卡他性炎症	除有一些黏膜脱落外，无其他病变；水泻	充血和淤点，小肠前1/3段有白色病变

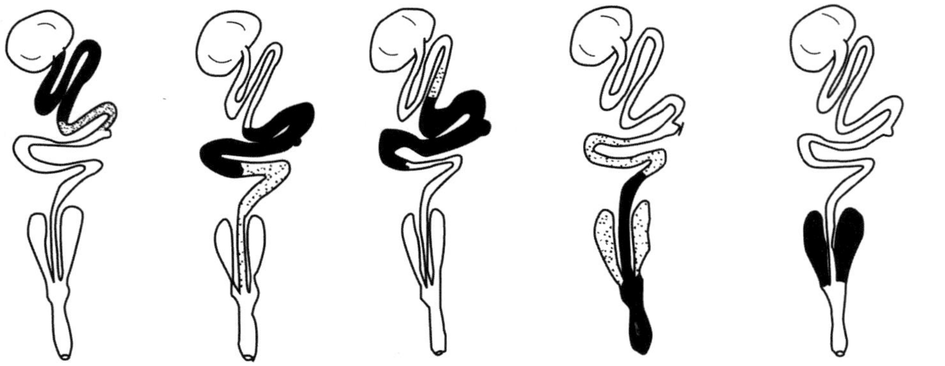

种的特征病变区					
虫种	和缓艾美耳球虫	巨型艾美耳球虫	毒害艾美耳球虫	布氏艾美耳球虫	柔嫩艾美耳球虫
主要寄生部位	小肠前半段	整个小肠，主要在小肠中段	小肠中段，卵囊存在于盲肠	小肠后半段，直肠，盲肠颈部和泄殖腔	盲肠
眼观病变	淤点和白色圆形病变灶	淤点或肠壁增厚，粉红色至血色黏液状腹泻	出血性、白色半透明状肠道，肠壁增厚，出血性黏液性腹泻	淤点，卡他性肠炎伴有血染的渗出物，融合性坏死	盲肠出血，肠壁增厚，便血，有肠芯

图 22-5 鸡球虫的寄生部位及病变

表 22-1　鸡各种球虫的特征

种类	卵囊					从子孢子进入宿主体内到卵囊出现的时间/d	寄生部位	病变	致病力
	大小/μm		形状	颜色	25 ℃形成子孢子需要的时间/h				
	范围	平均							
柔嫩艾美耳球虫	(20～25)×(15～20)	22.62×18.05	卵圆	囊壁淡绿原生质淡褐	19.5～30.5 平均 27.0	7	盲肠	盲肠高度肿大，出血	++++
巨型艾美耳球虫	(21.75～40.00)×(17.5～33.00)	30.76×23.90	卵圆	黄褐	48	6	小肠	肠壁增厚，肠道出血	++
堆型艾美耳球虫	(17.5～22.5)×(12.5～16.75)	18.8×14.5	卵圆	无色	19.5～24.0	4	十二指肠小肠前段	肠壁增厚，肠道出血	+
和缓艾美耳球虫	(12.75～19.5)×(12.5～17.0)	15.34×14.3	近于圆形	无色	23.5～26.0，平均 24.0～24.5	5	小肠前段	不明显	+
哈氏艾美耳球虫	(15.5～20.0)×(14.5～18.5)	17.68×15.78	宽卵圆	无色	23.5～27.0	6	小肠前段	肠黏膜卡他性炎，肠壁浆膜有针头大出血点	++
早熟艾美耳球虫	(20～25)×(17.5～18.5)	21.75×17.33	椭圆	无色	23.5～38.5	4	小肠前 1/3 段	不明显	+
毒害艾美耳球虫	20.1×16.9	—	长卵圆	—	—	7	小肠中 1/3 前段	肠壁增厚、坏死，肠道出血，浆膜层有圆形白色斑点	++++
布氏艾美耳球虫	(20.7～30.3)×(18.1～24.2)	26.8×21.7	卵圆	—	—	7	小肠下段，盲肠	小肠有斑点状出血，黏液增多	+++
变位艾美耳球虫	(11.1～19.9)×(10.5～16.2)	15.6×13.4	椭圆宽卵圆	无色	—	4	小肠前段（延伸到直肠）	灰白色圆形卵囊斑，严重感染斑块融合，肠壁增厚	++

4.致病作用　裂殖体在肠上皮细胞中大量增殖时，破坏肠黏膜，引起肠管发炎和上皮细胞崩解，使消化功能发生障碍，营养物质不能吸收。由于肠壁的炎性变化和血管的破裂，大量体液和血液流入肠腔内（如柔嫩艾美耳球虫引起的盲肠出血），导致病鸡消瘦、贫血和下痢。崩解的上皮细胞变为有毒物质，蓄积在肠管中不能迅速排出，使机体发生自体中毒，临床上出现精神不振，足和翅轻瘫和昏迷等现象。因此可以把球虫病视为一种全身中毒过程。受损伤的肠

黏膜是病菌和肠内有毒物质侵入机体的门户。

5.临床症状

(1)急性型　病程数日或2～3周。病初精神不好,羽毛耸立,头蜷缩,呆立一隅,食欲减少,泄殖孔周围羽毛被液体排泄物所污染、粘连。以后由于肠上皮的大量破坏和机体中毒的加剧,病鸡出现共济失调,翅膀轻瘫,渴欲增加,食欲废绝,嗉囊内充满液体,黏膜与鸡冠苍白,迅速消瘦。粪便呈水样或带血。在柔嫩艾美耳球虫引起的盲肠球虫病,开始粪便为咖啡色,以后完全变为血便。末期发生痉挛和昏迷,不久即死亡,如不及时采取措施,死亡率可达50%～100%。

(2)慢性型　病程数日到数周。多发生于4～6个月的鸡或成年鸡。症状与急性型相似,但不明显。病鸡逐渐消瘦,足翅轻瘫,有间歇性下痢,产卵量减少,死亡的较少。

6.病理变化　鸡体消瘦,鸡冠与黏膜苍白或发青,泄殖腔周围羽毛被粪、血污染,羽毛逆立凌乱。体内变化主要发生在肠管,其程度、性质与病变部位和球虫的种别有关。

柔嫩艾美耳球虫主要侵害盲肠,在急性型,一侧或两侧盲肠显著肿大,可为正常的3～5倍,其中充满凝固的或新鲜的暗红色血液,盲肠上皮增厚,有严重的糜烂甚至坏死脱落,与盲肠内容物、血凝块混合,形成坚硬的"肠栓"(图22-6)。

毒害艾美耳球虫损害小肠中段,可使肠壁扩张、松弛、肥厚和严重的坏死。肠黏膜上有明显的灰白色斑点状坏死病灶和小出血点相间出现(图22-7)。肠壁深部及肠管中均有凝固的血液,使肠外观上呈淡红色或黑色。

堆型艾美耳球虫多在十二指肠和小肠前段,在被损害的部位,可见有大量淡灰白色斑点,汇合成带状横过肠管。

巨型艾美耳球虫损害小肠中段,肠壁肥厚,肠管扩大,内容物黏稠,呈淡灰色、淡褐色或淡红色,有时混有很小的血块,肠壁上有溢血点。

布氏艾美耳球虫损害小肠下段,通常在卵黄蒂至盲肠连接处。黏膜受损,凝固性坏死,呈干酪样,粪便中出现凝固的血液和黏膜碎片。

早熟艾美耳球虫和和缓艾美耳球虫致病力弱,病变一般不明显,引起增重减少,色素消失,严重脱水和饲料报酬下降。

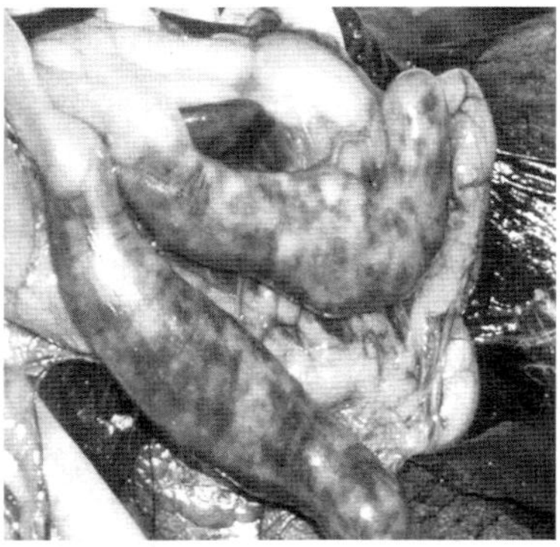

图22-6　病鸡盲肠肿胀,臌气、出血点

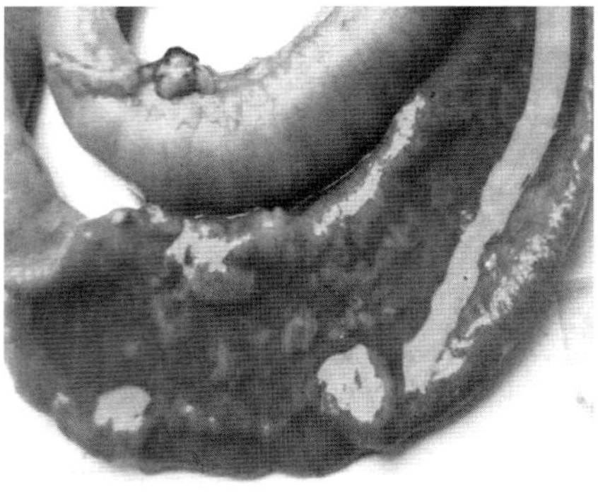

图22-7　病鸡小肠壁增厚,肠内黏膜有出血坏死

7.诊断　成年鸡和雏鸡带虫现象极为普遍,所以不能只根据在粪便和肠壁刮取物中发现卵囊就确诊为球虫病。正确的诊断,必须根据粪便检查、临床症状、流行病学材料和病理变化等因素加以综合判断。鉴定球虫种类可依据卵囊形态做出初步鉴定。

8. 防治

(1)预防　使用抗球虫药物预防球虫病是防治球虫病第一重要的手段，它不但可使球虫的感染处于最低水平，而且可使鸡保持一定的免疫力，这样可确保鸡球虫病免于暴发。预防用的抗球虫药物有如下几种：①氨丙啉，按 0.012 5% 混入饲料，休药期 3 d。②尼卡巴嗪，按 0.012 5% 混入饲料，休药期 5 d。③氯苯胍，按 0.003 3%混入饲料，休药期 5 d。④地克珠利，按 0.000 1%混入饲料，休药期 5 d。⑤莫能菌素，按 0.010%～0.121%混入饲料，休药期 5 d。⑥盐霉素，按 0.005%～0.006%混入饲料，休药期 5 d。

在生产中，任何一种药物在连续使用一段时间后都会使球虫对它产生抗药性，为了避免或延缓此问题的发生，可以来取以下两种用药方案：一是轮换用药，即在一年的不同时间段里交换使用不同的抗球虫药。例如，在春季和秋季变换药物可避免抗药性的产生，从而可改善鸡群的生产性能。二是穿插用药，即在鸡的一个生产周期的不同阶段使用不同的药物。一般来说，生长初期用效力中等的抑制性抗球虫药物，使雏鸡能带有少量球虫以产生免疫力，生长中后期用强效抗球虫药物。

为了避免药物残留对人类健康的危害和球虫的抗药性问题，现已研制了数种球虫活疫苗，一种是利用少量强毒的活卵囊制成的活虫苗(商品名：Coccivac 或 Immucox)，包装在藻珠中，混入饲料或饮水中。另一种是连续传代选育的早熟虫株制成的虫苗(如 Paracox)，并已在生产上推广。

(2)治疗　球虫病的时间越早越好，因为球虫的危害主要是在裂殖生殖阶段。常用的治疗药物有如下几种：①磺胺二甲基嘧啶(SM2)，按 0.1%混入水中，连用 2 d；或按 0.05%混入饮水，连用 4 d，休药期为 10 d。②磺胺喹噁啉(SQ)，按 0.1%混入饲料，喂 2～3 d，停药 3 d 后用 0.05%混入饲料，喂药 2 d，停药 3 d，再给药 2 d。③氨丙啉(Amprolium)，按 0.03%混入饮水，连用 3 d，休药期为 5 d。④磺胺氯吡嗪(Esb3，商品名为三字球虫粉)，按 0.012%～0.024%混入饮水，连用 3 d。⑤百球清(Baycox)，2.5%溶液，按 0.025%混入饮水，即 1 L 水中加百球清 1 mL。在后备母鸡群可用此剂量混饲或饮水 3 d。

(二)鸭球虫病

鸭球虫病是常见的球虫病，其发病率为 30%～90%，死亡率为 29%～70%，耐过的病鸭生长受阻，增重缓慢，对养鸭业危害巨大。

1. 病原　文献记载家鸭球虫有 8 种，分属 3 个属，对鸭具有致病力的球虫有两种。

(1)毁灭泰泽球虫　寄生于小肠。卵囊小，短椭圆形，呈浅绿色，无卵膜孔。大小为(9.2～13.2) μm×(7.2～9.9) μm，平均为 11.0 μm×8.8 μm，卵囊指数为 1.2。孢子化卵类中不形成孢子囊，8 个香蕉形子孢子游离于卵囊中。有一个大的卵囊残体。

(2)菲莱氏温扬球虫　寄生于小肠。卵囊较大，卵圆形，有卵膜孔。卵囊的大小为(13.3～22.0) μm×(10.0～12.0) μm，平均 17.2 μm×11.4 μm。卵囊指数为 1.5。孢子化卵囊内有 4 个呈瓜子形的孢子囊，每个孢子囊内含 4 个子孢子。无卵囊残体。

2. 流行病学　本病的发生和气温及雨量密切有关，北京地区流行于 4—11 月份，以 9—10 月份发病率最高。各种年龄鸭均有易感性，以 2～6 周龄由网上饲养转为地面饲养的雏鸭发病率高，死亡率高。

3. 临床症状　本病急性型于感染后第 4 天出现精神委顿，缩颈，喜卧不食，渴欲增加，排暗红色血便等，此时常出现急性死亡。第 6 天后病鸭逐渐恢复食欲，死亡停止。耐过的病鸭，生长受阻，增重缓慢。慢性则一般不显症状，偶见有拉稀，成为散播鸭球虫病的病源。

4. 病理变化

(1)毁灭泰泽球虫引起的病变严重，肉眼可见小肠呈泛发性出血性肠炎，尤以小肠中段更为严重。肠壁肿胀，出血，黏膜上密布针尖大小的出血点，有的黏膜上覆盖着一层麸糠样或奶酪状黏液，或有淡红色或深红色胶冻状血样黏液，但不形成肠芯。

(2)菲莱氏温扬球虫致病性不强，仅在回肠后部和直肠呈现轻度充血，偶尔在回肠后部黏膜上有散在的出血点，直肠黏膜红肿。

5. 诊断　成年鸭和雏鸭带虫现象极为普遍，所以不能仅根据粪便中有无卵囊做出了诊断。必须依据临床症状、流行病学材料和病理变化等进行综合判断。急性死亡病例可根据病理变化和镜检肠黏膜涂片做出诊断。以病变部位刮取的少量黏膜，制成涂片，可在显微镜下观察到大量裂殖体和裂殖子。用饱和硫酸镁溶液漂浮可发现大量卵囊。

6. 防治　在本病流行季节，当雏鸭由网上转为地面饲养时，或已在地面饲养 2 周龄时，可用 0.02%磺胺甲基异恶唑(SMZ)或复方新诺明(SMZ+TMP，比例为 5∶1)，0.1%磺胺间甲氧嘧啶(SMM)或 1 mg/kg 杀球灵(Diclazuril)混入饲料，连喂 4～5 d。当发现地面污染的卵囊过多时，或有个别鸭发病时，应立即对全群进行药物预防。

(三)鹅球虫病

1. 病原　文献记载的鹅球虫有 15 种，其中以截型艾美耳球虫致病力最强，寄生于肾小管上皮，使肾组织遭到严重损伤。3 周至 3 月龄的幼鹅最易感，常呈急性经过。病程 2～3 d，死亡率较高。其余 14 种球虫均寄生于肠道，致病力不等，有的球虫如鹅艾美耳球虫(E. anseris)可引起严重发病；另一些种类单独感染时，相对来说致病力轻微，但混合感染时可能严重致病。

2. 临床症状　肾球虫病在 3～12 周龄的鹅通常呈急性，表现为精神不振，极度衰弱和消瘦，食欲缺乏，腹泻，粪带白色。眼迟钝和下陷，两翅下垂。幼鹅的死亡率可高达 87%。

肠道球虫可引起鹅的出血性肠炎，临床症状为食欲缺乏，步态摇摆，虚弱和腹泻，甚至发生死亡。

3. 病理变化　在尸体剖检时，可见到肾的体积肿大至拇指大，由正常的红褐色变为淡灰黑色或红色，可见到出血斑和针尖大小灰白色病灶或条纹。这些病灶中含有尿酸盐沉积物和大量的卵囊，涨满的肾小管中含有将要排出的卵囊、崩解的宿主细胞和尿酸盐，使其体积比正常增大 5～10 倍。病灶区还可出现嗜伊红细胞和坏死。

患肠球虫的病鹅，可见小肠肿胀，其中充满稀薄的红褐色液体。小肠中段和下段卡他性炎症严重，在肠壁上可出现大的白色结节或纤维素性肠炎。在干燥的假膜下有大量的卵囊、裂殖体和配子体。

4. 诊断　参考鸭球虫病。

5. 防治

(1)多种磺胺药均已用于治疗鹅球虫病，尤以磺胺间甲氧嘧啶和磺胺喹啉值得推荐，用量可参照鸭球虫病。

(2)幼鹅与成鹅分群饲养。在小鹅未产生免疫力之前,应避开靠近水的、含有大量卵囊的潮湿地区。

(四)火鸡球虫病

火鸡球虫病是火鸡普遍发生且危害十分严重的一种原虫病,对火鸡养殖业造成重大的经济损失。

1.病原　据文献记载有7种火鸡艾美耳球虫,其中有5种(腺艾美耳球虫、火鸡和缓艾美耳球虫、分散艾美耳球虫、火鸡艾美耳球虫和孔雀艾美耳球虫)是致病性的,另外2种(无害艾美耳球虫和亚圆艾美耳球虫)已极少报道,因此其致病的有效性是值得怀疑的。

2.临床症状与病变

(1)腺艾美耳球虫　腺艾美耳球虫是火鸡球虫中致病力最强的一种,用10万卵囊人工感染5周龄火鸡雏,可造成100%的死亡,死亡发生在感染后5～7 d。感染后第4天出现食欲不振,精神萎靡和羽毛粗乱等症状。粪便呈液状,可能带有血色,也可能含黏液性的管型。肉眼病变主要发生在盲肠,也可扩展到小肠下段和泄殖腔。盲肠内形成白色或灰白色的干酪样的肠心,盲肠和小肠肿胀和水肿,肠道的浆膜面呈苍白色。

(2)分散艾美耳球虫　具有较弱的致病力。感染100万～200万个卵囊能引起火雏鸡下痢和增重下降。剖检病变为十二指肠浆膜面呈奶酪色,小肠肿胀,肠壁增厚。粪便呈黏液性淡黄色。

(3)孔雀艾美耳球虫　具有强的致病力。人工感染5万～10万个卵囊引起6周龄火雏鸡10%～100%的死亡。病变局限于卵黄蒂后部,尤以小肠下段和大肠最为严重,有些病灶可见于盲肠。感染后第5～6天出现明显的炎症和水肿,感染后第7～8天出现软的白色干酪样坏死物质脱落,其中含有大量的卵囊和血斑。

(4)火鸡艾美耳球虫　几乎是无致病力的。感染200万～500万个卵囊只对4～8周龄小火鸡的生长有很小的影响。病变发生于盲肠,呈奶酪样的肠心,黏膜稍有增厚,盲肠肿胀部位有出血斑。

(5)火鸡和缓艾美耳球虫　主要感染小肠上段,它是火鸡小肠上段中致病力最强的球虫。人工感染20万个卵囊可引起部分火雏鸡发病和死亡,但该球虫的致病力尚不及腺艾美耳球虫。引起的主要症状是无食欲,脱水和停止增重。感染后第5～6天,十二指肠明显肿胀和充血。在肠腔中出现大量的黏液和液体。在感染后第5～7天粪便中含有出血斑和黏液管型。

3.防治　对鸡球虫病有效的药物对火鸡通常也是有效的。如同鸡的情况一样,治疗暴发性的火鸡球虫病远不如使用药物预防或免疫接种理想。当必须进行治疗时,首选药物是氨丙啉,按0.012 5%～0.025 0%混入饮水中。其次可采用磺胺类药物,通常是给药2 d,停3 d,再给药2 d,有时在第3周再重复一个疗程。由于磺胺类药物的毒性较大,所以限制了它们在火鸡上的应用。近年来,德国拜耳公司生产的百球清(Baycox)对治疗球虫病有很好的效果。

药物预防大多数生产者采用在饲料中连续使用抗球虫药至少8周时间,直至火雏鸡自育雏室转群至放牧区或其他鸡舍。使用的药物有:氨丙啉(0.012 5%～0.025 0%),磺胺喹噁啉(0.006%～0.025%)加二甲氧甲基苄氨嘧啶(0.003 75%),莫能菌素(54～90 g/t),常山酮(1.5～3.0 mg/kg)和拉沙洛菌素(75～125 mg/kg)。

美国生产的活苗产品(Coccivac-T,Sterwin,Millsbora,DE)是一种致病虫种的卵囊。在火鸡雏 7～10 日龄时,投入饮水中服用,有良好的预防作用。但疫苗是活的强毒种的卵囊,如繁殖太快,有可能引发球虫病,因此,在火鸡 3～4 周龄时可备用一些药物进行治疗。

(五)鸽球虫病

鸽球虫病与毒害艾美耳球虫引起的鸡球虫病相似,但较轻。幼鸽遭受的损失最大,雏鸽的致死率为 15%～17%,但 34 月龄鸽也可能发生死亡。

1.病原　最频繁发生的鸽球虫是拉氏艾美耳球虫。卵囊呈球形或亚球形,平均大小为 19.1 μm×17.4 μm。

2.临床症状与病变　已报道,在世界不同地区亚临床感染对成年鸽可能持续一个长的时期,免疫并出现类似在其他虫种所报道那样的"自身限制性"。感染的一般症状是食欲缺乏,绿色腹泻,明显的脱水和消瘦。粪便带有血色,并且整个消化道发生炎症。通常的所谓"变轻"状态往往是由球虫病引起的。

3.防治　据报道,用磺胺药放入饮水中服用,剂量与鸡的相同或减半,效果较好。法国和比利时在 1987 年曾推出一种专门用于鸽的产品,其有效成分为 Clazuril,该产品与研制中使用于鸡的杀球灵是相近的一类药物。这一产品对于治疗鸽球虫病有高效。

二、住白细胞虫病

鸡住白细胞虫病是一种血液原虫病。本病在我国各地均有发生,常呈地方性流行,对雏鸡危害严重,发病率高,症状明显,常引起大批死亡。

禽类白细胞原虫最早由 Danilewsky(1890)报道。以后许多科学工作者报道鸭的白细胞原虫(即西氏白细胞原虫)、火鸡白细胞原虫(即史密斯氏白细胞原虫)及鸡的卡氏白细胞原虫和沙氏白细胞原虫。前两种目前在我国尚未有报道。后两种在我国较为常见,其中又以卡氏白细胞原虫的致病力最强,可引起鸡的大批死亡。

(一)鸡白细胞原虫病

1.病原　我国已发现鸡住白细胞虫有两种,即卡氏住白细胞虫和沙氏住白细胞虫。在北方地区(如河北、北京等)发现的是卡氏住白细胞虫。

卡氏住白细胞虫在鸡体内的配子生殖阶段分为 5 个时期。

第 1 期:在血液抹片或组织涂片中,虫体游离于血浆中,呈紫红色圆点或似巴氏杆菌两极着色,也有 3～7 个或更多成堆排列着,大小为 0.89～1.45 μm。

第 2 期:其大小、形状和颜色与第 1 期相似,不同点为虫体已侵入宿主红细胞内,多位于宿主细胞核一端的胞浆中,每个红细胞内多为 1～2 个虫体。

第 3 期:常见于组织涂片中,虫体明显增大,其大小为 10.87 μm×9.43 μm,呈深蓝色近圆形,充满宿主白细胞的整个胞浆,把细胞核挤在一边,虫体的核大小为 7.97 μm×0.53 μm,中间有一个深红色的核仁,偶有 2～4 个核仁。

第 4 期:已可区分出大小配子体。大配子体呈圆形或椭圆形,大小为 13.05 μm×11.60 μm,胞质丰富,呈深蓝色,核居中较透明,呈肾形、菱形、梨形、椭圆形,大小为 5.8 μm×

2.9 μm，核仁多为圆点状。小配子体呈不规则圆形，大小为 8.90 μm×9.35 μm，较透明，呈哑铃状、梨状，核仁紫红色，呈杆状或圆点状，被寄生的宿主细胞也增大(17.1 μm×20.9 μm)呈圆形，细胞核被挤压成扁平状。

第 5 期：其大小和染色情况与第 4 期没有多大区别，不同点为宿主细胞核与胞浆均消失。此期在末梢血液涂片中容易找到(图 22-8)。

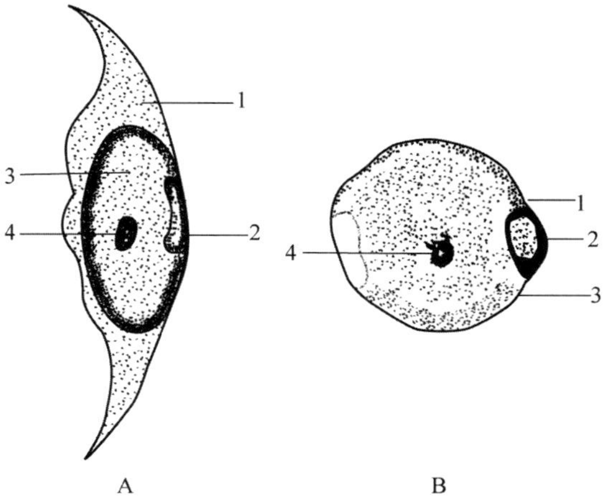

A.沙氏住白细胞虫　B.卡氏住白细胞虫
1.宿主细胞质　2.宿主细胞核　3.配子体　4.核

图 22-8　住白细胞虫配子体

沙氏住白细胞虫的成熟配子体为长形，大小为 24 μm×4 μm。大配子的大小为 22.0 μm×6.5 μm，着色深蓝，色素颗粒密集，褐红色的核仁明显。小配子的大小为 20 μm×6 μm，着色淡蓝，色素颗粒稀疏，核仁不明显。宿主细胞呈纺锤形，大小约 67 μm×6 μm，细胞核呈深色狭长的带状，围绕于虫体的一侧。

2.生活史　鸡住白细胞虫的生活史包括 3 个阶段：裂殖生殖、配子生殖及孢子生殖。裂殖生殖和配子生殖的大部分在鸡体内完成，配子生殖的一部分及孢子生殖，卡氏住白细胞虫在库蠓体内完成；沙氏住白细胞虫在蚋体内完成。

(1)裂殖生殖　感染卡氏住白细胞虫的库蠓，在鸡体上吸血时，随其唾液把虫体的成熟子孢子注入鸡体内。首先在血管内皮细胞繁殖，形成裂殖体，于感染后第 9～10 天，宿主细胞被破坏，裂殖体随血液转移到其他寄生部位，主要是肾脏、肝脏和肺脏，其他如心脏、脾、胰脏、胸腺、肌肉、腺胃、肌胃、肠道、气管、卵巢、睾丸及脑部等也可寄生。裂殖体在这些组织内继续发育，至第 14～15 天，裂殖体破裂，释放出球形的裂殖子。这些裂殖子可以再次进入肝实质细胞形成肝裂殖体，被巨噬细胞吞食而发育为巨型裂殖体；进入红细胞或白细胞开始配子生殖。其肝裂殖体和巨型裂殖体可重复繁殖 2～3 代。

(2)配子生殖　成熟的裂殖体释放出裂殖子侵入红细胞和白细胞内，形成大配子体和小配子体。当库蠓吸血时，吸入大小配子体，在其胃壁迅速形成大、小配子。大、小配子结合形成合子，逐渐增长为平均 21.10 μm×6.87 μm 的动合子，继而形成卵囊。

(3)孢子生殖　卵囊在消化管内完成孢子化过程，子孢子破囊而出，移行到蠓的唾液腺中，一旦有机会便随唾液进入鸡的血液中，鸡便会发生感染。从大、小配子体进入蠓体内具有感染性的卵囊需 2～7 d。形成子孢子的最适温度为 25 ℃，在此温度下，2 d 即可形成。

3.流行病学　卡氏住白细胞虫的传播者为库蠓，一般气温 20 ℃以上时，库蠓繁殖快，活力强，该病流行也就严重，沙氏住白细胞虫的传播者为蚋，其发病规律也和蚋活动密切相关。鸡住白细胞虫病发病和年龄有一定关系，1～3 月龄鸡死亡率最高，随年龄增长，死亡率降低；成年鸡或 1 年以上的种鸡，虽感染率较高，但发病率不高，血液中虫数较少，大多数呈无病的带虫者。

4.临床症状　自然病例潜伏期 6～12 d，雏鸡和童鸡的症状明显。病初体温升高，食欲不振，精神沉郁，流涎，排白绿色稀粪，突因咯血、呼吸困难而死亡。有的病鸡出现贫血，鸡冠和肉髯苍白。生长发育迟缓，羽毛松乱，两翅轻瘫，活动困难。病程一般约数日，严重者死亡。成年鸡主要表现为贫血和产蛋率降低。

5. 病理变化　尸体消瘦，血液稀薄，全身肌肉和鸡冠苍白，肝和脾肿大，有时有出血点，肠黏膜有时有溃疡。

6. 诊断　根据发病季节、临床症状及剖检特征做出初步诊断，结合血涂片检查发现虫体时即可确诊。取病料检查，在胸肌、心、肝、脾、肾等器官上看到灰白色或稍带黄色的、针尖至粟粒大小与周围组织有明显分界的小结节，将小结节挑出压片染色，可看到许多裂殖子。切片检查，取病鸡肾、脾、肺、肝、心、胰、腔上囊、卵囊切片，H. E 染色镜检，可发现圆形大裂殖体存在部位、数量与眼观病变程度一致。

7. 防治　扑灭传播者——蚋和蠓。在流行季节，在饲料中添加乙胺嘧啶（0.000 25%）或磺胺喹恶啉（0.005%）有预防作用。氯喹（0.001%）、磺胺二甲氧嘧啶（0.002 5%～0.007 5%）混饲也有较好的防治效果。药物治疗和预防应在感染早期最好在疾病即将流行或正在流行的初期进行，可取得满意的效果。

（二）沙氏白细胞原虫病

本病主要流行于印度、越南、泰国、马来西亚和印度尼西亚等国家。我国南方的广东、福建、云南等地区也早有流行。由于虫体寄生在鸡的血细胞内，使被寄生的宿主细胞呈梭形，故曾被称为梭形血原虫病。常引起患鸡贫血、消瘦、下痢而死亡。

1. 病原　沙氏白细胞虫的配子体寄生在鸡的白细胞，主要在单核细胞、异嗜细胞、淋巴细胞内。裂殖子阶段在红细胞内也可见到。雌雄配子体从病鸡的血液中，可发现两种类型，早期出现的配子体呈圆形，其雌配子体呈深蓝色，其大小为 12 μm×13.1 μm。虫体的细胞核大，呈圆形，淡红色，核仁圆形，紫红色。雄配子体呈圆形、淡蓝色，大小为 11.6 μm×10.9 μm。细胞核圆形或椭圆形，位于虫体的一侧。成熟的雌雄配子体呈长椭圆形，宿主的细胞质在配子体的两端呈菱形突出，使被寄生的宿主细胞呈纺锤形。雌配子体经吉姆萨染色液染色后呈深蓝色，大小为（5.8～7.0）μm×（21.9～25.0）μm，虫体的细胞核呈圆形或椭圆形，淡红色，中间有一个圆形紫红色的核仁。宿主的细胞长度为 23.1～28.5 μm，宿主的细胞核常被挤在一侧。雄配子体呈淡蓝色，大小为 8.6 μm×8.8 μm，其细胞核呈圆形，梨形或椭圆形，淡红色，核中间有一个不定型的核仁，呈紫红色，宿主细胞长为 24.8～40.1 μm，两端呈菱形突出。

2. 流行病学　沙氏白细胞虫仅感染鸡。不同的品种和年龄都可感染。成年鸡的感染病率为 52.94%，但发病率低，症状轻微或不明显，呈带虫者。仔鸡的感染率为 23.07%，而发病率高，症状明显，死亡率高。

3. 临床症状与病理变化　潜伏期为 6～10 d。童仔鸡症状明显，开始病鸡体温升高。精神委顿，食欲减退，渴欲增加，流口涎，鸡冠苍白，下痢。粪便呈淡黄色，两肢轻瘫，活动困难，病程 1～3 d 及以上，严重时死亡。剖检可见全身消瘦。肌肉贫血苍白，肝脾大且有出血点，肠黏膜有出血点或溃疡。

4. 诊断　根据临床症状和剖检变化，再结合采血标志，检出病原体做出确诊。

5. 防治　与卡氏白细胞虫相同。

(三)鸭、鹅白细胞原虫病

鸭、鹅白细胞病的病原体是西氏白细胞原虫。Hsu 等(1973)认为鸭的白细胞原虫和鹅的白细胞原虫是西氏白细胞虫的同物异名。本病主要流行于美国、加拿大和欧洲等地。据 Ben-nett 和 Laird(1973)报道,沿北美东北海滨区域,每年鸭和鹅的发病率可高达 20%。目前我国尚未有本病报道,但应引起注意。

1.病原　西氏白细胞虫的配子体呈长椭圆形,大小为(14～15) μm×(5～6) μm,多寄生在淋巴细胞和大单核细胞内,被寄生的宿主细胞两端变尖而呈纺锤形,这样细胞长约 48 μm。宿主细胞核被虫体挤在一边呈狭长扁平状。雌配子的胞质呈深蓝色,核呈红色。雄配子体的胞质呈淡蓝色,核呈淡红色。在病鸭的血液涂片中可发现。此外,尚有成熟的圆形配子体只存在红细胞内。

2.发育史　裂殖生殖和配子体形成在鸭、鹅体内,在肝细胞内形成肝裂殖体,成熟后释放出裂殖子和多核体。某些裂殖子再进入肝的实质细胞,重复进行裂殖生殖;另一些裂殖子则进入红细胞或成红细胞,并发育为配子体。多核体被巨细胞或全身的网状内皮细胞所吞食,并发育为巨型裂殖体,成熟后释放出裂殖子进入淋巴细胞和白细胞内形成配子体。

孢子生殖和配子结合在蚋体内进行。雌配子受精后发育为动合子,可在蚋吸血后 12 h 内的胃内发现。由动合子发育形成囊合子,并产生子孢子,子孢子从囊合子内逸出后进入蚋的唾液腺,再叮咬鸭、鹅则引起感染,完成本虫的生活周期。

3.流行病学　鸭、鹅是西氏白细胞虫的终末宿主,其他禽类则不适宜。据O'Roke(1934)首次报道其传播者是吸血昆虫——媚姬蚋,又在 1952 年指出本病在北密歇根州大量的感染季节是在炎热的夏季,大多发生在 7 月份,秋季配子体在血液中数目逐渐减少,冬季则完全消失或罕见,翌春时又重复出现。

雏鸭和小鹅对本病比较敏感,通常呈急性发作,有时在 24 h 内死亡,死亡率可达 35%。成年鸭多呈慢性经过,症状较轻,死亡率较低。

4.临床症状与病理变化　随宿主的环境和年龄而异。雏鸭发病后症状明显,精神不振、食欲减退或消失,呼吸困难。病理变化可见脾肿大,肝肿大和变性。在心和脾带有巨型裂殖体时,可见有泛发性心、脾组织损伤。严重贫血。

5.诊断　根据临床症状、流行病学和病理变化可做初步诊断。确诊尚需在血液涂片中找到病原体。

6.防治　可参考卡氏白细胞原虫病。

(四)火鸡白细胞原虫病

火鸡白细胞原虫病的病原体是史氏白细胞原虫,首次在美国东部的火鸡中发现。随后在北达科他州、明尼苏达州、内布拉斯加州、加利福尼亚州和密苏里州的火鸡体内相继发现。此外,在法国、德国、加拿大等国家也有报道。目前我国尚未有文献报道。但随着养禽业的迅速发展,饲养火鸡也将会越来越多,因此,对本病也必须引起足够的重视。

1.病原　史氏白细胞原虫的配子体,仅发现于白细胞内。早期的配子体呈圆形,以后变为长形,平均长为 20～22 μm。被寄生的宿主细胞呈梭形,两端尖角为宿主细胞浆,平均大小为

45 μm×14 μm。用吉姆萨染液染色，雌性配子体着色较深，雄配子体着色较浅。形态与西氏白细胞原虫相似。

2. 发育史　与西氏白细胞虫相似。

3. 临床症状　畏食，饮旺盛，精神抑郁，嗜睡，运动失调。

三、组织滴虫病

组织滴虫病又名盲肠肝炎或黑头病，是由组织滴虫属的火鸡组织滴虫引起的一种急性原虫病。本病的特征是盲肠发炎呈一侧或两侧肿大，肝脏有特征性坏死灶。多发于火鸡雏和雏鸡，成年鸡也能感染，但病情较轻；野鸡、孔雀、珠鸡、鹌鹑等有时也能感染。

1. 病原　组织滴虫属鞭毛虫纲、单鞭毛科。在盲肠寄生的虫体呈变形虫样，直径为5～30 μm，虫体细胞外质透明，内质呈颗粒状，核呈泡状，其邻近有一生毛体，由此长出1～2根细的鞭毛。组织中的虫体呈圆形或卵圆形，或呈变形虫样，大小为4～21 μm，无鞭毛。

2. 流行病学　本病以2周龄到4月龄的鸡最易感，主要是病鸡排出的粪便污染饲料、饮水、用具和土壤，通过消化道而感染。但此种原虫对外界的抵抗力不强，不能长期存活。如病鸡同时有异刺线虫寄生时，此种原虫则可侵入鸡异刺线虫体内，并转入其卵内随异刺线虫卵排出体外，从而得到保护，即能生存较长时间，成为本病的感染源。当外界条件适宜时，发育为感染性虫卵。鸡吞食了这样的虫卵后，组织滴虫从异刺线虫虫卵内游离出来，钻入盲肠黏膜，在肠道某些细菌的协同作用下，滴虫即在盲肠黏膜内大量繁殖，引起盲肠黏膜发炎、出血、坏死，进而炎症向肠壁深层发展，可涉及肌肉和浆膜，最终使整个盲肠都受到严重损伤。在肠壁寄生的组织滴虫也可进入毛细血管，随门静脉血流进入肝脏，破坏肝细胞而引起肝组织坏死。

3. 临床症状　本病的潜伏期一般为15～20 d，病鸡精神沉郁，食欲不振，缩头，羽毛松乱。病鸡逐渐消瘦，鸡冠、嘴角、喙、皮肤呈黄色，排黄色或淡绿色粪便，急性感染时可排血便。

4. 病理变化　本病的特征性病变在盲肠和肝脏。盲肠的病变多发生于两侧，剖检时可见盲肠肿大增粗，肠壁增厚变硬，失去伸缩性，形似香肠。肠腔内充满大量干燥、坚硬、干酪样凝固物。如将肠管横切，则见干酪样凝固物呈同心圆层状结构，其中心为暗红色的凝血块，外围是淡黄色干酪化的渗出物和坏死物。盲肠黏膜有出血、坏死并形成溃疡。

肝脏大小正常或明显肿大，在肝被膜面散在或密发圆形或不规则形，中央稍凹陷、边缘稍隆起的黄绿色或黄白色坏死灶。坏死灶的大小不一，其周边常环绕红晕。有些病例，肝脏散在许多小坏死灶，使肝脏外观呈斑驳状。若坏死灶互相融合则可形成大片融合性坏死灶。

5. 诊断　在一般情况下，根据组织滴虫病的特异性肉眼病变和临床症状即可诊断。但在并发有球虫病、沙门菌病、曲霉菌病或上消化道毛滴虫病时，必须用实验室方法检查出病原体方可确诊。病原检查的方法是采集盲肠内容物，用加温至40 ℃的生理盐水稀释后，做成悬滴标本镜检。如在显微镜前放置一个白热的小灯泡加温，即可在显微镜下见到能活动的火鸡组织滴虫。

6. 防治

(1)预防　由于组织滴虫的主要传播方式是通过盲肠内的异刺线虫虫卵为媒介，所以有效的预防措施是避免鸡接触异刺线虫虫卵，因此，在进雏鸡前鸡舍应彻底消毒。加强鸡群的卫生管理，注意通风，降低舍内密度，尽量网上平养，以减少接触虫卵的机会，定期用左旋咪唑驱虫。

(2)治疗　本病的治疗应从两个方面着手，一方面要杀死体内的组织滴虫；另一方面要驱除体内的异刺线虫。根据实际观察，治疗时甲硝唑、左旋咪唑（或丙硫苯咪唑）、呋喃唑酮 3 种药同时应用疗效较好。甲硝唑和左旋咪唑按每千克体重 20～25 mg 拌料，1 次/d，共用 2 次，中间间隔 1 d；呋喃唑酮按 0.04%拌料，连用 5 d。

四、鸡疟原虫病

鸡疟原虫属血孢子虫亚目、疟原虫科，由库蚊、伊蚊传播。在蚊体内的发育过程与鸽血变原虫相似。蚊吸血时，子孢子进入鸡体内，先在皮肤巨噬细胞进行两代裂殖生殖，而后第 2 代裂殖子侵入红细胞和内皮细胞，分别进入裂殖生殖，红细胞裂殖子也可以进入另外的红细胞内重复裂殖生殖，也可进入内皮细胞进行红细胞外的裂殖生殖，同样内皮细胞中所产裂殖子也可以转为红细胞内的裂殖生殖，最后裂殖子在红细胞内形成大、小配子体。蚊吸食血液时，将带有配子体的红细胞吸入体内，在肠道内形成大配子和小配子，两者结合形成动合子，进而发育为卵囊，卵囊经孢子生殖形成子孢子，子孢子经移行到达蚊的唾液腺内，当再次吸血时，使鸡感染。

1. 病原　成熟的配子体为腊肠型或新月状，位于红细胞核的侧方，有的两端呈弯曲状，部分围绕红细胞核，吉姆萨染色后，大配子体胞质呈深蓝色，核为紫红色，色素颗粒为黑褐色，10～46 粒，散布于虫体的胞质内，胞质内常有空泡出现。虫体大小为(11～16) μm×(2.5～5.0) μm，核呈圆形或半弧形，位于虫体中部。小配子体形状和大配子体一样，吉姆萨染色后，胞质呈淡蓝色，大小为(11～24) μm×(2.0～3.5) μm，核粉红色，疏松(图 22-9)。

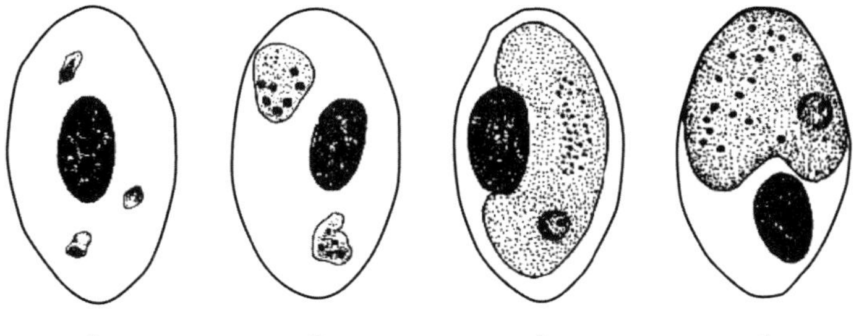

1.滋养体　2.幼年裂殖体　3.大配子母细胞　4.小配子母细胞

图 22-9　鸡疟原虫

2. 生活史

疟原虫的发育需要两个宿主：一个是中间宿主家禽和野禽，在其体内进行无性繁殖及有性繁殖的开始阶段；另一个是终末宿主蚊子，在其体内完成有性繁殖。鸡疟原虫在库蚊和伊蚊体内发育。当蚊吸血时，吸进雌配子体（即大配子体）和雄配子体（即小配子体）。由雌配子体发育为雌配子，由雄配子体发育为雄配子。雄配子游近雌配子时即钻进其体内，两核结合在一起，受精后发育成为合子。合子随即延长成为一端较尖一端钝圆能蠕动的动合子。动合子移行至蚊子的肠表面，形成卵囊。卵囊内形成大量的子孢子。成熟的卵囊破裂，子孢子溢出并集中于唾液腺。当感染性蚊子叮咬禽类宿主时，子孢子即随唾液腺而进入血液，而后又侵入网状内皮细胞，在此进行典型的两代裂殖生殖。第一代为潜隐体，由潜隐体产生出大量裂殖子，这些裂殖子再次侵入网状内皮细胞，并重复上述裂殖生殖。由此而产生第二代潜隐体，从第二代潜隐体又产生出大量的裂殖子，并进入血流和红细胞。可能出现血液和网状内皮细胞间的寄生虫的互换，结果是在许多组织，尤其是脾、肾和肝的内皮细胞内产生第二次红细胞外的裂殖体(显体型)。正是这些虫体造成了严重的出血症。

侵入红细胞中的早期裂殖子(滋养体)，逐渐发育为一个含有很多核的成熟的裂殖体。裂殖体分化产出裂殖子。宿主细胞破裂，裂殖子释放出来，并寄生到其他的红细胞内，再次进行裂殖生殖。最后侵入红细胞的一些裂殖子发育为配子体。当被适宜的终末宿主(蚊)吸入后，才能进一步发育。

3. 临床症状

该病的潜伏期为 3～40 d。典型的症状为精神不振，食欲缺乏，体温升高，贫血和呼吸困难。死亡率可达 68%～75%。剖检可见有高度贫血，肝和脾肿大。

4. 诊断

根据临床症状、结合血液涂片检查发现虫体可做出诊断。

5. 防制

在流行季节，应用菊酯类杀虫剂杀灭蚊子等可有效防止该病的流行。

知识链接

寄生虫对人类的危害性

寄生虫病对人体健康和畜禽业生产的危害十分严重。在占世界总人口 77%的发展中国家，特别在热带和亚热带地区，寄生虫病依然广泛流行，威胁着儿童和成人的身体健康甚至生命。寄生虫病的危害仍是普遍存在的公共卫生问题。联合国开发计划署/世界银行/世界卫生组织联合倡议的热带病特别规划要求防治的 6 类主要热带病中，除麻风病外，其余 5 类都是寄生虫病，即疟疾、血吸虫病、丝虫病、利什曼病和锥虫病。

按蚊传播的疟疾是热带病中最严重的一种寄生虫病。据估计约有 21 亿人生活在疟疾流行地区，每年有 1 亿临床病例，有 100 万～200 万的死亡人数。为此，仅在非洲每年至少有 100 万 14 岁以下的儿童死于伴有营养不良和其他健康问题的疟疾。

血吸虫病流行于 76 个国家和地区，大约有 2 亿血吸虫病人，5 亿～6 亿人受感染的威胁。

蚊虫传播的淋巴丝虫病，有 2.5 亿人受感染，其中班氏丝虫病是全球性的，居住在受威胁地区的居民有 9 亿余人，在东南亚、非洲、美洲和太平洋岛国的大部分热带国家尤为严重。

蚋传播的盘尾丝虫引起皮肤丝虫病和河盲症，估计全世界有 1 760 万病人，广泛分布于非洲、拉丁美洲，在严重地区失明的患者达 15%。

白蛉传播的利什曼病主要在热带和亚热带地区，呈世界性分布，每年新感染的患者大约有 40 万人，该病在东非正在扩散。

锥虫病，其中非洲锥虫病受感染威胁的人数约 4 500 万人；美洲锥虫病在南美受染人数至少达 1 000 万人。此外，肠道原虫和蠕虫感染也在威胁人类健康，其重要种类，有全球性的阿米巴病、蓝氏贾第鞭毛虫病、蛔虫病、鞭虫病、钩虫病、蛲虫病等，还有一些地方性肠道蠕虫病，如猪带绦虫、牛带绦虫等。

在亚洲、非洲、拉丁美洲，特别是农业区，以污水灌溉，施用新鲜粪便，有利于肠道寄生虫病的传播；在营养不良的居民中，肠道寄生虫病更加严重影响其健康。在不发达地区，尤其农村的贫苦人群中，多种寄生虫混合感染也是常见的。肠道寄生虫病的发病率已被认为是衡量一个地区经济文化发展的基本指标，它与社会经济和文化的落后互为因果。因此寄生虫病是阻碍第三世界国家发展的重要原因之一。

任务评价

模块任务评价表

<table>
<tr><td>班　级</td><td></td><td>学号</td><td></td><td>姓　名</td><td></td></tr>
<tr><td>企业(基地)名称</td><td></td><td>养殖场性质</td><td></td><td>岗位任务</td><td>家禽寄生虫病的预防、诊断及防治</td></tr>
<tr><td colspan="6">一、评分标准
说明：考核共 8 项，总分 100 分；分值越高表明该项能力或表现越佳，综合评分为各项评分的和。90 分及以上优秀，75≤分数<90 良好，60≤分数<75 合格，60 分以下不合格</td></tr>
<tr><td rowspan="2">专业知识(15 分)</td><td rowspan="2">掌握鸡球虫病、禽组织滴虫病、禽住白细胞虫病、禽绦虫病、鸡蛔虫病、鸡异刺线虫病、禽前殖吸虫病、禽棘口吸虫病的病原特征、流行病学、临床症状、病理变化、诊断要点及防治措施，掌握体外寄生虫病的病原及防治技术</td><td rowspan="2"></td><td colspan="3">专业技能(45 分)</td></tr>
<tr><td>临床症状及剖检变化(20 分)</td><td>准确区别各类寄生虫病的典型临床症状及病理剖检变化</td><td></td></tr>
<tr><td>工作表现(15 分)</td><td>态度端正；团队协作精神强；质量安全意识强；记录填写规范正确；按时按质完成任务</td><td></td><td>防治措施(15 分)</td><td>正确的预防措施、药物选择及给药方式</td><td></td></tr>
<tr><td>学生互评(10 分)</td><td>根据小组代表发言、小组学生讨论发言、小组学生答辩及小组间互评打分情况而定</td><td></td><td>寄生虫种类识别(5 分)</td><td>病原、临床症状、剖检变化</td><td></td></tr>
<tr><td>实施成果(15 分)</td><td>能够正确诊断家禽的各种寄生虫病，并给出正确的防治措施</td><td></td><td>固定(5 分)</td><td>家禽的剖检方法</td><td></td></tr>
<tr><td colspan="6">综合分数：______分　　优秀(　　)　良好(　　)　合格(　　)　不合格(　　)</td></tr>
<tr><td colspan="6">二、综合考核评语

教师签字：
日　　期：</td></tr>
</table>

复习思考题

一、填空题

1. 鸡蛔虫是鸡体内一种大型线虫，寄生于________。
2. 鸡蛔虫的贮藏宿主是________。
3. 诊断鸡蛔虫病可采用________和________。

4. 饲料中添加足够的________和________，可增强雏鸡对鸡蛔虫的抵抗力。

5. 禽胃线虫寄生于禽类的食道、________、腺胃和________引起的。

6. 禽胃线虫的治疗可试用________和________。

7. 毒害艾美耳球虫寄生可导致鸡肠壁________增厚和坏死，__________的坏死点具有__________特征性。

8. 柔嫩艾美耳球虫主要侵害________，其剖检病变为____________________。

9. 药物防治球虫病面临的最大问题是__________，为了避免和延迟此问题的产生，常采用__________和穿梭用药。

10. 鸡的住白细胞虫的两个常见种是________和________。

二、选择题

1. 前殖吸虫的中间宿主是(　　)。

A. 陆地螺和淡水螺　　B. 陆地螺和蝌蚪

C. 淡水螺和蜻蜓　　D. 淡水螺和蝌蚪

2. 寄生于鸡和火鸡小肠的寄生虫是(　　)。

A. 赖利绦虫　　B. 矛形剑带绦虫

C. 前殖吸虫　　D. 卷棘口吸虫

3. 鸡感染球虫是由于吞食了(　　)而引起。

A. 薄壁型卵囊　　B. 孢子化卵囊

C. 新鲜卵囊　　D. 囊蚴

4. 使肠上皮细胞大量破坏而产生致病性的寄生虫是(　　)。

A. 鸡球虫　　B. 隐孢子虫

C. 弓形虫　　D. 住肉孢子虫

5. 无消化道的寄生虫是(　　)。

A. 吸虫　　B. 绦虫　　C. 线虫　　D. 棘头虫

三、简答题

1. 最为常见鸡的球虫是哪2种？写出寄生部位及症状。

2. 请写出3种驱鸡蛔虫和驱鸡绦虫常用的药物和使用方法。

复习思考题参考答案

项目二十三
家禽防疫员技能训练

技能一　鸡免疫接种技术

一、技能目标

通过完成本次技能训练任务，掌握鸡免疫接种的方法和步骤。

二、教学资源准备

1. 仪器设备　气雾免疫机、连续注射器、刺种针、滴瓶、灭菌棉签、蒸馏水、生理盐水、常用弱毒疫苗和灭活疫苗。

2. 材料与工具　家禽若干(公、母不限)。

3. 教学场所　校内外教学基地或实验室。

4. 师资配置　实验时1名教师指导40名学生。

三、实训内容与方法步骤

对家禽进行免疫接种的常用方法有：点眼、滴鼻、翼下刺种、羽毛囊涂擦、滴肛或擦肛、皮下注射或肌内注射、饮水法及气雾法等。采用哪一种方法，应根据具体情况决定，既要考虑工作方便及经济，更要考虑疫苗的特性及免疫效果。

1. 点眼、滴鼻　这种方法适用于新城疫Ⅳ系疫苗，法氏囊弱毒疫苗，传染性支气管炎疫苗及传染性喉气管炎弱毒型疫苗等的接种，对幼雏应用这种方法，可以避免疫苗病毒被母源抗体中和，并能诱导黏膜免疫，从而有良好的免疫效果。点眼、滴鼻法是逐只进行接种，能保证每只禽都得到免疫，并且剂量一致，免疫效果确实。因此，一般认为，点眼、滴鼻法是疫苗接种的最佳方法，尤其是对新城疫接种更是如此。

进行点眼、滴鼻法接种时，可把1 000羽份的疫苗稀释于50 mL的生理盐水中，充分摇匀，然后于每只禽的眼结膜或鼻孔上滴一滴(0.05 mL)。也可把1 000只份的疫苗稀释于100 mL的生理盐水中，然后于每只禽的眼结膜及鼻孔上各滴两滴。

2. 翼下刺种　此法适用于鸡痘疫苗、新城疫Ⅰ系疫苗等的接种。进行接种时，将1 000羽份的疫苗稀释于25 mL的生理盐水中，充分摇匀，然后用接种针或蘸水笔尖蘸取疫苗，刺种于鸡翅膀内侧无血管处，小鸡刺种1针即可，较大的鸡可刺种2针。

3.滴肛或擦肛　此法仅用于传染性喉气管炎的强毒型疫苗。方法是把1 000只份的疫苗稀释于30 mL的生理盐水中，然后把鸡的肛门向上，将肛门黏膜翻出，滴上疫苗1滴。

4.皮下注射　马立克病疫苗使用此接种方法，用颈背皮下注射接种。通常是把1 000只份的疫苗稀释于200 mL稀释溶液中，然后每只雏鸡注射0.2 mL。另外，各种油乳剂灭活疫苗也适用于皮下注射法。

5.肌内注射　此法是把疫苗直接注射于肌肉内，灭活菌苗以肌内注射较好。此法作用迅速，剂量准确，效果确实。新城疫Ⅰ系苗肌内注射免疫效果比滴眼、滴鼻好，灭活苗必须用肌内注射法，不能口服，也不能用于点眼、滴鼻。

肌内注射，一般按疫苗使用说明书稀释后，较小的禽只注射0.5 mL，成禽则每只注射1 mL。肌内注射以胸部肌肉为好，应斜向前入针，以防刺入肝脏、心脏或胸腔内造成死亡，对较小禽只尤其要注意。

6.饮水法　对于大群禽只（如一群超过10 000只）逐只进行免疫接种费时费力，且不能于短时间内达到全群免疫。对于产卵期和产卵盛期的鸡群，为避免惊扰禽群，常采用群体免疫法。群体免疫法中最常用，最易做的，就是饮水法。目前，采用饮水法较广泛，效果又较好的疫苗有新城疫Ⅱ系及Ⅳ系苗、传染性支气管炎H52及H120疫苗，传染性法氏囊病弱毒疫苗等。饮水法免疫虽然省时省力，但由于种种原因会造成每只禽饮水的疫苗量不一，免疫效果参差不齐。

为使饮水法免疫达到一定效果，必须注意以下几个问题。

(1)用于饮水法的疫苗必须是高效价的，且疫苗剂量加大2～3倍。

(2)稀释疫苗的饮水必须不含有任何使疫苗灭活的物质，如氯、锌、铁等离子，必要时用蒸馏水。

(3)饮水器具要充足，以保证所有禽只能在短时间内饮到足够的免疫量，饮水器具要干净，饮水前必须彻底清除铁锈、脏物等，以免降低疫苗效价。

(4)饮疫苗前停止饮水2～4 h(视天气及饲料等情况而定)，以便使禽能尽快而又一致地饮用疫苗。第2天再以同样剂量和方法重复饮水免疫一次。

(5)饮水中最好能加入0.1%的脱脂奶粉。

(6)稀释疫苗的用水量要适当。一般用量是全天饮水量的1/5。

(7)饮水法免疫接种间隔时间不要太长，一般2～3个月进行一次。

7.气雾法　此法是用压缩空气通过气雾发生器，使稀释疫苗形成直径1～10 μm的雾化粒子，均匀地浮游于空气之中，随呼吸而进入禽体内，以达到免疫。

气雾免疫不但省时省力，而且对某些呼吸道有亲嗜性的疫苗效果最好，例如新城疫各系疫苗，传染性支气管炎弱毒疫苗等。但是气雾法免疫对禽群的干扰大，尤其会加重败血霉形体及大肠杆菌引起的气囊炎。必要时可在气雾免疫前后在饲料中加入抗菌药物。

使用气雾免疫应注意以下几个问题。

(1)疫苗必须是高效价的，而且通常应使用加倍的剂量。

(2)稀释疫苗应该用去离子水或蒸馏水。

(3)雾粒大小要适中，一般以喷出的雾粒中直径在1～10 μm占70%以上为最好。雾粒过大，停留于空气中的时间短，也易被黏膜阻止，不能吸入呼吸道；雾粒过小，则吸入后易被呼气时又排出。

(4)气雾免疫时房舍应密闭，减少空气流动，并应无直射阳光，保证舍内有适宜的温度与湿度。夜间气雾免疫最好，此时鸡群密集而安静，喷雾 20 min 后打开门窗即可。

四、实训报告

写出实训报告。

技能二　鸡传染性法氏囊病诊断技术

一、技能目标

通过完成本次技能训练任务，掌握鸡传染性法氏囊病的诊断。

二、教学资源准备

1. 材料与工具　标准阳性血清、标准抗原、打孔器、滴管、平皿、烧杯、酒精灯、琼脂、带盖瓷盘、氯化钠、苯酚、蒸馏水、1 mol/L NaOH 等。

2. 教学场所　疫病检测实验室。

3. 师资配置　实验时 1 名教师指导 40 名学生。

三、实训内容与方法步骤

(一)临床诊断要点

3～7 周龄为鸡传染性法氏囊病的发病高峰期，鸡群突然大批发病，2～3 d 内可波及 60%～70%的鸡，发病后 3～4 d 死亡率达到高峰，7～8 d 后死亡停止。病初精神沉郁，采食量减少，饮水增多，有些自啄肛门，排白色水样稀粪，重者脱水，卧地不起，极度虚弱、最后死亡。耐过雏鸡贫血消瘦，生长缓慢。剖检可见：法氏囊发生特征性病变，呈黄色胶冻样水肿、质硬、黏膜上覆盖有奶油色纤维素性渗出物。有时法氏囊黏膜严重发炎，出血，坏死，萎缩。另外，病死鸡表现脱水，腿和胸部肌肉常有出血，颜色暗红。肾肿胀，肾小管和输尿管充满白色尿酸盐。脾脏及腺胃和肌胃交界处黏膜出血。

(二)实验室诊断

1. 琼脂板的制备　琼脂 1 g，氯化钠 8 g，苯酚 0.1 mL，蒸馏水或无离子水 100 mL 溶化后，调至 pH 6.8～7.2，将溶化均匀的琼脂倒入干净的平皿，制成厚度 3 mm 的琼脂板，冷凝后加盖置普通冰箱，可供 1 周内使用。

2. 打孔　用打孔器(直径 2 mm 薄壁圆形金属小管)，在坐标纸上画好七孔图案，把坐标纸放在带有琼脂的平皿下面，照图案在空位置打孔，将切下的琼脂吸出或用针头挑出，外周孔径为 2 mm，中央孔径为 3 mm，孔间距 3 mm。

3. 抗原及血清的添加　中央孔 7 加入抗原 0.02 mL。1 孔、4 孔加入阳性血清，2 孔、3 孔、5 孔、6 孔各加入受检血清，添加至孔满为止，待孔中液体吸干后将平皿倒置，在 37 ℃条件下进行反应，逐日观察 3 d，并记录结果。

4. 结果判定

阳性：当检验用标准阳性血清和抗原之间有明显致密的沉淀线，或者阳性血清沉淀线末端相毗邻的受检血清孔内侧偏弯者，此受检血清判为阳性。

阴性：受检血清与抗原之间不形成沉淀线，或者阳性血清的沉淀线向毗邻的受检血清孔伸直或向其外侧偏弯者，此受检血清判为阴性。

5. 注意事项

（1）对琼脂板打孔时，吸出或用针头挑出切下的琼脂，注意不要使琼脂与平皿脱离，以防止加样后下面渗漏，若琼脂与平皿脱离可在酒精灯上稍稍加热封底。

（2）溶化的琼脂倒入平皿时，注意不要产生气泡。

（3）受检血清要求不腐败和不溶血，勿加防腐剂和抗凝剂。

四、实训报告

写出实训报告。

技能三　鸡白痢的检测

一、技能目标

通过完成本次技能训练任务，掌握鸡白痢的检疫。

二、实训材料

1. 材料与工具　玻板、滴管、采血针、铂金耳等，鸡白痢结晶紫多价抗原、标准阳性血清。
2. 教学场所　疫病检测实验室。
3. 师资配置　实验时1名教师指导40名学生。

三、实训内容与方法步骤

(一)快速全血平板凝集反应

1. 操作方法　先将抗原充分振荡均匀，用滴管吸取抗原垂直滴1滴(约0.05 mL)于玻板上。随即用针头刺破被检鸡的翅静脉或鸡冠出血，以灭菌铂耳(环径4～5 mm)取血满环(约0.02 mL)放于抗原上，用铂耳搅拌均匀。并摊开至直径2 cm为度。静置待判定。每次试验时，均需有阳性血清对照。

2. 结果判定

(1)抗原和血液混合后，在2 min内出现明显的颗粒凝集或块状凝集为阳性(+)反应。

(2)在2 min内不出现凝集，或仅呈现均匀一致的细微颗粒。或在边缘处由于临干前形成有细絮状物等均判为阴性(—)。

(3)除上述反应以外，不易判为阳性或阴性的，判为可疑。

3. 注意事项

(1)本抗原保存于8～10 ℃冷暗干燥处，用时要充分振荡均匀。

(2)做凝集反应最好在20 ℃左右气温中进行，气温过低反应时间略长。

(3)采血针与铂金耳每次使用都要用酒精棉球擦去血液或火焰上烧灼后，再采取第二只鸡的血液。

(4)鸡白痢沙门菌与鸡伤寒沙门杆菌具有相同的“O”抗原，故成年鸡感染鸡伤寒检疫时也出现阳性反应。

(5)本抗原只适用于产蛋母鸡和1年以上的公鸡，对幼龄鸡敏感度较差。

(二)卵黄平板凝集反应

1. 操作方法　待检鸡卵：预先编号，同种鸡号一致，或随机采集待检鸡群同一日内所产新鲜鸡卵。先在蛋壳上打一约蚕豆大小的孔。放尽蛋清，用1 mL注射器插入卵黄中，吸取0.5 mL卵黄液于等量16%氯化钠溶液中，混匀后用滴管吸取1滴于玻板上，再加标准染色抗原1滴，与其充分混合，在22～25 ℃室温下观察反应。

2.结果判定

“++++”	2 min 内出现大片的凝集。
“+++”	2 min 内出现较大的凝集。
“++”	2 min 内凝集明显，但凝集颗粒较小。
“+”	2 min 内出现微量的细小颗粒。
“±”	2～3 min 之后出现微量细小的凝集颗粒。
“－”	滴加抗原后不出现凝集。

凡在 2 个“+”以上者均判为白痢阳性。

全血平板凝集反应操作简便、快速、准确，适用于大群检疫。用卵黄代替全血或血清做鸡白痢检疫具有可在实验室内操作，不需逐个抓鸡耗费人力，惊动鸡群和结果易判定等优点，但由于种鸡开产期不整齐，要推迟检疫时间，另外尚需有单笼饲养或个体记录的条件，故仍不能代替全血平板凝集反应作为单一的、法定的检疫法，只能作为辅助的检疫法。

四、实训报告

写出实训报告。

技能四　血凝试验和血凝抑制试验

一、技能目标

通过完成本次技能训练任务，掌握新城疫抗体监测技术。

二、教学资源准备

1. 材料与工具　标准阳性血清、标准抗原、生理盐水，1%的鸡红细胞悬液，微量板，移液器，振荡器等。

2. 教学场所　疫病检测实验室。

3. 师资配置　实验时1名教师指导40名学生。

三、实训内容与方法步骤

（一）血凝（HA）试验

试验操作方法如表23-1所示。

1. 在96孔微量反应板上进行，自左至右各孔加25 μL生理盐水。

表23-1　病毒血凝试验的操作方法　μL

孔　号	1	2	3	4	5	6	7	8	9	10	11	12
病毒稀释度	1:2	1:4	1:8	1:16	1:32	1:64	1:128	1:256	1:512	1:1 024	1:2 048	对照
生理盐水	25	25	25	25	25	25	25	25	25	25	25	25
病毒液	25	25	25	25	25	25	25	25	25	25	25	弃去 25
生理盐水	25	25	25	25	25	25	25	25	25	25	25	25
1%鸡红细胞	25	25	25	25	25	25	25	25	25	25	25	25
结果观察	++++	++++	++++	++++	++++	++++	++++	+++	++	+	−	−

2. 于左侧第1孔加25 μL抗原，混合均匀后，吸25 μL至第2孔，依次倍比稀释至第11孔，吸弃25 μL；第12孔为红细胞对照。

3. 自右至左依次向各孔加入加25 μL生理盐水。

4. 自右至左依次向各孔加入1%鸡红细胞悬液25 μL，在振荡器上振荡，室温下静置后观察结果。

5. 结果判定：从静置后10 min开始观察结果，待对照孔红细胞已沉淀即可进行结果观察。红细胞全部凝集，沉于孔底，即为100%凝集（++++），不凝集者（−）红细胞沉于孔底呈点状。

以100%凝集的病毒最大稀释度为该病毒血凝效价，即为一个凝集单位。从表23-1看出，该病毒液的血凝效价为 1∶512，则 1∶512 为 1 个血凝单位，512÷4＝128，即 1∶128 稀释的病毒液为 4 个血凝单位。

(二)血凝抑制(HI)试验

试验操作方法如表 23-2 所示。

表 23-2　病毒血凝抑制试验的操作方法　　μL

孔　号	1	2	3	4	5	6	7	8	9	10	11	12
血清稀释度	1∶2	1∶4	1∶8	1∶16	1∶32	1∶64	1∶128	1∶256	1∶512	1∶1 024	病毒对照	血清对照
生理盐水	25	25	25	25	25	25	25	25	25	25	25	
被检血清	25	25	25	25	25	25	25	25	25	25	弃去 25	25
4单位病毒	25	25	25	25	25	25	25	25	25	25	25	25
室温(18～20 ℃)下作用静置20 min，或37 ℃恒温培养箱 5～10 min												
1%鸡红细胞	25	25	25	25	25	25	25	25	25	25	25	25
振荡器振荡 1 min，室温下作用静置 30～40 min，或 37 ℃恒温培养箱15～30 min												
结果观察	－	－	－	－	－	－	＋	＋＋	＋＋＋	＋＋＋＋	＋＋＋＋	－

1. 根据 HA 试验结果，确定病毒的血凝价，配制出 4 个血凝单位的病毒液。

2. 在 96 孔微量反应板上进行，用固定病毒稀释血清的方法，自第 1 孔至第 11 孔各加 25 μL 生理盐水。

3. 第 1 孔加被检血清 25 μL，吹吸混合均匀，吸 25 μL 至第 2 孔，依此倍比稀释至第 10 孔，吸弃 25 μL，稀释度分别为：1∶2，1∶4，1∶8，……；第 12 孔加标准阳性血清 25 μL，作为血清对照。

4. 自第 1 孔至 12 孔各加 25 μL 4 个血凝单位的病毒液，其中第 11 孔为 4 单位病毒液对照，振荡混合均匀，置室温中作用 10 min。

5. 自第 1 孔至 12 孔各加 1% 红细胞悬液 25 μL，振荡混合均匀，室温下静置后观察结果。

6. 结果判定：待病毒对照孔(第 11 孔)出现红细胞 100%凝集(＋＋＋＋)，而血清对照孔(第 12 孔)为完全不凝集(－)时，即可进行结果观察。

以 100%抑制凝集(完全不凝集)的被检血清最大稀释度为该血清的血凝抑制效价，即 HI 效价。该血清的 HI 效价为 1∶64。

四、实训报告

写出实训报告。

技能五　大肠杆菌病剖检诊断技术

一、技能目标

通过完成本次技能训练任务，掌握鸡大肠杆菌病的剖检诊断技术。

二、教学资源准备

1. 材料与工具　大肠杆菌病的病鸡（病鸭、病鹅）、解剖剪、解剖盘、消毒药液、橡胶检查手套。

2. 教学场所　疫病检测实验室。

3. 师资配置　实验时 1 名教师指导 40 名学生。

三、实训内容与方法步骤

将病鸡颈部放血致死，用清水打湿羽毛，防止毛屑污染环境。病鸡置解剖盘，尸体仰卧，用剪刀剪开大腿与躯干连接的皮肤，用力按压使大腿脱臼，然后用手撕开腹部皮肤（尽量不要剪开，以减少鸡毛对环境污染。）向前剪开左右腹部肌肉和肋骨，将胸骨向上掀起暴露内脏，依次检查心脏、肺脏、肝脏、脾脏、肾脏、法氏囊，从腺胃贲门开始依次剪开消化道直至泄殖腔。必要时从口腔开始剪开颈部皮肤暴露喉头剪开气管。

四、实训报告

写出实训报告。

技能六　鸡球虫病的诊断技术

一、技能目标

通过完成本次技能训练任务，掌握球虫病的诊断。

二、教学资源准备

1. 仪器设备　多媒体投影仪、显微投影仪、生物显微镜。

2. 材料与工具　鸡球虫卵囊的形态结构图、鸡球虫病病鸡；剪子、镊子、载玻片、盖玻片、试管、试管架、烧杯、纱布、污物桶等。

3. 教学场所　校内外教学基地或实验室。

4. 师资配置　实验时1名教师指导40名学生。

三、实训内容与方法步骤

1. 临床诊断　雏鸡多发，粪便带血，剖检可见盲肠或小肠内有大量血液。

2. 卵囊检查

(1)学生用直接涂片法检查鸡粪便中的球虫卵囊。

(2)学生用饱和盐水漂浮法处理含球虫卵囊的粪便，进行制片，然后置于显微镜下观察卵囊的形状、大小、色泽、囊壁的薄厚、有无卵膜孔或极帽、有无内外残体、孢子囊和子孢子的形状等情况。

四、实训报告

写出实训报告。

参考文献

[1] 张玲，袁华根，王强. 科学养鸡实用教程[M]. 北京：中国农业大学出版社，2022.

[2] 贺晓霞，唐炳，郑四清. 肉鸡标准化养殖操作手册[M]. 长沙：湖南科学技术出版社，2021.

[3] 刘小飞，孟可爱，俞伟辉. 家禽生产技术[M]. 北京：中国林业出版社，2019.

[4] 杨宁. 家禽生产学[M]. 3 版. 北京：中国农业出版社，2022.

[5] 贺晓霞. 肉鸡规模化健康养殖彩色图册[M]. 长沙：湖南科学技术出版社，2016.

[6] 武书庚，张海军，王晶. 图说健康养蛋鸡关键技术[M]. 北京：化学工业出版社，2013.

[7] 贺晓霞. 蛋鸡规模化健康养殖彩色图册[M]. 长沙：湖南科学技术出版社，2016.

[8] 赵聘，黄炎坤，徐英. 家禽生产[M]. 3 版. 北京：中国农业大学出版社，2021.

[9] 周新民，蔡长霞. 家禽生产[M]. 北京：中国农业出版社，2012.

[10] 肖调义. 现代养殖技术与实训[M]. 北京：高等教育出版社，2012.

[11] 魏刚才，刘保国. 肉鸡安全高效生产技术[M]. 北京：化学工业出版社，2012.

[12] 黄炎坤，司玉亭. 肉鸡健康高产养殖手册[M]. 郑州：河南科学技术出版社，2010.

[13] 史延平，赵月平. 家禽生产技术[M]. 北京：化学工业出版社，2009.

[14] 郭庆宏. 无公害肉鸡安全生产手册[M]. 北京：中国农业出版社，2008.

[15] 赵政，李旭. 养鸡实用新技术[M]. 南宁：广西科学技术出版社，2008.

[16] 丁国志，张绍秋. 家禽生产技术[M]. 北京：中国农业大学出版社，2007.

[17] 孙卫东. 鸡病鉴别诊断图谱与安全用药[M]. 北京：机械工业出版社，2016.

[18] 刘振湘，姚卫东. 畜禽传染病[M]. 北京：中国农业大学出版社，2007.

[19] 刘振湘. 动物传染病防治技术[M]. 3 版. 北京：化学工业出版社，2022.

[20] 杨惠芳. 养禽与禽病防治[M]. 北京：中国农业出版社，2006.

[21] 辛朝安. 禽病学[M]. 2 版. 北京：中国农业出版社，2003.

[22] 刘金华，甘孟侯. 中国禽病学. 2 版. 北京：中国农业出版社，2016.

[23] (美)大卫·E. 斯韦恩. 禽病学. 14 版. 刘胜旺，李慧昕，陈化兰，译. 沈阳：辽宁科学技术出版社，2022.

[24] 关文怡，于凤芝. 禽病防治. 北京：中国农业大学出版社，2022.

[25] 钱景富，王雅华，化军. 禽病防制. 北京：中国农业大学出版社，2023.